国家出版基金项目
NATIONAL PUBLICATION FOUNDATION

"十四五"国家重点出版物出版规划项目

长江水生生物多样性研究丛书

长江 鱼类图鉴

危起伟 邹远超 刘 飞 等 著

科 学 出 版 社 ｜ 山东科学技术出版社

北 京 济 南

内 容 简 介

　　本书共记载长江鱼类 418 种和亚种（含长江口咸淡水分布和种类），分属 13 目 32 科 153 属，几乎涵盖了所有长江土著鱼类。本书中绝大部分照片都是在实地调查中拍摄的高清图片，真实还原了鱼类的原始形态和色彩，是一部全面系统介绍长江鱼类原色形态及分类检索的工具书。本书作者采用最新的分类系统，对所有展示鱼类的拉丁名、分布范围及鉴别要点等进行了仔细校订，并结合最新的分类学文献，对部分鱼类的分类和名称进行了更新，极大地提升了本书的科研价值。

　　本书是"长江水生生物多样性研究丛书"的组成部分，内容丰富，资料翔实，图文并茂，实用性强，可作为大专院校、研究机构、渔政管理部门及鱼类爱好者的工具书和参考书，也可作为普通民众的科普读物，并适合图书馆馆藏。

图书在版编目（CIP）数据

长江鱼类图鉴 / 危起伟等著 . -- 北京：科学出版社，2025. 3. --（长江水生生物多样性研究丛书）. -- ISBN 978-7-03-081129-5

Ⅰ . Q959.408-64

中国国家版本馆 CIP 数据核字第 2025TH8660 号

责任编辑：王　静　朱　瑾　习慧丽　陈　昕　徐睿璠 / 责任校对：严　娜
责任印制：肖　兴　王　涛 / 封面设计：懒　河

*科学出版社*和山东科学技术出版社　联合出版

北京东黄城根北街 16 号
邮政编码：100717
http://www.sciencep.com

北京中科印刷有限公司印刷
科学出版社发行　各地新华书店经销

*

2025 年 3 月第　一　版　　开本：787×1092　1/16
2025 年 3 月第一次印刷　　印张：32 1/2
字数：770 000

定价：398.00 元
（如有印装质量问题，我社负责调换）

"长江水生生物多样性研究丛书"

编　委　会

主　编　危起伟　曹文宣

编　委（按姓氏笔画排序）

王　琳　　王成友　　王剑伟　　王银平　　方冬冬

田辉伍　　朱挺兵　　危起伟　　刘　飞　　刘　凯

杜　浩　　李云峰　　李创举　　李应仁　　李君轶

杨　刚　　杨文波　　杨德国　　吴金明　　吴湘香

何勇凤　　邹远超　　张　涛　　张　辉　　陈大庆

罗　刚　　段辛斌　　姚维志　　顾党恩　　曹文宣

舒凤月　　谢　锋　　魏　念

秘　书　张　辉　沈　丽　周　琼

"长江水生生物多样性研究丛书"
组织撰写单位

组织单位　中国水产科学研究院

牵头单位　中国水产科学研究院长江水产研究所

主要撰写单位

中国水产科学研究院长江水产研究所

中国水产科学研究院淡水渔业研究中心

中国水产科学研究院东海水产研究所

中国水产科学研究院资源与环境研究中心

中国水产科学研究院渔业工程研究所

中国水产科学研究院渔业机械仪器研究所

中国科学院水生生物研究所

中国科学院南京地理与湖泊研究所

中国科学院精密测量科学与技术创新研究院

水利部中国科学院水工程生态研究所

国家林业和草原局中南调查规划院

华中农业大学

西南大学

内江师范学院

江西省水产科学研究所   贵州省水产研究所

湖南省水产研究所   云南省渔业科学研究院

湖北省水产科学研究所   陕西省水产研究所

重庆市水产科学研究所   青海省渔业技术推广中心

四川省农业科学院水产研究所   九江市农业科学院水产研究所

其他资料提供及参加撰写单位

全国水产技术推广总站   曲阜师范大学

中国水产科学研究院珠江水产研究所 河南省水产科学研究院

中国科学院成都生物研究所

《长江鱼类图鉴》

著者委员会

主　　任　危起伟　邹远超　刘　飞

副主任　罗　刚　喻　燚　胡金朝

成　　员（按姓氏笔画排序）

丁兆宸　王　雪　王剑伟　王德超　田　甜　石海超

刘艺评　孙山清　何　斌　何雨琦　何勇凤　吴　田

吴金明　李　鸿　李　鑫　杨德国　周佳俊　林永晟

罗腾达　陈芷妍　陈浩骏　陈海燕　倪朝辉　徐亮亮

晏雯楚　梁　孟　曾　圣　谢　晓　颉　江　蒋佳霖

雷春云　潘晓赋　魏　欣

"长江水生生物多样性研究丛书"

序

长江，作为中华民族的母亲河，承载着数千年的文明，是华夏大地的血脉，更是中华民族发展进程中不可或缺的重要支撑。它奔腾不息，滋养着广袤的流域，孕育了无数生命，见证着历史的兴衰变迁。

然而，在时代发展进程中，受多种人类活动的长期影响，长江生态系统面临严峻挑战。生物多样性持续下降，水生生物生存空间不断被压缩，保护形势严峻。水域生态修复任务艰巨而复杂，不仅关乎长江自身生态平衡，更关系到国家生态安全大局及子孙后代的福祉。

党的十八大以来，以习近平同志为核心的党中央高瞻远瞩，对长江经济带生态环境保护工作作出了一系列高屋建瓴的重要指示，确立了长江流域生态环境保护的总方向和根本遵循。随着生态文明体制改革步伐的不断加快，一系列政策举措落地实施，为破解长江流域水生生物多样性下降这一世纪难题、全面提升生态保护的整体性与系统性水平创造了极为有利的历史契机。

为了切实将长江大保护的战略决策落到实处，农业农村部从全局高度统筹部署，精心设立了"长江渔业资源与环境调查（2017—2021）"专项（简称长江专项）。此次调查由中国水产科学研究院总牵头，由危起伟研究员担任项目首席专家，中国水产科学研究院长江水产研究所负责技术总协调，并联合流域内外24家科研院所和高校开展了一场规模宏大、系统全面的科学考察。长江专项针对长江流域重点水域的鱼类种类组成及分布、鱼类资源量、濒危鱼类、长江江豚、渔业生态环境、消落区、捕捞渔业和休闲渔业等8个关键专题，展开了深入细致的调查研究，力求全面掌握长江水生生态的现状与问题。

"长江水生生物多样性研究丛书"便是在这一重要背景下应运

而生的。该丛书以长江专项的主要研究成果为核心，对长江水生生物多样性进行了深度梳理与分析，同时广泛吸纳了长江专项未涵盖的相关新近研究成果，包括长江流域分布的国家重点保护野生两栖类、爬行类动物及软体动物的生物学研究和濒危状况，以及长江水生生物管理等有关内容。该丛书包括《长江鱼类图鉴》《长江流域水生生物多样性及其现状》《长江国家重点保护水生野生动物》《长江流域渔业资源现状》《长江重要渔业水域环境现状》《长江流域消落区生态环境空间观测》《长江外来水生生物》《长江水生生物保护区》《赤水河水生生物与保护》《长江水生生物多样性管理》共10分册。

这套丛书全面覆盖了长江水生生物多样性及其保护的各个层面，堪称迄今为止有关长江水生生物多样性最为系统、全面的著作。它不仅为坚持保护优先和自然恢复为主的方针提供了科学依据，为强化完善保护修复措施提供了具体指导，更是全面加强长江水生生物保护工作的重要参考。通过这套丛书，人们能够更好地将"共抓大保护，不搞大开发"的要求落到实处，推动长江流域形成人与自然和谐共生的绿色发展新格局，助力长江流域生态保护事业迈向新的高度，实现生态、经济与社会的可持续发展。

中国科学院院士：陈宜瑜

2025 年 2 月 20 日

"长江水生生物多样性研究丛书"

前　言

- -

长江是中华民族的母亲河，是我国第一、世界第三大河。长江流域生态系统孕育着独特的淡水生物多样性。作为东亚季风系统的重要地理单元，长江流域见证了渔猎文明与农耕文明的千年交融，其丰富的水生生物资源不仅为中华文明起源提供了生态支撑，更是维系区域经济社会可持续发展的重要基础。据初步估算，长江流域全生活史在水中完成的水生生物物种达4300种以上，涵盖哺乳类、鱼类、底栖动物、浮游生物及水生维管植物等类群，其中特有鱼类特别丰富。这一高度复杂的生态系统因其水文过程的时空异质性和水生生物类群的隐蔽性，长期面临监测技术不足与研究碎片化等挑战。

现存的两部奠基性专著——《长江鱼类》（1976年）与《长江水系渔业资源》（1990年）系统梳理了长江206种鱼类的分类体系、分布格局及区系特征，揭示了环境因子对鱼类群落结构的调控机制，并构建了50余种重要经济鱼类的生物学基础数据库。然而，受限于20世纪中后期的传统调查手段和以渔业资源为主的单一研究导向，这些成果已难以适应新时代长江生态保护的需求。

20世纪中期以来，长江流域高强度的经济社会发展导致生态环境急剧恶化，渔业资源显著衰退。标志性物种白鱀豚、白鲟的灭绝，鲥的绝迹，以及长江水生生物完整性指数降至"无鱼"等级的严峻现状，迫使人类重新审视与长江的相处之道。2016年1月5日，在重庆召开的推动长江经济带发展座谈会上，习近平总书记明确提出"共抓大保护，不搞大开发"，为长江生态治理指明方向。在此背景下，农业农村部于2017年启动"长江渔业资源与环境调查（2017—2021）"专项（以下简称长江专项），开启了长江水生生物系统性研究的新阶段。

长江专项联合24家科研院所和高校，组织近千名科技人员构建覆盖长江干流（唐古拉山脉河源至东海入海口）、8条一级支流及洞庭湖和鄱阳湖的立体监测网络。采用 20km×20km 网格化站位与季节性同步观测相结合等方式，在全流域 65 个固定站位，开展了为期五年（2017～2021 年）的标准化调查。创新应用水声学探测、遥感监测、无人机航测等技术手段，首次建立长江流域生态环境本底数据库，结合水体地球化学技术解析水体环境时空异质性。长江专项累计采集 25 万条结构化数据，建立了数据平台和长江水生生物样本库，为进一步研究评估长江鱼类生物多样性提供关键支撑。

本丛书依托长江专项调查数据，由青年科研骨干深入系统解析，并在唐启升等院士专家的精心指导下，历时三年精心编集而成。研究深入揭示了长江水生生物栖息地的演变，获取了"长江十年禁渔"前期（2017～2020 年）长江水系水生生物类群时空分布与资源状况，重点解析了鱼类早期资源动态、濒危物种种群状况及保护策略。针对长江干流消落区这一特殊生态系统，提出了自然性丧失的量化评估方法，查清了严重衰退的现状并提出了修复路径。为提升成果的实用性，精心收录并厘定了 418 种长江鱼类信息，实拍 300 余种鱼类高清图片，补充收集了 50 余种鱼类的珍贵图片，编纂完成了《长江鱼类图鉴》。同时，系统梳理了长江水生生物保护区建设、外来水生生物状况与入侵防控方案及珍稀濒危物种保护策略，为管理部门提供了多维度的决策参考。

《赤水河水生生物与保护》是本丛书唯一一本聚焦长江支流的分册。赤水河作为长江唯一未在干流建水电站的一级支流，于 2017年率先实施全年禁渔，成为"长江十年禁渔"的先锋，对水生生物保护至关重要。此外，中国科学院水生生物研究所曹文宣院士团队历经近 30 年，在赤水河开展了系统深入的研究，形成了系列成果，为理解长江河流生态及生物多样性保护提供了宝贵资料。

本研究虽然取得重要进展，但仍存在监测时空分辨率不足、支流和湖泊监测网络不完善等局限性。值得欣慰的是，长江专项结题后农业农村部已建立常态化监测机制，组建"长江流域水生生物资源监测中心"及沿江省（市）监测网络，标志着长江生物多样性保护进入长效治理阶段。

在此，谨向长江专项全体项目组成员致以崇高敬意！特别感谢唐启升、陈宜瑜、朱作言、王浩、桂建芳和刘少军等院士对项目立项、实施和验收的学术指导，感谢张显良先生从论证规划到成果出版的全程支持，感谢刘英杰研究员、林祥明研究员、方辉研究员、刘永新研究员等在项目执行、方案制定、工作协调、数据整合与专著出版中的辛勤付出。衷心感谢农业农村部计划财务司、渔业渔政管理局、长江流域渔政监督管理办公室在"长江渔业资源与环境调查（2017—2021）"专项立项和组织实施过程中的大力指导，感谢中国水产科学研究院在项目谋划和组织实施过程中的大力指导和协助，感谢全国水产技术推广总站及沿江上海、江苏、浙江、安徽、江西、河南、湖北、湖南、重庆、四川、贵州、云南、陕西、甘肃、青海等省（市）渔业渔政主管部门的鼎力支持。最后感谢科学出版社编辑团队辛勤的编辑工作，方使本丛书得以付梓，为长江生态文明建设留存珍贵科学印记。

危起伟　研究员
中国水产科学研究院长江水产研究所

曹文宣　院士
中国科学院水生生物研究所

2025 年 2 月 12 日

前　言

长江，作为中华民族的母亲河，干流横贯青海、西藏、四川、云南、重庆、湖北、湖南、江西、安徽、江苏、上海等 11 个省（区、市），全长 6300 余千米，流域面积达 180 万平方千米。作为国家生态文明建设的核心示范带，长江承载着落实"共抓大保护，不搞大开发"战略的重要使命，亦是推动内河经济带高质量发展、带动西部地区联合发展、促进区域协调联动、深化对外开放的关键区域。

长江流域地势落差显著，天然落差达 5400 米，复杂的水文条件与多样的气候特征共同塑造了独特的水域生态系统，孕育了丰富的鱼类资源。据统计，长江流域历史上分布有鱼类 443 种，其中 194 种为特有物种，特有鱼类比例之高居全国水系之首。这些特有鱼类在长期演化过程中形成了与长江环境高度适应的形态特征、行为习性和生活史策略，既是生态研究的重要对象，也是流域生态健康的核心指示物种，具有极高的科学研究价值和生态保护价值。

近年来，受人类活动与生态环境变迁影响，长江鱼类资源衰退问题日益严峻，白鲟（*Psephurus gladius*）已经宣布灭绝，鲥（*Tenualosa reevesii*）已经绝迹，国家一级重点保护野生动物中华鲟（*Acipenser sinensis*）、长江鲟（*Acipenser dabryanus*）和川陕哲罗鲑（*Hucho bleekeri*）等濒临灭绝，国家二级重点保护野生动物岩原鲤（*Procypris rabaudi*）、松江鲈（*Trachidermus fasciatus*）等种群数量亦急剧下降，长江生态保护刻不容缓。

为响应"长江十年禁渔"政策，系统评估流域鱼类资源现状，在"长江渔业资源与环境调查（2017—2021）"（以下简称长江专项）、"西南地区重点水域渔业资源与环境调查"、"国家现代农业产业技术体系四川创新团队（淡水鱼）"等项目的资助下，由中国水产科学研究院长江水产研究所牵头，联合内江师范学院等24家长江专项承担单位历时五年（2017—2021年）完成野外联合调查，结合历史文献资料与实地影像，系统梳理长江鱼类资源本底数据，撰写完成这部综合性图鉴。

全书共收录长江土著鱼类13目32科153属418种鱼类的基本信息及其照片，其中53种鱼类为标本或手绘照片，有待今后补充活体照。涵盖长江鱼类的名称、分类地位、形态特征与地理分布等核心信息。书中绝大部分照片都是在实地调查中拍摄的高清图片，真实还原了鱼类的原始形态与体色特征，并尽力记载照片拍摄地点、时间、鱼类的规格和拍摄人员等信息；文字描述以《中国动物志》《中国生物物种名录·第二卷·脊椎动物·鱼类（上册）》《金沙江流域鱼类》《四川鱼类志》等权威志书为基础，辅以最新分类学研究成果，对鱼类拉丁学名、鉴别要点及分布范围等进行系统校订，力求兼顾科学严谨性与公众可读性。

本书的出版得到长江专项各承担单位、国家动物标本资源库、全国水产技术推广总站、科学出版社等单位的鼎力支持，并承蒙中国科学院动物研究所张春光研究员等学者提供专业指导。同时，有幸得到鱼类爱好者李昌衡、杨思雅、黄康亮、曾之旭、朱滨清、沈禹羲、陈思羽、金卓灵、王德渊、高晟、林鹏程、邱宁、安长延、赵亚辉、傅胤龙、李军、刘波、秦涛、张炜利、谢昊洋、秦勇、贾骐铭、田丰等人提供的珍贵资料，以及李香香、李旺、王菱、包玉凤、王习鳞、雷佳馨、邹雯瑶、杨亲等参与本书收录整理人员的竭力相助。在此，谨向所有参与机构与个人致以诚挚谢意。

限于作者水平，分类描述亦难免存在不足，恳请学界同仁与读者不吝指正，以期在后续版本中补充完善，为长江生态保护事业贡献更坚实的力量。

危起伟 郭延蜀 胡飞

2025年3月10日

目 录

长江鱼类图鉴

01

鲟形目
Acipenseriformes

匙吻鲟科 Polyodontidae

白鲟属 *Psephurus*

◎ 白鲟 *Psephurus gladius*
(Martens, 1862)

地方名：象鱼、象鼻鱼、箭鱼、琴鱼。

形态特征：体长，呈梭形。上下颌均具尖细的齿。吻长剑状，其长为眼后头长的1.5—1.8倍，吻部由前到后逐渐变宽，前端钝尖，狭而平扁，基部肥厚。体无骨板状大硬鳞，仅在尾鳍上缘有一列棘状鳞。背部呈浅紫灰色，腹部及各鳍略呈白粉色。

头部极长，头长超过体长的一半，其上分布有梅花状的陷器。吻的头部腹面，能自由伸缩。上下颌有尖细的小齿。吻须1对，短小，位于腹面。眼小，有细小须1对，位于吻的腹面。口裂大、弧形，具伸缩性，位于头部腹面。头每侧有外鼻孔2个。整个头部皮膜表面密布着许多细梅花斑状的感觉神经细胞组织。体侧线完整，歪型尾，上叶长、下叶短，上叶背面有棘状鳞，体表光滑无鳞。在尾鳍上叶具8个棱形鳞板，向后延至尾鳍上叶。背鳍起点在腹鳍之后，均由不分支的鳍条组成。尾鳍歪形，上叶发达，前缘具一列棘状鳞。肠管短，肠内有7—8个螺旋瓣。头、体背部和尾鳍呈青灰色，腹部呈白色。

分布：中国特有种。分布于金沙江下段、长江干流，上自雷波，下至长江口。四川省内分布于金沙江下段、长江干流、岷江乐山以下江段、嘉陵江阆中以下江段和沱江下游。四川省外分布于长江中、下游干流和沿江的大型湖泊，钱塘江也曾有分布。

⊙ 长江南京段

🐟 2700mm

📷 危起伟

鲟科 Acipenseridae

鲟属 *Acipenser*

◎ 长江鲟

Acipenser dabryanus
(Duméril, 1869)

地方名： 达氏鲟、鲟鱼、沙腊子、小腊子。

形态特征： 身体各部位的比例变化较大。一般标准长为体高的5.0—8.5倍，为头长的2.3—4.1倍，为尾柄长的8.5—12.9倍，为尾柄高的17.5—25.5倍。头长为吻长的1.9—2.6倍，为眼径的10.1—20.5倍，为眼间距的2.7—3.7倍，为眼后头长的1.7—2.3倍。尾柄长为尾柄高的1.5—1.9倍。

　　体延长，呈梭形。头较小，呈楔形，背面有许多小凸起，很粗糙，幼鱼更显著。吻较窄，前端尖，稍向上翘，背面有骨片10余个，腹面稍扁平。口下位，呈横裂，能伸缩，上下唇均具许多细小乳突。具须2对，位于吻部腹面。眼稍大，略呈椭圆形，位于头侧偏上方。鼻孔较大，位于眼前方，距眼前缘很近。鳃孔大，鳃膜与鳃峡相连。鳃耙薄片状，呈三角形，排列紧密。

　　背鳍较高，基部较长，其起点位于身体的后部，在腹鳍起点的后上方。胸鳍长，位于胸部腹侧。腹鳍短小，在身体后部。臀鳍短基部稍长。尾鳍歪形，上叶发达，尾柄短，较细。肛门靠近腹鳍基部后端。体被5行骨板，背部正中1行，体侧2行，腹侧2行。背部的骨板较大，数目少。各行骨板之间身体裸露，其表皮上有许多小凸起，呈颗粒状，触摸有粗糙感，幼鱼尤为显著。体背部和两侧上半部呈青灰色，体侧下半部呈白色，其间界限分明。腹部呈黄白色。各鳍呈青灰色，其边缘呈灰白色。

分布： 中国特有种。历史上广泛分布于长江中上游干流及主要支流，包括重庆至宜昌、金沙江下游的干流江段以及岷江、沱江、嘉陵江、乌江、赤水河等支流。

长江上游

1100mm

晏雯楚

2023-08-25

 鱼的采集地点　 鱼的全长　 拍摄人员　 拍摄时间

◎ 中华鲟

Acipenser sinensis
(Gray, 1835)

地方名：鲟鱼、腊子、大腊子、黄鲟。

形态特征：背鳍54—56；臀鳍33—41；胸鳍48—54；腹鳍32—42。背前骨板9—14；背后骨板1—2；背侧骨板32—33；腹侧骨板10—12；臀前骨板1—2；臀后骨板1—2；鳃耙15—28。

体长为体高的6.5—8.9倍，为头长的3.6—4.4倍，为尾柄长的9.5—13.8倍。头长为吻长的2.1—2.5倍，为眼间距的3.0—3.6倍。

体延长，前段略呈圆筒形，尾部细长，胸腹部平直。头较长，略呈长三角形。吻犁形，基部宽，前端尖，微向上翘。口大，腹下位，横裂，能自由伸缩。唇发达，密布绒毛状乳突。须2对，位于腹面口前，排成1行，须长小于须基距口前缘的1/2。鼻孔大，每侧2个，位于眼前方，长椭圆形，后鼻孔大于眼径。喷水孔裂缝状，距眼较近。眼小，侧位，位于头侧上方。鳃孔大，鳃盖骨消失，下鳃盖骨发达，无鳃盖条。鳃盖膜与峡部相连。

头部具数块骨板，上具棘突，吻端腹面正中具1列纵行骨板；体具5列纵行骨板，每个骨板具棘状突出，背部骨板较大。背部正中1列骨板12块；体左右两侧骨板各32块；腹部两侧骨板各10块；背鳍后方骨板2块；臀鳍前后骨板各1块；胸鳍基上、下方骨板各1块。幼鱼头部背面骨板的顶端具凸起，边缘锐利。各行骨板之间的皮肤裸露无鳞、光滑。

背鳍后位，边缘凹入，后角尖突。臀鳍起点位于背鳍基中部下方，鳍基末与背鳍基末约相对。胸鳍宽短，下侧位。腹鳍小，后伸超过肛门。歪型尾，尾椎轴上翘，尾鳍上缘具1列纵行棘状鳞。鳃耙粗短，排列稀疏，具假鳃。

头部和体背部呈青灰色或灰褐色，腹部呈灰白色，各鳍呈灰色。侧骨板上、下方体色差异不明显，由上向下渐淡。

分布：江海洄游性鱼类。在长江上游金沙江下游、长江中下游干流和河口、珠江，以及我国东海、黄海等均有分布记录。国外分布于朝鲜半岛西南4部和日本九州西部。

湖北荆州

305mm

危起伟

2014-11

02

鳗鲡目
Anguilliformes

鳗鲡科 Anguillidae

鳗鲡属 *Anguilla*

◎ 鳗鲡 *Anguilla japonica*
(Temminck *et* Schlegel, 1846)

地方名：青鳝、鳗鱼、白鳝。

形态特征：体长为体高的17.5—20.2倍，为头长的7.0—7.8倍。头长为吻长的4.5—5.5倍，为眼径的11.0—13.5倍，为眼间距的4.9—5.9倍。

400mm
林永晟
2022-08-08

鱼的采集地点　　鱼的全长　　拍摄人员　　拍摄时间

体延长，前段圆筒形，后段侧扁，尾部长度大于头与躯干部的合长。头圆锥形，前部稍平扁，头长等于或大于背鳍起点与臀鳍起点的直线距离。吻圆钝。口大，端位，口裂深，近水平。下颌稍长于上颌，颌角达眼后缘下方。上、下颌齿细，尖锐，排列呈带状。舌长而尖，前端游离。鼻孔每侧2个，前、后分离较远；前鼻孔短管状，靠近吻端；后鼻孔裂缝状，紧靠眼。眼小，上侧位，靠近吻端，埋于皮下。间间隔宽阔，平坦，约等于吻长。鳃孔左、右分离，垂直，位于胸鳍起点前方。

背鳍起点远在肛门前上方，起点至鳃孔约为至肛门间距的1.7—2.2倍。臀鳍起点与背鳍起点间距小于头长，约等于吻后头长。背鳍和臀鳍发达，鳍基末与尾鳍相连接。胸鳍宽圆，短小，小于头长的1/2。无腹鳍。肛门紧靠臀鳍起点。尾鳍末端圆钝。

体被细鳞，埋于皮下。侧线明显，平直，从胸鳍起点上方直达尾鳍基正中。

平常生活时体背部呈青灰色。腹部呈白色。背鳍和臀鳍边缘呈黑色，胸鳍呈灰白色。生殖洄游降河入海时，体呈金属光泽，体侧呈淡金黄色，腹部呈淡红色或紫红色。

分布：江海洄游性鱼类。在长江流域，主要见于宜昌以下中下游干支流、通江湖泊等，宜昌以上长江上游较少分布。

◎ 花鳗鲡 *Anguilla marmorata*
(Quoy *et* Gaimard, 1824)

地方名：大鳗、鲈鳗、花鳗。

形态特征：体长为体高的13.4—13.7倍，为头长的6.3—6.8倍，为体宽的15.2—16.8倍，为肛前躯干长的2.2—2.4倍，为背鳍前距的3.6—6.3倍，为胸鳍长的23.4—25.3倍。头长为吻长的5.4—5.5倍，为眼径的15.4—12.3倍，为眼间距的5.1—5.3倍。口裂长为口裂宽的1.1倍。

体延长，躯干部呈圆柱形，尾部侧扁。头较大。吻短，略平扁。眼中等大，圆形。眼间隔宽阔，微凹。鼻孔每侧2个，两侧鼻孔和前后鼻孔分离较远，前后鼻孔之间的距离小于两侧鼻孔间的距离；前鼻孔近吻端边缘，呈短管状；后鼻孔位于眼前方偏上，呈圆孔状。口裂大，端位，口裂微向后下方倾斜，后伸明显超过眼后缘，下颌稍长于上颌。齿尖细，排列呈带状；上下颌齿带前方稍宽，后方分内外两齿带；外行齿带2—3行，内行齿带1行；犁骨齿带前方宽阔，具齿6—7行，向后渐减少至1—2行，呈细锥状向后延伸，后端伸出上颌齿带的2/3处。唇发达。舌尖钝，游离；舌基部附于口底。鳃孔中等大，侧位，位于胸鳍基部前下方，近垂直状。肛门位于体中部的前方。

体被细长小鳞，5—6枚小鳞相互垂直交叉排列，呈席纹状，埋于皮下，常被厚厚的皮肤黏液覆盖。侧线孔明显，起始于胸鳍上角后上方，平直向后延伸至尾端。

背鳍起点远在肛门前上方，其起点距鳃孔较距肛门为近。臀鳍接近肛门，臀鳍起点与背鳍起点的距离大于头长。背、臀鳍发达，与尾鳍相连。胸鳍较发达，近圆形。尾鳍后缘钝尖。

为溯河洄游性鱼类，成体生活于沿海江河干支流的上游。每年3—9月营穴居生活，10—11月开始向河口移动，此时雌鱼的性腺发育已能辨别卵粒，体重达5kg多的亲鱼，卵巢质量可达1kg；3—4月幼鳗进入河口，上溯至山涧溪流。常栖息于山涧溪流和塘库岸边水下乱石洞穴之中。多在夜间活动。为肉食性鱼类，性较凶猛，常以鱼、虾、蟹、水生昆虫等为食，甚至可以捕食蛙、蛇、鸟类等。肉味鲜美，肉中富含蛋白质和脂肪，为产地珍贵食用鱼类。

分布：江海洄游性鱼族。我国见于长江下游以南沿海和通海河流。国外分布于东非到波利尼西亚，向北可分布到日本南部等地。

🐟	280mm
📷	林永晟
🕐	2022-11-29

03

鲱形目
Clupeiformes

鳀科 Engraulidae

鲚属 *Coilia*

◎ 刀鲚 *Coilia ectenes*
(Jordan *et* Seale, 1905)

地方名：鲚、刀鱼、毛花鱼、梅鲚。

形态特征：背鳍i-9—11；臀鳍i-105—115；胸鳍vi-13；腹鳍i-6；纵列鳞78—84；棱鳞45—56。

体长为体高的6.1—6.5倍，为头长的6.7—6.9倍。头长为吻长的4.3—4.6倍，为眼径的7.0—7.4倍，为眼间距的3.3—3.6倍。

体长而侧扁，形如柳叶，背部稍圆，腹部狭窄，尾部向后渐细小。头部侧扁，背面平滑。吻圆尖。口大、下位，口裂深斜行。下颌略短于上颌，上颌骨甚长，后端呈片状游离，后伸达胸鳍起点，下缘具细齿。上、下颌及犁骨、腭骨均具细齿。鼻孔每侧2个，距眼前缘较距吻端为近。眼位于头的前部，距吻端很近，眼间隔圆凸。鳃孔大。鳃盖膜与峡部不相连。鳃盖条10根。

背鳍靠前，末根不分支鳍条末端柔软分节，位于体前部1/4处，远离尾鳍基，起点稍后于腹鳍起点。胸鳍上部具游离鳍条6根，延长呈丝状，后伸达臀鳍起点。腹鳍小，起点与背鳍起点相对或稍前。肛门靠近臀鳍起点。臀鳍基甚长，鳍基末与尾鳍相连。尾鳍不对称，上叶较长，下叶很短。

体被圆鳞，薄而透明。无侧线。腹部胸鳍起点前至肛门间具锯齿状棱鳞。鳃耙细长。

体背部呈黄褐色，体侧和腹部呈淡白色；吻端、头顶和鳃盖上方呈橘黄色；背鳍和胸鳍呈橘黄色；腹鳍、臀鳍呈浅黄色；尾鳍基呈黄色，后缘呈黑色，唇和鳃盖膜呈淡红色。

分布：洄游性鱼类。在我国分布于东部沿海的咸淡水交汇区域及大型河流中下游，包括长江、黄河、钱塘江和珠江等水系的河口及邻近海域。国外分布于朝鲜半岛和日本。

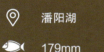

⊚	潘阳湖
🐟	179mm
📷	危起伟
🕐	2020-06-13

鱼的采集地点　　鱼的全长　　拍摄人员　　拍摄时间

◎ 凤鲚 *Coilia mystus*
(Linnaeus, 1758)

地方名：凤尾鱼、烤子鱼、子鲚。

形态特征：体延长，侧扁，向后渐细长。腹部棱鳞显著。头较大。吻短而圆凸，其长略大于眼。眼较大，近于吻端。眼间隔圆凸。鼻孔近眼前缘。口大，下位，斜裂。上颌骨长，向后延伸至胸鳍基部，下缘呈锯齿状。上下颌骨、腭骨和舌上均具细齿。鳃孔宽大，左右鳃盖膜相连，与峡部分离。鳃耙细长，假鳃发达。体被易脱落的圆鳞，鳞上轮纹排列不规则。无侧线。

背鳍前位，始于背前约1/4处，其起点约与腹鳍起点相对。臀鳍长，起点距吻端较距尾鳍为近，最末鳍条与尾鳍下叶几近相连。胸鳍下侧位，上部有6根中长的游离鳍条，延长为丝状，伸达臀鳍起点附近或上前方。腹鳍短小。尾鳍不对称，上叶长，下叶短，属次生歪尾型。

体呈银白色，背部颜色较深，沿背脊形成一条青灰色带，腹部色淡。鳃孔后缘和各鳍基部呈淡黄色，臀鳍呈灰色，边缘较深。唇和鳃盖膜呈橘红色。

分布：崇明至江阴江段有分布。

200mm

罗腾达

2024-01-22

◎ 短颌鲚 *Coilia brachygnathus*
(Kreyenberg *et* Pappenheim, 1908)

地方名：毛花鱼。

形态特征：背鳍ii-11—12；臀鳍i-105—115；胸鳍vi-11；腹鳍i-6。纵列鳞73—77。

体长为体高的6.1—6.5倍，为头长的6.1—6.49倍。头长为吻长的4.4—4.9倍，为眼径的4.6—6.04倍，为眼间距的4.0—4.8倍。

体形似刀鲚，与刀鲚的主要区别为上颌骨较短，后伸不超过鳃盖骨。

分布：分布于中国长江中下游及其附属水体，如湖北省境内长江干流和大中型湖泊。

⊙ 湖北省武汉市

🐟 289mm

📷 梁孟

🕐 2018-01-10

鲱科 Clupeidae

鲥属 *Tenualosa*

◎ 鲥 *Tenualosa reevesii*
(Richardson, 1846)

地方名：时鱼、三黎鱼、迟鱼。

形态特征：背鳍iii-15；臀鳍ii-18；胸鳍i-14；腹鳍i-6。纵列鳞44—47，横列鳞为16—18。

　　体长为体高的3.3倍，为头长的3.8倍，为尾柄长的11.0倍，为尾柄高的12.0倍。头长为吻长的4.3倍，为眼径的6.8倍，为眼间距的3.7倍。尾柄长为尾柄高的1.1倍。

　　体长，呈椭圆形，侧扁而高，腹部狭。头较大，头背面光滑。吻钝，吻长大于眼径。口端位，裂斜。上、下颌约等长，上颌前端缝合处具显著凹陷，与下颌前端凸起相吻合；上颌骨后端呈片状游离，末端可达眼后缘下方；上、下颌均无齿。眼小，包被皮膜，位于头前部近吻端。鼻孔每侧2个，靠近吻端。鳃孔大。鳃盖膜与峡部不相连。鳃盖条6根。

　　各鳍均无硬刺。背鳍起点位于体中部稍前，起点距吻端较距尾鳍基为近。胸鳍下侧位，后伸几乎达背鳍起点下方，上部鳍条不延长。腹鳍起点位于背鳍起点的下方或稍后。尾鳍呈深叉形。

　　体被圆鳞，大而薄，透明。腹部自胸鳍起点前至肛门间具锯齿状棱鳞。各鳍基被鳞。无侧线。鳃耙细密。具假鳔。

　　体背侧呈灰色，略带蓝色光泽，体侧及腹部呈银白色。背鳍、胸鳍及尾鳍边缘呈灰褐色。腹鳍、臀鳍呈黄白色。

分布：洄游性鱼类。曾广泛分布于中国东部沿海及长江、钱塘江、珠江等大型河流的中下游水域，目前仅珠江口及部分支流偶有个体记录。国外分布西起印度-西太平洋的安达曼，东至菲律宾，北至日本南部等海域。

图片来源：李鸿等，2020

斑鰶属 *Konosirus*

◎ 斑鰶 *Konosirus punctatus*
(Temminck *et* Schlegel, 1846)

地方名：扁鰶、春鰶、刺儿鱼、金耳环、宽杉、棱鲫、气泡鱼、窝斑鰶、油鱼。

形态特征：背鳍15—17；臀鳍21—24；胸鳍16；腹鳍8。纵列鳞53—56；横列鳞21—24。体长为体高的3.0—3.56倍，为头长的3.75—4.0倍。头长为吻长的4.54—5.8倍，为眼径的5.0—5.8倍，为眼间距的3.76—4.58倍。

体呈梭形，很侧扁，腹缘有锯齿状棱鳞。头中等大，侧扁而钝。吻稍钝。眼近于侧中位。脂眼睑较发达，均盖着眼的一半。眼间隔微凸。鼻孔小，距吻端较距眼前缘为近。口小，近于前位。口裂短，不达于眼。上颌稍长于下颌；前颌骨有缺凹；上颌骨向后伸达瞳孔前缘的下方。口无齿。舌宽。鳃盖骨后缘光滑。鳃孔大，向下开孔至瞳孔前缘的下方。假鳃发达。鳃耙很密且长，217+211。鳃盖膜不与峡部相连。鳃盖条6。肛门介于腹鳍起点和臀鳍最后鳍条末端的中间。

体被圆鳞，环心线细，横沟线1条。腹缘棱鳞18—20+14—16。胸鳍和腹鳍的基部有短的腋鳞。无侧线。

背鳍始点距吻端较距尾鳍基为近，最后鳍条延长为丝状，末端伸达尾柄中间。臀鳍条短，其基部长于背鳍基。胸鳍向后近于或达到背鳍始点的下方。腹鳍始于背鳍始点的后下方。尾鳍深叉形。

头后背和体背缘呈青绿色。体侧的上方有8—9行纵列的绿色小点。体侧下方和腹部呈银色。吻部呈乳白色。鳃盖大部分呈金黄色。鳃盖的后上方有一大块绿斑。背鳍和臀鳍呈淡黄色。胸鳍和尾鳍呈黄色。腹鳍呈白色。背缘和臀鳍的后缘呈黑色。

幽门盲囊特别发达。胃呈砂囊状。肠很长，约为体长的1.7倍。腹部呈黑色。

分布：分布于印度洋至西太平洋，自印度洋北部沿岸，东至太平洋中部波利尼西亚，北至中国、朝鲜半岛和日本列岛沿岸。在中国分布于渤海、黄海、东海和南海等。

🐟 120mm

📷 罗腾达

🕐 2023-12-03

04

鲤形目
Cypriniformes

鲤科 Cyprinidae

鱲属 *Zacco*

◎ 宽鳍鱲 *Zacco platypus* (Temminck *et* Schlegel, 1846)

地方名：桃花鱼、双尾鱼、红车公、红翅子、白糯鱼、快鱼、桃花板。

形态特征：背鳍iii-7；胸鳍i-14—15；腹鳍i-7—8；臀鳍iii-9—10。背鳍前鳞14—16；围尾柄鳞17—20。第1鳃弓外侧鳃耙8—10，内侧8—13。下咽齿3行，2·4·5—5·4·2 或2·4·4—5·4·2。脊椎骨4+36—39+1。

标准长为体高的3.0—5.8倍，为头长的3.2—4.5倍，为尾柄长的3.0—6.8倍，为尾柄高的7.0—11.8倍。头长为吻长的2.5—3.8倍，为眼径的3.8—5.0倍，为眼间距的2.5—5.0倍。尾柄长为尾柄高的1.2—2.0倍。

体长，较高，腹部圆，腹部无腹棱。头高而短，前端钝。吻短。其长小于眼后头长。口端位，口裂向上倾斜。上颌比下颌稍长，上下颌无凹凸，向后延伸可达眼后缘下方。唇较薄，光滑。无触须。眼稍大，位于头侧上方近吻端。鼻孔位于眼前上方，距眼前缘较近。鳃孔大，鳃耙短，末端尖，排列稀疏。下咽齿较细弱，顶端尖，稍弯曲。

背鳍无硬刺，外缘平截，其起点至吻端的距离较至尾鳍基为近。胸鳍小，末端尖，后伸达到腹鳍基部。腹鳍小，外缘平截，其起点位于背鳍起点下方。臀鳍基部较长，雌鱼第1—2根分支鳍条稍长，外缘呈凹形；雄鱼第1—4根分支鳍条甚长，其他鳍条亦较长。末端多分离。尾鳍分叉深，上下叶等长，末端尖。尾柄短而高。肛门离臀鳍起点较近。

鳞片较大，略呈长方形，腹鳍基部有一狭长的腋鳞，腹部鳞片稍小。侧线完全，在腹鳍上方略向下弯曲，然后再向上延伸到尾柄中部。生殖季节雄鱼头部、体侧和尾柄上有珠星，臀鳍上有粗颗粒状珠星。鳔2室，前室短；后室长，末端稍尖，为前室长的2倍左右。肠管较粗短，为标准长的1.5—2.0倍。腹腔膜呈灰黑色，其上有许多小黑点。

生活时体色十分鲜艳，雄鱼比雌鱼更为明显。一般背部呈灰黑色带绿色，腹部呈银白色，体侧有10—15条垂直的黑色宽带纹，条纹之间有许多浅红色斑点，体侧鳞上有金属光泽。背鳍呈灰色；胸鳍呈灰白色，其上有许多黑色斑点；腹鳍呈浅红色或白色，臀鳍呈粉红色或红色带绿色光泽。尾鳍呈灰色，后缘呈黑色。

分布：在我国长江、黄河、珠江和东南沿海各水系广泛分布。国外分布于日本、朝鲜和越南。

⊙	浙江
🐟	125mm
📷	陈浩骏
🕐	2024-06

⊙ 鱼的采集地点　🐟 鱼的全长　📷 拍摄人员　🕐 拍摄时间

马口鱼属 *Opsariichthys*

◎ 马口鱼 *Opsariichthys bidens* (Günther, 1873)

地方名：桃花板、桃花鱼、马口。

形态特征：背鳍iii-7；胸鳍i-14；腹鳍i-8；臀鳍iii-8—9。背鳍前鳞17—19；围尾柄鳞15—18。第1鳃弓外侧鳃耙8—10。下咽齿3行，1.3.5—4.3.1。脊椎骨4+35—38+1。

标准长为体高的3.1—3.6倍，为头长的3.5—3.9倍，为尾柄长的5.4—6.5倍，为尾柄高的9.9—11.4倍。头长为吻长的2.2—2.8倍，为眼径的4.8—5.9倍，为眼间距的3.1—3.5倍，为尾柄长的1.6—1.8倍，为尾柄高的2.8—3.2倍。

体长，侧扁，腹部圆。头较大且尖，头长常大于体高，略呈方形。吻短，较钝，吻长与眼间距约相等。口大，端位，口裂向上倾斜，下颌末端延伸达眼前缘，雌鱼可达眼正中垂直线下方。下颌前端有一显著凸起与上颌前端凹陷相嵌，上颌两侧凸起与下颌两侧凹陷相吻合。无须。眼较大，位于头侧上方，至吻端的距离较近。眼间隔较平坦，较宽。鼻孔在眼前上方，距眼前缘较近。鳃耙长，排列稀疏。下咽齿较细，长柱状，有的稍弯曲，顶端略呈钩状。

背鳍较短，外缘稍凸出，其起点位于吻端至尾鳍基之间的中间或稍近前方。胸鳍较长，末端尖，后伸可达或超过胸鳍、腹鳍基距离的2/3。腹鳍后缘略圆，其起点位于背鳍起点稍后方，末端后伸不达肛门。臀鳍较长，其起点距腹鳍基部较近，雄鱼的前数根分支鳍条显著延长，可达尾鳍基部。尾鳍叉形，分叉较深，上下叶末端稍尖。肛门紧靠臀鳍起点。鳞片较大，圆形，胸部鳞片较小，腹鳍基部两侧各有1—2片较大的腋鳞。侧线完全，在体中部向下弯曲。生殖季节雄鱼全身具有鲜艳的婚姻色，并在其吻部、头部两侧，臀鳍和体后部鳞上有显著的白色颗粒状珠星，尤以吻部、头部两侧和臀鳍上的珠星最明显，颗粒最大。臀鳍的第1—4根分支鳍条明显延长。雌鱼无上述婚姻色。鳔2室，前室短小；后室长圆筒形，末端尖，为前室长的2.0—2.8倍。肠长为标准长的1.4—1.8倍。腹腔膜呈黑色，其上有许多黑色小斑点。

喜生活在水质较清新的溪流或清水池塘中，生长速度较慢。常以水生昆虫和小型鱼类为食。1龄鱼可达性成熟，并可参加繁殖，生殖季节在5—6月，怀卵量不大。

分布：广泛分布于我国中东部自黑龙江至江间各水系。国外分布于朝鲜、老挝、俄罗斯、越南等。

📍	乌江
🐟	137mm
📷	曾圣
🕐	2017-09-21

◎ 成都马口鱼 *Opsariichthys chengtui* (Kimura, 1934)

地方名：桃花鱼、桃花板。

形态特征：背鳍iii-7；胸鳍i-14—15；腹鳍i-8—9；臀鳍ii-9—10。第1鳃弓外侧鳃耙11—12。下咽齿2行，3·4—5·4或4·4—5·4。脊椎骨4+37—38+1。标准长为体高的4.2—4.5倍，为头长的3.8—4.0倍。头长为吻长的2.6—3.2倍、为眼径的4.9—5.7倍，为眼间距的2.6—2.9倍，为尾柄长的1.3—1.5倍，为尾柄高的2.6—2.9倍，为头宽的2.0倍左右。

　　体长，侧扁。头长与体高几乎相等。吻钝。眼小，侧上位，距吻端较近。口端位，口裂倾斜，下颌稍长于上颌。无须。鼻孔在眼前方。眼间隔稍凸起。鳃耙排列稀疏。下咽齿末端呈钩状。

　　背鳍起点与腹鳍起点相对，最长分支鳍条短于头长。胸鳍末端尖，可达腹鳍基部。腹鳍短，末端接近肛门。臀鳍长，雄鱼比雌鱼更长，其最长分支鳍条可达尾鳍基部。

　　鳞片略呈圆形，排列较密，腹鳍基部具1—2个腋鳞。侧线完全。性成热雄鱼的吻部、眼下缘、臀鳍条上有显著的珠星。鳔2室，后室长为前室长的1.5—1.8倍。腹腔膜呈黑色。

　　生活时体色与宽鳍鱲相似，背部呈黑灰色，腹部呈银白色，体侧从鳃盖的后缘起至尾基有10条显著的横条纹，各条纹间夹杂许多红色斑点。背鳍、尾鳍呈灰白色，具有许多鲜艳的绿色斑点，其余各鳍均呈浅红色。

分布：岷江中游支流、沱江上游等水域曾有记录，成都平原人工河道也可能存在少量种群。

四川省成都市崇州市西河
166mm
晏雯楚
2024-07-13

◎ 尖鳍马口鱼大鳞亚种

Opsariichthys macrolepis
(Yang *et* Hwang, 1964)

形态特征：背鳍条3—7；臀鳍条3—9。侧线鳞41—46。下咽齿2行，4·5—5·4。鳃耙外侧7—10。脊椎骨35—36。

体长为体高的4.4—4.6倍，为头长的4.2—4.4倍，为尾柄长的4.2—5.1倍，为尾柄高的11.0—11.4倍。头长为吻长的2.8—3.2倍，为眼径的3.8—4.6倍，为眼间距的2.4—2.8倍。

体长而侧扁，体高稍大于头长。口端位，吻短而钝。上下颌等长，下颌前端有一凸起与上颌空隙相吻合。无须。眼小，位于头侧的上方。吻长和眼间距相等。鳞呈圆形，较大。侧线完全。鳃耙短而稀。背鳍无硬刺，其起点至吻端较至尾鳍基距离为近。腹鳍相对胸鳍长，末端较尖，可达或超过腹鳍起点。臀鳍较长，雄鱼的第1—4根分支鳍条达尾鳍基部。鳔2室，后室的长度约为前室的2倍。体腔膜呈黑色。背部呈灰黑色，腹部呈灰白色，体侧有10—12条垂直的黑色条纹。成熟雄鱼在生殖季节体侧有红绿鲜艳的婚姻色。在头部及臀鳍条有显著突出的珠星。

分布：长江上游特有亚种。主要分布于金沙江流域的雅砻江下游及金沙江干流、横江、牛栏江等金沙江支流、大渡河流域的乐山段及支流、长江上游干流的宜宾至泸州江段、滇东北高原湖泊。

四川省雅安市芦山县西川河

153mm

晏雯楚

2023-06-20

◎ 长鳍马口鱼 *Opsariichthys evolans*
(Jordan *et* Evermann, 1902)

地方名：红翅子、溪哥、桃花鱼。

形态特征：体延长，侧扁，具蓝绿色横纹。口大，上下颌边缘略微凹凸。雄鱼臀鳍鳍条延长，生殖季节色泽鲜艳。头后隆起，尾柄较细，腹部圆。头大且圆。吻短，稍宽，端部略尖。口裂宽大，端位，向下倾斜，上颌骨向后延伸超过眼中部垂直线下方，眼较小。鳞细密。侧线在胸鳍上方显著下弯，沿体侧下部向后延伸，于臀鳍之后逐渐回升到尾柄中部。背鳍短小，起点位于体中央稍后，且后于腹鳍起点。胸鳍长。腹鳍短小。臀鳍发达，可伸达尾鳍基。尾鳍深叉。背部呈灰褐色，腹部呈灰白色，体中轴有蓝黑色纵纹，生殖期雄鱼头下侧、胸腹鳍及腹部均呈橙红色。雄鱼的头部、胸鳍及臀鳍上均具有珠星，臀鳍第1—4根分支鳍条特别延长；体色较为鲜艳。斑纹呈条纹状，颜色为粉蓝相间。

分布：我国中东部自黑龙江至珠江流域广泛分布。

100mm

林永晟

2023-01-16

图片来源：张春光等，2019

细鲫属 *Aphyocypris*

◎ **中华细鲫** *Aphyocypris chinensis*
(Günther, 1868)

地方名：似细鲫、万年鲞。

形态特征：背鳍iii-6—7；胸鳍i-11—13；腹鳍i-6—7；臀鳍iii-7—8。侧线鳞3—7；侧线后的纵列鳞30—36；背鳍前鳞13—14；围尾柄鳞12—14。第1鳃弓外侧鳃耙5—8。下咽齿2行，2·4—4·3，2·4—5·3，3·5—4·2或2·4—5·3。脊椎骨4+28—29+1。

体长为体高的3.7—4.1倍，为头长的3.4—3.9倍，为尾柄长的4.3—4.6倍，为尾柄高的7.2—7.8倍。头长为吻长的3.6—4.0倍，为眼径的3.3—3.7倍，为眼间距的2.5—2.9倍。

体小，略侧扁。吻钝圆，吻长短于或等于眼径。口小，端位，口裂略上斜，下颌稍突出于上颌边缘。眼大，从眼后缘至吻端的距离等于眼后头长。下咽齿呈四锥形，末端尖而弯曲。鳞中等大小，仅前部2—9（多数3—6）个鳞片有侧线。腹棱自腹鳍基部至肛门。背鳍无硬刺，其起点稍后于腹鳍起点。胸鳍末端几达腹鳍基部，腹鳍末端接近肛门。臀鳍起点在背鳍基部的后下方。尾鳍叉状。鳔2室，后室较前室长。腹腔膜呈银灰色。体背部和体侧上半部呈灰黑色，体侧下半部和腹部呈灰白色。各鳍呈微黄色。

分布：广泛性鱼类。广泛分布于我国中东部辽河以南各水系，包括岷江中游及沱江上游部分江段、嘉陵江部分支流等，在长江中下游、珠江、钱塘江支流及闽江等也有分布。

鮈鲫属 *Gobiocypris*

◎ 稀有鮈鲫 *Gobiocypris rarus*
(Ye *et* Fu, 1983)

地方名：金白娘、墨线鱼。

形态特征：背鳍ii-7—8；胸鳍i-11—13；腹鳍i-7—9；臀鳍ii-6—7。纵列鳞30—34；侧线鳞8—15；背鳍前鳞12—15；围尾柄鳞12—11。第1鳃弓外侧鳃耙5—6，内侧7—8。下咽齿2行，2·4—4·2，2·4—4·1，1·4—4·2或1·4—4·1。脊椎骨数4+29—30+1。

标准长为体高的3.4—4.8倍，为头长的3.3—4.0倍，为尾柄长的4.5—5.5倍，为尾柄高的6.5—9.1倍。头长为吻长的3.5—4.2倍，为眼径的3.4—4.9倍，为眼间距的2.3—2.9倍。尾柄长为尾柄高的1.4—2.0倍。

体小，呈长形，稍侧扁。背部较平坦，腹部无腹棱。头稍大，较高。吻短，前端钝，其长度比眼间距小。口端位，较小，呈弧形，口裂倾斜，后端伸达鼻孔前缘下方。上下颌约等长。唇薄，无皱褶，唇后沟不相通。口角无触须。眼稍大，位于头侧上方，眼球中部至吻端距离大于至头后端。眼间隔较宽且平坦。鼻孔位于眼前缘上前方，距眼前缘较至吻端近。齿细小，略呈匙状，末端稍弯曲。

背鳍短小，外缘平截，无硬刺，其起点位于身体的中点。胸鳍小，末端尖，后伸不达腹鳍起点。腹鳍短小，后伸不达肛门，其起点在背鳍起点前下方。臀鳍小，外缘截形，其起点距腹鳍起点较距尾鳍基部为近。尾鳍宽大，分叉深，上、下叶几乎等长，末端尖。肛门紧靠臀鳍起点。

鳞片中等大。侧线不完全，前段明显，向后延伸至背鳍下方或肛门上方。鳔2室，前室较小，后室较粗大，其长为前室的1.2—1.4倍。腹腔膜呈银白色，其上有许多小斑点。

分布：四川特有种。分布于安于河、大渡河支流流沙河、岷江支流柏条河和白木河流域。

四川省成都市彭州市濛阳河

32mm

陈浩骏

2024-05-01

图片来源：廖伏初等，2020

青鱼属 *Mylopharyngodon*

◎ 青鱼 *Mylopharyngodon piceus*
(Richardson, 1846)

地方名：青棒。

形态特征：背鳍iii-7—8；臀鳍iii-8。侧线鳞41—44。下咽齿1行，4—5。脊椎骨36—37。

体长为体高的4.1—5.9倍，为头长的3.7—5.0倍，为尾柄长的4.2—6.0倍，为尾柄高的5.5—9.1倍。头长为吻长的3.1—4.5倍，为眼径的4.5—16.5倍，为眼间距的2.0—2.5倍。

体延长，略呈棒形。头顶部宽平，尾部稍侧扁。口端位，呈弧形。上颌稍长于下颌，向后伸至眼前缘下方。眼适中，位于头侧的中部。鳃耙稀而短小。下咽齿呈臼齿状，齿面光滑。

背鳍、臀鳍无硬刺。尾鳍深叉，上下叶等长。体被六角形大圆鳞，鳞中心略偏于前部。体呈青灰色，背面较深，腹部呈灰白色，各鳍均呈黑色。

分布：广布性鱼类。在我国东部黑龙江至珠江各大水系均有分布。亦自然分布于俄罗斯阿穆尔河流域等，已被引入欧洲等地。

鲸属 *Luciobrama*

◎ 鲸

Luciobrama macrocephalus

(Lácepède, 1803)

地方名：马头鲸。

图片来源：李鸿等，2020

形态特征：背鳍iii-8；臀鳍iii-10—11；胸鳍i-13—16；腹鳍i-9—11。侧线鳞136—148。下咽齿1行，5—5或6—6。鳃耙外侧8—9。

体长为体高的5.8—7.1倍，为头长的3.3—3.9倍，为尾柄长的6.8—7.7倍。头长为吻长的4.3—6.0倍，为眼径的17.0—23.5倍，为眼间距的6.0—6.9倍。

体细长，腹部圆，无腹棱。头前部细长呈管形，吻平扁略似鸭嘴。口上位，下颌长于上颌，且稍向上倾斜。眼位于头侧稍上方，距吻端较近，眼间隔较平坦，眼后头长约为吻长的2倍或2.5倍。下咽齿细长，稍呈圆柱状。鳃耙稀疏。鳞细小。

背鳍位置很靠后，其起点至吻端约为至尾鳍基距离的2倍。胸鳍短小，末端距腹鳍甚远。腹鳍亦短，远不达臀鳍。臀鳍起点和背鳍末端相对或稍后。尾鳍分叉深。鳔2室，后室长度为前室的1.3—1.6倍。肠较短，约为体长的1.5倍。

体背呈深灰色，两侧及腹部呈银白色，胸鳍淡红，背鳍、腹鳍和臀鳍呈灰白色，尾鳍后缘呈黑色。

分布：分布于长江、珠江、闽江等水系。国外见于越南。

图片来源：廖伏初等，2020

草鱼属 *Ctenopharyngodon*

◎ 草鱼 *Ctenopharyngodon idellua*
(Valenciennes, 1844)

地方名：草棒。

形态特征：背鳍iii-7；胸鳍i-6；腹鳍i-8；臀鳍iii-8。背鳍前鳞16—20。脊椎骨4+39—42+1。

体长为体高的3.4—4.0倍，为头长的3.6—4.3倍，为尾柄长的7.3—9.5倍，为尾柄高的6.8—8.8倍。

体长，略呈圆筒形，后部稍侧扁，腹部圆。尾柄长。头中等大。吻端较钝，短而宽。口端位，呈弧形，上颌稍长于下颌，后端可达鼻孔后下方。唇稍厚，简单。口角无触须。眼中等大，位于头侧近中线。眼间宽阔，其宽约与眼后头长相等。鼻孔位于前上方。鳃耙短小，呈柱形，排列稀疏。下咽齿左右常不对称；主行齿较长、粗壮，外侧齿较短小，细弱，侧扁；齿冠倾斜，有槽沟，侧面在近齿冠两侧具有许多斜行的槽纹，略似梳状。

背鳍较小，外缘稍凸出，最后一根不分支鳍条不成硬刺，其起点约与腹鳍起点相对或稍前，至吻端的距离大于至尾鳍基部的距离。胸鳍较长，不达腹鳍基部，相隔6—7枚腹鳞，末端后伸可达胸鳍、腹鳍基部距离的1/2。腹鳍较短，末端不达肛门。臀鳍较短，后缘平截，其起点距腹鳍基部的距离远大于至尾鳍基部的距离。尾鳍叉形，上、下叶等长，末端稍圆。肛门紧靠臀鳍起点。

鳞片大，圆形，腹部鳞稍小。侧线完全，从鳃孔后上角延伸到尾柄的中轴，在腹鳍上方微向下弯，呈弧形。生殖季节雄鱼胸鳍背后有白色珠星，用手触摸有粗糙感。尾柄鳞片上亦有珠星。鳔2室，前室短，略呈长圆形；后室长大，呈圆筒状，末端尖削，其长度为前室长的1.6—2.0倍。腹腔膜呈灰黑色。肠管长，其长度为标准长的2.4—2.7倍。

体呈茶黄色，背部色深，呈青灰色，腹部呈灰白色，腹鳍呈浅黄色，胸鳍色较浅，其余各鳍呈浅灰色。

分布：分布范围广，自然分布于我国长江、珠江、黑龙江水系及钱塘江、闽江等东南沿海河流（依赖人工增养殖维持）。

黑线鲹属 *Atrilinea*

◎ 大鳞黑线鲹 *Atrilinea macrolepis*
  (Song *et* Fang, 1987)

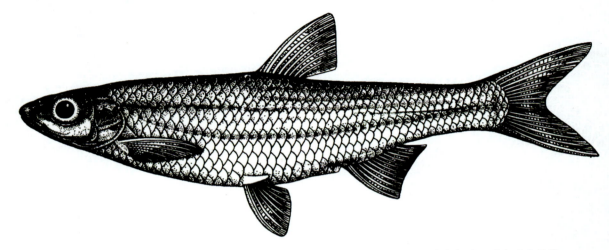

图片来源：周友兵和吴楠，2019

地方名：大鳞黑线鱼。

形态特征：体长，侧扁，腹部圆，无腹棱。背鳍起点之前身体达到最高点。头尖。口端位，大，上颌突出，口裂稍倾斜。上颌骨末端达眼前缘下方；下颌正中有突起。吻稍尖，吻长小于眼后头长。眼大，约等于吻长，眼间隔宽而平坦。无须。背鳍发达，无硬刺，起点与腹鳍起点相对，略长，小于头长。胸鳍发达，水平伸展，鳍条末端后伸不及腹鳍起点。腹鳍末端不达肛门，其起点至臀鳍起点的距离小于臀鳍起点至尾鳍基部的距离。肛门紧靠臀鳍起点。尾鳍分叉中等深，上、下叶等长，末端略尖。全身被鳞，鳞片基部无辐射线。侧线完全，自鳃孔上角缓和地降至体侧中轴线之下，延至臀鳍末端后上方复向上弯折，然后伸至尾柄中线。鳃耙短小，排列稀疏。

分布：中国特有种。分布于汉江的堵河上游。

◎ 黑线鳘 *Atrilinea roulei* (Wu, 1931)

形态特征：背鳍ii-7；臀鳍ii-12—13。下咽齿3行，2·4·5—5·4·2。侧线鳞$53\frac{8.5}{3.5\text{-V}}56$。背鳍硬棘3；背鳍软条7；臀鳍硬棘2；臀鳍软条12。脊椎骨39。

体长为体高的5.6倍，为头长的4.3倍。头长为吻长的2.7倍，为眼径的3.6倍，为眼间距的2.7倍，为尾柄长的1.2倍，为尾柄高的2.6倍。

体长，侧扁，腹部圆，无腹棱。背鳍起点之前身体达到最高点。头尖。口端位，口大，上颌突出，口裂稍倾斜。上颌骨末端达眼前缘下方，下颌正中有一个突起。吻稍尖，吻长小于眼后头长。眼大，约等于吻长，眼间隔宽而平坦。无须。背鳍发达，无硬刺，起点与腹鳍起点相对，略长，小于头长。胸鳍发达，水平伸展，鳍条末端后伸不及腹鳍起点。腹鳍末端不达肛门，其起点至臀鳍起点的距离小于臀鳍起点至尾鳍基部的距离。肛门紧靠臀鳍起点。尾鳍分叉中等深，上、下叶等长，末端略尖。全身被鳞，鳞片基部无辐射线。侧线完全，自鳃孔上角缓和地降至体侧中轴线之下，延至臀鳍末端后上方复向上弯折，然后伸至尾柄中线。腹部呈黑色。肠不甚长，沿侧线有一条狭窄的黑带。

分布：钱塘江及秋浦河有分布。

📍 江西省景德镇市昌江区

🐟 105mm

📷 林永晟

🕐 2022-10-16

大吻鱥属 *Rhynchocypris*

◎ 尖头大吻鱥

Rhynchocypris oxycephalus

(Sauvage *et* Dabry de Thiersant, 1874)

地方名：尖头鱥、木叶鱼、柳根。

形态特征：体长形，稍侧扁，腹部圆，尾柄较高。头近锥形，头长大于体高。吻尖突或钝，吻皮覆盖上颌，或止于上颌。口亚下位，口裂稍斜。下颌前端宽圆，上颌骨末端不伸达眼前缘的下方。下唇褶较发达。眼中大，位于头侧，眼后缘至吻端的距离一般大于眼后头长。眼间隔宽平，眼间距大于眼径。鳃孔向前伸至前鳃盖骨后缘稍前的下方；鳃盖膜连于峡部；峡部较窄。鳞小，胸、腹部具鳞。侧线完全，约位于体侧中央，在腹鳍前的侧线较为显著。背鳍位于腹鳍的上方，外缘平直，起点至吻端的距离大于至尾鳍基的距离。臀鳍位于背鳍的后下方，外缘平直，起点约与背鳍基末端相对。胸鳍短，末端钝，末端至腹鳍起点的距离为胸鳍长的2/3左右。腹鳍起点前于背鳍，末端伸达或伸越肛门。尾鳍分叉浅，上、下叶约等长，末端钝。

分布：是中国特有种。黑龙江至长江均有分布，珠江流域个别北侧支流的上游高海拔地区也有分布报道。

雅安青衣江

120mm

喻燚

2023-06

赤眼鳟属 *Squaliobarbus*

◎ 赤眼鳟 *Squaliobarbus curriculus*
(Richardson, 1846)

地方名：红眼鱼、红眼棒。

形态特征：背鳍iii-7—8；胸鳍i-14；腹鳍i-8；臀鳍iii-7—8。背鳍前鳞13—16；围尾柄鳞15—16。第1鳃弓外侧鳃耙10—13，内侧15—19。下咽齿3行，一般为2·4·5—5·4·2或2·1·1—4·4·2或1·4·5—5·4·2。

标准长为体高的4.0—4.8倍，为头长的1.0—4.5倍，为尾柄长的6.0—6.7倍，为尾柄高的8.5—9.9倍。头长为吻长的3.0—3.5倍，为眼径的3.8—5.5倍，为眼间距的2.1—2.5倍，为尾柄长的1.5—1.8倍，为尾柄高的1.5—2.3倍。尾柄长为尾柄高的1.3—1.6倍。

体长形，略呈圆筒状，后段较侧扁，腹部圆。头略呈锥形，顶部稍平。吻较短，圆钝。口端位，口裂较宽，略呈弧形。上唇和下唇均较厚。有上颌须2对，短而细。眼位于头侧偏上方，至吻端较至鳃盖后缘的距离为近，眼间隔较宽。鼻孔位于眼前缘的上方，距眼前缘较近。鳃耙短而尖，排列稀疏。鳃丝长，最长鳃丝为最长鳃耙的2.9—3.3倍。下咽齿较长，基部粗壮。齿端稍呈钩状。

背鳍无硬刺，其起点与腹鳍起点相对，至吻端的距离较至尾鳍基为近。胸鳍后伸不达腹鳍起点，相隔3—4枚鳞片。腹鳍较短，后伸不达腹鳍起点至臀鳍起点间距离的1/2。臀鳍基部较长，后缘平截。尾鳍分叉深，上、下叶等长，末端尖。肛门紧靠臀鳍起点。鳔呈圆柱形，后端较尖，呈锥形，后室长为前室长的2.7—3.2倍。肠管较长。腹腔膜呈黑色。

分布：中国东部黑龙江至珠江各大水系均有分布。国外分布于俄罗斯、朝鲜半岛、越南等。

长江武汉段
175mm
梁孟
2017-07-12

鳡属 Ochetobius

图片来源：廖伏初等，2020

◎ 鳡 *Ochetobius elongatus* (Kner, 1867)

地方名：刁子、麦秆刁。

形态特征：背鳍iii-9；臀鳍iii-9—10；胸鳍i-16；腹鳍ii-9。背鳍前鳞27—32；围尾柄鳞21—23。第1鳃弓外侧鳃耙25—30。下咽齿3行，2·4·5（4）—4（5）·4·20。脊椎骨4+56。

体长为体高的5.6—7.4倍，为头长的4.4—5.6倍，为尾柄长的5.7—7.1倍，为尾柄高的12.8—15.5倍。头长为吻长的3.2—4.0倍，为眼径的4.2—7.6倍，为眼间距的2.8—2.9倍，为尾柄长的1.1—1.6倍，为尾柄高的2.5—3.3倍。尾柄长为尾柄高的1.9—2.6倍。

体低而延长，呈圆筒状，尾柄低。头短，稍侧扁。吻短，稍尖，吻长大于眼径。口小，端位。上颌略长于下颌；上颌骨伸达鼻孔的下方。唇后沟向前伸延，中断，间距较窄。眼较小，位于头的前半部。眼间隔宽而微突，其宽为眼径的2倍余。鳃孔宽大，向前伸至眼后缘稍后的下方；鳃盖膜与峡部相连；峡部甚窄。鳞小；侧线平直，约位于体侧中央，向后伸达尾鳍基。

背鳍外缘稍凹，起点至吻端的距离较至尾鳍基为近或相等；第3根不分支鳍条长约等于眼前缘至鳃盖后缘的距离。臀鳍短，离背鳍较远，外缘凹入，起点至腹鳍起点的距离比至尾鳍基为远，鳍条末端至尾鳍基的距离稍大于臀鳍基部长。胸鳍尖形，末端至腹鳍起点的距离约等于胸鳍长。腹鳍位于背鳍的下方，起点与背鳍起点约相对，鳍条末端至臀鳍起点的距离大于腹鳍长。尾鳍深分叉，上、下叶尖形，约等长。

鳃耙细长，排列紧密。下咽骨狭长，前臂长于后臂。咽齿稍侧扁，齿冠面斜而稍凹，顶端略呈钩状。鳔2室，后室甚长，末端细尖，插入体腔后部的肌肉中，几乎伸至臀鳍基部的末端；后室长约为前室长的4倍。肠短，前部为一直管，约在中部作一弯曲；肠长短于体长。腹部呈银白色。

鲜活时体背侧呈灰黑色，腹部呈银白色。背鳍、臀鳍、尾鳍带淡黄色，尾鳍边缘呈黑色。

有江河洄游的习性，每年7—9月进入湖泊肥育，生殖季节又回到江河急流中产卵，产卵期在4—6月。生长较慢，最大个体可达10余千克，有一定经济价值。

分布：长江及其以南的水系均有分布。国外分布于朝鲜、越南。

鳡属 *Elopichthys*

◎ 鳡 *Elopichthys bambusa*
　　(Richardson, 1845)

地方名：鳡棒。

形态特征：背鳍iii-9—10；胸鳍i-10—11；腹鳍i-17—18；臀鳍iii-10—11。背鳍前鳞54—58；尾柄鳞29—33。第1鳃弓外侧鳃耙13—16，内侧10—18。下咽齿3行，通常为2·3·4—4·4·2。脊椎骨4+48—50+1。

标准长为体高的5.2—5.7倍，为头长的3.5—4.2倍，为尾柄长的5.9—6.5倍，为尾柄高的10.0—13.5倍。头长为吻长的3.0—3.5倍，为眼径的7.5—8.5倍，为眼间距的3.5—4.0倍，为口裂长的2.3—2.5倍，为尾柄长的1.9—2.3倍，为尾柄高的3.0—3.5倍。

体延长，稍侧扁，头较长，稍小，略呈锥形。吻较尖，略呈喙状，口端位，口裂大，可达眼球正中垂直线的下方。下颌较尖，其顶端有一突起，与上颌凹陷相吻合。无须。眼小，位于头侧上方，眼径与头长的比例随着鱼体增长而增大，鼻孔位于眼前缘上方，距眼前缘较近。鳃耙长形，排列稀疏。下咽齿稍侧扁，顶端略弯曲，略呈钩状。

背鳍较短小，其起点在腹鳍起点之后，至吻端的距离大于至尾鳍基的距离。胸鳍较小，尖而长，其末端后伸可达胸鳍基至腹鳍基距离的1/2处。腹鳍起点在胸鳍起点至臀鳍起点间距离的中点。臀鳍稍短，外缘稍内凹，其起点位于腹鳍起点至尾鳍基部距离的中点。尾鳍分叉深，上、下叶等长，末端尖。肛门紧靠臀鳍起点。

鳞片较小，侧线完全。前段稍向腹面弯曲，以后延伸至尾柄正中。腹鳍基部两侧具有较长的腋鳞。鳔2室，前室短而粗；后室长，呈圆棒状，末端很尖细，为前室的2.5—3.2倍。肠较粗短。腹腔膜呈银白色。

生活时背部呈灰黑色，体侧呈灰白色，腹部呈银白色，背鳍和尾鳍呈深灰色，峡部和其他各鳍均呈淡黄色。

分布：广布我国东部黑龙江至珠江的各水系。国外越南也有分布。

长江武汉段

356mm

梁孟

2018-01-14

飘鱼属 Pseudolaubuca

◎ 飘鱼 *Pseudolaubuca sinensis*
　　(Bleeker, 1864)

地方名：毛叶刀。

形态特征：体侧扁。腹部从峡部至肛门前具有明显的腹棱。头小较尖。口端位，口裂倾斜。上下颌等长，下颌前端中央有一凸起与上颌前端中央的凹陷相嵌合。眼位于头侧中部上方，距吻端较近。鼻孔位于吻端与眼前缘之间的中点，或距眼前缘稍近。鳃耙短小，排列稍稀疏。下咽骨较细长，后臂较弯曲，咽齿稍粗壮，末端呈钩状。

背鳍较短小，最末一根不分支鳍条细软，其起点位于身体后段。胸鳍不达腹鳍起点。腹鳍短小，末端后伸不达肛门。臀鳍条较短，基部较长，外缘稍内凹。尾鳍分叉深，下叶稍比上叶长。肛门紧靠臀鳍起点。

鳞片较小，甚薄，排列紧密，易脱落。腹鳍基部有狭长的腋鳞。侧线完全，侧线在胸鳍上方显著，向下弯折，近胸鳍末端处沿腹缘向后延伸，至尾柄处转向上弯曲，达尾柄中央。体呈银白色，背部呈灰白色。背鳍和尾鳍呈灰白色，其余各鳍均呈白色。

分布：分布于辽河、长江中下游、钱塘江、元江下游、闽江、韩江、珠江。国外越南北部也有分布。

⊙ 浙江省杭州市西湖区

🐟 148mm

📷 林永晟

🕐 2022-12-02

◎ 寡鳞飘鱼 *Pseudolaubuca engraulis*
(Nichols, 1925)

地方名：蓝片子、飘鱼。

形态特征：标准长为体高的4.0—5.1倍，为头长的4.0—4.5倍，为尾柄长的5.8—7.0倍，为尾柄高的8.0—8.4倍。头长为吻长的3.0—3.7倍，为眼径的3.2—4.5倍，为眼间距的3.0—4.1倍。尾柄长为尾柄高的1.7—21.9倍。

体长形，侧扁，背部较厚，腹部呈弧形，自峡部至肛门具腹棱。头长，侧扁，头长大于体高（150mm以上个体头长小于体高），头背较平直。吻稍尖，吻长大于眼径。口端位，口裂斜，口裂末端约伸达眼前缘的下方；上下颌约等长，上颌中央具1个缺刻，边缘稍波曲，下颌中央具1个突起，与上颌缺刻相吻合。

眼中大，位于头侧，眼后至吻端的距离大于眼后头长。眼间隔宽，隆起，眼间距大于眼径，为眼径的1.1—1.4倍。鳃孔宽；鳃盖膜在前鳃盖骨后缘的下方与峡部相连；峡部窄。

鳞中大，薄而易脱落。侧线在头后呈广弧形向下弯曲与腹部平行，行于体之下半部，至尾柄处又折而向上，伸入尾柄正中。背鳍位于腹鳍的后上方，无硬刺，外缘平直，起点在前鳃盖骨后缘或眼后缘与尾鳍基之间。臀鳍位于背鳍的后下方，外缘微凹，起点至腹鳍基的距离较至尾鳍基为近。

胸鳍长，尖形，末端不达腹鳍起点；胸鳍腋部具1个肉瓣，其长大于或等于眼径。腹鳍短于胸鳍，起点距臀鳍起点较至胸鳍起点为近，末端不伸达肛门。尾鳍深分叉，末端尖形，下叶长于上叶。

分布：中国特有种。珠江、长江、九龙江、黄河等水系均有分布。

🐟 88mm
📷 林永晟
🕐 2023-11-02

华鳊属 *Sinibrama*

◎ 四川华鳊 *Sinibrama taeniatus*
　　(Nichols, 1941)

地方名：墨线鱼。

形态特征：背鳍iii-7；胸鳍i-14—15；腹鳍i-8—9；臀鳍iii-18—20。背鳍前鳞21—23。第1鳃弓鳃耙，外侧12—18，内侧15—19。下咽齿3行，2·4·5—4·4·2或2·4·4—5·4·2。脊椎骨4+37+1。

◎	沱江
🐟	96mm
📷	田甜
🕐	2017-12-03

标准长为体高的3.3—3.5倍，为头长的4.1—4.3倍，为尾柄长的6.5—7.2倍，为尾柄高的8.7—8.9倍，为体厚的6.2—7.2倍。头长为吻长的3.4—3.9倍，为眼径的3.4—3.9倍，为眼间距的2.8—3.0倍，为体宽的1.4—1.7倍，为尾柄长的1.5—1.7倍，为尾柄高的2.0—2.1倍，为口宽的3.3—3.4倍。尾柄长为尾柄高的1.2—1.3倍。

体侧扁，稍低，背部轮廓呈弱弧形。胸部圆，腹部轮廓弧形。腹鳍基部至肛门前有明显的腹棱。头短小，略呈三角形，背部较平直，在鼻孔前方有一处凹陷。吻短，前端圆钝。口端位，口裂倾斜，后端伸达鼻孔下方。上下颌几乎等长。唇稍厚。无须。眼较大，位于头部近前端，眼后头长约等于吻长和眼径之和，眼间头部稍圆凸。鼻孔位于眼前缘上方，距眼前缘较近，鼻孔前缘约在吻部的中点。鳃耙粗短，呈锥形，末端钝，排列稀疏，最长鳃耙不及最长鳃丝的1/2。咽齿稍侧扁，末端呈钩状。

背鳍起点位于腹鳍起点之后上方，至吻端距离小于至最末鳞片后端的距离，末根不分支鳍条为光滑硬刺，较短，外缘平截。胸鳍短，末端圆，后伸不达腹鳍基部，相距3—4枚腹鳞。腹鳍短小，后伸不达肛门。臀鳍不及尾鳍基，外缘稍内凹，基部较长，其长度大于腹鳍起点至臀鳍起点之间的距离。尾鳍叉形，末端尖，最长鳍条为中央最短鳍条的2.0倍。鳔2室，前室较短；后室长，末端圆，后室的长度为前室的1.5—1.8倍。腹腔膜呈白色。肠长为标准长的1.1—1.5倍。

分布：中国特有种。分布于四川省内长江干流、赤水河、南广河、大渡河下游、青衣江、马边河和岷江下游。重庆也有分布。

◎ **大眼华鳊** *Sinibrama maerops*
(Günther, 1868)

地方名： 大眼鳊。

形态特征： 背鳍iii-7；臀鳍iii-21—24；胸鳍i-14；腹鳍ii-8。侧线鳞54—60；围尾柄鳞20。第1鳃弓外侧鳃耙9—13。下咽齿3行，2·4·5（4）—4（5）·4·2。脊椎骨4+37—38。

体长为体高的2.7—3.7倍，为头长的3.8—4.5倍，为尾柄长的7.5—10倍，为尾柄高的8.5—10.4倍。头长为吻长的3.4—4.1倍，为眼径的2.4—3.4倍，为眼间距的2.7—3.3倍，为尾柄长的1.8—2.5倍，为尾柄高的2.1—2.6倍。尾柄长为尾柄高的1.0—1.3倍。

📍	浙江
🐟	130mm
📷	喻燚
🕐	2024-05

体长形，侧扁，头后背部稍隆起，腹部明显下凸，尾柄短而高，腹部在腹鳍至肛门具腹棱。头短，侧扁，头长小于体高。吻短而钝，吻长小于眼径，为眼径的0.6—0.9倍。口端位，半圆形，口裂稍斜，口角止于鼻孔的下方。上下颌约等长，或下颌略短；上颌骨末端伸达鼻孔的下方。眼大，位于头侧；眼后缘至吻端的距离大于眼后头长，眼后头长为眼径的1.1—1.4倍。眼间稍凸，眼间距等于或大于眼径。鳃孔向前约伸至眼的后缘；鳃盖膜连于峡部；峡部窄。鳞中大，侧线前部弧形，后部平直，伸达尾柄正中。

背鳍具硬刺，刺长短于头长，外缘稍凹；背鳍起点约在腹鳍基部中点的上方，距尾鳍基较至吻端为近。臀鳍外缘微凹，起点在背鳍基的后下方，臀鳍基较长，距腹鳍起点的距离小于臀鳍基部长。胸鳍尖形，其长短于头长，末端伸达或不达腹鳍起点。腹鳍起点前于背鳍，其长短于胸鳍，末端不伸达肛门。尾鳍深分叉，上、下叶约等长，末端尖形。

鳃耙短小，排列稀。下咽骨中长，较宽，略呈弓形，前角突显著。咽齿近侧扁，末端尖而弯。鳔2室，后室长，为前室长的1.5倍左右，末端圆钝。肠长，盘曲多次，其长为体长的1.5倍左右。腹部呈灰黑色。侧线前部略向下弯。

分布： 中国特有种。分布于长江中游、钱塘江、灵江、闽江、珠江等水系和台湾。

◎ 长臀华鳊 *Sinibrama longianalis*
(Xie, Xie *et* Zhang, 2003)

形态特征： 背鳍iii-7—8；臀鳍iii-24—28；胸鳍i-13—16；腹鳍i-8。围尾柄鳞18—21。第1鳃弓外侧鳃耙12—15。一般呈 2·4·5—4·4·2 或 2·4·4—5·4·2 这样排列。

体长为体高的2.64—3.11倍，为头长的4.12—4.47倍，为尾柄长的6.65—9.38倍，为尾柄高的8.29—9.86倍。头长为吻长的3.25—4.45倍，为眼径的3.17—3.58倍，为眼间距的2.71—3.26倍，为尾柄长的1.54—2.28倍，为尾柄高的2.01—2.30倍。尾柄长为尾柄高的0.88—1.41倍。

体稍高，相当侧扁，头部几呈三角形，头长大于头高，小于体高，头后背部隆起，腹部自腹鳍基部至肛门具腹棱，尾柄较高。吻短而钝，吻长小于眼径，为眼径的0.77—0.99倍。口端位，口裂斜。上下颌约等长，上颌骨末端伸达鼻孔的下方。眼大，眼间微凸，眼间距比眼径偏小。无须。鳞中大，侧线完全，前部弧形，后部平直，伸至尾柄正中。

背鳍具有硬刺，刺长大于头长，后缘斜直；背鳍起点在腹鳍基部后上方，距吻端与尾鳍基部的距离相等或稍近吻端。臀鳍起点与背鳍基部末端相对或在背鳍基部末端以前，臀鳍外缘微凹，起点至腹鳍的距离远小于臀鳍基部长。胸鳍尖形，其长小于头长，末端几乎达到腹鳍起点。腹鳍起点前于背鳍，其长短于胸鳍，末端一般不达臀鳍起点；腹鳍起点至胸鳍起点的距离较至臀鳍起点的距离远。尾鳍分叉，上、下叶等长，末端尖形。

鳃耙短小，排列较稀。下咽骨中长，稍宽，呈弓形。咽齿近侧扁，末端尖而弯。鳔2室，后室长，末端圆钝，后室长为前室长的1.5倍左右。

分布： 长江上游贵州境内乌江水系有分布。

📍	乌江
🐟	122mm
📷	王雪
🕐	2018-07-01

近红鲌属 *Ancherythroculter*

◎ **高体近红鲌**

Ancherythroculter kurematsui

(Kimura, 1934)

地方名：高尖。

形态特征：背鳍iii-7；胸鳍i-15—16；腹鳍i-8；臀鳍iii-22—26。第1鳃弓鳃耙外侧18—22，内侧22—27。下咽齿3行，2·4·4—5·4·2或2·4·4—4·4·2。脊椎骨4+43—44。

标准长为体高的3.3—3.7倍，为头长的3.9—4.4倍，为尾柄长的6.9—8.0倍。头长为吻长的3.4—4.4倍，为眼径的3.1—3.3倍，为眼间距的3.1—4.4倍，为头宽的1.9—2.1倍，为眼后头长的2.2—2.4倍，为背鳍刺长的1.0—1.3倍，为尾柄长的1.9—2.0倍。尾柄长为尾柄高的1.1—1.3倍。

体长形，侧扁，头后背部稍向上倾斜。自腹鳍基部至肛门前有明显的腹棱。头较高。口端位，口裂倾斜，后端伸达鼻孔后缘下方。上下颌等长。唇薄。眼大，眼径约与吻长相当，眼间较窄，稍圆凸。鼻孔距前缘很近，位于眼前缘上方，几乎与眼上缘平行。鳃耙细长，排列较稀疏。下咽齿略呈圆锥形，尖端钩状。

背鳍较长，约与头长相当，其起点在吻端至最后鳞片的中点，末根不分支鳍条为硬刺。胸鳍较短，不达腹鳍起点。腹鳍位于背鳍起点的前下方，其末端后伸不达肛门。臀鳍基部长，外缘内凹呈弧形。鳞片排列整齐，较薄，腹鳍基部有三角形的腋鳞。侧线在体侧中部向腹部微弯曲呈弧形，延伸至尾柄中部，性成熟的雄鱼在生殖季节其头部及胸鳍1—5根鳍条上有许多白色珠星。鳔两室，后室较长大，为前室长的1.8—2.1倍。肠管较短，其长度约为标准长的1.0倍。腹腔膜呈灰白色。体背部呈灰白色，体侧下部和腹部呈银白色，背鳍和尾鳍呈灰白色，其余各鳍呈白色。

分布：长江上游特有种。分布于长江上游四川境内水系，重庆也有分布。

📍 赤水河赤水段

🐟 235mm

📷 吴金明

🕐 2010-06-27

◎ **汪氏近红鲌** *Ancherythroculter wangi*
(Tchang, 1932)

地方名：麻尖。

形态特征：体长形，低而侧扁，自腹鳍基部至肛门有腹棱，头较长，背面稍下凹。吻突出，前端圆钝。口亚上位，口裂后端伸达鼻孔后缘下方。下颌向前突出于上颌之前。眼较大，侧上位，眼间呈弧形。鼻孔位于眼前缘上方，距眼前缘近。鳃耙细长，棒状，末端钝，排列稀疏，最长鳃耙与最长鳃丝约相等，下咽齿呈圆锥形，末端钩状。背鳍稍短，后缘稍内凹，其起点约在吻端至尾鳍基部的中点，最末一根不分支鳍条为粗壮光滑硬刺。腹鳍较短，后伸不达肛门；臀鳍较短，外缘内凹；尾鳍叉形，下叶长于上叶，末端尖。鳞片中等大，侧线完全，在腹鳍基部上方稍向下弯曲呈弧形，腹鳍基部有腋鳞，生活时体上部呈灰褐色，体侧下部和腹部呈银白色，界限明显。胸鳍、腹鳍、臀鳍均呈灰白色，背鳍呈灰色，尾鳍上下叶呈暗红色，边缘呈黑色。

分布：长江上游特有种。主要分布于长江上游四川省和赤水河流域。

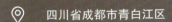

◎ 四川省成都市青白江区

🐟 167mm

📷 林永晟

🕐 2023-09-12

◎ 黑尾近红鲌 *Ancherythroculter nigrocauda* (Yih *et* Wu, 1964)

地方名：高尖、黑尾。

形态特征：背鳍iii-7；臀鳍iii-23—29；胸鳍i-14—15；腹鳍i-8。侧线鳞65—69；围尾柄鳞22—24。第1鳃弓外侧鳃耙17—24。下咽齿3行，2·4·4—5·4·2。脊椎骨4+44—45+1。

体长为体高的3.5—4.4倍，为头长的4.1—4.9倍，为尾柄长的5.5—7.0倍，为尾柄高的9.0—10.5倍。头长为吻长的3.3—4.5倍，为眼径的4.7—6.4倍，为眼间距的3.0—4.3倍，为尾柄长的1.8—2.3倍，为尾柄高的2.1—2.7倍。尾柄长为尾柄高的1.0—1.2倍。

体长139—246mm。体长形，侧扁，背部在头后隆起，腹部在腹鳍至肛门具腹棱。头尖形，侧扁，头背较平直；头长小于体高。吻钝，吻长大于眼径。口亚上位，口裂斜，下颌长于上颌，上颌骨末端未伸达眼前缘。眼中大，位于头侧；眼后缘至吻端的距离小于眼后头长；前眶骨长大于眼径的1/2。眼间微突，眼间距大于眼径。鼻孔近眼的前缘，其下缘与眼的上缘在同一水平线。鳃孔伸至眼后缘的下方；鳃盖膜连于峡部；峡部窄。鳞中大，背部鳞片较体侧为小。侧线约位于体侧中轴，前部略呈弧形，后部平直，伸达尾柄正中。

背鳍位于腹鳍基的后上方，外缘斜直，第三根不分支鳍条为光滑的硬刺，刺长大于眼后头长；背鳍起点至吻端的距离较至尾鳍基为近或相等。臀鳍位于背鳍的后下方，外缘凹入，起点近腹鳍基，至腹鳍基的距离小于臀鳍基部长。胸鳍尖形，末端到达或超过腹鳍基；胸鳍长大于吻后头长。腹鳍位于背鳍之前，末端距臀鳍起点较近，其间距一般稍大于眼径。尾鳍深分叉，下叶长于上叶，末端尖形。

鳃耙中长，排列较密。下咽骨中长，较窄，略呈钩状，前臂长，无显著角突。咽齿近锥形，末端尖而微弯。鳔2室，后室大于前室，末端圆钝。肠短，呈前后弯曲，肠长一般短于体长。腹部呈浅灰色。

鲜活时体背侧呈灰黑色，腹侧呈银白色；鳍呈灰色，尾鳍呈灰黑色，边缘色更深。

分布：长江上游特有种，分布于长江宜昌至四川境内水系。

四川省成都市青白江区

233mm

林永晟

2023-07-05

白鱼属 *Anabarilius*

◎ 西昌白鱼 *Anabarilius liui*
(Chang, 1944)

地方名：白鱼子。

形态特征：体细长，侧扁，背部平直。腹鳍基至肛门具腹棱。吻较尖。口端位。侧线在胸鳍上方急剧向下弯折，沿体侧下部向后延伸，至臀鳍后上方入尾柄中轴。颌前缘具小凸起，嵌入上颌的凹陷。无须。鳃耙10—14。背鳍刺细，后缘光滑，末端柔软分节；臀鳍起点位于背鳍末端的正下方。体侧部分鳞缘呈黑色。

分布：金沙江的支流有分布。

雅砻江

10.5mm

潘晓赋

2024-02-19

◎ 程海白鱼

Anabarilius liui chenghaiensis

(He, 1984)

地方名： 白条鱼。

形态特征： 背鳍iii-7；臀鳍iii-1—12；胸鳍i-14—15；腹鳍i-8。侧线鳞70—75；围尾柄鳞20。第1鳃弓外侧鳃耙13—16。下咽齿3行，2·4·4—5·4·2。

体长为体高的4.9—5.9倍，为头长的4.7—5.2倍，为尾柄长的4.8—5.8倍，为尾柄高的11.0—12.4倍。头长为吻长的3.2—3.8倍，为眼径的3.9—4.5倍，为眼间距的2.9—3.2倍。尾柄长为尾柄高的2.1—2.5倍。

体细长而略侧扁，体高略小于头长，背缘平直，腹缘呈浅弧形，腹棱自腹鳍至肛门。吻尖。口端位，裂斜，后端伸达鼻孔后缘的正下方。上下颌等长，下颌前端具1个小凸起嵌入上颌凹陷处。眼侧上位，眼径小于吻长，也小于眼间距。眼间距约等于或稍大于吻长。鳞片小而薄，在腹鳍基部具1枚腋鳞。侧线完全，在胸鳍上方显著下弯，沿体侧下部向后延伸，最后入尾柄中轴。

背鳍末根不分支鳍条为后缘光滑的硬刺，起点位于腹鳍起点的后上方，距吻端的距离略近于至尾鳍基的距离。胸鳍末端尖，伸达至腹鳍起点间距离的2/30，腹鳍起点距臀鳍起点约等于或略小于至胸鳍起点，末端钝，远不达肛门。肛门紧靠臀鳍之前。臀鳍起点位于压倒背鳍条末端之后下方，离腹鳍起点较距尾鳍基为近。尾鳍叉形，末端尖，下叶略长于上叶。

下咽齿侧扁，末端钩状。鳃耙短小，排列稀疏。鳔2室，后室末端钝圆，其长为前室的2.0—2.5倍。腹部呈黑色。

分布： 中国特有种。分布于云南程海，属金沙江流域。

⊙	程海
🐟	178mm
📷	潘晓赋
🕐	2022-10-23

图片来源：张春光等，2019

◎ 邛海白鱼

Anabarilius qionghaiensis

(Chen, 1986)

地方名：青脊梁、白鱼。

形态特征：背鳍iii-7；胸鳍i-14—15；腹鳍i-8；臀鳍iii-12—14。背鳍前鳞34—36；围尾柄鳞18—19。第1鳃弓鳃耙，外侧15—16，内侧18—20。下咽齿3行，2·4·4—4·4·3或2·4·4—5·4·2。

标准长为体高的4.6—6.5倍，为头长的4.7—5.3倍，为尾柄长的5.9—6.2倍，为尾柄高的13.8—14.7倍。头长为吻长的3.2—3.3倍，为眼径的4.0—4.6倍，为眼间距的2.9—3.7倍，为尾柄长的1.2倍，为尾柄高的2.6—3.1倍。尾柄长为尾柄高的2.2—2.5倍。

体长形，稍侧扁，体较矮，自腹鳍至肛门之间有腹棱。头较长，其长度大于体高或相当。吻短，前端尖，其长度小于眼间距。口端位，口裂稍倾斜。下颌稍突出。唇后沟中断，无须。眼大，位于头的前半部。鼻孔位于眼前缘上方，距眼前缘较近。鳃耙细长，较硬，排列稀疏，最长鳃耙不及最长鳃丝的1/2。下咽骨细长，其长约为宽的3.0倍，咽齿细长，略侧扁，顶端呈钩状。

背鳍较小，末根不分支鳍条基部变硬，末端细，分节，起点位于腹鳍起点后上方，至吻端距离略小于至尾鳍基的距离。胸鳍末端尖，后伸可达其基部至腹鳍起点间距离的1/2处。腹鳍基部后端较近。尾鳍分叉深，上、下叶等长，末端尖。肛门靠近臀鳍起点。

鳞稍小，很薄，腹鳍基部具狭长腋鳞。侧线完全，在胸鳍后上方显著向下弯曲，向后延伸到臀鳍后上方又转向上延伸到尾柄中部。腹部鳞稍小。鳔2室，后室长，呈柱形，末端稍细，圆钝，其长度为前室长的2.0—2.5倍。肠管较短，为体长的0.8—0.9倍。腹腔膜呈黑色。

身体两侧呈银白色，背部呈灰黑色带青灰色，腹部呈白色。背鳍和尾鳍浅呈灰色，胸、腹鳍呈白色，臀鳍呈灰白色。

分布：中国特有种，四川特有种。分布于四川邛海，属雅砻江支流安宁河水系。

◎ 嵩明白鱼

Anabarilius songmingensis

(Chen *et* Chu, 1980)

地方名： 白鱼子。

形态特征： 背鳍iii-7；臀鳍iii-9—11；胸鳍i-14—15；腹鳍i-8。侧线鳞82—96；围尾柄鳞24—26。第1鳃弓外侧鳃耙16—18。下咽齿3行，2·4·4—5·4·2。脊椎骨4+39。

体长为体高的4.3—5.2倍，为头长的3.8—4.2倍，为尾柄长的5.1—6.0倍，为尾柄高的10.8—12.4倍。头长为吻长的3.3—4.4倍，为眼径的4.1—4.6倍，为眼间距的3.0倍。尾柄长为尾柄高的1.9—2.4倍。

体细长，前部略呈圆筒形，背缘和腹缘呈浅弧形，体高小于头长。吻尖。口亚上位，斜裂，后端伸达鼻孔中点的下方，下颌略长于上颌。眼侧上位，眼间隔宽而平，大于眼径而与吻长相等。鳞小，在腹鳍基具1枚小的腋鳞。侧线完全，在胸鳍上方向下弯折，最后入尾柄的中轴。体侧自头后至尾鳍基具1条由黑点组成的柳叶形条斑。

背鳍末根不分支鳍条为软条，起点位于腹鳍起点的后上方，约在吻端至最后侧线鳞的中点。胸鳍伸达至腹鳍起点间距离的2/3处或1/2处。腹鳍伸达至臀鳍起点间距离的3/5处，起点距臀鳍起点较近于距胸鳍起点。臀鳍起点位于压倒背鳍条末端之后下方，离腹鳍起点较距尾鳍基为近。尾鳍叉形。

下咽齿略侧扁，末端钩状。鳃耙长约为鳃丝长的一半，疏密中等。鳔2室，后室末端钝圆，其长为前室的1.7倍。腹部呈浅黑色。

分布： 金沙江支流牛栏江上游有分布。

嵩明上游

117mm

潘晓赋

2022-10-29

◎ 寻甸白鱼

Anabarilius xundianensis

(He, 1984)

地方名： 白鱼子。

形态特征： 体长形，略侧扁，背缘和腹缘呈浅弧形，体高通常大于头长。吻端尖。口端位，后端伸达鼻孔后缘的正下方。下颌前段突起嵌入上颌凹陷处。鳞小，在腹鳍基外侧具1枚狭长腋鳞。侧线完全，在胸鳍下方向下弯折，最后入尾柄的中轴。背鳍末根不分支鳍条不为硬刺，近基部变硬。肛门紧靠臀鳍起点。尾鳍叉形，末端尖。生活时呈银白色，背部稍暗，体侧呈蓝色反光，各鳍均呈灰白色。

分布： 仅发现于金沙江支流小江上游云南省昆明市寻甸回族彝族自治县清水海。

199mm

刘淑伟

2014-02-27

◎ 多鳞白鱼 *Anabarilius polylepis* (Regan, 1904)

地方名：桃花白鱼、大白鱼。

形态特征：背鳍iii-7；臀鳍iii-12—15；胸鳍i-14—15；腹鳍i-8。侧线鳞57—69。

　　体长而侧扁，头后背部稍隆起，背部轮廓近于平直，腹缘呈弧形。头长略大于体高。吻端尖，吻长往往大于眼径而等于或略小于眼间距。鼻孔距眼较距吻端近。眼侧

上位，眼间隔宽。口端位，上下颌等长或下颌略突出，下颌前端的小凸起嵌入上颌的凹陷处，口裂斜向上，后端伸达鼻孔后缘的正下方。无须。腹棱自腹鳍基之后明显隆起伸至肛门。背鳍最末不分支鳍条为后缘光滑的硬刺，起点位于腹鳍起点的后上方，至尾鳍基的距离小于或等于至吻端的距离。臀鳍起点位于背鳍条末端之后下方，距腹鳍起点较距尾鳍基为近。胸鳍伸至腹鳍起点间距离的2/3处。腹鳍起点至臀鳍起点约等于或小于至胸鳍起点。尾鳍叉形，叶端尖。鳞小，在腹鳍基具1枚片狭长腋鳞。侧线在胸鳍上方急剧向下弯折，行于体的下半部，最后入尾柄正中。肛门紧接臀鳍起点。生活时体呈银白色，背部呈灰褐色，体侧呈现淡蓝色反光。

分布：仅分布于云南滇池，为该湖特有。

图片来源：张春光等，2019

◎ 银白鱼 *Anabarilius alburnops*
(Regan, 1914)

地方名：小白鱼。

形态特征：背鳍iii-7；臀鳍iii-11—15；胸鳍i-14—15；腹鳍i-8。侧线鳞76—81；围尾柄鳞22。第1鳃弓外侧鳃耙43—50。下咽齿3行，2·4·4—5·4·2。

体长为体高的4.3—5.3倍，为头长的3.6—4.5倍，为尾柄长的5.5—6.4倍，为尾柄高的11.0—13.4倍。头长为吻长的3.4—4.0倍，为眼径的4.1—5.3倍，为眼间距的3.2—4.1倍。尾柄长为尾柄高的1.9—2.3倍。

体长而侧扁，头后背部隆起，背部平直，腹缘呈弧形，体高略小于头长。吻端尖，吻长大于眼径而往往小于眼间距。鼻孔距眼较距吻端近。眼间隔宽。口端位或次上位，下颌略突出，其前端的小凸起嵌入上颌的凹陷处，口裂斜向上，后端伸达鼻孔前缘的正下方。无须，腹棱自腹鳍基之后延伸至肛门。背鳍最末不分支鳍条为后缘光滑的硬刺，其宽度略大于第1根分支鳍条，起点位于腹鳍起点之后上方，距最后侧线鳞的距离等于或近于至吻端的距离。臀鳍起点位于背鳍条末端之后下方，距腹鳍起点较距尾鳍基近。胸鳍伸至腹鳍起点间距离的2/3处，腹鳍伸至臀鳍起点间距离的1/2处或更前。尾鳍叉形，叶端尖，下叶略长于上叶。鳞小，在腹鳍基具1枚狭长腋鳞。侧线在胸鳍上方弯折明显，最后入尾柄正中。肛门紧接臀鳍起点。

生活时体呈银白色，尤其体侧更为鲜艳，背部稍暗，腹部较淡，各鳍均呈灰白色。

分布：分布于云南滇池等地。

◎ *短臀白鱼 Anabarilius brevianalis*
(Zhou *et* Cui, 1992)

地方名：昌昌鱼。

形态特征：体长，略侧扁。除头部外全身被圆鳞。侧线完全，弧形。腹鳍基后部至肛门间有发达的腹棱。吻钝圆，吻长小于眼后头长。前后鼻孔紧相邻，前鼻孔位于鼻瓣中，鼻孔距眼前缘较距吻端近。眼侧上位。口端位，裂斜，后端伸至鼻后缘下方。无须。下颌前端有1个小凸起，嵌入上颌凹陷处。下咽齿3行。背鳍末根不分支鳍条软。背吻距大于背尾距。背鳍起点位于腹鳍起点之后。胸鳍末端超过胸腹鳍起点距的中点。腹鳍末端不达肛门，其基部具长形腋鳞。肛门紧靠臀鳍起点。臀鳍末端不达尾鳍基部。尾鳍叉形，上、下叶等长。鳔2室，后室较长，末端圆。肠管粗短。腹部呈黑色。

　　背部和体侧上部呈黄褐色，体侧下部及腹部呈银白色。体侧具不规则的黑点，中部有1条黑色纵纹。各鳍均呈浅黄灰色。

分布：四川特有种。分布于四川省会东县金沙江支流鲹鱼河。

会东县鲹鱼河镇顺河村鲹鱼河

400mm

林鹏程

2019-04-18

半䱗属 *Hemiculterella*

◎ 半䱗 *Hemiculterella sauvagei*
(Warpachowski, 1888)

地方名： 蓝片子、蓝刀皮。

形态特征： 体延长，侧扁，前腹部较圆，背部较厚，其轮廓较平直，从腹鳍至肛门前有明显的腹棱。头稍长，较尖。吻短，其长度小于或等于眼径。口端位，上下颌等长，上颌前端中央有一个凹陷与下颌前端中央的丘突相嵌合。无须。眼大，位于头侧近前端。鼻孔在眼前缘偏上方，距眼前缘较距吻端为近。鳃耙短小，排列稀疏。下咽骨细弱，齿较小，末端尖，稍弯曲呈钩状。

背鳍稍长，后缘平截，其起点在腹鳍起点之后上方，距尾鳍基部较近，最后一根不分支鳍条不为硬刺。胸鳍较长，其末端超过胸鳍至腹鳍基部距离的1/2处，几达腹鳍基部。腹鳍较胸鳍短小，末端超过腹鳍基部至肛门距离的1/2处，不达肛门。臀鳍较短，其起点约位于背鳍最长分支鳍条末端正下方。尾鳍分叉深，下叶稍长于上叶，最长分支鳍条约为中央最短分支鳍条的2.0倍。尾柄较细。肛门紧靠臀鳍起点的前方。鳞片大，较薄。腹鳍基部具狭长的腋鳞。侧线完全，在胸鳍上方急转向下至胸鳍末端上方向后延伸，靠近腹部，几乎与腹部轮廓平行，至臀鳍基部后端上方逐渐向上转向尾柄中部。

生活时身体背部呈灰黑色略带棕黄色，体侧下半部和腹部呈银白色。背鳍和尾鳍呈灰黑色，胸鳍和腹鳍呈淡黄白色，臀鳍呈灰白色。

分布： 长江上游特有种。分布于长江干流、岷江中下游、沱江流域、嘉陵江中下游、乌江下游江段。

似鳊属 *Toxabramis*

◎ 似鳊 *Toxabramis swinhonis*
(Günther, 1873)

地方名：薄鳘、游刁子。

形态特征：背鳍ii-7；臀鳍iii-16—18。侧线鳞60—62。下咽齿2行，3·5—5·2。鳃耙细长，外侧25—27。脊椎骨40—42。

体长为体高的3.4—4.0倍，为头长的4.5—5.4倍，为尾柄长的5.0—6.1倍。头长为吻长的3.5—4.2倍，为眼径的2.9—3.4倍，为眼间距的3.5—4.1倍。尾柄长为尾柄高的1.6—1.8倍。

体身侧扁，背部较平直，腹部弧形，自峡部至肛门具腹棱。头短，侧扁，头背平直，头长显著小于体高。吻短，稍尖，吻长小于眼径。口小，端位，上下颌约等长，上颌骨末端伸达鼻孔的下方。眼中大，位于头侧，眼后缘至吻端的距离稍大于或等于眼后头长。眼间隆起，眼间距一般大于眼径。鳃孔宽，向前伸至前鳃盖骨后缘的下方；鳃盖膜与峡部相连；峡部窄。鳞薄，中大。侧线自头后向下倾斜，至胸鳍后部突然弯折成与腹部平行，行于体之下半部，至臀鳍基后端又折而向上，伸至尾柄中央。

背鳍位于腹鳍基后上方，外缘平直，最后不分支鳍条为硬刺，后缘具锯齿，刺长短于头长；背鳍起点至尾鳍基的距离较至吻端为近。臀鳍位于背鳍基的后下方，外缘微凹，起点至腹鳍起点的距离大于臀鳍基部长。胸鳍末端尖形，后伸不达腹鳍起点；胸鳍长与头长约相等。腹鳍短，位于背鳍起点之前，后伸不达肛门。尾鳍深分叉，下叶长于上叶，末端尖形。

鳃耙细长，排列密。下咽骨略呈钩状，中间较宽，前臂长于后臂。主行下咽齿略侧扁，末端尖。鳔2室，后室长，末端具小凸起；后室长为前室长的2倍左右。肠前后弯曲，肠长短于体长。腹部呈银白色，散布黑色小点。体呈银色。

分布：长江、黄河、钱塘江及东南沿海水系等均有分布。

浙江省杭州市西湖区

92mm

林永晟

2024-04-04

图片来源：廖伏初等，2020

鲨属 *Hemiculter*

◎ 鲨 *Hemiculter leucisculus* (Basilewsky, 1855)

地方名： 白条、鲨子、鲨条。

形态特征： 背鳍iii-7；胸鳍i-13；腹鳍i-7—8；臀鳍iii-11—13。侧线鳞49—52。第1鳃弓外侧鳃耙15—19。下咽齿3行，2·4·5—5·4·2或2·4·4—5·4·2。脊椎骨4+35—37+1。

标准长为体高的4.0—4.5倍，为头长的4.0—4.8倍，为尾柄长的5.5—6.5倍。头长为吻长的3.2—3.8倍，为眼径的3.3—4.5倍，为眼间距的3.0—3.5倍。尾柄长为尾柄高的1.5—1.8倍。

体长形，较薄，侧扁。背部轮廓稍平，腹部呈弱弧形。从胸鳍基部至肛门前腹棱很显著。头短，略呈三角形。吻较短，其长度约与眼径相当或较长。口端位，裂斜，向后伸达鼻孔下方。上下颌等长，下颌前端中央向上凸起与上颌前端中央略呈人字形的凹陷相嵌合。鼻孔在眼前缘上方，其下缘几乎与眼上缘平行，距眼前缘较近。眼位于头侧中轴上，距吻端较近。眼间稍宽，隆起呈弧形。鳃耙短，呈三角形，排列较稀。下咽齿圆锥形，尖端钩状。

背鳍小，外缘稍凸出，其起点在眼前缘至最末鳞片之间的中点，最末根不分支鳍条为光滑硬刺。胸鳍较长，末端尖，后伸不达腹鳍起点。腹鳍不达肛门，末端后伸超过腹鳍基部至臀鳍起点的1/2处。臀鳍起点在背鳍分支鳍条末端正下方，其基部较长，后缘内凹。尾鳍深叉形，下叶长于上叶。尾柄较短。肛门紧靠臀鳍起点。

鳞片较大，很薄，易脱落。腹鳍基部具狭长的腋鳞，其长度约为腹鳍长的1/3。侧线完全，在胸鳍上方急转向下，至胸鳍末端弯折向后方，接近腹部，与腹部平行，到臀鳍基部末端转向上，延伸至尾柄中部。鳔2室，前室短，稍粗；后室长，前段稍大，中部稍弯曲，后端小具有一尖细的小室，后室长（包括小室）为前室长的1.8—2.3倍。肠管较短，前段肠一般有两个盘曲，其长不及标准长或相等。腹腔膜呈灰黑色。

生活时身体背部呈青灰色，头背面呈青灰色。体侧下部和腹部呈银白色。背鳍和尾鳍呈灰色，其余各鳍均呈白色。

分布： 在我国分布广，自南至北诸河流及湖泊均有分布。国外分布于俄罗斯、朝鲜和越南等。

◎ 张氏鳘 *Hemiculter tchangi*
(Fang, 1942)

地方名：鳘子、鳘条。

形态特征：体长形，较厚，侧扁，体高较低，腹棱自胸鳍基部后端至肛门前，前段（胸鳍基部后）腹棱不及同属其他种明显。头较长，前端较尖。吻稍长，其长大于眼径，与眼间距相当。口端位，口裂倾斜，口角伸达鼻孔后缘之后下方。上下颌等长。眼位于头侧近前端。鼻孔在眼前缘偏上方，较近眼前缘。鳃耙较长，侧扁，排列稍密，最长鳃耙超过最长鳃丝的2/3。下咽齿末端尖，呈钩状。

背鳍外缘凸出，最末一根不分支鳍条为光滑的硬刺，其起点在鼻孔前缘至最后鳞片的中点。胸鳍较长，比背鳍长，末端尖，后伸不达腹鳍基部。腹鳍短小，起点在背鳍前下方，其长超过腹鳍基至臀鳍起点距离的1/2，末端后伸远不达肛门。臀鳍短小，基部亦较短，外缘稍内凹，尾鳍分叉深，下叶比上叶长。尾柄较细。

鳞片薄，腹鳍基部具1枚长形的腋鳞。侧线完全，在胸鳍上方向下弯曲，至胸鳍末端折转向后，呈明显的角度，以后沿腹部边缘平行向后延伸，至臀鳍基部后端上方复转向上弯曲，直达尾柄中央。

身体背部呈青灰色，体侧和腹部呈白色，背鳍和尾鳍呈灰白色，尾鳍边缘呈深黑色，其余各鳍均呈白色。

分布：长江上游特有种。主要分布于四川境内的长江上游流域。此外，在湖南境内长江中游水系的洞庭湖一级支流中也有发现。

📍 沱江

🐟 130mm

📷 邹远超

🕐 2018-01-15

◎ 贝氏鳘 *Hemiculter bleekeri* (Warpachowski, 1888)

地方名： 白条。

形态特征： 体长形，较厚，侧扁，体高较低，腹棱自胸鳍基部后端至肛门前，前段（胸鳍基部后）腹棱不及同属其他种明显。头较长，前端较尖。吻稍长，其长大于眼径，与眼间距相当。口端位，口裂倾斜，口角伸达鼻孔后缘之后下方。上下颌等长。眼位于头侧近前端。鼻孔在眼前缘偏上方，较近眼前缘。鳃耙较长，侧扁，排列稍密，最长鳃耙超过最长鳃丝的2/3。下咽齿末端尖，呈钩状。

背鳍外缘凸出，最末一根不分支鳍条为光滑的硬刺，其起点在鼻孔前缘至最后鳞片的中点。胸鳍较长，比背鳍长，末端尖，后伸不达腹鳍基部。腹鳍短小，起点在背鳍前下方，其长超过腹鳍基至臀鳍起点距离的1/2，末端后伸远不达肛门。臀鳍短小，基部亦较短，外缘稍内凹，尾鳍分叉深，下叶比上叶长。尾柄较细。

鳞片薄，腹鳍基部具1枚长形的腋鳞。侧线完全，在胸鳍上方向下弯曲，至胸鳍末端折转向后，呈明显的角度，以后沿腹部边缘平行向后延伸，至臀鳍基部后端上方复转向上弯曲，直达尾柄中央。

身体背部呈青灰色，体侧和腹部呈白色，背鳍和尾鳍呈灰白色，尾鳍边缘呈深黑色，其余各鳍均呈白色。

分布： 分布较广，闽江、长江、黄河、辽河、黑龙江等均有记录。

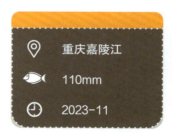

重庆嘉陵江

110mm

2023-11

拟鳘属 *Pseudohemiculter*

◎ 海南拟鳘 *Pseudohemiculter hainanensis* (Boulenger, 1999)

地方名：海南白条。

形态特征：背鳍iii-7；胸鳍i-12—14；腹鳍i-7—8；臀鳍iii-13—16。鳃耙8—12。下咽齿3行。

　　体长为体高的4.0—5.3倍，为头长的3.8—4.5倍，为尾柄长的5.7—7.7倍，为尾柄高的1.8—13.5倍。头长为吻长的2.8—3.7倍，为眼径的3.4—5.1倍，为眼间距的2.9—3.7倍，为尾柄长的1.4—1.9倍，为尾柄高的2.5—3.3倍。尾柄长为尾柄高的1.5—2.1倍。

　　体侧扁，背部较厚而平直，腹部在腹鳍前较圆。腹棱为半棱，自腹鳍基末至肛门前。头侧扁，头背平直；头长一般大于体高。吻尖，吻长大于眼径。口端位，斜裂。上、下颌约等长，上颌骨伸达鼻孔后缘的下方；下颌前端具1个凸起，与上颌前端凹陷相吻合。眼侧位，眼后缘至吻端距离大于眼后头长。眼间隔宽，稍突，眼间距大于眼径。鳃孔大。鳃盖膜与峡部相连。

　　背鳍起点位于腹鳍起点的后上方，外缘平直；末根不分支鳍条为硬刺，刺较细短，刺长等于或小于鳃盖；背鳍起点距吻端较距尾鳍基为远。胸鳍尖形，其长短于头长，后伸不达腹鳍起点。腹鳍长短于胸鳍，末端距臀鳍起点有一定距离；起点位于背鳍起点之前。臀鳍位于背鳍后下方，外缘浅凹，或近平直，起点距腹鳍起点较距尾鳍基为近。尾鳍深叉形，下叶稍长，末端尖形。

　　体被较大圆鳞。侧线自头后向下倾斜，至胸鳍后部弯折成与腹部平行，至臀鳍基末又折而向上，向后延伸至尾柄正中。

　　鳃耙排列较稀。下咽骨略呈钩状，前角突显著。下咽齿稍侧扁，末端尖而弯。鳔2室，后室长于前室，约为前室长的2.0倍，末端具小凸。肠前后弯曲，肠长等于或稍大于体长。腹部呈灰黑色。

分布：中国特有种。分布广，元江、珠江、海南岛各水系、闽江、九龙江、瓯江、钱塘江及长江中游均有分布。国外分布于越南。

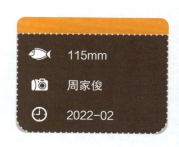

🐟　115mm

📷　周家俊

🕐　2022-02

◎ 贵州拟鳘

Pseudohemiculter kweichowensis
(Tang, 1942)

形态特征：背鳍iii-7；臀鳍i-12；胸鳍i-14；腹鳍i-8。侧线鳞60。第1鳃弓外侧鳃耙9。下咽齿3行，5·4·2。

　　体长为体高的4.2倍，为头长的3.9倍。头长为吻长的3.5倍，为眼径的3.5倍，为眼间距的3.4倍，为尾柄长的1.5倍，为尾柄高的1.9倍。

 贵州清水江

 23mm

📷 傅胤龙

🕐 2023-06-30

　　体长形，侧扁，背缘较平直，腹部在腹鳍后具腹棱。头中等大，尖形。吻短，略尖，吻长与眼径等大。眼大，位于头的前上侧。眼间宽而突，眼间距大于眼径。口端位，斜裂，下颌中央具1个低的突起。无须。侧线完全，在胸鳍上方下弯，下行至臀鳍基部，又弯而向上，伸至尾柄正中。

　　背鳍起点至尾鳍基较至吻端为近，或在鼻孔与尾鳍基的中点。背鳍末根刺大而光滑，为第二根刺长的2倍。臀鳍起点在背鳍鳍条末端的下方。胸鳍尖，末端伸至胸鳍基至腹鳍起点的2/3处。腹鳍伸到腹鳍基至臀鳍起点的2/3处。尾鳍分叉。鳃耙短而尖。下咽齿细，末端呈钩状。鳔2室。腹部呈灰黑色。体侧上部呈暗色，腹部呈灰白色，侧线上方有不规则暗色斑点。

分布：贵州乌江有分布。

原鲌属 *Cultrichthys*

◎ 红鳍原鲌 *Cultrichthys erythropterus*
　(Basilewsky, 1855)

图片来源：廖伏初等，2020

地方名：翘嘴。

形态特征：背鳍iii-7；臀鳍iii-24—29。侧线鳞60—68。鳃耙外侧25—29，内侧27—32。下咽齿3行，2·4·4—5·4·2，2·4·5—4·4·2或2·4·5—5·4·2。脊椎骨44—47。

体长为体高的3.8—4.7倍，为头长的4.1—4.8倍，为尾柄长的6.6—8.7倍，为尾柄高的10.2—14.0倍。头长为吻长的3.6—4.9倍，为眼径的3.0—4.2倍，为眼间距的3.2—5.4倍。

体长而侧扁。头后背部隆起。腹棱为全棱，自胸鳍基中后方至肛门前。头小而侧扁，背面平直。口上位，口裂与体纵轴近垂直。唇薄。上颌较短，下颌突出向上翘。无须。鼻孔每侧2个，位于眼前上方，距眼较距吻端为近。眼大而侧位。鳃孔大。鳃盖膜与峡部不相连。

背鳍具3根硬刺，第3根发达，硬刺大而光滑，起点位于腹鳍起点之后，距吻端较距尾鳍基略远。胸鳍后伸达或接近腹鳍起点。腹鳍后伸不达臀鳍起点，起点距胸鳍起点较距臀鳍起点为近。肛门靠近臀鳍起点。臀鳍基长，末根不分支鳍条末端柔软分节，其起点距腹鳍起点较距尾鳍基为近。尾鳍深叉形，下叶稍长。

鳔3室，中室最大，呈圆筒状，后室极小。肠管较短，前端膨大，肠长为体长的1.0—1.2倍。腹腔膜呈银白色。体被小圆鳞。侧线完全，在胸鳍起点上方略下弯，向后延伸至尾柄正中。

下咽齿稍侧扁，尖细，顶端钩状。鳃耙细长，末端尖细，排列紧密。腹部呈浅灰色。

背部呈灰褐色，体侧和腹面呈银白色，体侧鳞片后缘具黑色素斑点，背鳍呈灰白色，腹鳍、臀鳍和尾鳍下叶均呈橘黄色，尤以臀鳍色最深。

分布：分布甚广，我国东部从黑龙江到海南岛的各水系，包括海南岛各水系、台湾岛各水系、闽江、长江、钱塘江、淮河、黄河、辽河、黑龙江等均有记录。国外分布于越南、朝鲜及俄罗斯。

鲌属 *Culter*

◎ 翘嘴鲌 *Culter alburnus* (Basilewsky, 1855)

地方名：翘嘴、翘壳。

形态特征：背鳍iii-7；臀鳍iii-21—24；胸鳍i-15—16；腹鳍ii-8。侧线鳞80—92；围尾柄鳞24—26。鳃耙外侧23—30，内侧24—31。脊椎骨41—43。下咽齿3行，2·4·4（5）—5（4）·4·2。脊椎骨4+38—39。

体长为体高的4.2—4.7倍，为头长的4.1—4.6倍，为尾柄长的5.3—6.6倍，为尾柄高的10.7—13.0倍。头长为吻长的2.4—4.8倍，为眼径的3.8—5.6倍，为眼间距的5.2—7.3倍。

体长形，侧扁，背缘较平直，腹部在腹鳍基至肛门具腹棱，尾柄较长。头侧扁，头背平直，头长一般小于体高。吻钝，吻长大于眼径。口上位，口裂几乎与体轴垂直。下颌厚而上翘，突出于上颌之前，为头的最前端。眼中大，位于头侧，眼后缘至吻端的距离稍小于眼后头长。眼间较窄，微凸，眼间距大于眼径，约与吻长等长。鼻孔位近眼的前缘，其下缘在眼的上缘水平线之上。鳃孔宽大，向前伸至眼后缘的下方；鳃盖膜连于峡部；峡部窄。鳞较小，背部鳞较体侧为小。侧线前部浅弧形，后部平直，伸达尾鳍基。

背鳍的第3根不分支鳍条为光滑的硬刺，背鳍起点至吻端比至最后鳞片的距离稍近。臀鳍基部较长。胸鳍末端接近腹鳍基部。腹鳍末端不达肛门。

鳃耙长，排列密。下咽骨狭长，呈钩状，前臂较长，无明显的角突。咽齿近锥形，末端尖，呈钩状。鳔3室，中室最大，后室细尖而长，伸入体腔之后延部分。肠短，呈前后弯曲，其长约与体长相等。腹部呈银白色。体背侧呈灰黑色，腹侧呈银色，鳍呈深灰色。

分布：分布甚广，我国东部从黑龙江到珠江各流域，包括珠江、台湾岛各水系、闽江、钱塘江、长江、黄河、辽河、黑龙江等均有分布。国外分布于俄罗斯、蒙古和越南。

195mm

林永晟

2022-12-16

◎ 蒙古鲌 *Culter mongolicus* (Basilewsky, 1855)

地方名：红梢子、红尾。

形态特征：背鳍iii-7；胸鳍i-14—16；腹鳍ii-8；臀鳍i-19—22。侧线鳞69—77。鳃耙外侧17—20，内侧20—24。下咽齿3行，2·4·5—4·4·2或2·4·4—5·4·2。脊椎骨4+41—42+1。

体长为体高的3.9—4.5倍，为头长的3.6—4.4倍，为尾柄长的5.5—6.6倍。头长为吻长的3.2—3.8倍，为眼径的5.3—6.7倍，为眼间距的3.0—3.8倍。头长和眼间距随体长增长而相对增大。

体长，侧扁，头部背面平直，头后背部稍隆起。吻稍突出，口端位，口裂稍斜，后端伸至鼻孔后缘正下方。下颌稍突出，下颌比上颌略长。下咽齿顶端呈钩状，鳃耙细长。

背鳍较长，外缘平截，末根不分支鳍条为光滑硬刺，其起点至吻端较至尾鳍基部为近。胸鳍较小，末端后伸达胸鳍基部到腹鳍起点的1/2处。腹鳍短，后伸不达臀鳍起点，腹鳍基至肛门有腹棱。臀鳍基部长，外缘略内凹。尾鳍分叉深，上下叶末端尖，下叶稍长于上叶。肛门靠近臀鳍起点。鳞片较小，腹鳍基部有狭长的腋鳞。腹部鳞稍小。侧线平直，从鳃孔上角伸达尾柄中央。鳔3室，前室较短；中室最长，前端粗，后端小；后室细长，末端尖，伸达体腔后部；中室长约为前室长的1.6倍，为后室长的1.5倍。肠管较粗大，前肠最大，弯折两次，肠长约与标准长相等。腹腔膜呈银白色。

生殖季节雄鱼的头、背部以及胸鳍第1—3根鳍条上有许多白色珠星，雌鱼无珠星。头背面和体背部呈灰色带黄褐色，体侧下半部和腹部呈白色。背鳍呈灰色，胸鳍、腹鳍呈浅黄色，臀鳍呈浅黄色带红色。尾鳍上下叶呈鲜红色，下叶更鲜艳。

分布：分布广，我国东部从黑龙江到珠江各流域，包括珠江、海南岛各水系、钱塘江、长江、淮河、黄河、黑龙江等均有分布。国外分布于俄罗斯、蒙古和越南。

📍 沱江

🐟 144mm

📷 邹远超

🕐 2018-01-16

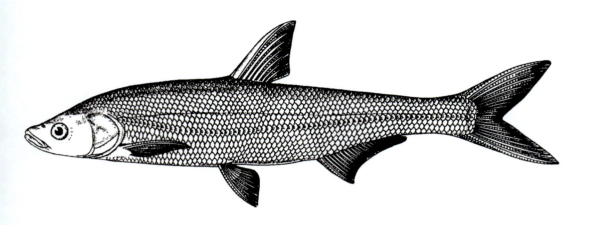

图片来源：陈宜瑜等，1998

◎ **蒙古鲌亚种** *Culter mongolicus elongatus*
(Luo *et* Chen, 1998)

地方名：压条鱼。

形态特征：背鳍iii-7；臀鳍iii-18—21；胸鳍i-14；腹鳍ii-8。侧线鳞69—74；围尾柄鳞20—22。第1鳃弓外侧鳃耙20—23。下咽齿3行，2·4·5—4·4·2。脊椎骨4+45。

　　体长为体高的4.2—4.9倍，为头长的4.2—4.6倍，为尾柄长的6.3—7.8倍，为尾柄高的10.9—12.6倍。头长为吻长的3.9—4.2倍，为眼径的5.1—6.4倍，为眼间距的3.5—4.2倍，为尾柄长的1.4—1.8倍，为尾柄高的2.5—2.9倍。尾柄长为尾柄高的1.5—2.0倍。本亚种体较低，体长为体高的4.2—4.9倍（指名亚种为3.6—4.8倍），眼较大，头长为眼径的5.1—6.4倍（指名亚种为5.4—7.7倍）。鳃耙20—23（指名亚种为17—20）。

分布：云南程海湖。

◎ 尖头鲌 *Culter oxycephalus*
(Bleeker, 1871)

图片来源：李鸿等，2020

地方名：尖头红鲌。

形态特征：背鳍iii-7；臀鳍iii-26—29；胸鳍i-15；腹鳍ii-8。侧线鳞66—69；围尾柄鳞21—22。第1鳃弓外侧鳃耙19—22。下咽齿3行，2·4·5—4·4·2。脊椎骨4+41。

体长为体高的3.0—3.6倍，为头长的4.2—4.5倍，为尾柄长的8.9—10.3倍，为尾柄高的8.3—9.5倍。头长为吻长的3.8—4.1倍，为眼径的5.8—6.6倍，为眼间距的3.2—3.8倍，为尾柄长的2.1—2.3倍，为尾柄高的1.9—2.3倍。尾柄长为尾柄高的0.8—1.0倍。

体长形，侧扁，头后背部隆起，呈弧形，腹部在腹鳍至肛门具腹棱，尾柄较高。头较小，尖形，侧扁，头长小于体高。吻尖形，吻长大于眼径。口亚上位，口裂斜，下颌略长于上颌，上颌骨的末端伸达鼻孔的下方。眼中大，位于头的前半侧，眼后缘至吻端的距离小于眼后头长。眼间宽，微凸，眼间距大于眼径。鼻孔位于近眼的前缘，其下缘在眼的上缘之上。鳃孔宽，向前约伸至眼后缘的下方；鳃盖膜连于峡部；峡部窄。鳞中大。侧线平直，约位于体侧中央，前部略呈弧形，后部平直，伸达尾鳍基。

背鳍位于腹鳍基的后上方，外缘斜形，末根不分支鳍条为光滑的硬刺，刺长短于头长；背鳍起点至吻端的距离大于至尾鳍基的距离。臀鳍位于背鳍基的后下方，外缘凹入，起点至腹鳍基的距离远较至尾鳍基为近。胸鳍较短，尖形，末端不达腹鳍起点。腹鳍位于背鳍的前下方，其长短于胸鳍，末端至臀鳍起点的距离大于或等于吻长。尾鳍深叉，上下叶末端尖形。

鳃耙中长，排列较密。下咽骨狭长，呈钩状，前臂长于后臂，无显著角突。咽齿近锥形，末端尖而略呈钩状。鳔3室，中室最大，后室细尖。肠短，呈前后弯曲，肠长短于体长。腹部呈灰白色。体背侧呈灰黑色，腹侧呈银白色，尾鳍呈橘红色，镶以黑色边缘。

分布：分布于四川境内的长江干流、重庆的长江干流及嘉陵江下游、长江中下游、乌苏里江、兴凯湖。国外俄罗斯和朝鲜也有分布。

◎ 达氏鲌 *Culter dabryi* (Bleeker, 1871)

地方名：青梢子。

形态特征：背鳍iii-7；胸鳍i-4—15；腹鳍ii-8；臀鳍iii-26—27。侧线鳞$\frac{13—15}{8-V}$69；背鳍前鳞33—35；围尾柄鳞15—18。第1鳃弓外侧鳃耙20—23。下咽齿3行，2·4·4—5·4·2。脊椎骨4+44—46+1。

标准长为体高的3.9—5.1倍，为头长的3.8—4.4倍，为尾柄长的6.5—7.4倍，为尾柄高的8.0—10.1倍。头长为吻长的1.0—3.5倍，为眼径的4.0—5.1倍，为眼间距的3.5—4.0倍。尾柄长为尾柄高的1.0—1.5倍。

体长而侧扁。头顶至吻端略斜。头后背部隆起。头较大，侧扁。腹棱为半棱，自腹鳍基末至肛门前。吻较长。口近上位，斜裂。无须。鼻孔位于眼前缘上方，距眼较距吻端为近。眼大，上侧位，位于头的前半部。鳃孔大。鳃盖膜与峡部不相连。

背鳍具大而光滑的硬刺，起点位于腹鳍之后，距吻端较距尾鳍基为近。胸鳍后伸接近或达腹鳍起点。腹鳍起点约位于胸鳍起点至肛门间的中点，后伸不达臀鳍起点。肛门紧靠臀鳍起点。臀鳍末根不分支鳍条末端柔软分节，鳍基较长，起点距腹鳍较距尾鳍基为近。尾鳍深叉形。

体被小圆鳞。侧线完全，在胸鳍起点上方向下略弯，向后伸达尾柄正中。鳃耙细长，排列紧密。下咽齿尖细，末端钩状。鳔3室，前室粗短，中室长大，呈长圆柱形，后室小，呈长圆锥形，末端稍尖。肠管较粗短，约与体长相当或略长。腹腔膜呈白色，有银白色带金黄色光泽，有的布有黑色小斑点。

体呈灰白色，背部色较暗，腹部呈银白色，各鳍呈青灰色。

分布：分布广，我国东部从黑龙江到珠江各流域，包括珠江、闽江、钱塘江、长江、淮河、黄河、辽河、黑龙江等水系均有分布。国外俄罗斯也有分布。

⊙	沱江
🐟	152mm
📷	田甜
🕐	2017-11-15

◎ 拟尖头鲌 *Culter oxycephaloides*
(Kreyenberg *et* Pappenheim, 1908)

地方名：鸭嘴红梢。

形态特征：背鳍iii-7；胸鳍i-15—16；腹鳍ii-8；臀鳍iii-23—26。鳃耙17—20。下咽齿3行。

体长为体高的3.5—4.2倍，为头长的3.7—4.2倍，为尾柄长的8.0—10.3倍。头长为吻长的3.0—3.8倍，为眼径的4.3—6.3倍，为眼间距的4.0—5.0倍。尾柄长为尾柄高的0.9—1.2倍。

体长，侧扁，头后背部明显隆起，腹部自腹鳍基部至肛门间有腹棱。头尖长，头背面较平。吻尖而长。口亚上位，口裂倾斜，后端伸达眼前缘下方。下颌较上颌为长。唇较薄，无触须。眼稍小，位于头侧上部。鼻孔位于眼前缘上方，与眼上缘几乎平行。鳃耙较粗且硬，排列稀疏。下咽齿较细，齿呈柱形，末端呈钩状。背鳍长，末根不分支鳍条为粗壮光滑的硬刺，其起点距吻端的距离小于至尾鳍基部的距离。胸鳍较短小，后伸不达肛门。臀鳍较短。外缘稍内凹，基部较长。尾鳍深分叉。上下叶几乎等长，末端尖削。尾柄较高。肛门紧靠于臀鳍起点前方。鳞片细小，腹鳍基部具腋鳞。侧线完全，较平直，仅在体中部稍向下弯曲呈弱弧形。

性成熟的雄鱼头部、尾柄和体侧上部有珠星。背部呈灰色，体侧和腹部呈银白色，各鳍呈灰白色或白色。尾鳍呈橘红色，下叶较鲜艳，其后缘具黑边。拟尖头鲌是一种大型经济鱼类，肉嫩味鲜美，数量较少。

分布：中国特有种。分布于长江中下游干支流及其附属湖泊。

湖北省武汉市汉南区

323mm

林永晟

2023-09-15

鳊属 *Parabramis*

◎ 鳊 *Parabramis pekinensis*
(Basilewsky, 1855)

地方名：鳊鱼、草鳊。

形态特征：背鳍iii-7；臀鳍iii-27—30；胸鳍i-14—16；腹鳍ii-8。侧线鳞52—61；围尾柄鳞17—18。第1鳃弓外侧鳃耙13—20。下咽齿3行，2（1）·3·4（5）—5（4）·3·2。脊椎骨4+41。

图片来源：廖伏初等，2020

体长为体高的2.3—3.0倍，为头长的4.4—5.7倍，为尾柄长的9.6—12.2倍，为尾柄高的7.7—9.9倍。头长为吻长的3.7—4.9倍，为眼径的3.6—4.8倍，为眼间距的2.2—2.8倍，为尾柄长的1.9—2.7倍，为尾柄高的1.4—2.3倍。尾柄长为尾柄高的0.6—1.0倍。

体高，甚侧扁，呈长菱形，背部窄，腹部自胸鳍基下方至肛门具腹棱，尾柄宽短。头小，侧扁，略尖。头长远小于体高。吻短，吻长大于或等于眼径。口端位，口裂小而斜，上下颌约等长，上颌骨伸达鼻孔前缘的下方。眼中大，位于头侧，眼后缘至吻端的距离小于眼后头长。眼间宽，圆凸，眼间距较眼径为大。鳃孔伸至前鳃盖骨后缘稍前的下方；鳃盖膜与峡部相连。鳞中大，背腹部鳞较体侧为小。侧线平直，约位于体侧中央，向后伸达尾鳍基。

背鳍位于腹鳍基的后上方，末根不分支鳍条为硬刺，刺长一般大于头长，第1分支鳍条一般长于头长；背鳍起点至吻端的距离与至尾鳍基的距离相等或近尾鳍基。臀鳍基部长，外缘微凹，起点与背鳍基部末端相对，至腹鳍起点的距离大于臀鳍基部长的1/2。胸鳍末端稍尖，一般不伸达腹鳍起点。腹鳍位于背鳍的前下方，后伸不达肛门。尾鳍深分叉，末端尖形，下叶略长于上叶。

鳃耙短小，呈三角形。下咽骨宽短，呈弓形，前臂粗短，后角突显著。主行咽齿近侧扁，末端微弯。鳔3室，中室最大，后室小而末端尖。肠长，多次盘旋，肠长为体长的2.5—3.0倍。腹部呈灰黑色。体背侧呈青灰色，腹侧呈银白色，鳍呈灰色。

分布：广布性种类，分布于我国东部从黑龙江到珠江各流域，包括珠江、海南岛各水系、闽江、钱塘江、长江、淮河、黄河、辽河、鸭绿江、黑龙江等。国外见于朝鲜及俄罗斯。

鲂属 *Megalobrama*

◎ 厚颌鲂 *Megalobrama pellegrini*
(Tchang, 1930)

地方名：三角鳊、三角鲂。

形态特征：背鳍iii-7；臀鳍iii-26—27；胸鳍i-16；腹鳍ii-8。侧线鳞50—57；围尾柄鳞20。第1鳃弓外侧鳃耙15—17。下咽齿3行，2·4·5—4·4·2。脊椎骨4+36。

体长为体高的2.1—2.3倍，为头长的4.5—4.8倍，为尾柄长的9.1—9.8倍，为尾柄高的7.1—8.0倍。头长为吻长的3.5—4.1倍，为眼径的3.5—4.2倍，为眼间距的2.2—2.4倍，为尾柄长的2.0—2.1倍，为尾柄高的1.5—1.8倍。尾柄长为尾柄高的0.7—0.9倍。

体高而侧扁，呈菱形，背部较窄，腹部自腹鳍至肛门具腹棱，尾柄短。头小，侧扁，头长小于体高，体高为头长的2.0—2.2倍。口端位，深弧形，头宽为口宽的2.3—2.5倍。上下颌具坚硬的角质，上颌角质短而高，呈三角形；上颌骨末端伸达鼻孔的下方。眼中大，位于头侧，眼后头长大于眼后缘至吻端的距离；眼间宽凸，眼间距大于眼径，为眼径的1.4—1.9倍，上眶骨大，略呈三角形。鳃孔向前至前鳃盖后缘稍前的下方；鳃盖膜连于峡部；峡部较窄。鳞中大，背、腹部鳞较体侧鳞为小。侧线较平直，约位于体侧中央，向后伸至尾鳍基。

背鳍位于腹鳍之后，外缘上角尖形，第三不分支鳍条为硬刺，刺粗长，其长一般大于头长；背鳍起点至吻端的距离稍大于至尾鳍基的距离或相等。臀鳍延长，外缘凹入，起点约与背鳍基末端相对，至腹鳍起点的距离大于臀鳍基部长的1/2。胸鳍尖形，末端到达或不达腹鳍起点。腹鳍短于胸鳍，末端不达肛门。尾鳍深叉，下叶略长于上叶，末端尖形。

鳃耙短，呈片状，排列较密。下咽骨宽短，呈"弓"形，前后臂粗短，角突显著。主行咽齿稍侧扁，末端尖而弯，最后一枚齿呈圆锥形。鳔3室，中室长于前室，后室短小，末端尖形，后室长约与眼径等大。肠长，盘曲多次，肠长为体长的2.3倍左右。体呈灰黑色，体侧鳞片中间呈浅色，边缘呈灰黑色，鳍呈灰黑色。

分布：长江上游特有种。在长江上游干流、金沙江中下游、邛海、雅砻江、岷江下游、大渡河、青衣江、沱江、赤水河、乌江、嘉陵江、涪江、渠江和大宁河等均有分布。

◎ 长体鲂 *Megalobrama elongata*

(Huang *et* Zhang, 1986)

地方名： 三角鳊、三角鲂。

形态特征： 背鳍iii-7；臀鳍iii-25—27；胸鳍i-15；腹鳍ii-8。侧线鳞56—61；围尾柄鳞19—20。第1鳃弓外侧鳃耙16—17。下咽齿3行，2·4·5—4·4·2。

体长为体高的2.8—3.0倍，为头长的3.8—4.2倍，为尾柄长的9.3—10.9倍，为尾柄高的7.8—8.7倍。头长为吻长的3.7—4.6倍，为眼径的4.3—4.6倍，为眼间距的2.7—3.0倍，为尾柄长的2.4—2.6倍，为尾柄高的1.8—2.3倍。尾柄长为尾柄高的0.8—0.9倍。

体较低，侧扁，背缘略呈菱形，腹部较平直，腹棱存在于腹鳍基与肛门之间，尾柄高约与尾柄长相等。头小，侧扁，头长小于体高。吻短，钝圆，吻长大于眼径。口小，端位，口裂稍斜。上下颌约等长，上颌骨不伸达眼的前缘。唇正常，无显著的角质。眼中大，位于头侧，眼后缘至吻端的距离稍短于眼后头长。眼间宽突，眼间距远大于眼径。上眶骨略呈新月形。鳃孔向前至前鳃盖骨后缘稍前的下方；鳃盖膜与峡部相连。鳞中大，背、腹部鳞较体侧为小。侧线较平直，约位于体侧中央，向后伸达尾鳍基。

背鳍位于腹鳍基之后，外缘上角略圆，末根不分支鳍条为硬刺，刺长短于头长；背鳍起点距吻端较至尾鳍基稍远。臀鳍外缘微凹，起点至腹鳍起点的距离大于臀鳍基部长的1/2。胸鳍末端尖形，伸达腹鳍起点。腹鳍位于背鳍起点之前，其长短于胸鳍，末端不达臀鳍起点。尾鳍深叉，末端尖形。

鳃耙短，排列较密。咽骨中长，稍宽，前后臂约等长。咽齿近侧扁，末端尖而弯。鳔3室，中室最大，其长为前室长的1.8倍左右，后室小，末端尖形，其长大于眼径。肠长，盘曲多次，肠长为体长的1.3倍左右。腹部呈灰黑色。

分布： 长江上游四川境内水系有分布。

🐟 313mm

📷 谢晓

🕐 2013-12-18

◎ 鲂 *Megalobrama mantschuricus* (Basilewsky, 1855)

地方名：三角鳊、三角鲂。

形态特征：背鳍iii-7；臀鳍iii-25—30；胸鳍i-17；腹鳍ii-8。围尾柄鳞20—22。第1鳃弓外侧鳃耙14—20。下咽齿3行，2·4·4（5）—5（4）·4·2。脊椎骨4+33—35。

体长为体高的2.0—2.3倍，为头长的4.0—4.4倍，为尾柄长的9.9—11.8倍，为尾柄高的7.1—8.1倍。头长为吻长的3.3—3.8倍，为眼径的3.3—4.6倍，为眼间距的2.1—2.5倍。尾柄长为尾柄高的0.6—0.9倍。肠长为体长的2.4—2.5倍。

体高而侧扁，呈菱形，背缘较窄，腹部在腹鳍前圆，腹鳍至肛门具腹棱，尾柄短。头小而侧扁，头长小于体高，体高为头长的1.7—2.2倍。吻短，吻长稍大于眼径。口较小，口裂斜形，头宽为口宽的两倍以上；上下颌约等长，上颌骨伸达鼻孔的下方；上下颌角质发达，上颌角质低而长，呈新月形，边缘锐利。眼中大，位于头侧，眼后头长短于眼后缘至吻端的距离。眼间宽而圆凸，眼间距大于眼径，为眼径的1.4—1.9倍。上眶骨发达，厚而呈长方形。鳃孔向前至前鳃盖骨后缘的下方；鳃盖膜连于峡部；峡部较窄。鳞中大，背、腹部鳞较体侧为小。侧线较平直，约位于体侧中央，向后伸达尾鳍基。

背鳍位于腹鳍基的后上方，外缘斜直，上角尖形，第三不分支鳍条为硬刺，刺粗壮而长，刺长一般长于头长；背鳍起点至吻端的距离小于至尾鳍基的距离或相等。臀鳍长，外缘凹入，起点与背鳍基末端相对，至腹鳍起点的距离大于其基部长的1/2。胸鳍尖形，末端到达或不达腹鳍起点。腹鳍位于背鳍起点之前的下方，其长短于胸鳍，末端不达肛门。尾鳍深叉，下叶稍长于上叶，末端尖形。

鳃耙短，呈片状，排列较密。下咽骨宽短，呈"弓"形，前后臂粗短，角突显著。主行咽齿稍侧扁，末端尖而弯，最后一枚齿呈圆锥形。鳔3室，前室大于中室，为中室长的1.1—1.5倍；后室甚小，末端尖形，其长约与眼径等大。肠长，盘曲多次，肠长为体长2.5倍左右。腹部呈银灰色。

体呈灰黑色，腹侧呈银灰色；体侧鳞片中间呈浅色，边缘呈灰黑色；鳍呈灰黑色。

分布：分布广，闽江、钱塘江、长江中上游、黄河、淮河、辽河、鸭绿江、黑龙江均有分布。国外分布于俄罗斯。

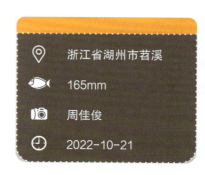

浙江省湖州市苕溪

165mm

周佳俊

2022-10-21

◎ 团头鲂 *Megalobrama amblycephala* (Yih, 1955)

地方名： 武昌鱼、草鳊。

形态特征： 背鳍iii-7；臀鳍iii-28—30；胸鳍i-16—17；腹鳍ii-8。围尾柄鳞22。第1鳃弓外侧鳃耙13—18。下咽齿3行，2·4·5（4）—4（5）·4·2。脊椎骨4+38—39。

体长为体高的2.0—2.3倍，为头长的4.5—4.6倍，为尾柄长的10.1—13.2倍，为尾柄高的7.2—7.7倍。头长为吻长的3.3—3.5倍，为眼径的4.4—4.8倍，为眼间距的2.0—2.2倍，为尾柄长的1.8—2.2倍，为尾柄高的1.3—1.7倍。尾柄长为尾柄高的0.6—0.7倍。

体侧扁而高，呈菱形，背部较厚，自头后至背鳍起点呈圆弧形，腹部在腹鳍起点至肛门具腹棱，尾柄宽短。头小，侧扁，头长小于体高，体高为头长的2.1—2.6倍。口端位，口裂较宽，呈弧形，头宽为口宽的1.7—2.0倍。上下颌具狭而薄的角质，上颌角质呈新月形。眼中大，位于头侧，眼后头长大于眼后缘至吻端的距离。眼间宽而圆凸，眼间距大于眼径，为眼径的1.9—2.6倍。上眶骨大，略呈三角形。鳃孔向前伸至前鳃盖骨后缘稍前的下方；鳃盖膜连于峡部；峡部较宽。鳞中等大，背、腹部鳞较体侧为小。侧线约位于体侧中央，前部略呈弧形，后部平直，伸达尾鳍基。

背鳍位于腹鳍基的后上方，外缘上角略钝，末根不分支鳍条为硬刺，刺粗短，其长一般短于头长，起点至尾鳍基的距离较至吻端为近。臀鳍延长，外缘稍凹，起点至腹鳍起点的距离大于其基部长的1/2。胸鳍末端略钝，后伸达或不达腹鳍起点。腹鳍短于胸鳍，末端圆钝，不伸达肛门。尾鳍深分叉，上下叶约等长，末端稍钝。

鳃耙短小，呈片状。下咽骨宽短，呈弓形，前后臂粗短，约等长，角突显著。咽齿稍侧扁，末端尖而弯。鳔3室，中室大于前室，后室小，其长大于眼径。肠长，盘曲多次，肠长为体长2.5倍左右。腹部呈灰黑色。

体呈青灰色，体侧鳞片基部呈浅色，两侧呈灰黑色，在体侧形成数行深浅相交的纵纹。鳍呈灰黑色。

分布： 中国特有种。分布于长江中下游湖泊，现已成为四川东部各地常见到养殖种类。

江苏省无锡市滨湖区

112mm（幼鱼）

林永晟

2022-12-26

鲴属 *Xenocypris*

◎ 银鲴 *Xenocypris argentea*
(Günther, 1868)

地方名：大鳞鲴、密鲴。

形态特征：背鳍iii-7；臀鳍iii-8—10；胸鳍i-15—16；腹鳍i-8—9。侧线鳞 $57\frac{9-11}{5-6-V}64$；背鳍前鳞20—24；围尾柄鳞20—23。第1鳃弓外侧鳃耙39—53。下咽齿3行，6·4·1—2。脊椎骨4+36—39。

体长为体高的3.7—4.2倍，为头长的4.5—5.1倍，为尾柄长的7.0—8.5倍，为尾柄高的9.2—11.2倍。头长为吻长的3.2—3.7倍，为眼径的3.4—3.9倍，为眼间距的2.6—3.0倍。尾柄长为尾柄高的1.1—1.4倍。

体侧扁，长形。头小。吻钝。口下位。下颌前缘有薄的角质。无须。眼较大，侧上位。眼后头长大于吻长；眼间距略大于吻长，小于眼后头长。鼻孔位于吻背侧。鳞中大。侧线完全，在胸鳍上方略下弯，向后伸入尾柄中央。背鳍起点约与腹鳍起点相对，或稍前，至吻端的距离较至尾鳍基的距离为近。胸鳍末端尖，后伸不达腹鳍起点。腹鳍起点约位于胸鳍起点至臀鳍起点的中点。腹鳍基部有1—2枚长形腋鳞。肛门紧靠臀鳍起点。腹部无腹棱或在肛门前有很短的腹棱。臀鳍起点距尾鳍基较距腹鳍起点为近，其末端不达尾鳍基部。尾鳍分叉较深。

鳃耙短，呈扁平的三角形，排列紧密。下咽骨近弧形，较窄；主行咽齿侧扁，顶端稍尖，具长的咀嚼面；外侧两行咽齿纤细，柱形。鳔两室，后室长约等于前室长的2倍。成鱼肠长为体长的1.5—5.0倍。

分布：海南岛各水系、珠江、元江、闽江、钱塘江、长江、黄河、海河、辽河、黑龙江及东南沿海各水系均有分布。国外分布于俄罗斯和越南。

- 长江宜昌段
- 239mm
- 梁孟
- 2017-11-27

图片来源：廖伏初等，2020

◎ 黄尾鲴 *Xenocypris davidi*
(Bleeker, 1871)

地方名：黄尾、黄片。

形态特征：背鳍iii-7；臀鳍iii-9—11；胸鳍i-15—16；腹鳍i-8。背鳍前鳞26—30；围尾柄鳞22—25。第1鳃弓外侧鳃耙40—56。下咽齿3行，2·4·6—6·4·2或2·3·6—6·3·2。脊椎骨4+36—41。

体长为体高的3.0—3.7倍，为头长的4.9—5.6倍，为尾柄长的6.8—8.9倍，为尾柄高的7.0—9.8倍。头长为吻长的2.7—3.7倍，为眼径的3.6—4.0倍，为眼间距的2.3—2.6倍。尾柄长为尾柄高的1.0—1.2倍。

体长而侧扁，背较高且厚，腹部圆。头小。吻钝。口下位，呈横裂状。下颌有发达的角质边缘。眼较大，侧上位。

鳞中大。侧线完全，在胸鳍上方略下弯，向后深入尾柄中央。背鳍末根不分支鳍条为光滑硬刺。胸鳍末端尖，后伸不达腹鳍起点。腹鳍末端不达肛门，其基部有1—2枚长形腋鳞。尾鳍叉形。生活时体背部呈灰黑色，腹部呈银白色，尾鳍呈橘黄色。在鳃盖骨后缘有一个黄色斑块。

分布：中国特有种。珠江、海南岛各水系、长江、黄河及东南沿海各水系均有分布。国外分布于越南等。

◎ 云南鲴 *Xenocypris yunnanensis* (Nichols, 1925)

地方名：油鱼、黄片、帆子。

形态特征：背鳍iii-7；臀鳍iii-9—10；胸鳍i-15—16；腹鳍i-8。侧线鳞 $74\frac{12-13}{5-6-V}75$；背鳍前鳞29—32；围尾柄鳞26—29。第1鳃弓外侧鳃耙53—61。下咽齿3行，2·4·6—6·4·2或2·4·7—6·4·2。脊椎骨4+40—41。

体长为体高的3.1—3.9倍，为头长的4.0—4.5倍，为尾柄长的6.4—8.7倍，为尾柄高的9.3—12.0倍。头长为吻长的3.8—4.6倍，为眼径的3.4—4.2倍，为眼间距的2.8—3.1倍。尾柄长为尾柄高的1.0—1.6倍。

体侧扁。吻钝。口下位，口裂呈弧形。下颌有薄的角质边缘。无须。眼较小，侧上位。头长为尾柄高的2倍以上。眼后头长为吻长的2倍。侧线完全，在胸鳍上方略下弯，向后伸入尾柄中央。

背鳍起点约与腹鳍起点相对，距吻端的距离与距尾鳍基的距离约相等。胸鳍末端尖，后伸不达腹鳍起点。腹鳍末端不达肛门。腹鳍基有1—2枚长形腋鳞。肛门紧靠臀鳍，肛门前有短的腹棱，长度不达腹鳍基至肛门距离之半。臀鳍短，向后伸不达尾鳍基部。尾鳍叉形。

鳃耙为扁平的三角形，排列紧密。下咽骨近弧形；主行齿侧扁，具咀嚼面，顶端稍尖，外侧两行咽齿纤细。鳔2室，后室长约为前室长的2倍。肠长约为体长的6.0倍。腹部呈黑色。

背部呈灰黑色，体侧下半部及腹部呈银白色。背鳍呈灰黑色，尾鳍下叶呈橘红色，臀鳍呈浅红色。

分布：长江上游特有种。分布于长江上游及云南滇池。

◎ 方氏鲴 *Xenocypris fangi*
(Tchang, 1930)

地方名：凡子、红尾凡子。

形态特征：背鳍iii-7；臀鳍iii-9—11；胸鳍i-13—17；腹鳍i-8。侧线鳞 $70\frac{11—13}{5—6-V}79$；背鳍前鳞31—34；围尾柄鳞22—24。第1鳃弓外侧鳃耙42—48。下咽齿3行，2·3·7—6·3·2或2·3·6—6·3·2或2·4·6—6·4·2。脊椎骨4+43。

体长为体高的3.8—4.4倍，为头长的4.6—5.2倍，为尾柄长的7.2—8.7倍，为尾柄高的9.0—10.0倍。头长为吻长的3.6—4.0倍，为眼径的3.7—4.1倍，为眼间距的2.5—2.8倍。尾柄长为尾柄高的1.1—1.3倍。

体长而侧扁。头小。吻短。口下位，口裂稍呈弧形，下颌有薄的角质边缘。无须。眼较小，侧上位，眼径等于或略小于吻长。眼后头长几乎为吻长的2倍。鳞较小。侧线完全，在胸鳍上方略向下弯，向后伸入尾柄正中。

背鳍起点与腹鳍起点相对，或稍有前后，至吻端的距离与至尾鳍基的距离约相等。胸鳍末端尖，后伸不达腹鳍起点。腹鳍末端不达肛门，其基部有1—2片长形的腋鳞。肛门紧靠臀鳍起点。肛门前有短的腹棱，其长度不达腹鳍基至肛门间距离之半。臀鳍末端不达尾鳍基部。尾鳍叉形。

鳃耙为扁而薄的三角形，排列紧密。下咽骨近弧形，较窄。下咽齿3行，主行齿侧扁，具咀嚼面，顶端稍尖，外侧2行略细。鳔2室，后室长为前室长的2.4—2.7倍。腹部呈黑色。

背部呈灰黑色，体侧下半部和腹部呈银白色。胸、腹、臀鳍均呈灰白色，背鳍呈灰黑色，尾鳍上叶呈灰黑色，下叶呈鲜红色。

四川省巴中市平昌县巴河

180mm

喻燚

2024-06-19

分布：长江上游特有种。分布于宜宾至重庆的长江干流、岷江中下游、沱江流域、嘉陵江中下游和乌江下游江段。

◎ 细鳞鲴 *Xenocypris microlepis*
(Bleeker, 1871)

地方名：黄片。

形态特征：背鳍iii-7；臀鳍iii-10—14；胸鳍i-15—16；腹鳍i-8。侧线鳞$72\frac{11—16}{6—8\text{-}V}84$；鳍前鳞27—40；围尾柄鳞26—32。第1鳃弓外侧鳃耙36—48。下咽齿3行，2·4·6—7·4·2或2·4·6—6·4·2或2·3·6—6·3·2。脊椎骨4+43—44。

　　体长为体高的3.3—3.8倍，为头长的4.4—5.3倍，为尾柄长的6.9—8.5倍，为尾柄高的8.6—10.4倍。头长为吻长的3.4—4.2倍，为眼径的3.0—3.9倍，为眼间距的2.4—3.0倍。尾柄长为尾柄高的1.0—1.5倍。

 215mm

 林永晟

 2023-11-22

　　体长而侧扁。头小。吻钝短；吻皮紧贴于上颌。口下位，略呈弧形；下颌前缘有薄的角质缘。无须。眼侧上位，眼径和吻长约相等。眼后头长大于吻长，略大于眼间距。鼻孔位于眼的前上方，至吻端与至眼前缘的距离约相等。鳞小。侧线完全，在胸鳍上方略下弯，向后伸入尾柄中央。

　　背鳍起点约与腹鳍起点相对，或稍有前后。至吻端的距离和至尾鳍基的距离相近。胸鳍末端尖，后伸不达腹鳍起点。腹鳍末端不达肛门，其基部有1—2枚长形腋鳞。肛门紧靠臀鳍起点。肛门前有腹棱，腹棱长度为肛门至腹鳍基距离的3/4以上。臀鳍短，向后伸不达尾鳍基部。尾鳍叉形。

　　鳃耙为扁平的三角形，排列紧密。下咽骨近弧形，主行齿侧扁，顶端稍尖，外侧两行咽齿纤细。鳔2室，后室长为前室长的3倍或略多于3倍。

　　体背呈灰黑色，体侧和腹部呈银白色。胸、腹、臀鳍呈浅黄色或灰白色，背鳍呈灰黑色，尾鳍呈橘黄色，后缘呈灰黑色。

分布：珠江、长江、黄河、黑龙江及东南沿海各水系均有分布。国外分布于俄罗斯。

圆吻鲴属 *Distoechodon*

◎ 湖北圆吻鲴 *Distoechodon hupeinensis* (Yih, 1964)

形态特征：背鳍iii-7；臀鳍iii-9；胸鳍i-15；腹鳍i-8。侧线鳞69—84。鳃耙44—48。下咽齿2行，4·6—6·4。

体长为体高的3.4—3.8倍，为头长的4.3—4.7倍，为尾柄长的6.1—8.0倍，为尾柄高的8.8—10.8倍。头长为吻长的2.6—3.3倍，为眼径的3.4—4.4倍，为眼间距的2.4—3.2倍。尾柄长为尾柄高的1.3—1.5倍。

体长而侧扁，体较厚。头小而侧扁。吻短，圆钝，吻皮紧贴上颌，吻长远小于眼后头长，约等于眼径。口下位，弧形。下颌角质薄锋不发达。无须。鼻孔每侧2个，紧邻，位于眼前上方，前后鼻孔间具鼻瓣。眼大，上侧位。鳃盖膜与峡部相连。

背鳍起点约与腹鳍起点相对或稍后，距吻端较距尾鳍基为近，末根不分支鳍条为光滑硬刺。胸鳍末端稍尖，后伸不达腹鳍起点。腹鳍后伸不达肛门。肛门靠近臀鳍起点。臀鳍短，后伸不达尾鳍基。尾鳍叉形。肛门前腹棱短小。

体被细圆鳞，胸鳍和腹鳍基具腋鳞。侧线完全，于胸鳍上方略向下弯，向后延伸至尾柄中部。

鳃耙呈三角形，薄片状，排列紧密。下咽骨近弧形，较窄；主行咽齿侧扁，顶端尖，齿面截形；外侧1行咽齿纤细。鳔2室，后室约为前室长的2.0倍，后室末端骤然收缩。腹部呈黑色。

体背部呈橄榄色，腹部呈银白色。胸鳍、腹鳍和臀鳍呈灰白色，背鳍和尾鳍呈灰黑色。

分布：长江中游的湖泊。

图片来源：李鸿等，2020

地方名：青片。

形态特征：背鳍iii-7；臀鳍iii-9；胸鳍i-16；腹鳍i-8。侧线鳞 $\frac{11-14}{6-7-V}$ 82。鳃耙93—95。下咽齿2行，数目不稳定。

体长为体高的3.6—4.9倍，为头长的4.6—4.8倍，为尾柄长的6.1—6.5倍，为尾柄高的7.6—8.5倍。头长为吻长的2.7—3.1倍，为眼径的5.5—6.4倍，为眼间距的2.0—2.3倍，尾柄长为尾柄高的1.0—1.4倍。

体长而稍侧扁，腹部圆。无腹棱。头小而侧扁，锥形。吻圆凸，吻皮下包至口前，吻长为眼径的1.6—2.2倍，小于眼后头长。口小，下位，口裂弯度小，几乎呈横裂状；口裂甚宽，几乎达此处头宽的全部，口角不达鼻孔前缘的下方。下颌角质薄锋发达。无须。鼻孔每侧两个，紧邻，位于眼前上方，距眼端较距吻短为近，前鼻孔后缘具半月形鼻瓣。眼小，中侧位。眼间隔宽平。鳃孔大。鳃盖膜与峡部相连。

背鳍末根不分支鳍条为硬刺，后缘光滑，末端柔软分节，刺长短于头长；起点距吻端与距尾鳍基相等或稍大。胸鳍下侧位，后伸不达腹鳍起点。腹鳍起点与背鳍起点相对，后伸不达肛门，距肛门较距胸鳍起点为近。肛门紧靠臀鳍起点。臀鳍小，起点距腹鳍起点较距尾鳍基为近。尾鳍深叉形。

体被小圆鳞，腹鳍基具1枚狭长腋鳞。侧线完全，广弧形下位，向后延伸至尾柄正中。

鳃耙细扁，排列紧密。下咽齿里行齿侧扁、齿面斜截，末端尖，外行齿短小，细弱。

体背呈青灰色，腹部呈银灰色。背鳍和尾鳍呈灰黑色，尾鳍后缘呈灰黑色。胸鳍和腹鳍基呈黄色；其余各鳍均呈灰白色。

分布：中国特有种。珠江、长江、黄河、黑龙江及东南沿海各水系均有分布。

赤水河下游

400mm

王钦

2024-08-07

◎ 大眼圆吻鲴

Distoechodon macrophthalmus

(Zhao, Kullander, Kullander *et* Zhang, 2009)

地方名：红翅鱼。

形态特征：背鳍ii-7；臀鳍i-9；胸鳍i-14—15；腹鳍i-8。体长而侧扁，无腹棱。眼侧上位，眼间隔宽。上颌长于下颌，下颌前缘具发达的角质层。口角无须。背鳍起点在腹鳍起点的稍后上方，末根不分支鳍条为后缘光滑的硬刺，其起点约在吻端至尾鳍基间的中点。臀鳍起点约在腹鳍起点至尾鳍基间的中点，鳍条后伸末端不达尾鳍基。胸鳍尖，鳍条后伸末端不达腹鳍起点。腹鳍起点在背鳍起点的稍前下方，起点离臀鳍起点稍近于胸鳍起点，基部具一枚发达的腋鳞，鳍条末端后伸不达尾鳍基。

刮食性鱼类，生活在湖泊底层，主要以植物碎屑和藻类为食，同时摄食甲壳动物、水生昆虫幼虫等。

分布：云南特有品种，主要分布于云南程海湖流域。

图片来源：朱建国，2021

似鳊属 *Pseudobrama*

◎ 似鳊 *Pseudobrama simoni* (Bleeker, 1864)

地方名：逆片。

形态特征：背鳍iii-7；臀鳍iii-10—11；胸鳍i-11—13；腹鳍i-8—9。侧线鳞$42\frac{9—10}{4—5\text{-}V}45$；背鳍前鳞19—21；围尾柄鳞17—20。鳃耙130—135。下咽齿1行，数目不稳定。

体长为体高的3.0—3.2倍，为头长的4.1—4.7倍，为尾柄长的5.8—6.6倍，为尾柄高的8.1—8.5倍。头长为吻长的3.7—4.0倍，为眼径的3.7—4.0倍，为眼间距的2.6—2.7倍，为尾柄长的1.5—2.0倍，为尾柄高的1.5—2.5倍。尾柄长为尾柄高的1.2—1.3倍。

体侧扁，较高，头后背部稍隆起。胸鳍前腹部较圆，从腹鳍基部至肛门之间有发达的腹棱。头短小，吻短而钝。口下位，呈横裂状。唇薄。下颌有不发达的角质边缘。眼较大，位于头侧体轴中线上方，眼后头长大于吻长，为吻长的1.5—1.9倍，眼径约与吻长相等。鼻孔在眼前缘上方，约与眼上缘相平行或稍低。鳃耙呈三角形，排列非常紧密。下咽齿侧扁，齿面呈斜切状，末端尖。

背鳍较长，外缘截形；最后一根不分支鳍条为光滑的硬刺，刺长度等于或稍大于头长，其起点至吻端较至尾鳍基部的距离为近。胸鳍较小，后伸不达腹鳍基部，相隔2—3枚鳞片。腹鳍起点在背鳍起点之前，末端后伸不达肛门，其长度超过腹鳍基部至臀鳍基部距离的一半。臀鳍短小，无硬刺，外缘稍内凹。尾鳍深叉形，下叶稍长于上叶，末端稍尖。尾柄短，稍高。肛门紧靠在臀鳍起点之前。

体被圆鳞，中等大小。腹鳍基具狭长腋鳞。侧线完全，前端微向下弯，向后延伸至尾柄正中。

鳃耙纤细，排列非常紧密。下咽齿侧扁，末端钩状。鳔2室，后室长，末端尖，为前室长的2.0倍以上。

体背呈灰褐色，腹部呈银白色。背鳍、尾鳍呈浅灰色，腹鳍基呈浅黄色。

分布：长江、黄河及海河等水系均有分布。

浙江省杭州市西湖区

88mm

林永晟

2022-12-01

鳙属 *Aristichthys*

◎ 鳙 *Aristichthys nobilis* (Richardson, 1845)

地方名：胖头鱼。

形态特征：背鳍iii-7；臀鳍iii-12—13；胸鳍i-16—19；腹鳍i-7—8。侧线鳞$92\frac{21—23}{14—15-V}111$。鳃耙680。下咽齿1行。

体长为体高的3.1—3.5倍，为头长的2.8—3.4倍，为尾柄长的5.9—8.2倍，头长为吻长的3.0—3.5倍，为眼径的4.5—6.9倍，为眼间距的1.8—2.4倍，尾柄长为尾柄高的1.2—1.7倍。

体较高，侧扁，腹部胸鳍至腹鳍间较圆。腹棱为半棱，自腹鳍基末至肛门前。头大而圆胖，前部宽阔。吻短而宽。口大，上位，斜裂，末端可达鼻孔下方。下颌向上略翘。无须。鼻孔每侧2个，紧邻，位于眼前缘上方，距吻端与距眼约相等。眼小，下侧位。眼间隔宽阔，约为眼径的3.0倍。鳃孔大。鳃盖膜跨越峡部，左右相连，与峡部不相连。

背鳍末根不分支鳍条柔软分节，起点位于腹鳍基中间上方，距吻端较距尾鳍基为远。胸鳍下侧位，大而长，后伸超过腹鳍起点较远。腹鳍后伸不达臀鳍起点，起点距胸鳍起点较距臀鳍起点为近，后伸几乎达肛门。肛门紧靠臀鳍起点。臀鳍末根不分支鳍条柔软分节，鳍基较长，起点距腹鳍起点较距尾鳍基为近。尾鳍深叉形。

体被细小圆鳞。侧线完全，前段稍向腹面弯曲，自臀鳍中部之后平直，沿尾柄正中后行。繁殖期雄鱼个体胸鳍前数根鳍条上具较锋利的刀状骨质棱。

鳃耙细长而密集，分离，不愈合。下咽齿1行，平扁，齿面具不规则颗粒状凸起。鳔发达，2室，前室大，后室小，圆锥形。肠长，为体长的4.0—5.0倍。腹腔膜呈黑色。

体背部及体侧上半部呈灰黑色，间具浅黄色，腹部灰白，两侧杂有许多浅黄色及黑色的不规则小斑点。故称麻鲢。各鳍均呈青灰色。

分布：分布广，我国中东部海河至珠江间及海南岛江河、湖泊中广泛分布，黄河以北数量较少，东北和西北地区为人工养殖迁入的种群。国外日本、朝鲜、越南也有分布。

240mm

喻燚

2021-01

 320mm

 喻燚

2021-01

鲢属 *Hypophthalmichthys*

◎ 鲢 *Hypophthalmichthys molitrix* (Valenciennes, 1844)

地方名：白鲢、鲢鱼。

形态特征：背鳍iii-7；臀鳍iii-11—13；胸鳍i-16—17；腹鳍i-7—8。侧线鳞$92\frac{21—23}{14—15-V}111$。下咽齿1行。

体长为体高的3.2—3.4倍，为头长的3.3—3.8倍，为尾柄长的5.6—6.4倍。头长为吻长的4.2—5.1倍，为眼径的5.5—6.6倍，为眼间距的1.9—2.2倍。尾柄长为尾柄高的1.4—1.6倍。

体侧扁，腹部狭。腹棱发达，为全棱，自鳃盖膜左右相连处稍后至肛门前。头中等，侧扁。吻短钝。口大，亚上位，斜裂，末端达鼻孔前缘下方。下颌稍向上突出。无须。鼻孔每侧2个，紧邻，上侧位，距吻端较距眼为近，前鼻孔后缘具半月形鼻瓣。眼较小，下侧位。鳃孔大。鳃盖膜跨越峡部，左右相连，与峡部不相连。

背鳍较小，末根不分支鳍条柔软分节，起点距吻端约等于距尾鳍基。胸鳍下侧位，末端尖，后伸不达或仅达腹鳍起点。腹鳍后伸不达臀鳍起点，起点位于背鳍起点稍前，距吻端较距尾鳍基为近，后伸不达肛门。肛门紧靠臀鳍起点。臀鳍较长，末根不分支鳍条柔软分节，起点距腹鳍起点较距尾鳍基为近。尾鳍深叉形。

体被细小圆鳞。侧线完全，腹鳍前方较弯曲，腹鳍以后较平直，向后延伸至尾柄正中。

鳃耙特化，彼此相连，细密如海绵状。下咽齿1行，平扁，齿面中央具细沟，侧面具辐射状斜纹。鳔发达，2室，前室膨大，后室锥形。肠细长，为体长的6.0—8.0倍。腹部呈黑色。

体背呈浅灰略带黄色，体侧及腹部呈银白色。各鳍呈浅灰色。

分布：分布极广，我国东部黑龙江至珠江间及海南岛江河、湖泊均有分布。国外俄罗斯东部、日本、朝鲜和越南也有分布。

鮈属 *Hemibarbus*

图片来源：廖伏初等，2020

◎ 唇鮈 *Hemibarbus labeo*
(Pallas, 1776)

地方名：重唇鱼。

形态特征：背鳍iii-7；臀鳍iii-6；胸鳍i-18；腹鳍i-8—9。侧线鳞 $47\frac{6.5—7.5}{4.5-V}50$。鳃耙15—20。下咽齿3行，1·3·5—5·3·1。

体长为体高的3.8—4.6倍，为头长的3.5—4.1倍，为尾柄长的6.6—7.7倍，为尾柄高的9.0—10.2倍。头长为吻长的2.1—2.3倍，为眼径的3.5—4.5倍，为眼间距的3.1—3.9倍。尾柄长为尾柄高的1.3—1.6倍。

体长而稍侧扁，背部微隆，腹部较圆。头尖长，头长稍大于体高。吻长，尖突，吻部在鼻孔前下陷，吻长显著大于眼后头长。口下位，马蹄形，口能伸缩，口裂止于鼻孔正下方。唇厚发达，上唇向上翻卷，与吻之间具深沟；下唇很发达，呈片状外翻，形成宽阔的两侧叶，颏部中部具1个小凸起。口角须1对，须长小于眼径。鼻孔每侧2个，紧邻，位于眼前方，距眼较距吻近；前鼻孔小，后鼻孔具圆形鼻瓣。眼大，上侧位，眼眶下缘具1排黏液腔。眼间隔宽平。鳃孔大。鳃盖膜与峡部相连。

背鳍起点距吻端小于距尾鳍基；末根不分支鳍条为粗壮硬刺，后缘光滑，刺长小于或稍大于头长。胸鳍后伸接近或达到背鳍起点正下方。腹鳍起点位于背鳍起点稍后。肛门紧靠臀鳍起点。臀鳍起点距腹鳍起点较距尾鳍基稍远。尾鳍叉形。

体被较小圆鳞，腹部鳞较小，腹鳍基具腋鳞。侧线完全，平直。

鳃耙略长，顶端稍尖。下咽骨粗壮，下咽齿主行齿侧扁，末端钩状。鳔2室，前室长圆形；后室粗长，后室长为前室长的2.0倍。

体背呈灰黄色，腹部呈白色，体侧无明显斑纹，各鳍呈灰黄色，无斑点。

分布：分布于我国台湾岛各水系、闽江、钱塘江、长江、黄河等直至黑龙江的我国东部各水系。国外俄罗斯、朝鲜、日本、越南和老挝也有分布。

◎ 花鳕 *Hemibarbus maculatus*
(Bleeker, 1871)

地方名： 麻花鳕、麻鲤。

形态特征： 背鳍iii-7；臀鳍iii-6；胸鳍i-17—19；腹鳍i-8—10。侧线鳞$47\frac{6.5-7.5}{4.5\text{-V}}50$。鳃耙7—8。下咽齿3行，1·3·5—5·3·1。

体长而粗壮，稍侧扁，背鳍起点处最高，腹部圆，尾柄较短。头中等，头长等于或稍大于体高。吻端突出，在鼻孔前下陷，吻长小于或等于眼后头长。口下位，弧形，口裂不达眼前缘下方。上、下颌无角质。唇薄，光滑；上唇与吻皮间具深沟；下唇不甚发达，分3叶，两侧叶狭

江苏省无锡市滨湖区

10.8mm

林永晟

2022-09-27

长，中叶较大，为较大的三角形肉质状凸起。口角须1对，长度小于或等于眼径。鼻孔每侧2个，紧邻，位于眼前方，距眼较距吻端为近；前鼻孔小，后缘具圆形鼻瓣。眼大，上侧位，眼眶下缘具1排黏液腔。眼间隔宽阔。鳃孔大。鳃盖膜与峡部相连。

背鳍起点距吻端较距尾鳍基为近，末根不分支鳍条为粗壮硬刺，后缘光滑，刺长小于或等于头长（体长小于20 cm的个体背鳍刺长一般大于头长）。胸鳍后伸不达腹鳍起点。腹鳍起点位于背鳍起点后下方。肛门紧靠臀鳍起点。臀鳍起点距腹鳍起点约等于距尾鳍基。尾鳍叉形。

体被较大鳞。侧线完全，较平直，向后伸达尾柄正中。

鳃耙粗长。下咽齿主行齿末端呈钩状。鳔2室，前室长圆形；后室长锥形，后室长约为前室长的2.0倍。

体呈灰褐色，腹部呈白色。背侧在侧线以上、背鳍和尾鳍上密布黑斑，1排不规则的大黑斑沿侧线上方排列。

分布： 广布于长江、珠江、东南沿海和黑龙江等我国东部各水系。国外分布于朝鲜和日本。

似鮈属 *Belligobio*

◎ 似鮈 *Belligobio nummifer*
(Boulenger, 1901)

地方名：麻花鱼。

形态特征：背鳍iii-7；胸鳍i-16—17；腹鳍i-8；臀鳍iii-6。背鳍前鳞14—15；围尾柄鳞15—17。第1鳃弓外侧鳃耙6—7。下咽齿3行，1·3·5—5·3·1。脊椎骨4+40—41+1。

标准长为体高的4.0—5.0倍，为头长的3.5—3.8倍，为尾柄长的5.0—6.9倍，为尾柄高的9.8—10.8倍。头长为吻长的2.5—2.8倍，为眼径的4.0—5.5倍，为眼间距的2.8—3.5倍。尾柄长为尾柄高的1.0—2.0倍。

体长条形，侧扁。体被鳞，胸部鳞片明显。侧线完全，平直。吻稍尖，吻长小于眼后头长。前后鼻孔紧相邻，前鼻孔在鼻瓣中，鼻孔距眼前缘较距吻端近。眼较大，侧上位。前眶骨和下眶骨边缘具黏液腔。口下位，马蹄形。下颌无角质边缘。下唇两侧叶细长，中央有三角形突起，唇后沟中断。具1对短于或约等于眼径的口角须。咽齿3行。背鳍外缘平截，末根不分支鳍条软。背吻距小于背尾距。背鳍起点在腹鳍起点之前。胸鳍末端超过或接近胸、腹鳍起点距的2/3。腹鳍基部有一枚长形腋鳞。腹鳍末端不达肛门。肛门紧靠臀鳍起点。尾鳍叉形，上、下叶约等长。鳔2室，前室长椭圆形；后室粗长，末端尖，后室长为前室长的1.5—1.9倍。肠粗短，不及体长。腹部呈银灰色。

分布：中国特有种。长江、甬江、灵江、淮河、晋江等水系均有分布。

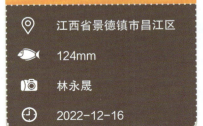

📍	江西省景德镇市昌江区
🐟	124mm
📷	林永晟
🕐	2022-12-16

◎ 彭县似鳄 *Belligobio pengxianensis*
(Lo, Li *et* Chen, 1977)

地方名： 麻花鱼。

形态特征： 背鳍iii-7；臀鳍iii-6；胸鳍i-17—18；腹鳍i-8。侧线鳞44—45；背鳍前鳞13—15；围尾柄鳞16。第1鳃弓外侧鳃耙5—7。下咽齿3行，1·3·5—5·3·1，少数为1·2·5—5·2·1。脊椎骨4+39。

体长为体高的4.3—4.7倍，为头长的3.6—4.0倍，为尾柄长的5.7—6.8倍，为尾柄高的9.7—11.5倍。头长为吻长的2.7—2.9倍，为眼径的3.7—4.2倍，为眼间距的3.2—3.8倍，为尾柄长的1.5—1.8倍，为尾柄高的2.7—2.9倍。

📍	四川省成都市青白江区
🐟	62mm
📷	林永晟
🕐	2022-09-15

体长条形，侧扁。体被鳞，胸部无鳞或胸部中央鳞片小，隐于皮下。侧线完全，平直。吻较钝，吻长小于眼后头长。前后鼻孔紧相邻，前鼻孔在鼻瓣中，鼻孔距眼前缘较距吻端近。眼较大，侧上位。前眶骨和下眶骨边缘具黏液腔。口下位，弧形或浅马蹄形。下颌无角质边缘。下唇两侧叶较窄，中央有三角形突起，唇后沟中断。具1对短于眼径的口角须。背鳍外缘平截。末根不分支鳍条软。背吻距小于背尾距。背鳍起点在腹鳍起点之前。胸鳍末端超过胸鳍、腹鳍起点距的中点。腹鳍基部有一枚长形腋鳞。腹鳍末端不达肛门。肛门紧靠臀鳍起点。尾鳍叉形，上下叶约等长。鳔2室，后室长约为前室长的1.6—1.8倍。肠粗短，不及体长。腹部呈银灰色。

分布： 四川省特有种。四川省境内分布于沱江和涪江上游。

麦穗鱼属 *Pseudorasbora*

◎ **麦穗鱼** *Pseudorasbora parva*
(Temminck *et* Schlegel, 1846)

地方名：罗汉鱼。

形态特征：背鳍iii-7；臀鳍iii-6；胸鳍
i-12—14；腹鳍i-7。侧线鳞$34\frac{5.5}{3.5\text{-V}}38$。鳃
耙7—9。下咽齿1行，5—5。

体长为体高的3.3—3.7倍，为头长的
3.8—4.5倍，为尾柄长的4.6—5.5倍，为尾
柄高的6.9—8.2倍。头长为吻长的2.4—2.9
倍，为眼径的3.8—4.9倍，为眼间距的2—2.5倍。尾柄长为尾柄高的1.3—1.6倍。

体长而肥胖，低而稍侧扁，腹部圆，尾柄较长。头小，稍尖，向吻部渐平扁。吻尖而突出，吻长大于眼径，小于眼后头
长。口小，上位，口裂几乎垂直，不达鼻孔前缘下方。唇薄，光滑。唇后沟中断。下颌稍长，突出于上颌。无须。眼间隔宽
平，或微呈弧形。鳃孔大。鳃盖膜与峡部相连。

背鳍起点距吻端等于或小于距尾鳍基，末根不分支鳍条仅基部较硬，末端柔软。胸鳍后伸不达腹鳍起点。腹鳍起点与背鳍
起点相对。肛门紧靠臀鳍起点。臀鳍起点距腹鳍基末较距尾鳍基为近。尾鳍叉形。

体被较大圆鳞，胸、腹部均具鳞。侧线完全，较平直，向后伸达尾柄正中。

鳃耙短小，排列稀疏。下咽骨狭长，下咽齿细弱，侧扁而尖，末端钩状。鳔发达，2室，前室圆球形，后室长形。

体背部呈青灰色，腹部呈灰白色，各鳍均呈灰色。

分布：在我国中东部各水系广泛分布。国外分布于俄罗斯、蒙古国、日本、朝鲜半岛等。原为东亚土著种，现已被很多国家和
地区广泛引入。

🐟 72mm

📷 林永晟

🕐 2023-01-16

◎ 长麦穗鱼 *Pseudorasbora elongata* (Wu, 1939)

地方名：墨笔鱼。

形态特征：背鳍iii-7；臀鳍iii-6；胸鳍i-11—13；腹鳍i-7。侧线鳞43—45；背鳍前鳞14—16；围尾柄鳞16。第1鳃弓外侧鳃耙6—8。下咽齿1行，5—5。脊椎骨4+38—40。

体长为体高的4.5—5.2倍（成熟雌体3.2—4.0倍），为头长的4.2—4.9倍，为尾柄长的4.5—5.6倍，为尾柄高的8.2—9.5倍。头长为吻长的2.2—2.6倍，为眼径的3.8—4.8倍，为眼间距的2.4—2.8倍，为尾柄长的1.0—1.2倍，为尾柄高的1.7—2.1倍。尾柄长为尾柄高的1.6—1.9倍。

体细长，近圆筒形。头小，甚尖，几乎近楔形。头高与其宽几乎相等。吻部上下扁平，尖细，其长约等于或略大于眼后头长。口极小，上位，下颌稍突出于上颌的前方，口裂几乎近垂直。上颌向后伸不达鼻孔前缘。唇薄，简单。无须。鼻孔较小，距眼近。眼大，侧上位，眼间宽且平坦，间距约与吻长相等。鳃盖膜宽广，连于峡部。体被圆鳞，中等大小。侧线完全，平直，横贯体侧中轴。

背鳍无硬刺（生殖期间雄体背鳍不分支鳍条基部常变硬），外缘略呈圆弧形，起点距吻端与至尾鳍基部的距离相等。各鳍均较短小。胸鳍、腹鳍后缘圆钝，胸鳍长约为其起点至腹鳍基部距离的一半。腹鳍起点位于背鳍起点之前，在胸鳍、臀鳍起点间的中点。肛门位置靠近臀鳍起点。臀鳍无硬刺，外缘弧形，起点距腹鳍基较至尾鳍基为近。尾鳍分叉，上、下叶等长，末端尖。

下咽齿稍侧扁，末端钩曲。鳃耙不发达，排列稀疏。肠管短，不及体长，为体长的0.7—0.8倍。鳔2室，前室小，椭圆形，膜壁稍厚，但并不为膜囊包被；后室大，壁薄，末端尖，后室长为前室长的2.0倍左右。腹部呈浅灰黑色或灰白色，上具多数细小黑点。

体呈银灰色，略带暗黑，腹部呈灰白色。体侧自吻端向后沿侧线至尾鳍基部的末端具一条宽阔的黑纵纹，其宽度为3排鳞片的宽度，侧线上方有4条平行于此宽纹的黑色细条纹，背中央自头后至尾鳍基亦有1条黑纹。背鳍、尾鳍布有零散的小黑点，尾鳍基部中央有1个深黑色的大斑点。生殖季节成熟个体腹部有若干条浅黑色条纹，雌体产卵管稍外突。

分布：西江水系和长江中下游有分布。

江西省景德镇市昌江区

78mm

林永晟

2023-11-18

鳈属 *Sarcocheilichthys*

◎ 华鳈 *Sarcocheilichthys sinensis* (Bleeker, 1871)

地方名：花鱼。

形态特征：背鳍iii-7；胸鳍i-14—15；腹鳍i-7；臀鳍iii-6。鳃耙7—8。下咽齿1行，5—5。脊椎骨4+36—37+1。侧线鳞$40\frac{5.5}{4.5\text{-}V}42$。

体长为体高的3.1—3.9倍，为头长的4.2—4.8倍，为尾柄长的5.5—6.8倍，为尾柄高的6.6—7.2倍。头长为吻长的2.4—2.8倍，为眼径的3.5—4.4倍，为眼间距的1.9—2.4倍。尾柄长为尾柄高的1.0—1.3倍。

体长而稍侧扁，头后背部显著隆起，背鳍起点处达体最高点，腹部圆，尾柄宽短，侧扁。头较小。吻圆钝，吻长稍短于眼后头长。口甚小，下位，马蹄形，口宽大于口长。唇简单，稍厚，下唇两侧瓣仅限于口角。唇后沟中断，间距较宽。上颌突出于下颌；下颌前端角质发达。口角须1对，极细微。眼稍小，上侧位，距吻端较距鳃盖后缘为近。眼间隔宽阔，隆起。鳃盖膜与峡部相连。

背鳍起点距吻端等于或大于其基末距尾鳍基，末根不分支鳍条仅基部较硬，末端柔软，其长等于或稍大于头长。胸鳍后伸达背鳍起点的正下方，不达腹鳍起点。腹鳍起点位于背鳍起点稍后。肛门靠近臀鳍起点。臀鳍起点距腹鳍起点约等于距尾鳍基。尾鳍叉形。

体被圆鳞，胸、腹部具鳞，略细小。侧线完全，平直。

鳃耙短小，排列稀疏。下咽齿侧扁，末端钩状。鳔2室，前室卵圆形；后室粗长，末端稍尖，后室长为前室长的2.0倍以上。腹部呈银白色。

体呈棕色，背部呈灰黑色，腹部呈灰白色。体侧具4条"（"形宽阔黑斑带。各鳍呈灰黑色，边缘色浅。繁殖期，各鳍均呈深黑色，雄鱼吻部具白色珠星，雌鱼产卵管延长。

分布：中国特有种。广泛分布于我国东部海河以南各水系。

沱江

87mm

邹远超

2017-10-14

图片来源：廖伏初等，2020

◎ 黑鳍鳈 *Sarcocheilichthys nigripinnis*
(Günther, 1873)

地方名： 花鱼。

形态特征： 背鳍iii-7；臀鳍iii-6；胸鳍i-14；腹鳍i-7。侧线鳞 $37\frac{4.5}{3.5\text{-}V}40$。鳃耙5—8。下咽齿2行。

体长为体高的3.4—4.5倍，为头长的3.9—4.4倍，为尾柄长的5.9—6.5倍，为尾柄高的6.9—7.9倍。头长为吻长的3.1—3.6倍，为眼径的3.4—4.0倍，为眼间距的2.5—3.0倍。尾柄长为尾柄高的1.1—1.3倍。

体长而稍侧扁，腹部圆。头圆锥形，头长小于体高。吻较短，吻长稍大于眼径。口小，下位，弧形，口长小于或等于口宽，口裂不达眼前缘下方。唇薄，简单，唇后沟中断。上颌突出，下颌前端角质轻微。须退化，消失。鼻孔每侧2个，紧邻，位于眼的前上方，前鼻孔圆形具鼻瓣。眼上侧位。眼间隔宽阔，稍隆起。鳃孔稍大，鳃盖膜与峡部相连。

背鳍末根不分支鳍条柔软分节，起点距吻端约等于其基末距尾鳍基。胸鳍后伸不达腹鳍起点。腹鳍位于背鳍起点稍后，后伸达肛门。肛门距臀鳍起点稍近于距腹鳍起点。臀鳍起点距腹鳍起点约等于距尾鳍基。尾鳍叉形。

体被圆鳞，鳞中等大小，胸、腹部具细鳞。侧线完全，平直，向后伸达尾柄正中。鳃耙短小。下咽齿侧扁，末端钩状。鳔2室，后室长。

体呈灰黑色，间杂分布不均的白斑，各鳍均呈黑色。繁殖期，雄鱼头部呈微橙红色，具粒状珠星，鳃孔后具一个长形黑色斑块；雌鱼伸出产卵管。

分布： 分布甚广，珠江、闽江、钱塘江、长江、黄河及海南和台湾岛诸水系均有分布。国外分布于俄罗斯。

◎ 川西鳈 *Sarcocheilichthys davidi*
(Sauvage, 1878)

地方名：花鱼。

形态特征：背鳍iii-7；臀鳍iii-6；胸鳍i-3—15；腹鳍i-7。侧线鳞38—39；背鳍前鳞11—13；围尾柄鳞16。第1鳃弓外侧鳃耙5。下咽齿2行，1·5—5·1或1·4—4·1。脊椎骨4+33—35。

体长为体高的3.4—3.9倍，为头长的4.0—4.8倍，为尾柄长的5.1—6.1倍，为尾柄高的7.5—8.4倍。头长为吻长的2.8—3.8倍，为眼径的3.7—4.5倍，为眼间距的2.5—3.0倍，为尾柄长的1.2—1.5倍，为尾柄高的1.6—1.9倍。尾柄长为尾柄高的1.3—1.6倍。

体条形，侧扁。体被鳞。侧线完全，平直。吻短，钝圆。鼻孔小，靠近眼前缘。眼侧上位。口小，下位，弧形。唇较厚，下唇两侧叶卵圆形，唇后沟中断。下颌前缘角质薄。口角须退化，多仅留痕迹。背鳍外缘平截，末根不分支鳍条软，背鳍起点在腹鳍起点之前。背吻距小于背尾距。胸鳍末端超过胸鳍、腹鳍起点距的中点。腹鳍基部具腋鳞，末端达到肛门。肛门位于腹鳍基后缘至臀鳍起点距的后1/3处。尾鳍叉形，上下叶约等长，末端圆。鳔2室，后室长为前室长的1.5倍左右。肠短，不及体长。腹部呈白色。

分布：四川省特有种。长江上游特有种。分布于岷江中下游及其支流、沱江。

四川邛崃西河

90mm

喻燚

2023-03-05

雌

图片来源：廖伏初等，2020

◎ 小鰁

Sarcocheilichthys parvus

(Nichols, 1930)

地方名：荷叶鱼、红脸鱼。

形态特征：背鳍iii-7；臀鳍iii-6；胸鳍i-13—14；腹鳍i-7。侧线鳞$35\frac{4.5}{3.5\text{-V}}$36；背鳍前鳞11—12；围尾柄鳞12。鳃耙6—10。下咽齿1行，5—5。

体长为体高的3.2—4.0倍，为头长的4.2—4.9倍，为尾柄长的4.8—5.8倍，为尾柄高的6.7—7.8倍。头长为吻长的2.8—3.2倍，为眼径的3.3—3.8倍，为眼间距的2.3—2.8倍，为尾柄长的1.0—1.2倍，为尾柄高的1.4—1.7倍。尾柄长为尾柄高的1.2—1.4倍。

体较高，稍长，略侧扁，尾柄宽短，腹部圆。头短小，圆钝。吻短钝。口小，下位，马蹄形，口裂狭窄，口长与口宽约相等。唇稍厚，简单，下唇仅限于口角。下颌角质发达。口角须1对，极微细。眼小，位于头侧上方。眼间微隆起。鳃盖膜与峡部相连。

背鳍起点距吻端大于其基末距尾鳍基；鳍条较长，外缘截形或微突，最长鳍条长约等于头长，末根不分支鳍条柔软。胸鳍较长，后缘圆钝，其长约等于头长，后伸可达胸鳍基末至与腹鳍起点间的3/4处。腹鳍末端亦圆钝。肛门位于腹鳍起点至臀鳍起点间的中点或稍前。臀鳍稍长，外缘截形。尾鳍宽阔，浅叉形，上、下叶等长，末端圆。

体被圆鳞，鳞稍大，胸、腹部被细鳞。侧线完全，平直。

下咽齿长而侧扁，2枚主齿末端弯曲，尖钩状。鳃耙不发达，稍粗短。肠短，为体长的0.7—0.8倍。鳔小，2室，前室圆或椭圆；后室细长，细棒状，末端略尖，为前室长的1.7—2.1倍。腹部呈灰黑色。

体呈灰色，背部色深，略带青灰色。体侧自吻部至尾鳍基具1条黑色纵纹，纵纹宽约等于眼径，体后半部色较深。背鳍呈灰色，其余各鳍均呈浅橘黄色。多数个体背上部和鳍条具细小黑点，尤以背鳍、胸鳍及尾鳍基为多。繁殖期，雄鱼体色鲜艳，颊部呈橘红色，吻部出现珠星；雌鱼产卵管延长。

分布：长江、珠江、闽江、钱塘江以及浙江南部沿海瓯江、灵江等水系均有分布。

◎ 江西鱊 *Sarcocheilichthys kiangsiensis*
(Nichols, 1930)

地方名：火烧鱼、芝麻鱼。

形态特征：背鳍iii-7；胸鳍i-17—18；腹鳍i-8；臀鳍iii-6。侧线鳞$42\frac{4.5}{3.5-V}44$。鳃耙5。下咽齿1行，5—5。

体长为体高的4.0—5.1倍，为头长的4.5—5.1倍，为尾柄长的5.1—6.1倍，为尾柄高的8.0—9.2倍。头长为吻长的2.1—2.9倍，为眼径的3.7—4.4倍，为眼间距的2.4—2.8倍。尾柄长为尾柄高的1.3—1.7倍。

体长而稍侧扁，腹部圆。头长小于体高。吻端圆凸，吻皮包于上颌，吻部在鼻前下陷。口小，下位，马蹄形，口裂不达眼前缘下方。唇厚，简单，两侧叶稍宽，唇后沟中断。上颌突出；下颌前端角质发达。口角须1对，极短小。鼻孔每侧2个，位于眼的前上方，前鼻孔圆，具鼻瓣。眼上侧位，眼间隔宽阔。鳃孔大，鳃盖膜与峡部相连。

背鳍末根不分支鳍条柔软分节，起点距吻端稍远于其基末距尾基。胸鳍下侧位，末端远，后伸不达腹鳍起点。腹鳍起点位于背鳍起点稍后，后伸稍超过肛门。胸鳍短，起点距腹鳍起点较距尾基为近。肛门约位于腹鳍基末至臀鳍起点间的中点。尾鳍叉形。

体被圆鳞，胸部具鳞，稍小，排列稀疏，埋于皮下。腹鳍基具三角形腋鳞。侧线完全，平直，从鳃孔上角直达尾柄中部。

鳃耙不发达。下咽齿侧扁，齿面内凹，末端钩状。鳔2室，后室长。

背部呈灰黑色，头及体侧稍带桃红色，颈部及腹面各鳍基均呈橘黄色。体侧具数条不规则的黑斑，鳃盖后方具1条垂直黑斑条。繁殖期，雄鱼头部密布粒状珠星，体色亦较鲜艳；雌鱼伸出产卵管。

分布：珠江、闽江、钱塘江和长江等水系均有分布。

江西省上饶市婺源县

105mm

周佳俊

2022-01-07

颌须鮈属 *Gnathopogon*

◎ 嘉陵颌须鮈 *Gnathopogon herzensteini*
(Günther, 1896)

地方名：麻鱼子、墨线鱼。

形态特征：背鳍iii-7；胸鳍i-12—14；腹鳍i-7；臀鳍iii-6。侧线鳞$36\frac{4.5}{3.5\text{-}V}39$。鳃耙5—8。下咽齿2行。

标准长为体高的3.8—4.3倍，为头长的3.9—4.4倍，为尾柄长的4.7—5.3倍，为尾柄高的7.2—8.4倍。头长为吻长的3.4—4.0倍，为眼径的4.4—5.5倍，为眼间距的3.0—3.6倍，为尾柄长的1.1—1.3倍，为尾柄高的1.8—2.2倍。

体短条形，侧扁。体鳞较大。侧线完全，平直。吻较钝，吻长小于眼后头长。鼻孔距眼前缘较距吻端近。眼侧上位。口端位，弧形。下唇两侧叶较窄，唇后沟中断。上、下颌无角质边缘。口角须一对，短于眼径的1/2。背鳍外缘平截，末根不分支鳍条软。背吻距小于背尾距。背鳍起点在腹鳍起点之前，腹鳍起点与背鳍第1或第2分支鳍条基部相对。胸鳍末端不达腹鳍起点。腹鳍部具腹鳞。腹鳍末端不达或达到肛门。肛门紧靠臀鳍起点。尾鳍浅叉形，上下叶约等长，末端圆。鳔2室，后室长为前室长的1.5—2倍。肠短，不及体长。

雄鱼胸鳍较宽大，末端较尖，背鳍中部有1条黑色条纹。繁殖期，雄鱼吻部具细小的珠星；雌鱼胸鳍短圆，背鳍中部黑色条纹不明显，吻部无珠星。

分布：中国特有种。嘉陵江、汉江等水系均有分布。

重庆市江北区

55mm

林永晟

2023-11-12

◎ 短须颌须鮈 *Gnathopogon imberbis*
(Sauvage *et* Dabry de Thiersant, 1874)

地方名：黑线鱼、麻鱼子。

形态特征：背鳍iii-7；胸鳍i-12—14；腹鳍i-7；臀鳍iii-6。侧线鳞$36\frac{4.5—5}{3—4-V}40$。鳃耙7—8。下咽齿2行，3·5—5·3。

标准长为体高的3.5—4.5倍，为头长的3.3—4.0倍，为尾柄长的4.5—5.9倍，为尾柄高的7.0—8.9倍。头长为吻长的3.0—4.0倍，为眼径的0.5—5.0倍，为眼间距的2.5—3.4倍。尾柄长为尾柄高的1.2—1.6倍。

体短条形，侧扁。体鳞较大。侧线完全平直。吻较短，吻长小于眼后头长。鼻孔距眼前缘较距吻端近。眼侧上位。口端位。下唇两侧叶窄，唇后沟中断。上、下颌无角质边缘。口角须1对，很短，约为眼径的1/5。背鳍外缘平截，末根不分支鳍条软。背吻距与背尾距约相等。背鳍起点与腹鳍起点相对。胸鳍末端不达或达到腹鳍起点。腹鳍基部具腋鳞。腹鳍末端不达或达到肛门。肛门紧靠臀鳍起点。尾鳍叉形，上、下叶约等长，末端圆。鳔2室，后室长为前室长的1.5倍。肠短，不及体长。腹部呈浅灰色。

雄鱼胸较宽长，末端接近腹鳍起点，背鳍中部有1条黑色条纹，繁殖期吻部具细小的珠星。雌鱼胸较短圆，其末端仅超过胸鳍、腹鳍起点距的中点，背鳍中部黑色条纹不明显，吻部无珠星。

背部和体侧呈褐灰色、黄灰色或青灰色，腹部呈白色，各鳍均呈浅灰色或黄灰色。体侧中部有一条较宽的黑色纵纹。体侧鳞片上有细小的黑点。

分布：中国特有种。分布于长江中上游部分干支流江段，包括长江上游干流、岷江中下游、沱江流域、嘉陵江中游、乌江下游等。

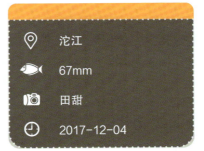

⊙ 沱江

🐟 67mm

📷 田甜

🕐 2017-12-04

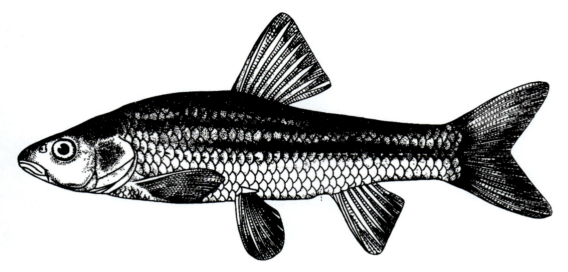

图片来源：陈宜瑜等，1998

◎ 隐须颌须鉤 *Gnathopogon nicholsi*
(Fang, 1943)

形态特征：背鳍iii-7；臀鳍iii-6；胸鳍i-14—15；腹鳍i-7。侧线鳞36—37；背鳍前鳞12—13；围尾柄鳞14—16。第1鳃弓外侧鳃耙10。下咽齿2行，3·5—5·3。脊椎骨4+32。

体长为体高的3.5—3.8倍，为头长的3.5—3.7倍，为尾柄长的5.4—6.2倍，为尾柄高的7.5—8.4倍。头长为吻长的3.6—3.8倍，为眼径的4.0—4.5倍，为眼间距的2.8—3.2倍，为尾柄长的1.5—1.7倍，为尾柄高的2.0—2.3倍。尾柄长为尾柄高的1.3—1.4倍。

体长，稍侧扁，头后背部略隆起，腹部圆。头略圆钝，长度几乎与体高相等。吻较钝，其长略大于眼径。口大，端位，斜裂。上、下颌等长，下颌末端可伸达眼前缘的下方。唇薄，简单。须1对，极微细，常隐匿于口角处。眼中等大，侧上位；眼间宽，微隆起。鳞片较大，胸腹部具鳞。侧线完全，较平直。

背鳍无硬刺，其起点距吻端与至尾鳍基约相等。胸鳍稍圆，末端不达腹鳍。腹鳍较短，起点与背鳍起点相对或稍后，末端可伸达肛门。肛门紧靠臀鳍起点。臀鳍稍长，外缘平截。尾鳍分叉较浅，上、下叶等长，末端稍圆钝。

下咽齿主行侧扁，末端略钩曲；外行齿短小，纤细。鳃耙短，排列稀疏。鳔2室，前室圆形或卵圆形；后室长圆形，其长为前室的1.6—1.8倍。肠管较短，不及体长。腹部呈灰白色。

分布：中国特有种。分布于长江中下游干流和支流汉江、湘江、赣江部分江段。

银鮈属 *Squalidus*

◎ 银鮈 *Squalidus argentatus*
   (Sauvage *et* Dabry de Thiersant, 1874)

地方名：亮壳、亮幌子。

形态特征：背鳍iii-7；臀鳍iii-6；胸鳍i-14—18；腹鳍i-7。侧线鳞39—42；背鳍前鳞10—12；围尾柄鳞12。第1鳃弓外侧鳃耙5—10。下咽齿2行，3·5—5·3。脊椎骨4+33—36。

体长为体高的4.0—4.6倍，为头长的3.8—4.3倍，为尾柄长的6.9—7.7倍，为尾柄高的10.4—12.6倍。头长为吻长的2.5—3.1倍，为眼径的2.9—3.6倍，为眼间距的3.0—3.5倍，为尾柄长的1.3—1.5倍，为尾柄高的2.5—3.2倍。

图片来源：廖伏初等，2020

体条形，侧扁。侧线完全。吻钝，吻长稍大于眼径。鼻孔较小，距眼前缘较距吻端近。眼大，侧上位。口亚下位，马蹄形。唇薄，光滑，下唇两侧叶窄，唇后沟中断。上、下颌无角质边缘。口角须1对，须长等于眼径。背鳍外缘稍凹入，末根不分支鳍条软。背吻距小于背尾距。背鳍起点在腹鳍起点之前。胸鳍末端超过胸鳍、腹鳍起点距的中点。腹鳍基部具腋鳞。腹鳍末端接近或达到肛门。肛门位于腹鳍基后缘至臀鳍起点距的后1/3处。尾鳍叉形，上、下叶约等长，末端尖。鳔2室，后室长约为前室长的2倍。肠短，不及体长。腹部呈灰白色。

繁殖期雄鱼头部有细小的珠星，雌鱼无。

背部和体侧上部呈褐灰色或青灰色，体侧下部和腹部呈银白色。体侧侧线上方有1条较宽的灰黑色纵纹。侧线鳞有或无灰黑色月形纹。各鳍均呈浅灰色，无黑色斑点。

小型杂食性鱼类，栖息于江河、溪流中。繁殖期4—7月。产漂流性卵，卵吸水膨胀后具双层卵膜，外膜具微黏性。

分布：分布极广，广泛分布于我国东部及南部各水系，包括长江中下游、珠江、东南沿海、海南岛、台湾地区等水系。国外分布于俄罗斯和越南。

◎ 亮银鮈 *Squalidus nitens* (Günther, 1873)

形态特征：背鳍iii-7；臀鳍iii-6；胸鳍i-13—14；腹鳍i-7。侧线鳞34—35；背鳍前鳞10—12；围尾柄鳞12。鳃耙6—7。下咽齿2行，3·5—5·3。脊椎骨4+30—32。

体长为体高的3.8—4.1倍，为头长的3.5—4.0倍。头长为吻长的3.6—4.0倍，为眼径的2.9—3.3倍，为眼间距的3.3—3.4倍。尾柄长为尾柄高的1.6—1.8倍。

体长形，体高稍低，腹部圆，后段稍侧扁。头较长，腹面稍平。吻略呈锥状，末端钝。口亚下位，呈马蹄形。上颌稍长于下颌。唇薄，光滑，唇后沟不连续，终止于下颌近中部。须1对，稍长，其长度小于眼径，为眼径的1/2—3/4。眼大，侧上位，眼间较宽阔且平坦。鼻孔在眼前缘上方，距眼较近。鳃耙短小，呈突起状，顶端圆，排列稀疏。鳃丝细长。

背鳍后缘稍平截，末端尖，最后一根不分支鳍条较软，起点距吻端较近。胸鳍短小，末端尖，后伸不达腹鳍起点。腹鳍稍长，约与胸鳍相当，末端尖，其起点在背鳍起点之后，约与背鳍第1、第2根分支鳍条基部相对，末端后伸可达肛门。臀鳍短小，外缘平截，无硬刺。尾鳍分叉深，末端尖，上叶略长于下叶。肛门位于腹鳍与臀鳍起点中点偏后方。尾柄较细长，稍侧扁。

鳞片较大，腹鳍基部具腋鳞，胸、腹部具鳞。侧线完全，较平直。

身体呈银白色，头背部和体侧上部颜色较深。体侧具1条灰黑色条纹，前段在侧线上方，后段在尾柄正中，其上有8—12个不规则的黑斑。胸鳍、腹鳍和臀鳍呈白色，无斑纹，背鳍上有由黑色斑点组成的2—3列条纹。尾鳍上有4—5列由黑色斑点组成的条纹。

分布：长江中下游有分布。

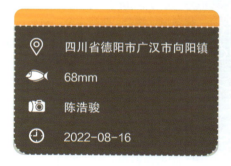

四川省德阳市广汉市向阳镇

68mm

陈浩骏

2022-08-16

图片来源：廖伏初等，2020

◎ **点纹银鮈** *Squalidus wolterstorffi*
(Regan, 1908)

地方名：麻鱼子。

形态特征：背鳍iii-7；臀鳍iii-6；胸鳍i-14—16；腹鳍i-7—8。背鳍前鳞10—11；围尾柄鳞12。鳃耙7—8。下咽齿2行，3·5—5·3。脊椎骨4—32—34。

体长为体高的3.9—4.5倍，为头长的3.3—4.0倍，为尾柄长的6.4—7.4倍，为尾柄高的8.6—11.0倍。头长为吻长的2.8—3.0倍，为眼径的2.8—3.0倍，为眼间距的2.8—3.3倍，为尾柄长的1.3—1.5倍，为尾柄高的2.5—2.8倍。尾柄长为尾柄高的1.6—2.0倍。

体长条形，侧扁。侧线完全，侧线鳞34—36。吻钝圆，吻长稍小于眼径。鼻孔较小，距眼前缘较距吻端近。眼大，侧上位。口亚下位，深弧形。唇薄，光滑，下唇两侧叶窄，唇后沟中断。上、下颌无角质边缘。口角须1对，须长等于或大于眼径。背鳍外缘稍凹入，末根不分支鳍条较软。背吻距小于背尾距。背鳍起点在腹鳍起点之前。胸鳍末端超过胸鳍、腹鳍起点距的中点。腹鳍基部具腋鳞。腹鳍末端接近或达到肛门。肛门位于腹鳍基后缘至臀鳍起点距的后1/3处。尾鳍叉形，上下叶约等长。鳔2室，后室长为前室长的1.5倍左右。腹部呈灰白色。

繁殖期雄鱼吻部具珠星，雌鱼无。

背部和体侧上部呈浅黄灰或青灰色，体侧下部和腹部呈银白色。侧线鳞有灰黑色月形纹，侧线上有一条浅灰色纵条纹。各鳍呈浅灰色，背鳍和尾鳍无黑色小斑点。

分布：中国特有种。分布甚广，珠江、闽江、富春江、长江、黄河等水系均有分布。

铜鱼属 *Coreius*

◎ 铜鱼 *Coreius heterodon*
　　(Bleeker, 1864)

图片来源：廖伏初等，2020

地方名：橘棒、假肥鲩、水密子、竹鱼。

形态特征：背鳍iii-7；臀鳍iii-6；胸鳍i-18；腹鳍i-7。鳃耙11—13。咽齿1行，5—5。

　　体长为体高的4.3—5.3倍，为头长的4.7—5.3倍，为尾柄长的4.5—4.9倍，为尾柄高的8.1—8.7倍。头长为吻长的2.4—3.1倍，为眼径的7.4—11.4倍。

　　体长形，前部圆筒状，后部侧扁。体被较小的圆鳞。侧线完全，平直。头为锥形，吻较尖，吻长小于眼后头长。鼻孔较大，前后鼻孔紧相邻，前鼻孔在鼻瓣中，鼻孔距眼前缘较距吻端近。眼小，侧上位。口小，下位，马蹄形，口宽小于头长的1/7。唇厚，光滑，下唇两侧叶窄，唇后沟中断。口角须1对，粗长，后伸可达前鳃盖骨后缘。背鳍外缘凹入，末根不分支鳍条软。背吻距小于背尾距。背鳍起点在腹鳍起点之前。胸鳍末端不达腹鳍起点。腹鳍基部具腋鳞。腹鳍末端不达肛门。肛门位于腹鳍基后缘至臀鳍起点距的后1/3处。尾鳍叉形，上叶稍长，末端尖。鳔2室，后室长为前室长的1.5—3倍。肠短，约等于体长。腹部呈白色。

　　繁殖期，雄鱼胸鳍背面有黄色珠星。

　　背部和体侧呈古铜色，并具金属光泽。腹面呈黄白色。各鳍均呈黄灰色，有黄边。

分布：中国特有种。长江和黄河水系均有分布。

◎ 圆口铜鱼 *Coreius guichenoti*
(Sauvage *et* Dabry de Thiersant, 1874)

地方名：圆口、肥沱鱼、水密子。

形态特征：背鳍iii-7；臀鳍iii-6；胸鳍i-18—20；腹鳍i-7。鳃耙11—13。咽齿1行，5—5。

体长为体高的3.8—4.8倍，为头长的4.2—5.0倍，为尾柄长的4.0—4.8倍，为尾柄高的8.2—10.0倍。头长为吻长的2.3—3.0倍，为眼径的9.0—12.5倍，为眼间距的2.0—2.4倍。

体长形，前部圆筒状，后部侧扁。头后背部显著隆起。体被较小的圆鳞。侧线完全，平直。头为锥形，吻较尖，吻长小于眼后头长。鼻孔较大，前后鼻孔紧相邻，前鼻孔在鼻瓣中，鼻孔距眼前缘较距吻端近。眼小，侧上位。口下位，口裂较宽，弧形。唇厚，粗糙，下唇两侧叶窄，唇后沟中断。口角须1对，粗长，后伸可达胸鳍基部。背鳍外缘凹入，末根不分支鳍条软。背吻距小于背尾距。背鳍起点在腹鳍起点之前。胸鳍末端超过腹鳍起点。腹鳍基部具腋鳞。腹鳍末端不达肛门。肛门位于腹鳍基后缘至臀鳍起点距的后1/3处。尾鳍叉形，上叶稍长，末端尖。鳔2室，后室长为前室长的2.5—4.0倍。肠短，约等于体长。腹部呈白色。

繁殖期雄鱼胸鳍背面有黄色珠星，雌鱼没有。

背部和体侧呈古铜色，并具金属光泽，各鳍基部呈黄色或肉色，余部呈灰黑色。

分布：长江上游特有种。分布于长江上游干支流，包括金沙江、川江、岷江下游、嘉陵江中下游、乌江下游等江段。

四川省泸州市

354mm

晏雯楚

2023-08-29

吻鮈属 Rhinogobio

◎ 吻鮈 Rhinogobio typus
(Bleeker, 1871)

图片来源：廖伏初等，2020

地方名：麻秆、秋子。

形态特征：背鳍ii-7；胸鳍i-15—17；腹鳍i-7；臀鳍ii-6。围尾柄鳞16。第1鳃弓外侧鳃耙10—14。下咽齿2行，2·5—5·2。脊椎骨1+44—45+1。

标准长为体高的6.0—7.0倍，为头长的4.0—5.5倍，为尾柄长的4.0—4.5倍，为尾柄高的13.0—16.0倍。头长为吻长的1.5—2.0倍，为眼径的4.0—5.5倍，为眼间距的3.0—4.0倍。

体长筒形，尾柄侧扁。体被较小的圆鳞，胸部的鳞片细小，多隐于皮下。侧线完全，平直。头呈锥形，吻尖长，吻长大于眼后头长。鼻孔较大，前后鼻孔紧相邻，前鼻孔在鼻瓣中，鼻孔距眼前缘较距吻端近。眼大，侧上位。口下位，马蹄形。唇厚，光滑；上唇具深沟，与吻皮分离；下唇两侧叶窄短，仅存在于口角处；唇后沟中断。下颌肉质。口角须1对，约与眼径等长。背鳍外缘凹入，末根不分支鳍条软。背吻距小于背尾距。背鳍起点在腹鳍起点之前。胸鳍末端超过胸鳍、腹鳍起点距的2/3处，不达腹鳍起点。腹鳍起点与背鳍的第3、第4分支鳍条基部相对。腹鳍基部具腋鳞。腹鳍末端超过肛门。肛门约位于腹鳍基后缘至臀鳍起点距的前1/3处。尾鳍叉形，上、下叶等长，末端尖。鳔2室，较小，前室短，呈长圆形，包在膜质囊内；后室细长，比前室长2倍左右。肠短，不及体长。腹部呈灰白色。

雄鱼胸鳍较长，末端短尖；雌鱼胸鳍较短，末端较圆。

背部和体侧上部呈褐灰色或青灰色。体侧下部和腹部呈银白色。有的个体背部有5—6条黑色宽横纹。各鳍呈浅黄灰色或浅灰色。

分布：中国特有种。分布于闽江水系和长江中上游。

◎ 圆筒吻鮈 *Rhinogobio cylindricus*
(Günther, 1888)

地方名：尖脑壳。

形态特征：背鳍ii-7；胸鳍i-15—17；腹鳍i-7；臀鳍ii-6。背鳍前鳞13—16；围尾柄鳞16。第1鳃弓外侧鳃耙8—10。下咽齿2行，2·5—5·2。脊椎骨4+43—45+1。

标准长为体高的5.0—5.5倍，为头长的4.0—4.5倍，为尾柄长的4.5—5.0倍，为尾柄高的10.0—11.0倍。头长为吻长的2.0—2.5倍，为眼径的8.5—13.0倍，为眼间距的2.9—3.2倍。

体长筒形，尾柄侧扁。体被较小的圆鳞，胸部的鳞片细小，常隐于皮下。侧线完全，平直。头呈锥形，吻尖长，吻长大于眼后头长。鼻孔较大，前后鼻孔紧相邻，前鼻孔在鼻瓣中，鼻孔距眼前缘较距吻端近。眼较小，侧上位。口下位，马蹄形。唇厚，光滑；上唇具深沟，与吻皮分离；下唇限于口角，略向前伸，但未达口前端。肛门约位于腹鳍基后缘至臀鳍起点距的中点。尾鳍叉形，上、下叶等长，末端尖。鳔2室，前室大，椭圆形，前半部包于骨质囊中，后部被有膜质囊；后室小，长圆形，无膜质囊包被。肠短，约与体长相等。腹部呈灰黑色。

雄鱼胸鳍较长，末端短尖；雌鱼胸鳍较短，末端较圆。

背部和体侧上部呈黄灰色、褐灰色或青灰色。体侧下部和腹部呈银白色。有的个体背部有3—5个黑色斑。各鳍呈浅黄灰色或浅灰色。

分布：长江上游特有种。分布于长江上游干流和岷江中下游、沱江、嘉陵江中游、赤水河等支流江段。

汉江老河口

297mm

谢晓

2015-07-26

◎ 长鳍吻鮈 *Rhinogobio ventralis*
(Sauvage *et* Dabry de Thiersant, 1874)

地方名：土耗儿。

形态特征：背鳍ii-7；胸鳍i-15—17；腹鳍i-7；臀鳍ii-6。尾柄鳞16。第1鳃弓外侧鳃耙17—21。下咽齿2行，2·5—5·2。脊椎骨4+43—44。

标准长为体高的4.0—4.5倍，为头长的4.1—4.7倍，为尾柄长的4.0—4.7倍，为尾柄高的9.0—9.8倍。头长为吻长的2.0—2.5倍，为眼径的6.5—7.5倍，为眼间距的3.1—4.2倍，为尾柄长的1.0—1.2倍，为尾柄高的1.7—2.3倍。

体呈长纺锤形，侧扁，腹部圆。体被较小的圆鳞，胸部的鳞片细小。侧线完全，平直。头呈锥形，吻较圆钝，吻长大于眼后头长。鼻孔较大，前后鼻孔紧相邻，前鼻孔在鼻瓣中，鼻孔距眼前缘较距吻端近。眼小，侧上位。口下位，马蹄形。唇厚，光滑；上唇具深沟，与吻皮分离；下唇两侧叶窄短，仅存在于口角处；唇后沟中断。下颌肉质。口角须一对，稍长于眼径。背鳍外缘凹入，其末根不分支鳍条软，第1分支鳍条延长，其长大于头长。背吻距小于背尾距。背鳍起点在腹鳍起点之前。胸鳍末端接近或超过腹鳍起点。腹鳍起点与背鳍的第2分支鳍条基部相对。腹鳍基部具腋鳞。腹鳍末端超过肛门，接近或达到臀鳍起点。肛门约位于腹鳍基后缘至臀鳍起点距的后1/3处。尾鳍叉形，上、下叶等长，末端尖。鳔2室，较小，前室较大，呈圆筒形，外被较厚的膜质囊；后室较长而细小，稍长于前室。肠短，约与体长相等。腹部呈灰白色。

雄鱼胸鳍较长，末端明显地向后弯曲；雌鱼胸鳍较短，末端向后弯曲不明显。

背部和体侧呈紫褐色。腹部呈白色。各鳍基部呈黄色，余部呈灰色。

分布：长江上游特有种。分布于金沙江、岷江上游、赤水河、嘉陵江上游的部分江段。

四川攀枝花金沙江

140mm

喻燚

2021-05-15

◎ *湖南吻鮈 Rhinogobio hunanensis*
(Tang, 1980)

地方名：齿耙鱼。

形态特征：背鳍ii-7；胸鳍i-15—16；腹鳍i-7；臀鳍ii-6。侧线鳞44—45。第1鳃弓鳃耙12—14。下咽齿2行，2·5—5·2。

⊙ 湖南省资江

🐟 255mm

📷 李鸿

🕐 2025-03-02

体细长，圆筒形，尾柄细长，稍侧扁。体被小圆鳞，胸部鳞薄且细小，常隐埋皮下。侧线完全，平直。头长，锥形，头长远大于体高。吻长且显著突出，口前吻部甚长，尖细。口下位，深弧形。唇厚，光滑，无乳突；上唇具1条深沟与吻皮分开；下唇限于口角，略向前伸，不达口前端；唇后沟中断，间距较宽。下颌厚，肉质。须1对，极纤细且短小，须长小于眼径的1/3。鼻孔较大，距眼前缘近。眼大，上侧位。眼间隔宽平。背鳍末根不分支鳍条柔软分节，起点距吻端约等于其基末距尾鳍基。胸鳍靠近腹面，后伸不达腹鳍起点，相距3—4个鳞片。腹鳍起点位于背鳍起点之后，与背鳍第3、第4分支鳍条相对。肛门位于腹鳍起点至臀鳍起点间的中点或稍后。臀鳍短。尾鳍叉形，两叶等长，末端尖。下咽齿主行侧扁，齿面倾斜，略下凹，末端钩曲。鳃耙较细小。鳔小，2室，前室卵圆形，外被厚膜质囊；后室特细，前后室均与眼径等长，或后室稍长。肠粗短，为体长的0.7—0.8倍。腹腔膜呈白色。腹部呈浅灰色或灰白色。

体背呈深蓝黑色，体侧上部呈深褐色，腹部呈白色。背鳍呈黄褐色，其余各鳍呈浅黄色，颊部及眼后头侧均稍带黄色。

分布：长江中游。

片唇鮈属 *Platysmacheilus*

◎ 旺苍片唇鮈

Platysmacheilus wangcangensis

(Chen, Yang *et* Guo, 2021)

地方名： 麻鱼子。

形态特征： 体形短壮，前段近圆筒形，后段侧扁而腹部浑圆。全身覆圆鳞，惟胸鳍末端前方胸腹部区域裸露无鳞。侧线完整且走势平直。吻部钝圆，在鼻孔前区略凹陷，吻长小于眼后头长。鼻孔紧邻眼前缘。眼较大，侧上位。口下位，上颌窄短具角质缘，口角须一对较短。唇部肥厚具发达乳突：上唇中央单列大型乳突，向口角渐次转为2-3行小型乳突；下唇呈梯形薄片，表面密布乳突，后缘游离且无缺刻或仅具浅凹。唇后沟连续完整。背鳍外缘平截，末根不分支鳍条柔软，起点位于腹鳍起点前方，背鳍基至吻端距离短于至尾鳍基距离。胸鳍末端未达腹鳍起点，胸腹鳍间距大于腹臀鳍间距。腹鳍起点约对应背鳍第三至第四分支鳍条基部，末端显著超越肛门。肛门位于腹鳍基至臀鳍起点前1/3处。臀鳍后伸未抵尾鳍基。尾鳍深叉形。

内部特征：咽齿单行排列。鳔分两室，前室扁圆裹于韧质膜囊，后室呈指状突。肠管长度为体长1.5-2倍。腹膜呈灰白色。

分布： 中国特有种。四川特有种。四川境内分布于嘉陵江上游及其支流。

⊙	嘉陵江支流
🐟	64mm
📷	喻燚
🕐	2023-12

◎ 裸腹片唇鮈 *Platysmacheilus nudiventris* (Luo, Li *et* Chen, 1977)

地方名：麻鱼子。

形态特征：背鳍ii-7；胸鳍i-12—13；腹鳍i-7；臀鳍ii-6；背鳍前鳞13；围尾柄鳞12。第1鳃弓外侧鳃耙4—5。下咽齿1行5—5。脊椎骨4+33—34+1。

标准长为体高的1.5—5.9倍，为头长的4.5—5.0倍，为尾柄长的6.2—7.5倍，为尾柄高的10.0—12.5倍。头长为吻长的2.0—2.9倍，为眼径的1.0—3.1倍，为眼间距的3.0—4.1倍。

体小，前段近圆筒形，后段侧扁。腹部圆。除胸、腹部外体被圆鳞。侧线完全，平直。吻较尖，吻长稍短于眼后头长。鼻孔靠近眼前缘。眼较大，侧上位。口下位，马蹄形。唇厚；上唇中部为单行的较大乳突，两侧则成2—3行的小乳突；下唇分为3页，中叶为1对不明显的肉突，其上具乳突，两侧叶宽长，唇面也具乳突。上颌宽长，角质明显。口角须1对，较短。背鳍外缘近平截，末根不分支鳍条软。背吻距小于背尾距。背鳍起点在腹鳍起点之前。胸鳍末端超过胸鳍、腹鳍起点距的中点。胸鳍末端不达腹鳍起点。腹鳍起点约与背鳍的第2、第4分支鳍条基部相对。胸鳍起点至腹鳍起点距大于腹鳍起点至臀鳍起点距。肛门位于腹鳍基后缘至臀鳍起点距的前1/3处。臀鳍后伸不达尾鳍基部。尾鳍叉形，上叶稍长。鳔2室，很小，前室扁圆形，包在膜质囊内；后室甚小，呈指状突起，不包在囊内。肠管较长，其长为标准长的1.5—2.0倍。腹腔膜为灰白色。

雄鱼胸鳍较宽，末端尖；雌鱼胸鳍较窄长，末端较钝圆。

背部和体侧上部呈灰褐色或浅黄灰色。体侧下部和腹部呈银白色。体侧中部有一条浅金色的纵纹，其上有6—8个黑圆斑，背部也有5—6个黑斑。各鳍均呈浅灰色，胸鳍和腹鳍的鳍条呈浅金色，背鳍和尾鳍上有很多黑色小斑点。

分布：长江上游特有种。分布于嘉陵江中上游，渠江流域和涪江上游。

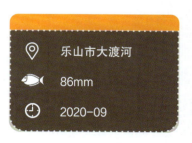

乐山市大渡河

86mm

2020-09

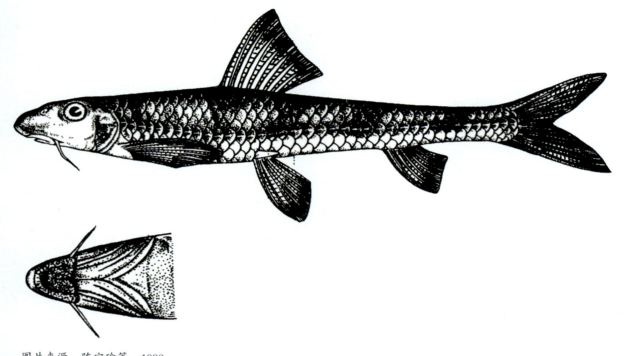

图片来源：陈宜瑜等，1998

◎ 长须片唇鮈

Platysmacheilus longibarbatus
(Luo, Li *et* Chen, 1977)

形态特征：背鳍iii-7；臀鳍iii-6；胸鳍i-13—14；腹鳍i-7。侧线鳞37—39；背鳍前鳞10—11；围尾柄鳞12。第1鳃弓外侧鳃耙14。下咽齿1行，5—5。脊椎骨4+33。

体长为体高的5.5—6.2倍，为头长的4.3—4.6倍，为尾柄长的6.7—7.2倍，为尾柄高的12.2—13.5倍。头长为吻长的2.3—2.7倍，为眼径的3.9—4.3倍，为眼间距的4.2—4.9倍，为尾柄长的1.4—1.6倍，为尾柄高的2.7—3.0倍。尾柄长为尾柄高的1.7—2.0倍。

体长，较纤细，前部圆筒形，腹部圆，尾柄细长略侧扁。头中等大，头宽大于头高。吻稍尖突，吻长大于眼后头长，鼻孔前方微凹。口较小，下位，深弧形。上下颌具发达的角质边缘。唇厚，肉质，上下唇均具乳突，上唇乳突整齐，成单行排列，各乳突间界线不明，呈褶皱状，边缘分裂成尖细的小缺刻；下唇发达，向后扩展连成片，其上有多数小乳突，扩展部分游离，边缘分裂呈流苏状，唇片后缘中央具较深的缺刻，上下唇在口角处相连。须1对，较粗长，位于口角，须长超过眼径，通常为眼径的2倍左右，末端可达前鳃盖骨的后缘。眼中等大，侧上位。眼间平坦或微隆起，眼间窄，小于眼径。下眶骨发达，几乎占据眼下颊部，其高度等于或略小于长度。体鳞较大，胸腹部裸露区较大，向后延伸至胸鳍末端，与腹鳍基部相距2—3枚鳞片。侧线完全，在体侧前方微下弯。背鳍短，无硬刺，其起点距吻端与基部后端至尾鳍基几乎相等。胸鳍宽长，但末端不达腹鳍起点。肛门接近腹鳍基部，位于腹鳍、臀鳍间距离的1/5—1/4处。臀鳍极短小。尾鳍亦甚短小，分叉深，上下叶等长。

分布：分布于长江中游各支流。

◎ 片唇鮈 *Platysmacheilus exiguus*
(Linnaeus, 1932)

地方名：扑地实心鱼。

形态特征：背鳍i-7；臀鳍i-6；胸鳍i-13；腹鳍i-7。侧线鳞37—39。鳃耙11—12。下咽齿1行。

体长为体高的5.2—5.3倍，为头长的4.3—4.9倍，为尾柄长的6.7—6.9倍，为尾柄高的11.8—12.1倍。头长为吻长的1.8—2.1倍，为眼径的4.0—4.5倍，为眼间距的3.6—4.9倍。尾柄长为尾柄高的1.7—1.8倍。

体长而侧扁，呈纺锤形，背部略隆起，腹部圆钝。背部呈灰褐色或黄褐色，腹部银白色；体侧常有一条不明显的黑色纵带，部分个体体侧或背部有零星小黑斑。口下位，呈弧形或横裂状，适于刮食底栖生物。上颌略长于下颌。下唇发达，分为左右两叶，中间有明显缺刻，唇面光滑或具微小乳突。通常无口须或仅有1对极短小的颌须。

分布：长江中游的清江、汉水及珠江等。

图片来源：廖伏初等，2020

图片来源：廖伏初等，2020

棒花鱼属 *Abbottina*

◎ 棒花鱼 *Abbottina rivularis*
(Basilewsky, 1855)

地方名：麻鱼子。

形态特征：体粗壮，条形，侧扁。体被圆鳞，但胸鳍基前部无鳞。侧线完全，平直。吻钝，在鼻前下陷，吻长大于眼后头长。鼻孔靠近眼前缘。眼较小，侧上位。口下位，马蹄形。唇厚，上唇内有细小的乳突，表面有不明显的褶皱；下唇中叶为1对卵圆形的肉突，两侧叶光滑，宽厚。上、下颌无角质边缘。口角须1对，短于眼径。咽齿1行。背鳍外缘凸出或平截，末根不分支鳍条软。背吻距小于背尾距。背鳍起点在腹鳍起点之前。胸鳍末端接近或超过胸鳍、腹鳍起点距的2/3。腹鳍起点与背鳍的第3、第4分支鳍条基部相对。腹鳍末端超过肛门。肛门位于腹鳍基后缘至臀鳍起点距的前1/3处。臀鳍后伸不达尾鳍基部。尾鳍叉形，上叶较宽长，末端圆。鳔2室，较大，后室长为前室长的1.5—2.0倍。肠粗短，约与体长相等。腹部呈银白色。

分布：分布极广，广泛分布于我国除西部高原和西北部地区外的其他水系。国外分布于俄罗斯、日本、朝鲜半岛等。

◎ 钝吻棒花鱼 *Abbottina obtusirostris*
(Wu *et* Wang, 1931)

地方名：麻鱼子。

形态特征：体较粗壮，前段近圆筒形，后段侧扁，背部稍隆起，腹部圆。头粗短，背面平坦，略呈方形。吻短，前端圆钝，从鼻孔前方至吻端显著下陷。口下位，呈马蹄形。上颌和下颌边缘具有发达的角质边缘。唇厚，上唇具有乳头状突起，不明显排列成行；下唇较发达，在颏部有1对近圆形或椭圆形的突起，两侧叶稍长，在口角处与上唇联合，其上有很小的乳突。须1对，其长度比眼径小。鼻孔小，在眼前方，距眼前缘较近。鳃膜连于鳃峡。鳃耙短小。下咽齿较细弱，末端呈钩状。背鳍无硬刺，外缘平截，其起点在腹鳍之前，距吻端较距尾鳍基为近。胸鳍较圆，后伸不达腹鳍。腹鳍较短，其起点约在背鳍基部长度的1/2处。臀鳍短，后伸不达尾鳍基，其起点距尾鳍基较距腹鳍基为近。尾鳍较短，分叉较浅。鳞片小，圆形，胸鳍至腹鳍基部之间腹部裸露无鳞，其裸露区较大。侧线完全，平直。

体呈棕灰色，背部及身体上部较深，头部颜色更深，呈灰黑色。腹部呈浅灰色。雄鱼体侧有一条黑色纵行条纹；雌鱼体侧中部有6—8个较大的黑色斑点。背鳍和尾鳍有许多深黑色斑点，胸鳍上亦有黑色斑点，但较少。生殖季节雄鱼体色呈浓黑色，头部呈墨黑色，胸鳍不分支鳍条变粗，外缘有粗颗粒状的珠星，胸鳍条上聚集有较多的珠星，呈条状排列。

分布：长江上游特有种。分布于长江上游支流，包括岷江中上游、沱江上游、嘉陵江中游江段。

四川省成都市青白江区

53mm

林永晟

2023-11-17

小鳔鮈属 *Microphysogobio*

◎ 乐山小鳔鮈

Microphysogobio kiatingensis
(Wu, 1930)

地方名： 乐山棒花。

形态特征： 体较细长，稍侧扁，头腹面较平，背部在背鳍起点处稍高，腹部稍圆。头稍短，其长度约与体高相等。吻端较尖，鼻孔前方下陷。口小，下位，呈马蹄形，上下颌具有较发达的角质边缘。唇较发达，其上有许多乳突，上唇的乳突较大，排列成1行，中央1对较大；下唇中央有1对较大的椭圆形肉质突起，两侧叶长而宽，在口角处与上唇相连。具须1对，其长度较眼径为小。眼较小，眼间较宽且平，鼻孔在眼前方，距眼前缘较距吻端为近。鳃耙外侧不发达，呈瘤状突起。下咽齿较细弱，末端稍呈钩状。

背鳍无硬刺，外缘平截，其起点至吻端比至尾鳍基为近，而至吻端约等于其基部后端至尾鳍基的距离。胸鳍较短，末端不达腹鳍。腹鳍起点在背鳍起点之后，约与背鳍第3、第4分支鳍条基部相对。臀鳍较短，其起点至腹鳍基约等于至尾鳍基的距离。肛门距腹鳍基部后端较近。

体呈棕灰色。腹部呈灰白色，背部正中有5—6个较大的黑色斑块，而体侧中部有8—9个黑色斑块。背鳍和尾鳍上有许多小黑点，胸鳍、腹鳍上亦有黑点，但较少，臀鳍呈灰白色。

为小型底栖性鱼类，生长较慢，种群数量较多，在岷江中游产量较大，经济价值不大。

分布： 中国特有种。分布于珠江、钱塘江、灵江和长江水系的中上游。

赤水河合江江段

59mm

刘飞

2017-05-30

◎ 小口小鳔鮈 *Microphysogobio microstomus* (Yue, 1995)

形态特征：背鳍ii-7；臀鳍ii-6；胸鳍i-10—11；腹鳍i-7。侧线鳞36—37；背鳍前鳞9—10；围尾柄鳞12。第1鳃弓外侧鳃耙4—5。下咽齿1行，5—5。脊椎骨4+31—32。

体长为体高的4.7—5.5倍，为头长的4.3—5.2倍，为尾柄长的5.8—6.7倍，为尾柄高的9.8—11.0倍。头长为吻长的2.8—3.0倍，为眼径的3.2—3.7倍，为眼间距的3.6—4.5倍，为尾柄长的1.3—1.5倍，为尾柄高的2.1—2.3倍。尾柄长为尾柄高的1.6—1.8倍。

体长，纤细，略侧扁，腹部平坦或稍圆，体后部侧扁且细。头较小，头长一般大于或等于体高，呈锥形，前端圆。吻短，稍钝，长度等于或略大于眼径，远小于眼后头长。口小，下位，呈深弧形。唇较薄，不发达，上唇几近光滑，少数个体具不明显褶皱或乳突；下唇中央有1对圆形肉质突起为中叶，侧叶小而薄，在中叶前端相连，其间以浅沟相隔，口角处上下唇相连，下唇乳突细小，极不显著。上下颌具不发达的角质边缘。须1对，较短，长度不及眼径的1/3。眼稍大，位于头侧上方，眼间稍窄，平坦，间距小于眼径。体被圆鳞，胸鳍之前裸露。侧线完全，平直。

背鳍稍短，外缘平截，位置较前，起点距吻端等于或小于自背鳍基部之后至尾鳍基的距离。胸鳍较长，后端稍尖，近达腹鳍起点。腹鳍短小，略近圆形。肛门靠近腹鳍基部，远离臀鳍起点，位于腹鳍基与臀鳍起点间的前1/6—1/5处。臀鳍短，起点至腹鳍起点的距离大于至尾鳍基部的距离。尾鳍分叉，上叶略长于下叶，两叶末端稍圆。

下咽齿稍侧扁，末端略钩曲。鳃耙退化，呈瘤状小凸。肠长不及体长，为体长的0.8—0.9倍。鳔小，2室，前室呈横置椭圆形，外包韧质膜囊，后室椭圆，略小于眼径，前后室长之比为1：1.3—1：1。腹部呈白色或灰白色。体背及体侧上半部呈浅黄色，带灰色，下半部呈白色，稍带黄色。体侧中轴沿侧线有1条灰黑色纵纹，甚细。背鳍、尾鳍上具多数短黑条组成的斑纹，胸鳍上也偶见黑点，其他各鳍均呈灰白色。

分布：长江下游水系有分布。

浙江省杭州市西湖区

43mm

林永晟

2023-11-21

图片来源：廖伏初等，2020

◎ 洞庭小鳔鮈 *Microphysogobio tungtingensis* (Nichols, 1926)

地方名：洞庭拟鮈。

形态特征：背鳍iii-7；臀鳍iii-5；胸鳍i-13；腹鳍i-7。侧线鳞$38\frac{3.5}{2.5\text{-}V}39$，鳃耙45。下咽齿1行，5—5。

体长为体高的6.0—6.4倍，为头长的4.3—4.6倍，为尾柄长的6.8—7.2倍。头长为吻长的2.7—2.8倍，为眼径的3.1—3.5倍，为眼间距的4.0—5.1倍，为尾柄长的1.0—1.6倍，为尾柄高的2.4—2.6倍。

体细长，棒状，腹部稍圆，后部略侧扁。头稍小。吻短钝，吻长稍大于眼径，几乎等于眼后头长；鼻孔前缘稍凹陷。口下位，马蹄形。唇厚，具发达乳突，下唇中部具1对小的圆凸，由缝隙隔开。上、下颌具角质。口角须1对，须长约为眼径的3/5，后伸达眼下方。鼻孔靠近眼前方。眼稍大，椭圆形。眼间距狭窄，稍隆起。鳃盖膜与峡部相连。

背鳍高，末端截形，鳍基较短，起点距吻端小于其基末距尾鳍基。胸鳍下侧位，平展，末端椭圆形，不达腹鳍起点。腹鳍起点约位于背鳍基中点下方，末端略圆，远不达臀鳍起点。肛门靠近腹鳍起点，约位于腹鳍与臀鳍起点间距的前1/3处。臀鳍稍小，末端截形，起点位于腹鳍起点与尾鳍起点间的后1/3处，后伸几乎达尾鳍基。尾柄较细长，尾鳍浅叉形，上、下叶稍宽。

体被较大圆鳞，胸鳍基前方裸露无鳞，腹鳍基具腋鳞。侧线完全，几乎平直延伸至尾柄中部。

鳃耙不发达，呈瘤状突，稍明显。下咽齿纤细，侧扁，末端钩状。鳔2室，前室稍大，为横置扁圆形，包于韧质膜囊内；后室小，长形，游离，露出囊外，长小于眼径。腹部呈灰白色，布有小黑点。

背侧呈灰黄色，腹部呈灰白色，头背部呈暗色。背鳍正中具数个暗色鞍状斑，体侧沿侧线具1条暗色斑连成的纵纹，侧线以上散布小黑点。

分布：主要分布于洞庭湖和其上游沅江水系等。

◎ 裸腹小鳔鮈 *Microphysogobio nudiventris*
(Jiang, Gao *et* Zhang, 2012)

形态特征：属于身体中部有不完全鳞片的物种群，身体中部有一个无鳞的区域，从胸鳍点到骨盆鳍点的距离超过2/3。

身体小而纤细，侧面稍压扁。头和胸部的下表面平坦，腹部圆形，尾柄短且稍压扁。背侧体轮廓从吻尖到背鳍起点急剧上升，沿背鳍基部大大倾斜，然后逐渐倾斜到尾鳍基部。最大的身体高度在背鳍起点和最浅的尾柄接近尾鳍基部之间。肛门位于从骨盆鳍止点到肛门鳍起始点距离的前1/3处。

头短，长度几乎等于身体的深度，背部大致呈三角形。鼻部稍尖，鼻尖上有一条浅沟；鼻子长度略小于头的后眶部；鼻孔靠近；眼睛大，位于头部背面一半处；眼眶间宽而平，宽度大于眼直径。在上唇末端根部的1对上颌刺，短于眼直径，到达眼的前边缘以外。咽齿1行，具钩状和尖端。

口下位，马蹄形。唇厚，发育良好，有球状乳头。乳突在上唇的中间部分排列在一排。

下唇心形的正中心垫被纵向沟槽分成两个肉质突起元素；下唇的两个侧面裂片上覆盖发育良好的乳突，后部在正中颏垫后面相互连接，侧面在嘴角周围与上唇相连。上下颌骨切割边缘有薄角质鞘；上颚切割刃的宽度大于口的一半宽度。

鳍具有1条不分支鳍条和10条或11条分支鳍条；通过鳃盖最后方点插入后垂直。腹鳍具1条单鳍和7（16）支鳍条，插在第3或第4背鳍条下面。臀鳍有3条不分支鳍条和6条分支鳍条。尾鳍稍微内凹，其裂片尖。

侧线完整，几乎平直，在背鳍水平侧稍弯曲。侧线穿孔鳞片35（7），36（5），或37（4）。鳞片排在侧线3.5（16）以上和2（16）以下。前背鳞片10（9）或11（7）。在胸鳍止点和骨盆鳍止点之间前2/3处或更多的身体中腹部区域无鳞。脊椎骨4+33（9）—34（7）。

头部黑色，从背鳍和背侧延伸腹部两侧灰白色，腹部下面黄色。侧面有五个黑色横纹：第1条纵向的深褐色条纹，沿侧线延伸，有8个或9个不明显的黑色斑点；背体和侧面在纵条纹上面密被深灰色不规则斑点，纵条纹下面斑点更稀疏。第2条和第3条分别在背鳍基部和末端；第4条在腹鳍垂直通过肛门；第5条在尾鳍射线的背面基部。每条横纹都有一个黑色新月形标记。所有鳍灰白色，有不规则的斑点散布于分支鳍条；背鳍和尾鳍分布更多斑点。

分布：仅发现于我国湖北省竹山县的官渡河。

📍 陕西省安康市汉滨区吉河镇

🐟 63mm

📷 陈浩骏

🕐 2023-11-07

◎ 张氏小鳔鮈

Microphysogobio zhangi

(Huarg, Zhao, Chen *et* Shao, 2017)

地方名： 蒜根子。

形态特征： 背鳍iii-7；臀鳍iii-5；胸鳍i-11—12；腹鳍i-7。侧线鳞35—36；横鳞7；背鳍前鳞9—10。下咽齿1行，5—5。脊椎骨4+30—31。

体长为体高的4.2—4.9倍，为头长的4.0—4.8倍，为尾柄长的5.5—6.0倍，为尾柄高的10.2—11.7倍。头长为吻长的2.2—2.4倍，为眼径的2.8—3.1倍，为眼间距的6.2—6.7倍。尾柄长为尾柄高的1.4—1.7倍。

身体细长，侧面扁平，腹部扁平。吻尖。眼睛中等大小，位于头部的背侧一半。侧线完整，在胸鳍上方略微向下延伸，并沿着腹侧轮廓延伸到尾鳍基部的中间。成年雄性胸鳍达到肛门基部的后缘。腹鳍的前缘插入背鳍的第2分支鳍条下方。尾鳍深叉，下叶略长于上叶。

口下位，马蹄形。唇厚，具发达乳突，下唇厚，覆盖着珍珠状乳突；唇乳突由前乳突、两个后叶和下唇内侧垫组成；前乳突覆盖着一排大的珍珠状乳突；两个后叶覆盖着发育良好的小珍珠状乳突。须1对，位于口角、下颌末缘，须长大于眼径的1/2。眼稍大，位于头的前半部，眼间距狭窄，稍隆起。鳃盖膜与峡部相连。

分布： 广泛分布于东亚，包括韩国、中国、蒙古国，还分布于越南和老挝，通常出现在流域的中上游。

湖南省永州市零陵区荷叶塘村

64mm

陈浩骏

2023-02-27

◎ 双色小鳔鮈

Microphysogobio bicolor

(Nichols, 1930)

地方名：沙刁鱼。

形态特征：背鳍iii-7；臀鳍iii-5；胸鳍i-11—12；腹鳍i-7。侧线鳞36—38。

体长为体高的4.1—4.6倍，为头长的3.8—4.4倍，为尾柄长的5.2—6.3倍，为尾柄高的10.0—12.7倍。头长为吻长的2.3—2.8倍，为眼径的2.9—3.8倍，为眼间距的4.1—5.3倍。

体细长，略近圆筒形，胸腹部稍圆，尾柄侧扁。头较短，前端略圆，头长大于体高。吻稍钝，鼻孔前具有凹陷，吻长略大于眼后头长。口下位，深弧形。唇发达，上唇中央部分乳突等大且紧密排列，通常稍大于上唇两侧乳突，上唇两侧乳突多行排列；下唇3叶，中叶呈心形垫状突起，上有小乳突或者沟痕，两侧叶上有小乳突，在口角处与上唇相连。上下颌边缘具角质，上颌角质边缘小于1/2口宽。须1对，长度小于眼径。体被圆鳞，胸鳍基部之前裸露。侧线完全，平直，在背鳍下方稍微向下弯曲。

胸鳍较长，末端尖，后伸可达或接近腹鳍起点。腹鳍末端尖，其起点与背鳍第3、第4分支鳍条相对，后伸达腹鳍基与臀鳍起点之间距离的一半。肛门距离腹鳍较近。臀鳍较短，起点位于腹鳍基部与尾鳍基的中点或近尾鳍基部。尾鳍分叉，上下叶等长。鳔2室，前室包被于厚质膜囊内；后室相对发达，椭圆形，长度与眼径相等。

活体通常呈现鲜明双色，头和身体的背侧呈深黄褐色，身体中侧呈黄褐色，腹侧呈灰白色。身体背侧有5个明显黑色鞍斑，侧线上鳞、侧线鳞以及侧线以下第1排鳞片边缘呈黑色。眼间无明显黑斑，尾鳍鳍膜具有多排黑斑。

分布：分布于鄱阳湖流域的赣江、信江和饶河等各水系。

江西省景德镇市昌江区

65mm

林永晟

2022-10-12

胡鮈属 *Huigobio*

◎ 嵊县胡鮈 *Huigobio chenhsienensis* (Fang, 1938)

形态特征：体长，粗壮，前段圆筒形，尾柄部侧扁。头小，短圆，其长小于体高。吻短钝且宽。口宽，下位，几乎呈横裂。唇厚，乳突显著，上唇中部乳突大，两侧乳突小，多行排列。须1对，常隐匿于口角处。眼中等大，侧上位。鳞较大，体腹面自胸部至腹鳍基部之前无鳞。侧线完全，平直。背鳍无硬刺，后缘呈斜切形。尾鳍短小，浅分叉。体背部呈灰黑色，腹部呈灰白色。体侧鳞片布有小黑点。侧线处具1条黑纵纹，中轴黑斑均位于此黑纵纹上。鳍具多数小黑点。

分布：鳌江水系有分布。

浙江省杭州市西湖区

53mm

林永晟

2022-12-16

似鮈属 *Pseudogobio*

◎ 似鮈 *Pseudogobio vaillanti*
(Sauvage, 1878)

图片来源：廖伏初等，2020

地方名：马头鱼。

形态特征：体长，略呈圆筒形，背部稍隆起，腹部平坦。头长，后半部略呈方形。吻长，鼻孔之前略扁平，前端圆钝，吻皮较薄。口下位，呈深弧形。唇发达，其上有许多颗粒状乳突，下唇分成3叶，后缘游离，中叶呈椭圆形或方形，两侧面与侧叶分离；两侧叶在中叶前部相连，在口角处与上唇相连，其末端呈尖形。须1对，长度与眼径相当。眼大，稍凸出，位于头侧上方。眼间较宽，中部下陷。鼻孔较大，位于眼前方。鳃耙粗短，略扁，末端呈瓣状分支，排列稀疏，鳃丝细长。下咽齿较弱，侧扁，末端钩状。

背鳍外缘稍内凹，其起点距吻端较距尾鳍基为近，无硬刺。胸鳍宽大，末端圆，后伸不达腹鳍起点，位置与腹部几乎平行。腹鳍较小，末端钝，其起点与背鳍第3、第4分支鳍条基部相对。臀鳍短小，后缘斜截状，末端可伸达尾鳍基部。尾鳍叉形，上、下叶等长，末端较钝。尾柄较短。肛门离腹鳍基部后端很近，约在腹鳍基部末端至臀鳍起点前1/7处。

鳞片大，排列稀疏，腹鳍基部有腋鳞。侧线完全，平直。

生活时体背部和体侧上部呈灰黑色带淡黄色，布有许多小黑点。腹部呈黄白色。背部正中有5个大横斑，体侧中部有7—8个不规则的大黑斑。鳃盖及胸鳍基部两侧各有1个大黑斑。背鳍、尾鳍和胸鳍背面有排列整齐的条纹状黑斑点。腹鳍有不规则小黑点。臀鳍呈灰白色。

在产区是主要的经济鱼类之一，肉多，味美，种群数量较大。第1—2龄生长较快。以水生昆虫和底栖动物为食，也摄食低等藻类。2龄鱼可达性成熟，怀卵量不大，生殖期在5—6月。

分布：中国特有种。分布于黄河、淮河、长江中下游和闽江等水系。

似刺鳊鮈属 *Paracanthobrama*

◎ 似刺鳊鮈 *Paracanthobrama guichenoti*
(Bleeker, 1864)

地方名：罗红、金鳍鲤、鸡公鲤。

形态特征：头后背部显著隆起，体高大于头长。头小而尖。吻长小于眼后头长。口下位，弧形。下唇侧叶狭。须1对。背鳍位于体前半部，起点距吻端较距尾鳍基为近；背鳍刺强大，后缘光滑无锯齿，刺长显著大于头长。肛门前移，位于腹鳍起点至臀鳍起点间的后1/4处。侧线完全。体背部呈灰色，腹部呈灰白色，尾鳍呈鲜红色，其余各鳍均呈浅灰色。

分布：长江中下游及其附属水体均有分布。

安徽省合肥市巢湖市巢湖湿地

145mm

陈浩骏

2024-07-12

蛇鮈属 *Saurogobio*

◎ 长蛇鮈 *Saurogobio dumerili*
(Bleeker, 1871)

地方名：船钉子。

形态特征：体很长，略呈圆筒形，背鳍起点处稍隆起，头腹部较平坦，腹部稍圆，尾部略侧扁。头长，稍扁平，头长大于体高。吻稍尖，向前突出，吻长略比眼后头长小，鼻孔前方稍下陷。口下位，略呈马蹄形。唇厚，上下唇均有许多显著的小乳突。须1对，短而粗，其长度一般较眼径为小。眼较小，位于头侧上方，眼间较宽，且平坦。鼻孔较小，位于眼前方，距眼前缘近。鳃耙不发达，呈瘤状突起。下咽骨发达，呈三角形，外侧1、2枚齿粗壮，其余各齿侧扁。

背鳍外缘平截，无硬刺，其起点距吻端较距尾鳍基为近。胸鳍短，后伸不达腹鳍起点。腹鳍位于背鳍起点之后，约与背鳍第5、第6分支鳍条基部相对。臀鳍短，其起点距腹鳍基部较距尾鳍基为远。肛门距腹鳍较近。尾柄细长，较低。尾鳍叉形，上、下叶末端稍钝。鳞片较小，胸部具有鳞片。侧线完全，平直。

体背部及两侧上部呈橄榄色，腹部呈银白色。体侧中部有一条纵行浅黑色条纹，后部较明显。体侧上半部的鳞片基部有1个黑色斑点。偶鳍呈淡粉红色，其余各鳍均呈灰黑色。

为底栖性鱼类，个体稍大，其主要以蚌类和昆虫等为食，也吃藻类和植物碎屑。繁殖期为4—5月，产漂流性卵，随水漂流发育孵化。

分布：中国特有种。钱塘江、长江、黄河及辽河等水系均有分布。

江苏省常州市金坛区长荡湖

186mm

沈禹羲

2024-09-19

◎ 蛇鮈 *Saurogobio dabryi* (Bleeker, 1871)

地方名：船钉子。

形态特征：体延长，前段呈圆筒形，头后背部稍隆起，腹部较平，尾柄稍侧扁。头较长，稍高。吻较长，吻长较眼后头长为大，向前突出，末端较圆钝。鼻孔前方下凹。口下位，略呈马蹄形，唇发达，唇上有许多小乳突，下唇后缘游离。口角须1对，其长度比眼径小。眼稍大，位于头侧上方，眼间较平坦。鼻孔在眼前方，距眼前缘很近。鳃耙不发达，趋于退化。下咽齿稍侧扁，末端略呈钩状。

背鳍无硬刺，外缘内凹，第1根分支鳍条稍长，背鳍起点至吻端的距离较其基部后端至尾鳍基为小。胸鳍长，末端后伸不达腹鳍起点。腹鳍起点位于背鳍起点之后，约与背鳍第5、第6分支鳍条基部相对。臀鳍短，后缘平截，其起点至腹鳍基部较至尾鳍基部为远。尾柄较细长。尾鳍叉形，上、下叶末端尖。肛门距腹鳍基部后端近。鳞片圆形，胸鳍基部之前无鳞。侧线完全，很平直。体背部及体侧上部呈黄绿色，腹部呈灰白色。体侧近中部上方有1条浅黑色纵行条纹，其上有10—11个深黑色斑块。吻部背面及两侧各有1条黑色条纹。偶鳍及鳃盖边缘呈黄色，其余各鳍均呈灰白色。

底栖性鱼类，个体不大，生长慢，主要摄取水生昆虫及底栖无脊椎动物，也食水草、藻类和植物碎屑。1龄鱼可达性成熟，生殖期在4—5月，产漂流性卵，随水漂流发育孵化。

分布：分布于我国东部从黑龙江到海南岛的各主要水系。国外俄罗斯、朝鲜和越南也有分布。

沱江

82mm

邹远超

2018-01-15

◎ 光唇蛇鮈 *Saurogobio gymnocheilus*
(Lo, Yao *et* Chen, 1998)

地方名：船钉子。

形态特征：体延长，前段稍侧扁，后躯呈圆筒形，背鳍起点处稍隆起，腹部圆，稍平直，尾柄略侧扁。头略呈锥形，其长大于体高。吻圆钝，两鼻孔前方为不明显凹陷。口下位，呈马蹄形。唇薄，上、下唇均无细小乳突，下唇后方中央有1个光滑的近椭圆形肉质凸起。唇后沟中断。口角须1对，其长度稍比眼径小。眼中等大，位于头侧中部上方。眼间平坦，其宽度与眼径约相等。鼻孔在眼前方，距眼前缘稍远。鳃耙不发达，下咽齿末端略呈钩状。

背鳍无硬刺，外缘平截，其起点至吻端距离较至尾鳍基为近，胸鳍较短，后伸不达腹鳍起点。腹鳍位于背鳍起点之后，其起点至胸鳍基与至臀鳍起点约相等，末端超过肛门。臀鳍短，其起点至尾鳍基的距离较至腹鳍起点为近，约与至肛门的距离相等。尾鳍叉形，上、下叶末端较尖，上叶略比下叶长。肛门离腹鳍基部后端较近。鳞片圆形，胸部裸露无鳞。侧线完全，较平直。

体背部呈灰黑色，腹部呈灰白色，体侧中部从鳃盖后缘至尾鳍基部有1条黑色纵行条纹，其上有10—12个不明显的黑色斑点。各鳍均呈灰白色。

分布：中国特有种。分布于长江中上游。

重庆北碚嘉陵江

110mm

喻燚

2018-03-18

◎ **斑点蛇鮈** *Saurogobio punctatus*

(Tang, Li, Yu, Zhu, Ding, Liu *et* Danley, 2018)

地方名： 船钉子、船打钉、鮀羔、船钉鱼。

形态特征： 体长形，前部近圆筒形，后部侧扁。头锥形。吻较尖，吻长大于眼后头长，鼻前方下陷。鼻孔靠近眼前缘。眼大，侧上位。口下位，马蹄形。唇厚，具乳突。下唇两侧叶中部有1个横向肉垫，表面有乳突；其前缘有1个浅沟与唇相隔，后缘游离。唇后沟中断。口角须一对，较短。咽齿1行。体被较小的圆鳞，胸部无鳞。侧线完全，平直。

背鳍外缘稍凹入，末根不分支鳍条软。背吻距小于背尾距。背鳍起点在腹鳍起点之前。胸鳍末端不达腹鳍起点。腹鳍起点与背鳍的第5、第6分支鳍条基部相对。腹鳍基部具腋鳞。腹鳍末端超过肛门，但远不达臀鳍起点。肛门距腹鳍基后缘较近。尾鳍叉形，上叶稍长或上、下叶等长，末端尖。鳔小，2室，前室包于圆形骨质囊内；后室呈细小的长圆形。肠短，不及体长。腹部呈浅灰色。

雄鱼胸鳍较宽，雌鱼胸鳍较长。

背部和体侧上部呈灰褐色或灰黄色。体侧下部和腹部呈银白色。体侧中部有9—13个黑色斑。背部有4—6条黑色横纹。各鳍均呈浅橘红色或浅黄色，背鳍、胸鳍、腹鳍和尾鳍上有黑褐色小斑点。

分布： 中国特有种。分布于长江中下游干支流及湖泊。

平昌县巴河

146mm

喻燚

2024-05

◎ 细尾蛇鮈

Saurogobio gracilicaudatus
(Yao *et* Yang, 1977)

形态特征： 尾柄较细，体长为尾柄高的20.0倍以下。吻平扁，吻长大于眼后头长。鼻孔前凹陷。唇厚，发达，具明显乳突；下唇后缘游离，常具缺刻。口角须1对，长度约等于眼径。背鳍起点距吻端小于其距尾鳍基，分支鳍条8根。胸鳍长，近腹鳍起点。肛门位于腹鳍起点至尾鳍起点间的前1/6—1/5处。胸鳍前方及胸鳍基之后的腹部中线裸露无鳞。侧线鳞44—46。体侧中轴具浅黑色纵纹，其上无斑块。

分布： 长江中游干支流。

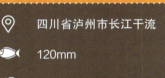

四川省泸州市长江干流

120mm

邱宁

2019-05-11

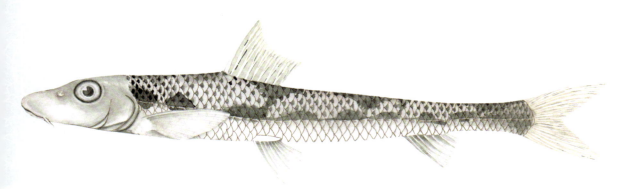

图片来源：李鸿等，2020

◎ 湘江蛇鮈 *Saurogobio xiangjiangensis* (Tang, 1980)

地方名：船钉鱼、船钉子。

形态特征：体长，尾柄极纤细，体长为尾柄高的22.0倍以上。吻圆凸，吻长远大于眼后头长。唇厚，发达，密布乳突；下唇中部具有1个大的肉质凸起，其上光滑。须1对，长度小于眼径。眼径大于眼间距。背鳍起点距吻端小于其距尾鳍基，分支鳍条8根，胸部裸露区自胸鳍基后延至胸鳍末端。侧线鳞52—54。体侧具数个明显的黑斑沿侧线排列。

分布：分布水域包括闽江的中上游、长江中游的支流湘江和沅江等。

鳅鮀属 *Gobiobotia*

◎ **短身鳅鮀** *Gobiobotia abbreviata*
(Fang *et* Wang, 1931)

地方名：沙胡子。

形态特征：体较短，前部粗壮近圆筒形，后部渐细侧扁。鳞较大，圆形；背鳍前背部的鳞片具弱的皮质棱；腹鳍、前胸、腹部无鳞。侧线完全，平直。头宽大于头高。吻钝圆，突出，吻长等于或稍大于眼后头长。前后鼻孔紧相邻，前鼻孔在鼻瓣中，鼻孔距眼前缘较距吻端近。眼较大，侧上位。口下位，弧形。上唇具浅褶皱；下唇光滑；唇后沟中断。须4对；口角须末端达眼中部下方；第1对颏须最短，其起点与口角须起点相平，其末端仅达第2对颏须的起点；第2对颏须末端可达眼后缘；第3对颏须长，末端不达鳃盖后缘。颏部具乳突。咽齿2行。背鳍外缘凹入，其末根不分支鳍条软。背吻距小于背尾距。背鳍起点在腹鳍起点之前。胸鳍第2分支鳍条最长。胸鳍末端接近或达到腹鳍起点。腹鳍基部具腋鳞，腹鳍末端超过肛门。肛门距腹鳍基后缘较距臀鳍起点近。臀鳍后伸不达到尾鳍基部。背鳍、臀鳍末根不分支鳍条比各自首根分支鳍条稍粗硬。尾鳍叉形。鳔较小，前室包于膜质囊中，鳔囊中部稍下陷，两侧泡分化不明显，鳔囊柔软；鳔后室小，其长仅达前室侧囊长的1/4，无鳔管。肠短，呈"Z"形。腹部呈灰白色。

鳞片稍大，侧线平直，背鳍前鳞具有弱的皮质棱。腹鳍基部之前的胸、腹部裸露，基部具有腋鳞。体背部灰黑色，腹部灰白色。近侧线上方有一较宽的灰黑色纵条纹，条纹上有6—7个黑色斑块，体后部明显。

分布：长江上游特有种。分布于长江上游干流、岷江、青衣江和沱江等。

长江重庆段

93mm

李雷

2010-05-22

图片来源：廖伏初等，2020

◎ **宜昌鳅鮀** *Gobiobotia filifer* (Garman, 1912)

地方名：沙胡子。

形态特征：背鳍iii-7；臀鳍iii-6；胸鳍i-11—14；腹鳍i-7。侧线鳞$40\frac{5.5}{3\text{-}V}42$。第1鳃弓外侧无鳃耙，内侧鳃耙7—8。下咽齿2行，2·5—5·2。

体长为体高的5.1—6.0倍，为头长的3.9—4.1倍，为尾柄长的5.2—5.4倍，为尾柄高的12.0—12.6倍。头长为吻长的2.5—2.8倍，为眼径的4.6—5.2倍，为眼间距的3.7—4.0倍，为尾柄长的1.2—1.4倍，为尾柄高的3.0—3.3倍。尾柄长为尾柄高的2.0—2.4倍。

体小，前段较粗，后段渐细而稍侧扁，头胸部腹面平。头长大于体高，头宽小于或等于头高，头背面和颊部具细小的皮质纵纹。吻略尖，吻长小于眼后头长。口下位，弧形。上唇边缘具皱纹，下唇光滑。须4对，其中口角须1对，颏须3对；口角须后伸一般超过眼中部或接近眼后缘下方；第1对颏须位置在口角须之前，后伸稍超过第2对颏须的起点；第2对颏须后伸达前鳃盖骨后缘下方；第3对颏须后伸不超过鳃盖骨中部下方。颊部各须基部之间具许多小乳突。眼上侧位。眼径小于眼间距。眼间隔具浅凹的纵沟。鳃盖膜与峡部仅在前端相连。

背鳍起点距吻端较其基末距尾鳍基为近，末根不分支鳍条基部稍硬，末端柔软。胸鳍平展，第1分支鳍条显著突出于鳍膜，后部特别延长呈丝状，后伸达到或超过腹鳍起点。腹鳍起点与背鳍起点相对或稍后，距腹鳍起点较距臀鳍起点为近或相等。肛门位于腹鳍起点与臀鳍起点间的前1/3处或稍后。尾柄较细。尾鳍叉形。

体被大圆鳞；腹鳍基之前的胸腹部裸露无鳞。侧线完全，平直，后伸至尾柄正中。侧线以上鳞片均具棱脊。

鳃耙细小。下咽齿匙形，末端钩状。鳔2室，前室横宽，中部极狭隘，两侧泡明显，完全包在坚硬的骨质囊内，骨质囊呈灰黑色；后室细小，呈泡状附着于前室中部之后；无鳔管。腹部呈灰白色。

体背部呈青灰色，腹部呈灰白色。背侧具许多黑斑。体侧中部具12—13个不规则的黑斑。背鳍、尾鳍上散布小黑斑，其余各鳍呈灰白色。

分布：中国特有种。主要分布于长江中游。

◎ 南方鳅蛇 *Gobiobotia meridionalis*
(Chen *et* Cao, 1977)

图片来源：廖伏初等，2020

地方名：沙婆子。

形态特征：背鳍iii-8；臀鳍iii-6；胸鳍i-13；腹鳍i-7。侧线鳞 $41\frac{5—6}{3-V}43$。第1鳃弓外侧无鳃耙，内侧鳃耙8—10。下咽齿2行，3·5—5·3。

体长为体高的4.9—5.8倍，为头长的3.8—4.3倍，为尾柄长的5.6—7.5倍。头长为吻长的2.1—2.2倍，为眼径的3.8—4.5倍，为眼间距的4.4—5.2倍，为尾柄长的1.5—1.8倍，为尾柄高的3.1—3.6倍。尾柄长为尾柄高的1.9—2.3倍。

体长，呈圆筒形，前段较肥胖，后段渐细而侧扁。头大，平扁，头长大于体高，头宽等于或大于体宽。吻部宽扁，吻长大于眼后头长。口下位，弧形。唇稍厚，上唇具褶皱，下唇光滑。须4对，其中口角须1对，颏须3对；口角须后伸可超过瞳孔到眼后缘下方；第1对颏须起点与口角须起点同一水平或稍前，后伸接近第3对颏须起点；第2对颏须后伸达到或超过鳃盖骨后缘下方；第3对颏须最长，后伸超过胸鳍起点；颏须基部之间具许多小乳突。眼大，上侧位，眼径等于或稍大于眼间距。眼间隔稍凹陷。鳃盖膜与峡部仅在前端相连。

背鳍起点位于腹鳍起点之前，距吻端较其基末距尾鳍基稍远，末根不分支鳍条基部稍硬，末端柔软。胸鳍较长，后伸不达或接近腹鳍起点。腹鳍起点距臀鳍起点较距胸鳍起点稍远。肛门位于腹鳍起点与臀鳍起点间的1/3处，或稍后。臀鳍起点约位于腹鳍起点至尾鳍基间的中点。尾柄较细，尾鳍叉形，下叶稍长。

体被圆鳞，体背鳞具皮质棱脊。腹鳍基之前的胸、腹部裸露无鳞。侧线完全，平直。

鳃耙细弱，呈小凸状。下咽齿细长，上部匙状，末端钩曲。鳔小，2室，前室横宽，中部狭隘，分左、右侧泡，包于骨质囊内；后室细小；无鳔管。肠长为体长的1.5—2.0倍。腹部呈灰白色。

体呈深灰色，腹部呈灰白色。具数条黑色斑纹跨越背侧。背鳍、尾鳍具数条黑色斑纹，其余各鳍均呈灰白色。

分布：中国特有种。珠江水系、长江中游各支流、元江及澜沧江下游均有分布。

◎ 短吻鳅鮀 *Gobiobotia brevirostris* (Chen *et* Cao, 1977)

形态特征： 背鳍ii-7；臀鳍ii-6；胸鳍i-12—13；腹鳍i-7。侧线鳞$38\frac{5}{3\text{-V}}39$；背鳍前鳞12—13，围尾柄鳞12—13。第1鳃外侧无鳃耙，内侧鳃耙9—10。下咽齿2行，3·5—5·3。脊椎骨4+37。

　　体长为体高的5.8—6.3倍，为头长的3.9—4.3倍，为尾柄长的5.4—6.1倍，为尾柄高的12.4—14.6倍。头长为吻长的2.9—3.3倍，为眼径的3.8—5.0倍，为眼间距的3.8—5.5倍。尾柄长为尾柄高的2.2—2.4倍。体圆筒形，后部略侧扁。头低，头宽显著大于头高，头背及两颊被有细小的皮质颗粒。头背部轮廓呈弧形下弯，吻扁平。吻短，吻长小于眼后头长。口下位，横宽，呈弧形。唇薄，上唇边缘具皱褶，下唇光滑。眼较大，侧上位，眼径大于眼间距。眼间稍下陷，表面有微细皮脊。须4对，较短，口角须末端接近眼后缘垂直下方；第1对颏须起点约与口角须起点相平，向后超过第2对颏须的起点；第2对颏须末端不及前鳃盖骨后缘；第3对颏须仅达鳃盖骨中部下方；各颏须基部之间具有发达的小乳突。鳞圆形。侧线完全，平直延伸到尾鳍基部。背鳍前的侧线以上鳞片具有皮质棱脊。胸腹部无鳞，裸露区可扩展到肛门。背鳍起点稍后于腹鳞起点或与之相对，距吻端较距尾鳍基部为近。胸鳍发达，第2分支鳍条最长，末端稍突出鳞膜，向后接近腹鳍起点。腹鳍起点距胸鳞起点较距臀鳍起点为近，延伸显著超过肛门。肛门约位于腹鳍基部至臀鳍起点的前1/3处。臀鳍短，起点距腹鳞起点较距尾鳍基部为远。尾鳍叉形，下叶稍长。

　　下咽齿细长，呈匙状，末端钩曲。鳃耙细小，呈乳突状。鳔小，2室，前室横宽，中部狭窄，分为左右侧泡，包在由第四脊椎腹肋形成的骨囊中，骨囊薄而脆；后室极小，连于前室中部。肠长约等于体长。腹部呈灰白色。

分布： 长江支流及汉江水系的唐河、白河、淅川等均有分布。

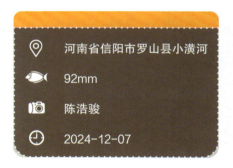

<table>
<tr><td>◎</td><td>河南省信阳市罗山县小潢河</td></tr>
<tr><td>🐟</td><td>92mm</td></tr>
<tr><td>📷</td><td>陈浩骏</td></tr>
<tr><td>🕐</td><td>2024-12-07</td></tr>
</table>

◎ 董氏鳅鮀 *Gobiobotia tungi* (Fang, 1933)

地方名： 北方条鳅、巴鳅、董氏须鳅、花泥鳅。

形态特征： 背鳍ii-7；臀鳍i-6；胸鳍i-12—13；腹鳍i-7。侧线鳞$39\frac{5}{3\text{-V}}42$；背鳍前鳞12—13；围尾柄鳞12。第1鳃弓外侧鳃耙6—13，内侧鳃耙10—16。下咽齿2行，3·5—5·3或2·5—5·2。脊椎骨4+35—36。

体长为体高的4.3—5.6倍，为头长的3.7—4.3倍，为尾柄长的6.0—7.2倍，为尾柄高的10.7—14.4倍。头长为吻长的2.0—2.4倍，为眼径的3.9—5.2倍，为眼间距的4.4—5.5倍。尾柄长为尾柄高的1.8—2.1倍。

体长，圆筒形，较粗壮，后部稍侧扁。头较低，头宽大于头高，头背皮肤光滑，无明显的皮质颗粒。吻较长，在鼻孔之前稍下陷，前端圆钝，吻长大于眼后头长。口下位，弧形。唇较肥厚，上唇具皱褶，下唇满布小乳突。眼侧上位，较大，瞳孔呈垂直椭圆形，但不稳定。眼间稍凹陷，眼径大于或约等于眼间距。须4对，1对口角须、3对颏须，较粗壮；口角须末端仅过眼前缘垂直下方；第1对颏须的起点稍后于口角须起点或与之相平，末端略过第2对颏须起点；第2对颏须末端达眼前缘垂直下方；第3对颏须最长，向后延伸达前鳃盖骨的后下方；颏部各须间具发达的乳突。鳞圆形，无皮质棱脊。侧线完全，平直延伸到尾鳍基部。腹面仅胸部裸露，裸露区仅限于胸鳍到腹鳍间的中点之前。背鳍起点在腹鳍起点之前或与之相对，距吻端较距尾鳍基部为近。胸鳍较短，末端一般不超过腹鳍起点，鳍条不突出鳍膜。腹鳍起点到臀鳍起点的距离大于到胸鳍起点的距离，也大于臀鳍起点到尾鳍基部的距离。肛门位于腹鳍起点到臀鳍起点间的前1/3处。臀鳍短。尾鳍较短，叉形，上、下叶约等长。

下咽齿细长，匙状，末端钩曲。鳃耙细弱，第1鳃弓外侧鳃耙乳突状，内侧稍长。鳔小，2室，前室横宽，中部狭窄，分为左右侧泡，骨囊薄而脆；后室极小，连于前室中部。肠长略小于体长。腹部呈灰白色。

分布： 中国特有种。钱塘江及长江支流水阳江有分布。

江西省上饶市婺源县

130mm

林永晟

2021-09-13

异鳔鳅鮀属 *Xenophysogobio*

◎ 异鳔鳅鮀 *Xenophysogobio boulengeri* (Tchang, 1929)

地方名：燕尾鱼、沙胡子。

形态特征：体长，稍侧扁，尾柄短而高，头胸部腹面平坦。头较长。吻圆钝。口亚下位，呈弧形。眼小，侧上位。具须4对。腹鳍发达，第2分支鳍条最长。臀鳍较短。鳞片隐埋皮下。背部黑，鳃盖处有1个黑色斑块。横跨背部中线有6—7个黑色斑块。体侧正中有6—8个黑色斑块。背鳍和尾鳍近基部带黑色，其余各鳍呈灰白色。

分布：长江上游特有种。分布于长江中上游，包括金沙江下游。

岷江

150mm

何斌

2017-07-26

◎ *裸体异鳔鳅鮀 Xenophysogobio nudicorpa*
(Huang *et* Zhang, 1986)

地方名： 燕尾鱼、沙胡子。

形态特征： 体长，尾柄短且高，头胸部腹面平坦。吻圆钝。须3对，口角须1对，颏须2对；口角须较长，末端达眼前缘下方；第1对颏须与口角须起点相平；第2对颏须退化。背鳍起点稍后于腹鳍起点。尾鳍深分叉。肛门的位置在腹鳍起点与臀鳍起点的中间。身体裸露无鳞，仅侧线上有1列较大的鳞片。侧线完全，平直。体呈浅灰黑色，各鳍呈灰色或浅黄色。

分布： 长江上游特有种。分布于长江上游的岷江、金沙江下游等水系。

長江宜宾段

101mm

李雷

2010-06-01

51mm
林永晟
2023-01-11

鳑鲏属 *Rhodeus*

◎ 中华鳑鲏 *Rhodeus sinensis*
(Günther, 1868)

地方名：菜板鱼。

形态特征：背鳍iii-10—11；臀鳍iii-11—12；胸鳍i-12；腹鳍i-6。纵列鳞34—35。鳃耙8—10。下咽齿1行，5—5。

体长为体高的2.3—2.6倍，为头长的3.7—4.1倍，为尾柄长的4.4—5.6倍，为尾柄高的8.0—8.8倍。头长为吻长的3.3—4.0倍，为眼径的2.6—3.1倍，为眼间距的2.2—2.6倍。尾柄长为尾柄高的1.4—1.8倍。

体高而侧扁，长椭圆形。背部隆起（不如高体鳑鲏隆起高），腹部下突至弧形。头小而尖。吻短钝，吻长小于眼径。口端位，弧形。无须。鼻孔每侧2个，位于眼前上方。眼侧位。眼间隔呈弧形，眼间距等于眼径。鳃孔较大。鳃盖膜与峡部相连。

背鳍起点距吻端与距尾鳍基约相等，末根不分支鳍条柔软分节。腹鳍起点与背鳍起点相对或稍前。肛门位于腹鳍基末至臀鳍起点间的中点。臀鳍起点约位于背鳍基中部的下方，臀鳍基末后于背鳍基末。尾鳍叉形。体被较大圆鳞。侧线不完全，仅靠近头部的4—6个鳞片具侧线管。鳃耙短小，细弱。下咽齿齿面光滑。鳔2室，后室囊状。肠细长。腹部呈黑色。

体色鲜艳，背部呈褐绿色，腹部呈粉红色。侧线起点处具1个彩色斑块。眼球上半部呈红色。沿尾柄中线具1条向前伸出的翠绿色条纹，自背鳍末端起向前逐渐变细。背鳍、臀鳍上具数条不连续的黑色斑纹，其余各鳍均呈浅黄色。

分布：黄河、长江、闽江和珠江等水系。国外韩国也有分布。

◎ 高体鳑鲏 *Rhodeus ocellatus*
(Kner, 1866)

地方名：菜板鱼。

形态特征：背鳍iii-10—11；臀鳍iii-11；胸鳍i-11；腹鳍i-6。纵列鳞33—36。鳃耙12—14。下咽齿1行，5—5。

体长为体高的1.9—2.2倍，为头长的3.7—4.3倍，为尾柄长的4.8—5.7倍，为尾柄高的7.0—8.3倍。头长为吻长的2.8—3.2倍，为眼径的2.8—3.7倍，为眼间距的2.2—2.6倍。尾柄长为尾柄高的1.3—1.6倍。

体高而侧扁，卵圆形，背鳍隆起很高，腹部下突。头小。吻短钝。吻长等于或稍大于眼径。口端位，弧形。口角无须。鼻孔每侧2个，位于眼的前上方。眼较大，侧上位。眼径大于吻长，小于眼间距。鳃孔较大。鳃盖膜与峡部相连，前端延伸达前鳃盖骨后缘下方。

背鳍起点距吻端与距尾鳍基约相等或稍近，末根不分支鳍条柔软分节。胸鳍后伸不达腹鳍起点。腹鳍起点约与背鳍起点相对，后伸达臀鳍起点。肛门约位于腹鳍起点与臀鳍起点之间的正中。臀鳍起点位于背鳍基中间的下方。尾鳍叉形。体被较大圆鳞。侧线不完全，仅靠近头部的5—6枚鳞片具侧线管。鳃耙短小，较密。下咽齿齿面平滑，无锯纹。鳔2室，前室小于后室。腹部呈黑色。

体色鲜艳，背部呈暗绿色。侧线起点处及侧线管末端处各具1个翠绿色斑点。沿尾柄中线具1条翠绿色纵纹。背鳍上具数条不连续的黑色斑纹。尾鳍稍黑。其余各鳍均呈黄白色。

分布：黄河、长江、韩江、珠江、澜沧江及海南岛等水系。

图片来源：廖伏初等，2020

◎ 方氏鳑鲏 *Rhodeus fangi*
(Miao, 1934)

地方名：菜板鱼。

形态特征：背鳍iii-8—11；臀鳍ii-8—11；胸鳍i-9—12；腹鳍i-6—7。尾鳍分支鳍条17。侧线鳞2—7；纵列鳞30—35；横列鳞9.5—11；背鳍前鳞12—14；围尾柄鳞14。第1鳃弓外侧鳃耙7—10。下咽齿1行，5—5。脊椎骨4+27—31（检视8尾）。

体长为体高的2.4—3.1倍（常见为2.8倍），为头长的3.4—5.0倍，为尾柄长的3.4—5.5倍，为尾柄高的6.0—8.8倍。头长为吻长的3.1—5.8倍，为眼径的2.5—3.2倍，为眼间距的2.0—2.9倍。尾柄长为尾柄高的1.0—2.0倍。

体似纺锤形，侧扁，背鳍起点处为体最高点。头小，其长大于头高。口端位，口裂呈弧形，口角止于鼻孔前缘，口角间距相当于口角间距中点至下颌顶端的距离。口角无须。眼侧上位，其长大于吻长。眼间略隆起。鳃孔上角在眼上缘水平线之下。鳃盖膜至鳃盖骨前缘与峡部相连。背鳍、臀鳍末根不分支鳍条较首根分支鳍条硬，第2不分支鳍条约为首根的1/2—2/3长。背鳍起点位居吻端和尾鳍基之中或略近后者，背鳍基底长短于背鳍基底末至尾鳍基距离或几乎等长。臀鳍起于背鳍倒数第3、第4分支鳍条之下，臀鳍基底长度短于尾柄长或几乎等长。腹鳍位于背鳍起点之前，亦介于胸鳍基部和臀鳍起点之间。腹鳍基底与背鳍起点相对或相距1—2枚鳞片。胸鳍末端超过或将及腹鳍起点。尾鳍叉形。侧线不完全。背鳍前鳞呈棱状不超过半数。鳃耙短，仅有最长鳃丝的1/6—1/5，排列稀疏。鳔2室，前室短；后室长，其长约为前室长的2倍。

分布：黑龙江、黄河、长江和珠江等水系。国外分布于俄罗斯、越南等。

江西省景德镇市昌江

40mm

林永晟

2023-12-12

◎ 白边鳑鲏 *Rhodeus albomarginatus* (Li *et* Arai, 2014)

地方名：菜板鱼。

形态特征：背鳍10；臀鳍10—11；腹鳍i-6。纵向鳞34—36；横向鳞11；开孔鳞4—7。脊椎骨33—34。背鳍和臀鳍最长鳍条末端较硬。体侧扁，卵圆形，体高显著，体长3—7cm；体背灰绿具金属光泽，体侧银白散布蓝绿斑点，腹部乳白。头部特征包括端位小口、橙红与银白双色虹膜，以及鳃盖后缘的1—2mm黑斑。背鳍与臀鳍外缘均具白色边缘，背鳍基部有黑色纵带，尾鳍叉形且中部具放射状红色条纹，且繁殖期加深。侧线不完全，仅存3—5枚鳞片；繁殖期雄性体色蓝绿增强，出现垂直暗纹，吻部及鳃盖具追星，雌性产卵管延长至体长1/5。鳞片较大，圆鳞排列不规则，咽齿平滑适应刮食藻类。

分布：长江下游赣江流域有分布。

🐟 62mm

📷 喻焱

🕐 2024-03

◎ 黑鳍鳑鲏 *Rhodeus nigrodorsalis*
(Li, Liao *et* Arai, 2020)

形态特征：纵向鳞33—35；多孔鳞2—4；横向鳞10。分支背鳍8；分支腹鳍8。脊椎骨34—35。

身体扁平。嘴小而近末端，嘴角不延伸到眼眶前缘的垂直线。无须。成年雄性鼻部和鼻孔与眼睛之间的区域有珍珠器，雌性则没有。成熟雌性有产卵器，最大长度为7—11mm，包括一个发育良好的刚性基底部分，长3—4mm。背鳍有3根单根鳍条和8根分支鳍条。背鳍和腹鳍的第1根单根鳍条非常小，隐藏在皮肤下。背鳍的最长单根鳍条粗硬，基底部分宽度约为第1分支鳍条宽度的2倍，从与第1分支鳍条的第2和第3分支点对应的区域开始分段。腹鳍的最长单根鳍条细软，基底部分宽度略大于第1分支鳍条，从与第1分支鳍条的第2和第3分支点对应的区域开始分段。胸鳍有12根鳍条，第1根鳍条为单根。腹鳍有8根鳍条，第一根和最后一根鳍条为单根。尾鳍有19根鳍条，包括17根分支鳍条。背鳍前向鳍条7—8，腹鳍前向鳍条6—8。虹膜呈淡黄色，腹部呈黄色，背鳍膜呈深黑色，雄性前部有垂直带。

分布：四川省成都市郫都区长江支流白条河有分布。

🐟 24mm

📷 陈浩骏

🕐 2022-04-14

◎ 黄腹鳑鲏 *Rhodeus flaviventris*
(Li, Arai *et* Liao, 2020)

形态特征：背鳍分支鳍条9；臀鳍分支鳍条9。纵向鳞33—34；多孔鳞4—7；脊椎骨32—34。

　　身体扁平。嘴小，嘴角不延伸到眼眶前缘的垂直方向。无触须。成年雄性吻部和鼻孔与眼睛之间的区域有珍珠器，雌性则没有。成熟雌性有产卵器，最大长度为18—24mm。背鳍有3根单根鳍条和9根分支鳍条。臀鳍有3根单根鳍条和9根分支鳍条。背鳍和臀鳍的第1根单根鳍条非常小，隐藏在皮肤下。背鳍的最长单根鳍条粗硬，基底部分的宽度约为第1分支鳍条的2.5倍，从与第1分支鳍条的第3分支点对应的区域开始分段。胸鳍有1根单根鳍条和11—13根分支鳍条。腹鳍有1根单根鳍条和6—7根分支鳍条。主要尾鳍有19根鳍条，包括17根分支鳍条。背侧前向鳍条7—8根，腹侧前向鳍条6—8根。
雄鱼虹膜呈淡黄色、腹部呈黄色、尾鳍中部呈橙色，背鳍和臀鳍上具橙红色条纹。

分布：长江流域流入鄱阳湖的支流乐安河有分布。

江西省景德镇市昌江区

57mm

林永晟

2022-12-14

◎ 蓝吻鳑鲏 *Rhodeus cyanorostris*
(Li, Arai *et* Liao, 2020)

形态特征：纵向鳞32—35；横向鳞11。背鳍分支鳍条8；臀鳍分支鳍条7—8。脊椎骨33—34。

　　身体扁平。嘴小，嘴角不延伸到眼眶前缘垂直。没有须。背鳍具3根单根鳍条和8根分支鳍条，有3根单根鳍条和7—8根分支鳍条。背鳍和臀鳍的第1根单根鳍条非常小，隐藏在皮肤下。背鳍最长的单根鳍条薄而柔软，基部宽度相当于第1分支鳍条的宽度，从与第1分支鳍条的第2分支点对应的区域开始分段。臀鳍最长的单根鳍条薄而软，基部的宽度相当于第1分支鳍条的宽度，从与第1分支鳍条的第1和第2分支点之间对应的区域开始分段。胸鳍鳍条10—11根，第一和最后一个或两个鳍条为单根鳍条。

　　雄性有婚姻色特征：鼻子是蓝色的，虹膜、腹部和所有的鳍都是黄色的。雄性在吻的两边有2个或3个大的珠星，雌性无。

分布：四川省成都市水系有分布。

📍	四川省
🐟	34mm
📷	林永晟
🕐	2023-10-17

副田中鳑鲏属 *Paratanakia*

◎ 齐氏副田中鳑鲏 *Paratanakia chii*
(Miao, 1934)

地方名： 齐氏石鲋、牛屎鲫仔。

形态特征： 体延长而侧扁，略呈长圆形。头短小。吻短而钝圆。口小，下位。须1对。下咽齿1行，5—5。体被中大型的圆鳞；侧线完全而略呈弧形，侧线鳞33—35。各鳍均无硬棘，背鳍具2根单根鳍条和8—9根分支鳍条；臀鳍具2根单根鳍条和10—12根分支鳍条；腹鳍具1根单根鳍条和7根分支鳍条。雄鱼体色较亮丽，眼睛的上半部呈红色，体侧鳞片后缘均有黑边，体侧中央由臀鳍末端至尾鳍中央具1条黑色纵带；背鳍末缘呈红色，臀鳍末缘则为外缘黑色，内缘红色并排；繁殖期，具珠星。雌鱼除尾部具黑色带外，全身呈浅黄褐色。

分布： 广东、上海西部和浙江北部水系均有分布。

安徽省铜陵市

39mm

陈浩骏

2024-10-06

鳝属 *Acheilognathus*

◎ **大鳍鱊** *Acheilognathus macropterus*
(Bleeker, 1871)

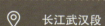
长江武汉段

111mm

梁孟

2018-01-14

地方名：菜板鱼。

形态特征：背鳍iii-17；臀鳍iii-11—14；胸鳍i-14—15；腹鳍i-7。侧线鳞$33\frac{5.5—6}{4.5—5-V}39$。鳃耙7—10。下咽齿1行，5—5。

体长为体高的1.9—2.5倍，为头长的4.0—4.4倍，为尾柄长的5.6—7.8倍，为尾柄高的7.2—8.8倍。头长为吻长的3.1—4.2倍，为眼径的2.9—3.6倍，为眼间距的2.3—2.7倍。尾柄长为尾柄高的1.1—1.4倍。

体高而侧扁，卵圆形，背部明显隆起。头小而尖。吻短钝，吻长小于或等于眼径。口小、亚端位、弧形，口裂浅。口角须1对，须长小于眼径的1/2。鼻孔每侧2个，位于眼前缘上方，靠近吻端。眼大、上侧位。眼间隔宽平。鳃孔大，上角稍低于眼上缘水平线。鳃盖膜与峡部相连，前端伸达前鳃盖骨后缘下方。

背鳍基较长，末根不分支鳍条为光滑硬刺，起点距吻端等于或稍大于距尾鳍基。胸鳍后伸不达腹鳍起点。腹鳍后伸不达或达臀鳍起点。肛门距腹鳍基末较距臀鳍起点稍近。臀鳍基长，末根不分支鳍条也为光滑硬刺。体被较大圆鳞。侧线完全，较平直，后伸达尾柄正中。鳃耙细短。下咽齿末端钩状，齿面具锯纹。鳔2室，后室长于前室。肠细长，为体长的3.0—4.0倍。腹部呈黑色。

体呈银灰色。成鱼在鳃盖后第4—5枚侧线鳞上方具1个大黑斑，幼鱼背鳍前方具1个黑斑。自臀鳍上方至尾柄中部具1条黑色纵纹，纹宽小于瞳孔径。背鳍呈灰色，具3列小黑点。臀鳍具3列小黑点，边缘白色，雌鱼不明显。其余各鳍均呈灰色。

分布：黑龙江至珠江间及海南岛各水系广泛分布。国外分布于朝鲜、俄罗斯、越南等。

◎ 长身鱊 *Acheilognathus elongatus* (Regan, 1908)

形态特征： 背鳍ii-11—13；臀鳍i-10—11；胸鳍i-12—14；腹鳍i-6—7。侧线鳞$36\frac{6.5}{4-V}38$；背鳍前鳞14—18；围尾柄鳞14。第1鳃弓外侧鳃耙14—16。下咽齿1行，5—5。

体长为体高的2.9—3.6倍，为头长的3.8—4.4倍，为尾柄长的4.1—5.3倍，为尾柄高的9.2—11.8倍。头长为吻长的3.9—4.5倍，为眼径的2.7—3.0倍，为眼间距的2.9—4.0倍。尾柄长为尾柄高的1.9—2.3倍。

体长而侧扁，背部较薄，腹部较平直。头稍长，显著长于头高，约占体高的2/3。口亚上位，下颌比上颌略突出，稍上斜。口角无须。眼侧上位。鼻孔近眼前上角。眼间距小于眼径。鳃孔上角接近眼上缘水平线。鳃盖膜至鳃盖骨前缘下方连于峡部。方骨和下颌隅骨连接处突出。侧线完全，平直。背鳍、臀鳍末根不分支鳍条较粗，背鳍起点约在体中央，背鳍基底长于臀鳍基，后者长于或接近尾柄长。臀鳍起点与背鳍基中点相对。腹鳍在背鳍前下方，介于胸鳍基和臀鳍起点之间。胸鳍末端将达腹鳍。肛门位于腹鳍基和臀鳍起点之间。尾鳍深分叉，最长鳍条为最短鳍条长度的2倍余。下咽齿侧扁细长，侧缘具有多条深凹纹，咀嚼面稍凹而狭，齿端呈钩状。鳃耙排列较密，最长鳃耙约为最长鳃丝的1/3。鳔2室，前短后长。消化管较短，其长为体长的2.2—2.9倍。

分布： 长江支流金沙江水域有分布。

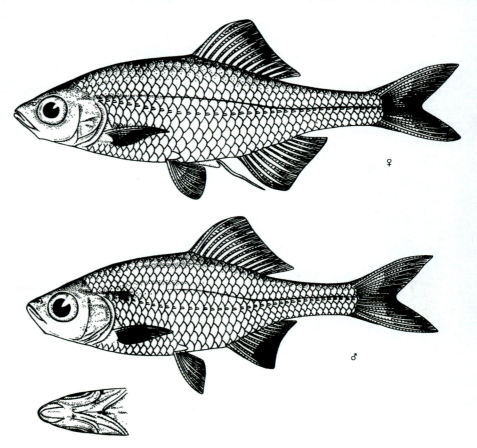

图片来源：陈宜瑜等，1998

◎ 峨嵋鱊 *Acheilognathus omeiensis*
(Shih *et* Tchang, 1934)

地方名：菜板鱼。

形态特征：体高而侧扁，头后背部隆起。除头部外全身被鳞。侧线完全。吻钝，吻长短于眼后头长。鼻孔靠近眼前缘，前、后鼻孔紧相邻，前鼻孔位于鼻瓣中。眼侧上位。口亚下位，口裂较浅。下唇在口角处呈菱形的块状，下颌露出于唇外。唇后沟中断。口角须长，其长约等于或大于眼径。背鳍和臀鳍具硬刺。臀鳍末根不分支鳍条明显比第2根不分支鳍条粗壮，第2根不分支鳍条短，其长仅为末根不分支鳍条的1/4—1/3。背吻距稍大于背尾距。背鳍起点在腹鳍起点之后。胸鳍末端接近或超过胸鳍、腹鳍起点距的2/3。腹鳍末端不达臀鳍起点。肛门约位于腹鳍基后缘至臀鳍起点距的中点。臀鳍较长。尾鳍叉形，上、下叶等长。鳔2室，前室短，后室长。肠细长，盘曲状。

分布：长江上游特有种。四川省特有种。在四川省境内分布于长江干流、大渡河下游、青衣江、岷江中下游、沱江、涪江和嘉陵江流域。

四川省成都市温江区杨柳河

70mm

喻燚

2022-04-04

◎ 须鳔 *Acheilognathus barbatus*
(Nichols, 1926)

地方名： 鳑鲏。

形态特征： 体扁薄，近卵圆形。口小，亚下位。上、下唇连接处位于眼下缘水平线之下。须1对，较发达，等于或稍大于眼径。侧线完全。背鳍、臀鳍末根不分支鳍条比各自首根分支鳍条稍粗硬。背鳍前鳞呈棱状。体侧沿尾柄中央具1条黑色纵纹，向前止于背鳍基中点下方。

分布： 长江和闽江等水系均有分布。

六安巢湖支流

76mm

陈浩骏

2024-10

◎ 短须鱊 *Acheilognathus barbatulus*
(Günther, 1873)

地方名：菜板鱼、簸箕鱼。

形态特征：体高而侧扁，长卵圆形，头后背部隆起。口亚下位，上、下唇连接处位于眼下缘水平线之下。除头部外全身被鳞。侧线完全，平直。头锥形，头长大于头高。鼻孔靠近眼前缘，前、后鼻孔紧相邻，前鼻孔位于鼻瓣中。眼较大，侧上位。口亚下位，弧形。鳃盖后上方具1个大黑斑，沿尾柄中线具1条纵行黑条纹，向前延伸不超过背鳍起点。口角须1对，长约为眼径的1/4或仅为一小的突起。背鳍和臀鳍具硬刺，末端柔软。背吻距与背尾距约相等。背鳍起点在腹鳍起点之后。胸鳍末端接近腹鳍起点。腹鳍位于背鳍前下方。腹鳍末端接近或达到臀鳍起点。肛门约位于腹鳍基后缘至臀鳍起点距的中点。尾鳍叉形，上、下叶等长。鳔2室，前室短，后室长。肠长为体长的2.5—4.0倍，盘曲状。

分布：黄河、长江、珠江和澜沧江等水系。国外分布于老挝和越南。

🐟 87mm

📷 陈浩骏

🕐 2023-11

◎ 寡鳞鱊 *Acheilognathus hypselonotus*
(Bleeker, 1871)

地方名： 菜板鱼。

形态特征： 体扁薄，背部高度隆起，体近菱形。口端位。上、下唇连接处外缘位于眼下缘水平线之上。无须。下咽齿1行，齿面具锯纹。

背鳍、臀鳍均具硬刺且鳍基较长，背鳍分支鳍条13—14根，臀鳍分支鳍条12—14根。胸鳍后伸达腹鳍起点。侧线完全，侧线鳞31—33。体后段沿侧线上方向前伸出1条颜色不甚明显的彩色线纹。雄鱼臀鳍外缘具狭黑边，黑边宽度约为最长鳍条长度的1/6。

分布： 长江中下游。

长江宜昌段

94mm

梁孟

2017-12-07

◎ **无须鱊** *Acheilognathus gracilis*
(Nichols, 1926)

地方名：菜板鱼。

形态特征：体呈纺锤形，侧扁。除头部外全身被鳞。侧线完全，侧线起点处具1个彩色斑块，沿尾柄中线处具1条彩色条纹。吻钝，吻长短于眼径及眼后头长。鼻孔靠近眼前缘，前、后鼻孔紧相邻，前鼻孔位于鼻瓣中。眼大，侧上位。口亚下位。上、下唇连接处位于眼下缘水平线之下。无须。背鳍和臀鳍有硬刺，背吻距稍小于背尾距。背鳍起点在腹鳍起点之后，背鳍上具数条不连续的黑色斑纹。胸鳍末端超过胸鳍、腹鳍起点距的2/3。腹鳍末端达到臀鳍起点。肛门位于腹鳍基后缘至臀鳍起点距的中点。臀鳍较短，分支鳍条不超过7根。尾鳍叉形，上、下叶等长。鳔2室，前室短，后室长。肠细长。

分布：分布于长江水系。

浙江

60mm

喻燚

2025-01-12

◎ 兴凯鱊 *Acheilognathus chankaensis*
(Dybowski, 1872)

地方名： 菜板鱼。

形态特征： 体卵圆形，侧扁。头小而尖。除头部外全身被鳞。侧线完全，侧线起点及第4—5枚侧线鳞上各具1个彩色斑块，体后段侧线上方具1条彩色条纹。吻钝，吻长短于眼径和眼后头长。鼻孔靠近眼前缘，前、后鼻孔紧相邻，前鼻孔位于鼻瓣中。眼大，侧上位。口端位，口角无须，偶有须状突起。下咽齿1行，齿面具锯纹。背鳍和臀鳍具硬刺，背鳍分支鳍条13根，臀鳍分支鳍条9—11根。背吻距与背尾距约相等。背鳍起点在腹鳍起点之后。胸鳍末端接近或超过胸鳍、腹鳍起点距的2/3。腹鳍末端不达臀鳍起点。肛门约位于腹鳍基后缘至臀鳍起点距的中点。臀鳍较长。尾鳍浅分叉，上、下叶等长。鳔2室，前室短，后室长。肠细长，盘曲状。雄鱼臀鳍外缘具宽黑边，黑边宽度约为最长鳍条长度的1/3—1/2。

分布： 黑龙江至珠江间广泛分布。国外分布于朝鲜半岛和俄罗斯。

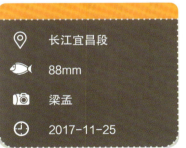

⊙	长江宜昌段
🐟	88mm
📷	梁孟
🕐	2017-11-25

◎ 巨口鱊 *Acheilognathus tabira*
(Jordan *et* Thompson, 1914)

地方名：菜板鱼。

形态特征：体扁薄，长椭圆形。口端位，上、下唇连接处位于眼下缘水平线上或之上。口角须1对。背鳍、臀鳍均具硬刺，末端柔软分节，第2根不分支鳍条及其间膜呈黑色。腹鳍位于背鳍前下方。侧线完全，鳃盖上角之后、侧线上方2—4枚鳞片上具黑斑。尾柄黑纵条向前延伸不超过背鳍起点。

分布：长江水系。

图片来源：李鸿等，2020

◎ 多鳞鳍 *Acheilognathus polylepis*
(Wu, 1964)

地方名：菜板鱼。

形态特征：体扁薄，长椭圆形。口近下位，上、下唇连接处位于眼下缘水平线之下。须1对，长度小于眼径的1/2。下咽齿1行，齿面具锯纹。

背鳍、臀鳍均具硬刺。胸鳍后伸不达腹鳍起点。腹鳍位于背鳍下方。侧线完全，侧线鳞38—39。侧线起点处具1个彩色斑块，体侧后部侧线上方具1条彩色纵纹。雄鱼臀鳍具2—3条由黑点间断形成的狭黑纵条带。

分布：长江中下游及韩江。

 84mm

 陈浩骏

 2021-04

◎ **条纹鱊** *Acheilognathus striatus*
(Yang, Xiong, Tang *et* Liu, 2010)

形态特征：背鳍iii-8（54）—9（3）；臀鳍iii-7（7）—8（50）。第1鳃弓外侧鳃耙12（12）—13（8）。下咽齿1行，5—5。脊椎骨4+14+16（14）—17（6）。

体侧扁而延长，鱼体最高处在背鳍起点。头小，呈锥状，头长超过头高。吻较短，吻端稍钝。眼侧上位，中等大小，眼径长于吻长，短于眼间距。口下位，口裂较浅，口角末端止于眼前缘之前。鼻孔位距眼前缘较距吻端近。口角须相对较长，长度略微超过眼径的1/2（口角须的长度为眼径的59.8%—67.2%）。

背鳍、臀鳍末根不分支鳍条粗于各自首根分支鳍条。背鳍分支鳍条数目减去臀鳍分支鳍条的数目为0（47）—1（10）。背鳍大约位于吻端和尾柄基部的中点。臀鳍与背鳍形状相似，但臀鳍基较短，短于背鳍基，而且短于臀鳍基底末至尾柄基部的距离。腹鳍基部和背鳍起点在同一垂直线上或稍靠前。胸鳍末端不达腹鳍起点，和腹鳍相距2（22）—2（35）个鳞片的距离。尾鳍分叉。尾柄黑纵条向头部方向延伸，明显超过背鳍起点，雄鱼黑纵条较雌鱼粗；侧线行至背鳍的下方同尾柄黑纵条相隔1行鳞片；雄鱼的背鳍和臀鳍边缘均镶有黑边。

鳞片较大，呈纵行排列，在腹部边缘略小。侧线完全，走向较为平直，后行入尾柄中央。下咽齿无锯齿。4月时雌鱼产卵管发达。

分布：长江下游婺源县江段有分布。

江西省上饶市婺源县乐安江

42mm

陈浩骏

2024-09-12

◎ 缺须鱊 *Acheilognathus imberbis*
(Günther, 1868)

形态特征： 体长为体高的2.8—3.8倍，为头长的4.4—4.8倍，为尾柄长的4.0—4.8倍，为尾柄高的8.4—9.4倍。头长为吻长的3.8—4.8倍，为眼径的2.7—4.0倍，为眼间距的2.4—3.2倍。尾柄长为尾柄高的1.7—2.5倍。

　　体侧扁，似纺锤形。头较长，头长大于头高。吻稍钝。口端位，约止于鼻孔前缘下方，上颌末端与眼下缘在同一水平线。口角无须，或有短突状须，最长亦不超过眼虹膜径。鼻孔位距眼前上缘较距吻端近。鳃孔上角约在眼上缘水平线之下。侧线完全，较平直，后入尾柄中央。

　　背鳍条的末根不分支鳍条同各自首根支鳍条等大，第二根不分支鳍条较长，稍短或与末根不分支鳍条等长。背鳍起点距吻端较距尾鳍基稍近。臀鳍起点约与背鳍基中点相对。胸鳍末端与腹鳍起点相距2—3枚鳞片。腹鳍和背鳍相对，起点距臀鳍起点较距胸鳍基部为近。肛门位于腹鳍基部和臀鳍起点之间。尾鳍分叉较深。

　　背鳍前鳞半数以上呈棱形。下咽齿侧缘无凹纹。鳃耙短，呈片状，排列稀。鳔2室，前室短，长度不及后室长的1/2。消化管较短，为体长的1.4—2.0倍。

分布： 黄河和长江各水系。

浙江省杭州市临安区东苕溪

43mm

陈浩骏

2021-08-30

林氏鲃属 *Linichthys*

◎ 宽头林氏鲃 *Linichthys laticeps*
(Lin *et* Zhang, 1986)

形态特征：背鳍条iii-7—8；臀鳍条i-5；胸鳍条i-12—13；腹鳍条i-8。鳃耙8—14。下咽齿3行，2·3·5—5·3·2。背鳍前鳞12—17；围尾柄鳞14—16。脊椎骨4+34—36。

体长为体高的3.5—4.3倍，为头长的2—8倍，为尾柄长的5.3—7.0倍，为尾柄高的7.7—9.7倍。头长为吻长的2.4—4.0倍，为眼间距的1.9—2.5倍。尾柄长为尾柄高的1.3—1.9倍。

体纺锤形，稍侧扁。腹部圆。背缘弧形。

180mm

周佳俊

2024-02-26

吻圆钝，吻皮只覆及上唇中部，与上唇分离边缘无缺刻。口亚下位，上颌比下颌略突出，口裂弧形，止于眼前缘之前。唇薄，唇颌不分离。上唇虽包着上颌，但在上唇的内面又有1条短缢痕。上下唇在口角处相连。唇后沟互不相通。须2对，均很明显，吻须比颌须短，颌须长于眼径。眼较小，侧上位。眼间隔及其后方宽阔而平坦。鼻孔距眼较距吻端为近，位于眼的前上方。鳃孔位置低，始于眼上缘水平线之下，止至鳃盖骨下方并连于峡部。鳃丝短钝，排列稀疏。下咽齿匙状，齿端带钩。

背鳍、臀鳍无硬刺。背鳍外缘平直，其起点至吻端的距离长于至尾鳍基的距离，最长鳍条不及头长。胸鳍短小，末端与腹鳍起点相距6—7枚侧线鳞。腹鳍起点略位于背鳍起点之后，末端至肛门相隔3—4枚侧线鳞。胸鳍起点距腹鳍起点与距尾鳍基部的距离相等。肛门紧邻臀鳍起点。尾鳍叉形，最长鳍条长度为最短鳍条的1.8倍。体被圆鳞，胸部鳞片较小，鳞基端有辐状沟纹。侧线完全，自鳃孔上角和缓下弯，平直伸入尾鳍基的中央。腹鳍基部具鳞。鳔2室，前室小，卵形；后室细长，长圆形，长约为前室长的2倍。肠长为体长的2倍。

分布：贵州省南明河（长江水系）和马林河（珠江水系）。

倒刺鲃属*Spinibarbus*

◎ 刺鲃 *Spinibarbus caldwelli*
(Nichols, 1925)

地方名：将军鱼、留仔、更仔、喀氏四须鲃、喀氏倒刺鲃、光倒刺鲃、何氏棘鲃。

形态特征：背鳍的分支鳍条有9枚或10枚棘；臀鳍有5（1/2）根分支条。后唇的凹槽在中央中断。稚鱼背鳍上的鳞片与大的黑色斑块上有明显的新月形标志；成鱼背鳍具黑色的边缘，尾鳍与臀鳍上时常也会出现。

分布：主要分布于我国西南部，特别是云南省的金沙江水系。

	104mm
	陈浩骏
	2024-04-09

◎ 中华倒刺鲃 *Spinibarbus sinensis*
(Bleeker, 1871)

地方名： 青波。

形态特征： 体长形，侧扁，腹部圆，头后背部隆起呈弧形。吻钝，稍向前突出。口亚下位，呈马蹄形，上、下唇在口角处相连，口裂向后伸达鼻孔后缘下方。唇后沟向前伸达颏部，但不相连。须2对，吻须略短，颌须较长。眼中等大。鳃耙呈锥形，排列稀疏。下咽齿稍侧扁，尖端弯曲。

　　背鳍起点位于腹鳍起点之前，其最后一根不分支鳍条为粗壮的硬刺，后缘具锯齿，幼鱼较明显，在背鳍前有1个向前平卧的倒刺，甚尖锐。胸鳍末端尖，后伸不达腹鳍基部，相隔3—4枚鳞片。腹鳍末端不达肛门，相隔2—3枚鳞片。臀稍长，其末端可达尾鳍基部。尾鳍分叉深，上、下叶等长，末端尖。

　　生活时身体背部呈青黑色，腹部呈灰白色，体侧鳞片多有黑色边缘，在近尾基部具1个黑色斑块，幼鱼较明显。其余各鳍均呈灰黑色。

分布： 主要分布于长江流域，包括长江上游干支流，包括如金沙江、嘉陵江、岷江、沱江、青衣江、大渡河、渠江、涪江及安宁河等。

240mm

喻燚

2023-08

鲈鲤属 *Percoypris*

◎ 鲈鲤 *Percocypris pingi*
(Tchang, 1930)

地方名：江鲤、江鲴、花鲤。

形态特征：背鳍iii-8—9；胸鳍i-16—17；腹鳍i-9；臀鳍iii-5。第1鳃弓鳃耙外侧9—15，内侧18—20。下咽齿3行，2·3·5—5·3·2或2·3·5—4·3·2。

标准长为体高的3.7—4.5倍，为头长的3.4—3.9倍，为吻长的2.7—3.0倍，为眼径的6.3—8.5倍，为眼间距的3.3—3.5倍，为尾柄长的1.3—1.8倍，为尾柄高的1.2—1.6倍。

体长形，侧扁，头背面较平，略呈弱弧形，头后背部稍隆起，显著高出头背部。口亚上位，下颌长于上颌。须两对，颌须较吻须长，其末端后伸可达眼后缘下方。唇发达，较肥厚。上下唇在口角处相连，唇后沟向前伸，不相互连接。眼略小，位于头侧上方。鼻孔在眼前缘上方，略靠近眼前缘。鳃耙短小，排列较紧密，最长鳃耙不及鳃丝长的1/3。下咽齿末端弯曲呈钩状。主行第1枚齿较第2枚齿短，相距稍远。

背鳍基部较短，外缘稍内凹，最后一根不分支鳍条为硬刺，后缘具锯齿。胸鳍末端后伸不达腹鳍基部，相距7—8枚侧线鳞。腹鳍起点稍前于背鳍起点，末端不达臀鳍起点。臀鳍起点至腹鳍起点的距离较至尾鳍基部稍近。尾鳍深分叉，两叶等长，末端稍尖。

生活时体背部呈青褐色，腹部呈灰白色，体侧鳞片后部有黑斑，头侧亦有少数较大的黑色斑点，除腹鳍呈灰白色外，其余各部均呈灰黑色。幼鱼体侧呈浅灰黑色，身体下半部带浅黄色，体侧上部的黑色条纹呈不连续的分节状排列，与成体相异。

335mm

喻燚

2024-03

分布：长江上游特有种。主要分布于长江上游干支流，包括岷江、青衣江、金沙江下段、雅砻江及其支流。

金线鲃属 *Sinocyclocheilus*

◎ 三峡金线鲃

Sinocyclocheilus sanxiaensis
(Jiang, Li, Yang *et* Chang, 2019)

形态特征：背侧轮廓凸，腹侧轮廓微凹，向尾鳍方向逐渐变细，多数种类尾鳍深分叉，游泳能力较弱。背鳍起点通常位于身体中部偏后。最大体深在背鳍稍前处。头部受压，无眼。眼眶充盈着脂肪组织。两对极短的倒钩：上颌倒钩插入于鼻前处，不延伸至鼻；腹侧倒钩稍长，但未达眶前缘。鳃开口大，齿状角的关节在峡部不彼此靠近。体色浅淡，因长期适应黑暗环境，体表色素减少，呈半透明或乳白色；地表种群可能保留浅灰色或淡黄色。口须（1-2对，侧线鳞片：41；侧线以上、侧线以下、环柄鳞片的鳞片行数分别为16、10、16。

分布：云南、贵州、广西自治区。

⌖	武隆
🐟	150mm
📷	喻燚
🕐	2024-04

◎ 多斑金线鲃

Sinocyclocheilus multipunctatus
(Pellgrin, 1931)

形态特征：身体延长，侧扁。背部轮廓自头背交界处显著隆起，之后呈弧形向上延伸，至胸鳍起点和腹鳍起点之间相对处达到最高点，自此和缓向下延伸至尾鳍。腹部轮廓自吻端至臀鳍止点呈向下弯曲的弧形，之后近平直伸至尾鳍。头中等大，侧扁。吻圆钝。口端位，口裂弧形。口唇结构简单，唇稍肥厚，吻皮盖于上唇基部，上唇边缘露出；上、下唇在口角处相连；唇后沟向前延伸至颏部，左、右不相连。鼻孔位于眼的正前方，约在吻端至眼前缘的中间，稍近吻端；前鼻孔圆，具短管，短管后缘具后翼，向前可遮盖管口；后鼻孔长椭圆形，开放。眼中等大，侧上位，近吻端。口须两对，须中等长。鳃孔大，鳃孔上角位于眼上缘水平线上，鳃盖膜在峡部相连。背鳍起点约位于吻端至尾鳍基的中点；背鳍具8根分支鳍条，最后1根不分支鳍条下部较硬，至尖部渐柔软，后缘具锯齿。胸鳍起点位于鳃盖骨后缘的下方；胸鳍较长，后伸达腹鳍起点至臀鳍起点的2/3处，但不超过肛门。臀鳍长，起点大致位于腹鳍起点和尾鳍基的中间。尾鳍叉形。腹鳍腋部具腋鳞。侧线完全，起至鳃盖骨后缘上方，几乎平直后伸至尾鳍基部，侧线以上散布褐色斑点。身体被鳞，鳞片较小，侧线鳞明显大于侧线上、下鳞。鳃耙短小，圆钝，排列稀疏。下咽齿顶端尖钩状。

分布：主要分布于长江上游的金沙江和乌江，以及珠江水系。

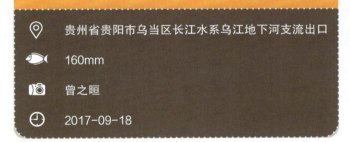

贵州省贵阳市乌当区长江水系乌江地下河支流出口

160mm

曾之暄

2017-09-18

图片来源：郑曙明等，2015

◎ 滇池金线鲃 *Sinocyclocheilus grahami* (Regan, 1904)

地方名： 金线鱼、洞鱼、波罗鱼。

形态特征： 身体侧扁，头背交界处无显著隆起，背部轮廓自头部呈弧形向后延伸，身体最高点在背鳍起点前，之后至尾鳍基部背部高度逐渐下降，腹部轮廓略平直。头侧扁。眼圆，中等大。吻端钝圆，在吻端背部正中央有1个小凸起。鼻孔位于从吻端至眼前缘的1/2处；前鼻孔圆，短管状，短管后缘具后翼，向前可遮盖管口；后鼻孔长椭圆形，开放。口唇结构简单，唇薄，吻皮包于上唇基部，上唇边缘出露；上、下唇在口角处相连；唇后沟向前延伸至颏部，左、右不相连。须2对，上颌须起点位于前鼻孔之前，中等长，后伸超过眼前缘；口角须中等长，后伸超过眼后缘，不超过前鳃盖骨后缘。鳃孔大，鳃孔上角位于眼上缘的水平线下，鳃盖膜在峡部相连。下颌齿骨和角骨在峡部彼此不相贴近。鳃耙三角形，发育完好，排列稀疏。背鳍起点约位于吻端至尾鳍基的中点。最后1根不分支鳍条下部较硬，至尖部逐渐柔软，后缘具锯齿。胸鳍起点位于鳃盖骨后缘的垂直下方，胸鳍较短，后伸不超过腹鳍起点。腹鳍中等长，起点位于背鳍起点相对位置的前方，在胸鳍和臀鳍起点的中间，后伸达到腹鳍起点到臀鳍起点的2/3处，不超过肛门。臀鳍起点大致位于腹鳍起点和尾鳍基的中间。尾鳍叉形。侧线完全，起自鳃孔上角，在胸鳍上方弯曲，和缓后延至尾鳍基部。体被鳞，多数鳞片隐于皮下；侧线鳞60—74；有腋鳞。

与本属其他已知物种区别的特征：体型正常，头背部无明显隆起，腹部轮廓略平直，胸鳍后伸不达腹鳍起点；背鳍末根不分支鳍条坚硬，后缘具锯齿；腹鳍起点位于背鳍起点相对位置的后方；口角须不超过前鳃盖骨后缘；体侧没有黑色横带。

分布： 滇池特有鱼类。仅分布于云南滇池及其附近水体，属金沙江南侧支流普渡河上游。

◎ 乌蒙山金线鲃

Sinocyclocheilus wumengshanensis

(Li, Mao *et* Lu, 2003)

图片来源：张春光等，2019

形态特征：身体侧扁。头背交界处的背部隆起不显著，背部轮廓自头部呈弧形向后延伸，身体最高点在背鳍起点处，之后至尾鳍基部背部高度逐渐下降。腹部轮廓呈弧形下弯从吻端至腹鳍起点下弯之后逐渐向上，至臀鳍止点后平直延伸至尾鳍基部。

头侧扁。吻端钝圆，在吻端背部正中有1个小凸起。鼻孔位于吻端至眼前缘的1/2处；前鼻孔圆，短管状，短管后缘具后翼，向前可遮盖管口；后鼻孔长椭圆形，开放。口亚下位，呈弧形，上颌略长于下颌。口唇结构简单，唇薄；吻皮包于上唇基部，上唇边缘出露；上、下唇在口角处相连；唇后沟向前延伸至颏部，左、右不相连。须2对，上颌须起点位于前鼻孔之前，须较长，后伸超过眼后缘；口角须较长，后伸超过前鳃盖骨后缘。眼圆，中等大。鳃孔大，鳃孔上角位于眼上缘的水平线下，鳃盖膜在峡部相连。下颌齿骨和角骨在峡部彼此不相贴近。鳃耙三角形，发育良好，排列稀疏。背鳍起点约位于吻端和尾鳍基的中间位置，最后1根不分支鳍条下部较硬，至尖部逐渐柔软，后缘具锯齿。胸鳍起点位于鳃盖骨后缘的垂直下方，胸鳍较长，后伸几乎达到或达到腹鳍起点。腹鳍起点位于背鳍起点相对位置的前方，在胸鳍和臀鳍起点的中间，腹鳍中等长，后伸达到腹鳍起点到臀鳍起点的2/3处，不超过肛门。臀鳍起点大致位于腹鳍起点和尾鳍基的中间。尾鳍叉形。侧线完全，起自鳃孔上角，在胸鳍上方弯曲，和缓后延至尾鳍基部。体被鳞，多数鳞片隐于皮下；侧线鳞71—81；有腋鳞。生活时身体背部呈黄褐色，散布大小不同的近圆形黑斑，腹部略白，各鳍呈浅黄色。

与本属其他已知物种区别的特征：体型正常，头背部无明显隆起；胸鳍较长，后伸可达腹鳍起点；背鳍末根不分支鳍条坚硬，后缘具锯齿；背鳍起点位于腹鳍起点相对位置的后方；口角须长，后伸一般超过前鳃盖骨后缘；侧线弯曲。

分布：分布于云南南盘江水系和金沙江水系牛栏江上游。

◎ 会泽金线鲃 *Sinocyclocheilus huizeensis*
(Cheng, Pan, Chen, Li, Ma *et* Yang, 2015)

形态特征：背鳍iii-7；臀鳍iv-5；胸鳍i-15—16；腹鳍i-10。尾柄鳞40—46。第1鳃弓外侧鳃耙5或6。下咽齿3行，2·3·4—4·3·2。

体长为体高的4—6倍，为头长的3—5倍，为尾柄长的4—6倍，为尾柄高的7—8倍。头长为吻长的10—12倍，为眼径的14—18倍，为眼间距的10—27倍。

体延长，侧扁。头、背交界处显著向上隆起，背部轮廓自头部呈弧形向后延伸，身体最高点在背鳍起点之前，之后至尾鳍基部高度逐渐下降。腹部轮廓较平直，吻端至峡部下弯，之后平直，至肛门处逐渐向上，至臀鳍止点后平直延伸至尾鳍基部。

头侧扁。吻端钝圆。鼻孔位于吻端至眼前缘的1/2处。口亚下位，上颌稍长于下颌。口唇结构简单，唇薄；唇后沟向前延伸至颏部，左、右不相连。须2对，口角须较长，后伸超过前鳃盖骨后缘。眼圆，中等大。鳃孔大。背鳍起点约位于吻端至尾鳍基部的中点偏前，最后1根不分支鳍条硬，后缘具锯齿。胸鳍较短，其起点位于鳃盖骨后缘的垂直下方，后伸不超过腹鳍起点。腹鳍中等长，其起点约位于背鳍起点相对位置的稍前方，在胸鳍和臀鳍起点的中间，后伸不超过肛门。臀鳍起点大致位于腹鳍起点和尾鳍基部的中间。尾鳍叉形。肛门紧邻臀鳍之前。

体被细鳞，多数隐于皮下，有腋鳞。侧线完全，自鳃孔上角和缓后延至尾鳍基部，中段向下稍弯曲。

分布：分布于云南省曲靖市会泽县大龙潭，分布水系属金沙江支流牛栏江水系。

220mm

喻燚

2024-11-24

光唇鱼属 *Acrossocheilus*

◎ 宽口光唇鱼 *Acrossocheilus monticola* (Günther, 1888)

图片来源：廖伏初等，2020

地方名： 六道鳍、溪石斑。

形态特征： 背鳍iii-8；胸鳍i-15；腹鳍i-8；臀鳍iii-5。第1鳃弓外侧鳃耙15—18。下咽齿3行，2·3·5—5·3·2。脊椎骨4+34—35+1。

标准长为体高的3.3—3.8倍，为头长的4.4—5.1倍，为尾柄长的5.8—7.2倍，为眼径的4.0—4.7倍，为眼间距的2.1—2.9倍，为眼后头长的2.1—2.4倍，为口宽的3.4—4.6倍，为尾柄高的8.2—9.7倍。尾柄长为尾柄高的1.3—1.6倍。

体长，侧扁，较高，头后背部稍隆起呈弧形，腹部圆。头较小，呈锥形。吻较突出，前端稍尖，吻皮止于上唇基部，吻侧在前眶骨前缘处有一道沟。口下位，较宽，横裂状。下颌无角质边缘。唇简单，上唇紧贴在上颌外表面；下唇分为两侧叶，呈肉状凸起。具须2对，吻须颇短，颌须稍长且粗壮，后伸可达眼前缘。

眼中等大，侧上位，眼间稍呈弧形。鳃膜在前腮盖骨下方，连于鳃峡。鳃耙短小。下咽齿侧扁，末端呈钩状。背鳍外缘稍外凸，背鳍起点在吻端至尾鳍基部距离的1/2处或距吻端稍近，最后1根不分支鳍条较软，且不显著变粗，后缘光滑。胸鳍末端稍尖，后伸不达腹鳍基部，相隔3—4枚腹鳞。腹鳍起点与背鳍第2根分支鳍条基部相对，后伸不达臀鳍基部。臀鳍起点至腹鳍基部与至尾鳍基部的距离约相等，后伸可达尾鳍基部。尾鳍分叉，上、下叶等长。鳞中等大，胸部鳞片稍小，腹鳍基部有腋鳞，背鳍、臀鳍基部均有很低的鳞鞘，侧线较平直。肛门位于腹鳍起点至臀鳍起点的中点。鳔2室，前室短，后室长大，后室长为前室长的1.8—2.8倍。腹腔膜呈黑褐色。

生活时体侧有7—8个垂直黑色条纹，有时不明显。近鳃盖后缘的体侧上有1个新月形的紫黑色斑块。头、腹部、胸鳍、腹鳍和臀鳍均呈灰黑色，背鳍和尾鳍呈浅灰黑色。尾鳍上、下边缘呈黑色，中部呈黄绿色带灰色，末端略带浅红色。

分布： 长江上游特有鱼类。主要分布于长江上游干流以及岷江、马边河、涪江、嘉陵江、赤水河、乌江等支流。

◎ 云南光唇鱼 *Acrossocheilus yunnanensis*
(Regan, 1904)

地方名：红尾子。

形态特征：背鳍iv-8；胸鳍i-16—17；腹鳍iii-8；臀鳍iii-5。第1鳃弓鳃耙13—18。下咽齿3行，一般为2·3·5—5·3·2或2·3·4—4·3·2。脊椎骨4+40—41+1。

标准长为体高的3.2—3.9倍，为头长的3.5—4.5倍，为尾柄长的5.4—6.5倍，为眼径的3.4—4.5倍，为眼间距的2.7—3.1倍，为眼后头长的2.1—2.4倍。头长为吻长的2.5—3.0倍，为尾柄高的9.0—10.2倍。

体长，侧扁，腹部圆。头较小，呈锥形。吻突出，前端圆钝，吻皮止于上唇基部，在前眶骨的前缘有一道裂纹。口下位，略呈马蹄形。上唇紧贴于上颌外表，下唇两侧叶较长，唇后沟中断。下颌的角质边缘在前部较明显。背鳍基部短，其外缘向内凹呈弧形，最后一根不分支鳍条为长而粗壮的硬刺，后缘具锯齿，其起点位于体长的1/2处。胸鳍较长，末端不达腹鳍基部，相距约5枚鳞片，臀鳍起点在背鳍硬刺基部下方，末端不达臀鳍起点，相隔5—6枚鳞片。臀鳍起点在腹鳍起点与尾鳍基部的中点，后伸不达尾鳍基部，尾鳍深分叉，上下叶等长，末端较尖。

鳞片中等大，胸部鳞片稍小，腹鳍基部有腋鳞。背鳍、臀鳍鳞鞘甚低。鳔2室，前室略呈椭圆形；后室呈圆筒形，末端略尖，其长度为前室的2.0倍左右。腹腔膜呈黑色。

体背部呈深灰色，腹部呈灰白色，略带浅棕黄色，背鳍呈深灰色，鳍膜呈黑灰色，其余各鳍呈浅黄色带灰色，尾鳍下叶稍带浅红色，近末端稍红。背部及体侧鳞片前部具黑边，尾鳍基部多具明显的大黑斑。

分布：长江中上游干支流，如金沙江中下游、雅砻江和安宁河下游、赤水河、大渡河下游、青衣江、岷江下游等。

贵州省遵义市

138mm

林永晟

2023-01-14

◎ 光唇鱼 *Acrossocheilus fasciatus*
(Steindachner, 1892)

地方名：溪石斑。

形态特征：体型长，侧扁，前端略尖。头后背部稍隆起，腹部圆而呈浅弧形，头中等大。吻圆钝，吻褶短，未掩盖上唇，边缘光滑，成体吻部具粒状角质突起。吻皮未掩盖上唇，边缘光唇，整体吻部具粒状角质突起。口下位，呈马蹄形，上颌末端部达眼前缘垂直线，上颌围在下颌之外；下颌前缘几平直，具锐利角质，完全裸露。上唇比下唇瓣为狭，下唇瓣分为左右两侧，其间距较宽，约为口宽的 1/3。须 2 对，均细长，吻须约为颌须的 1/2，颌须比眼径稍大。眼中等大，侧上位。背鳍外缘近于平截，其末根不分支鳍条稍粗硬，但顶部柔软，后缘具细锯齿。背鳍起点位于腹鳍起点的前上方1；胸鳍较小，其末端一般不达腹鳍起点1；腹鳍基底具一长形腋鳞，腹鳍的位置在背鳍前方稍后，其末端不达肛门1；臀鳍起点位于背鳍倒数第 2-3 根分支鳍条下方，臀鳍鳍条较短1；尾鳍分叉，上下叶等长或下叶稍长，末端尖形。

分布：主要分布于我国东部和东南部的多个水系，包括长江中下游干支流、珠江、钱塘江、闽江及台湾地区各水系。

🐟 93mm

📷 林永晟

🕐 2023-05-12

◎ 吉首光唇鱼 *Acrossocheilus jishouensis*
(Zhao, Chen *et* Li, 1997)

地方名：花鱼。

形态特征：体长为体高的2.9—3.6倍，为头长的3.6—4.0倍，为尾柄长的5.9—7.0倍，为尾柄高的7.6—8.6倍。头长为吻长的2.6—3.0倍，为眼径的3.9—4.8倍。尾柄长为尾柄高的1.2—1.5倍。

体长稍侧扁，背部在头后方具1个明显隆起，从该隆起处至背鳍起点稍平直。腹部圆，略显弧型。头在鼻孔前略凹陷，头长小于体高。吻钝圆，向前突出，吻长小于眼后头长，吻皮覆盖于上唇之上。口下位，马蹄形。上颌后伸达外孔垂直线，下颌前缘弧形。唇较厚，上唇完全包于上颌外表；下唇中部断裂分为左、右2个侧瓣，前端与颏部相接触或仅留1条缝隙；上、下唇在口角处相连；唇后沟间距窄，可前延伸至颏部中部，但不相连。须2对，口角须粗且长，后伸超过眼中线的下方；上颌须较短，约为口角须长度的2/3，一般小于眼径。眼位于头侧的中线上方，眼间隔隆起，间距远大于眼径。鳃盖膜与峡部相连。背鳍外缘在分支鳍条间内凹，鳍条末端突出于鳍条间膜之外，末根不分支鳍条柔软不加粗，与分支鳍条粗细相当，后缘光滑无锯齿。背鳍起点距吻端比距尾鳍基为远。背鳍第1根分支鳍条最长，稍长于背鳍基。腹鳍短于胸鳍，起点大致位于背鳍第1至第2根分支鳍条的下方，后伸达到或不达肛门。胸鳍短于头长，后伸不达腹鳍起点，其间距为3—4枚鳞片。臀鳍外缘截形，起点位置较后，位于背鳍倒伏后末端的下方，起点距尾鳍基较距腹鳍起点稍近，后伸达到或将达尾鳍基。尾鳍叉形，下叶略长于上叶，最长鳍条约为最短鳍条的3.0倍。肛门紧接臀鳍起点的前方。

体被较大圆鳞，胸部鳞稍小，腹鳍基具1枚狭长的腋鳞，背鳍、臀鳍具低的鳞鞘。侧线在体前方微向下弯曲呈弧形，在体后方平直，向后伸入尾柄的中线。

鳃耙短小，排列稀疏。下咽齿主行第1枚齿最小，第2枚最为粗大，第3枚次之；其余各行齿均不如主行的2—5枚齿大；各齿尖端微弯成钩状。鳔2室，前室小，短圆柱形；后室大，长筒形，从前向后逐渐变细，末端尖，约为前室长的1.5倍。腹部呈灰黑色。肠较短，盘曲简单，仅具2道弯曲。

分布：主要分布于我国湖南省、湖北省、贵州省和重庆市等地的长江流域，特别是沅江水系和洞庭湖的部分支流。

湖南省怀化市洪江市

102mm

林永晟

2023-11-05

◎ 克氏光唇鱼 *Acrossocheilus kreyenbergii* (Regan, 1908)

地方名： 薄颌光唇鱼、羊角鱼、带半刺光唇鱼。

形态特征： 体长为体高的2.9—3.9倍，为头长的3.7—4.5倍，为尾柄长的5.4—6.6倍，为尾柄高的8.4—9.7倍。头长为吻长的2.6—3.3倍，为眼径的3.4—5.0倍，为眼间距的2.6—2.9倍。尾柄长为尾柄高的1.2—1.6倍。

体延长，稍侧扁。头背微隆，体背和腹部弧形。头较小，吻钝圆，突出。吻长稍大于或等于眼后头长。吻皮下垂止于上唇基部，在前眶骨前缘具1条明显裂沟，与唇后沟相通。口下位，弧形。上颌末端不达眼前缘下方。唇肉质，上唇较厚，包于上颌外表，与上颌之间具明显缢痕。上下唇于口角处相连，下唇分左右两瓣，前端稍向中央靠近，间距较狭窄。下颌前缘与下唇分离，有弧形锐利角质。须2对，口角须长大于眼径，吻须稍短。眼中等大，侧上位。鳃盖膜与峡部相连。鳃耙较短而尖，排列稀疏。下咽齿顶端尖而钩曲。

背鳍外缘斜截形，鳍条末端突出于鳍膜之外，末根不分支鳍条略变粗，后缘具弱锯齿，末端柔软分节；背鳍起点位于吻端至尾鳍基的中点。胸鳍稍长于背鳍和腹鳍，短于头长，末端不达腹鳍起点。腹鳍起点与背鳍第1根分支鳍条相对，后伸不达肛门。臀鳍紧接肛门之后，外缘斜截形或稍凸，起点位于腹鳍起点至尾鳍基的中点或稍近前者，末端达到或近尾鳍基。尾鳍叉形，最长鳍条约为中央最短鳍条的2倍以上。

鳞片中等大，胸前鳞略小。背鳍和臀鳍具明显鳞鞘，腹鳍基具长形腋鳞。侧线完全，腹鳍前段微下凹，后段较平直地延伸至尾柄中央。鳔2室，前室椭圆形，后室长筒形，后室长约为前室长的2.5倍。腹部呈灰黑色。

分布： 主要分布于我国长江流域及其周边水系，具体包括广西的西江流域、江西的乐安江流域、浙江的开化古田山国家级自然保护区（属乐安江，鄱阳湖水系）、安徽的长江下游水系。

📍 湖南省永州市

🐟 135mm

📷 林永晟

🕐 2021-12

白甲鱼属 *Onychostoma*

◎ 多鳞白甲鱼 *Onychostoma macrolepis*
(Bleeker, 1871)

地方名：多鳞铲颌鱼、梢白甲。

形态特征：体长形，侧扁，腹部圆，尾柄较细长。头短。吻圆钝。眼中等大，位于头侧上方。口亚下位，较宽，横裂状略呈新月形。上唇较薄，下唇稍厚，唇后沟较短，彼此不相连，仅在口角处存在，其间距较宽。下颌常具有角质边缘。具须2对，较短小，吻须特别短小，颌须稍长。鳃耙短小，排列紧密，呈锥形。下咽齿呈匙形，主行第1枚齿较小，呈锥形。

背鳍基部稍长，外缘稍向内凹，背鳍刺较软，其起点至吻端较至尾鳍基为近。成体胸鳍末端不达腹鳍起点，相隔约8枚鳞片。腹鳍起点在背鳍起点之后，约与背鳍第2根分支鳍条基部相对。臀鳍后缘略平截。尾鳍叉形，末端稍尖。体侧鳞片中等大，胸部鳞片变小，埋在表皮下。在腹鳍基部外侧具有较大而狭长的腋鳞。

生活时体背部呈灰黑色，腹部呈灰白色。体侧各鳞片后部具有新月形的黑斑。背鳍和尾鳍呈灰黑色，其余各鳍呈浅黄色带灰黑色。性成熟的雄鱼在吻部、臀鳍和尾柄上有较大的颗粒状白色珠星，身体后半部鳞片上亦有较小的白色珠星。

分布：中国特有种。主要分布于长江上游及其周边水系，包括嘉陵江和汉水中上游、淮河上游、渭河、海河上游的滹沱河以及山东泰山的溪涧等。

 129mm

 林永晟

🕐 2023-01-16

◎ 白甲鱼 *Onychostoma sima*

(Sauvage *et* Dabry de Thiersant, 1874)

地方名：白甲。

形态特征：体长，侧扁，头后背部稍隆起，呈弧形，背鳍起点以后背部略下凹，其起点在体高的最高处。腹部较圆，尾柄较高。头短而宽，吻明显圆钝，略向前突出，吻皮下垂盖住上唇基部。口很宽，下位，呈横裂状，有的呈弧形，上颌后端达到眼前缘下方，下颌裸露，其前缘具有锐利的角质边缘。下唇仅在口角处存在，唇后沟极短，不相连，其间距很宽。成年个体须退化，但性成熟前的幼鱼有须2对，有的仅有颌须1对。眼在头侧中、上方，眼的大小随个体的大小而有较大的变化。鼻孔靠近眼前缘。鳃膜在鳃盖后缘的下方连于鳃峡。鳃耙短小，侧扁，呈三角形，排列紧密。下咽齿略呈臼齿状，齿面倾斜。肠长为标准长的5.0倍以上。

图片来源：廖伏初等，2020

背鳍外缘略向内凹，最后一根不分支鳍条为粗壮的硬刺，后缘具锯齿，起点距吻端较距尾鳍基为近。胸鳍末端稍尖，后伸不达腹鳍起点，相隔4—6枚腹鳞。腹鳍起点在背鳍起点之后，末端后伸不达肛门。臀鳍末端后伸不达尾鳍基部。尾鳍深分叉，两叶较长，末端较尖。

鳞片中等大，胸、腹部鳞片稍小，背鳍和臀鳍基部具有鳞鞘，腹鳍基部有狭长的腋鳞。侧线完全，平直。

体背部呈灰黑色，腹部呈灰白色，侧线以上的鳞片有明显的灰黑色边缘。除背鳍和尾鳍为灰黑色外，其余各鳍为灰白色。在生殖季节性成熟的雄鱼吻端、胸鳍和臀鳍基部具有许多白色珠星，雌鱼则不明显。

分布：长江中下游干支流、珠江和元江水系。

◎ 四川白甲鱼 *Onychostoma angustistomata* (Fang, 1940)

地方名：腊棕、尖嘴白甲。

形态特征：体长，侧扁，腹部圆。头短，较宽，略呈锥形。吻钝，吻皮下垂盖住上唇基部和眶前骨，分界处有明显的斜沟。口宽，较平直，呈横裂状。上颌后端可达鼻孔后缘的下方。下颌前缘具锐利的角质边缘。唇后沟短，其间距宽。须2对，吻须短，颌须稍长。眼小，位于头侧上方。鼻孔稍靠近眼前缘。鳃膜在前鳃盖后缘下方连于鳃峡。鳃耙短小，排列紧密。下咽齿主行各齿末端略呈钩状。肠管长为体长的4.0—5.0倍。

背鳍略短，外缘稍向内凹，最后1根不分支鳍条为1个较软的硬刺，后缘具锯齿，起点至吻端的距离较至尾鳍基部为近。胸鳍末端后伸不达腹鳍起点，相隔7—8枚腹鳞。腹鳍起点位于背鳍起点之后，末端向后伸不达肛门。臀鳍较长，外缘平截，其起点紧靠近肛门，末端后伸不达尾鳍基部。尾鳍深分叉，末端稍尖。

鳞片中等大，腹部鳞片比侧线鳞稍小，背鳍和臀鳍基部有鳞鞘，腹鳍基部具狭长的腋鳞。侧线完全，平直。

生活时背部呈青灰色，腹部呈黄白色，背鳍上部鳍膜有黑色条纹，尾鳍下叶呈红色或浅红色。背鳍呈灰黑色，胸鳍、腹鳍和臀鳍均有不同程度的红色。生殖季节，雄鱼吻部、胸鳍、臀鳍上具有白色珠星，雌鱼不明显。

肉质颇为鲜美，人们一向喜食。目前数量较少，而且个体已明显变小。生长速度稍慢，为底栖性鱼类，喜生活在多沙石的流水河段中，以着生藻类为主要食料，也喜食植物碎屑。繁殖季节在1—5月，常在急流浅滩上产卵，具黏性，常附着在砾石上发育孵化。

分布：长江上游特有鱼类。主要分布于长江上游干支流，包括金沙江、嘉陵江、岷江、大渡河和雅砻江中下游等水系。

📍 金沙江宜宾段

🐟 256mm

📷 李雷

🕐 2010-06-07

◎ 大渡白甲鱼 *Onychostoma daduensis*
(Ding, 1994)

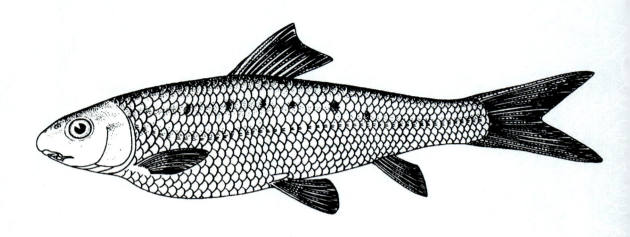

图片来源：乐佩琦等，2000

形态特征： 体长，侧扁，腹部圆。头短而高，略呈三角形。吻向前突出，末端钝，吻略小于眼后头长，吻皮下垂盖住上唇基部。口横裂，下位，较窄，头长为口宽2.8—3.6倍。上颌后端延伸至鼻孔后缘下方。下颌具锐利的角质边缘。上唇在口角处露出较多，前缘被吻皮遮盖仅呈线状；下唇仅限口角处。唇后沟中断，很短，仅在口角处存在，其间距较宽，略大于眼径。具须2对，吻须甚短，颌须长，其长度为吻须长的2.5—3.0倍，约为眼径的2/3。眼大，位于头侧中轴稍上方，眼球正中至吻端较至鳃盖后缘略近。鼻孔位于眼前缘上方，距眼前缘很近。鳃膜在前鳃盖后缘下方与鳃峡相连。鳃丝长，鳃耙短小，排列紧密，最长鳃耙约为最长鳃丝的1/7。下咽骨长为宽的2.0—2.5倍，内行第1齿细小，棒状，末端尖；其余齿圆柱形，咀嚼面斜截，末端呈钩状。

背鳍外缘内凹，其起点位于腹鳍起点前方，距吻端较至尾鳍基为近，末根不分支鳍条为粗壮硬刺，末端柔软，后缘具锯齿15—20个，第1根分支鳍条短于头长。胸鳍较长，第1根分支鳍条最长，约与背鳍第1根分支鳍条相当，末端后伸不达腹鳍起点，可达胸鳍、腹鳍基间距离的2/3处。腹鳍起点约与背鳍第2根分支鳍条基部相对，后伸不达肛门。臀鳍比腹鳍稍短，外缘平截，后伸不达尾鳍基部。尾鳍叉形，上、下叶等长，最长鳍条为中央最短鳍条的2.0—3.0倍。尾柄较高。肛门紧靠臀鳍起点之前。

鳞片较大，胸、腹部鳞片变小。背鳍和臀鳍基部具有鳞鞘，前者显著。腹鳍基部有狭长的腋鳞，其长度稍小于腹鳍长度的1/2。侧线完全，较平直，胸鳍上方稍向下弯曲。

分布： 长江上游特有种。主要分布于我国四川省的大渡河下游和长江干流区域。

◎ *短身白甲鱼 Onychostoma brevis*
(Wu *et* Chen, 1977)

形态特征： 体呈纺锤形，侧扁，腹部圆，背鳍起点在身体的最高点，头后背部稍隆起。头短，吻圆钝，向前突出，吻皮下垂盖住上唇基部，在前眶骨分界处有明显的斜沟。口宽，下位，稍呈弧形。上颌末端位于眼前缘的垂直线上，下颌裸露，具有锐利的角质边缘，下唇仅限于口角处。唇后沟短，其间距较宽，大于眼径，小于眼间距。须2对，吻须略细，颌须较长，约为眼径的2/3。眼在头侧中上方，眼上缘与鳃孔上角在同一水平线上。鼻孔距眼前缘较距吻端为近。鳃膜在前鳃盖后缘下方连于鳃峡，其间距小于眼径。

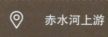

 赤水河上游

 230mm

📷 喻燚

🕐 2023-06-22

鳃耙短小，呈三角形。下咽齿具有斜凹面，顶端稍弯。

背鳍末根不分支鳍条为硬刺，不甚强壮，末端柔软，后缘具锯齿，其起点距吻端较距尾鳍基为近，外缘内凹，第1根分支鳍条最长，等于头长或稍短。胸鳍和背鳍等长，末端不达腹鳍起点。腹鳍起点位于背鳍起点垂直线之后，约相距3枚鳞片，其长度短于胸鳍，约等于臀鳍长，末端向后伸不达肛门，相隔2—3枚鳞片。臀鳍起点紧接于肛门之后，末端接近尾鳍基部。尾鳍叉形，最长鳍条约为中央最短鳍条的2.0倍。尾柄较高，尾柄长为尾柄高的1.3—1.6倍。

鳞片中等大，胸、腹部鳞片较小。背鳍和臀鳍基部均有鳞鞘，腹鳍基部有狭长的腋鳞。侧线完全，自鳃孔上部逐渐向下弯曲，至胸鳍后半部的上方，平直，伸入尾柄中轴。

体呈棕黄色，背部颜色较深，体侧鳞片基部有暗色新月形斑点，各鳍呈黄色。

分布： 长江上游特有种。主要分布于长江上游，其模式产地为四川的南川、五洞河和江津。

◎ 稀有白甲鱼 *Onychostoma rara*
(Linnaeus, 1933)

地方名：沙鱼。

形态特征：体稍短，呈纺锤形，侧扁，腹部圆。头短小，较高。吻短，前端钝，吻皮下垂盖住上唇基部。口宽大，下位，口裂稍呈弧形。下颌露出唇外，有发达的角质边缘。下唇在口角处存在，唇后沟很短。具须2对，吻须短小，很细，口角须长，其长小于眼径。眼较小，侧上位。鼻孔距眼前缘较近。鳃孔大，鳃耙短小，呈三角形，排列紧密。下咽齿较细，主行齿第二齿较粗，齿面斜截状，末端稍弯曲。

背鳍较宽大，外缘微凹，末根不分支鳍条为粗壮硬刺，末端柔软，后缘有锯齿，起点位于身体前端，距吻端较距尾鳍基为近。胸鳍小，末端稍尖，后伸不达腹鳍基部，达到或超过胸鳍、腹鳍起点的1/2处。腹鳍起点在背鳍起点之后，约与背鳍第1、第2根分支鳍条基部相对，外缘斜截形，末端后伸不达肛门。臀鳍短，外缘微凹，末端后伸不达尾鳍基部。尾鳍深分叉，上、下叶等长，末端尖。尾柄较长，侧扁。肛门离臀鳍起点近。

鳞片较大，胸、腹部鳞片变小，背鳍和臀鳍基部有鳞鞘。腹鳍基部有狭长的腋鳞。侧线完全。

分布：分布于湖南沅江水系至贵州东部水系，以及西江水系。

图片来源：廖伏初等，2020

图片来源：廖伏初等，2024

◎ **短须白甲鱼** *Onychostoma brevibarba*
(Song, Cao *et* Zhang, 2018)

地方名：衡东白甲鱼、罗氏正湖白甲鱼。

形态特征：背鳍iv-8；臀鳍iii-5；胸鳍i-14—17；腹鳍i-8—9。侧线鳞43$\frac{6—6.5}{4—4.5\text{-}V}$45；背鳍前鳞12—15。鳃耙32—41。下咽齿3行，2·3·5—5·3·2。

体长为体高的3.7—5.1倍，为头长的3.7—4.2倍，为尾柄长的4.9—6.2倍，为尾柄高的9.1—11.5倍。头长为吻长的2.8—3.3倍，为眼径的3.4—4.0倍，为眼间距的2.5—3.0倍，为口宽的2.4—3.1倍。尾柄长为尾柄高的1.9—2.1倍。

体延长，稍侧扁。吻端向后逐渐隆起，至背鳍起点处达体最高点，背鳍起点之后逐渐下降，直至尾柄基之前。尾柄由前向后逐渐变细，在尾鳍基之前稍凹陷。头中等，头长大于头高，头高大于头宽。吻钝短，吻长小于眼后头长。吻皮下包，盖住上颌基部，吻皮侧端具1条深沟直通口角。口下位，横裂，口裂较宽，口角稍后弯。唇薄，上唇光滑，完全盖住上颌，在口角处与下唇相连；下唇简单，与下颌相连，仅限于下颌两侧，唇后沟位于口角须基部之后，几乎垂直，左、右不相连。下颌具角质薄锋。须2对，上颌须位于吻皮侧端，短小不明显；口角须稍长，但远不及眼径的1/4。鼻孔每侧2个，紧邻，位于眼前缘，距眼前缘较吻端为近，前鼻孔后缘具半月形鼻瓣。眼稍小，上侧位，位于头的前半部，靠近吻端。眼间隔宽而微凸。鳃孔大。鳃盖膜在前鳃盖骨后缘下方与峡部相连。

背鳍末根不分支鳍条柔软，后端分节，后缘光滑；起点位于腹鳍起点之前，距吻端较距尾鳍基为近，边缘稍内凹。胸鳍第2根分支鳍条最长，后伸达胸鳍起点至腹鳍起点间中点稍后。腹鳍起点约位于背鳍基中部下方，第1—2根分支鳍条最长，后伸达腹鳍起点至臀鳍起点中点之后，不达肛门，臀鳍边缘微凹，起点位于腹鳍起点至尾鳍基的中点，后伸达尾鳍基。尾鳍深叉形。

体被中等圆鳞，胸腹部被鳞，沿腹部中线附近鳞片略小。背鳍和臀鳍基具鳞鞘，腹鳍基具腋鳞。侧线完全，背鳍基中部之前微弯，之后几乎平直，向后延伸至尾柄正中。

鳃耙短小，排列紧密。下咽齿匙形，微扁，末端稍钩曲，主行齿第2枚最大。鳔发达，2室，前室椭圆形；后室细长。肠细长，约为体长的5.0倍。腹部呈黑色。

头顶和体背呈黄绿色，头部纵轴以下及体侧侧线以下呈银白色，体侧鳞片具黑边和黑点。沿侧线上方具1条黄色条纹。背鳍、臀鳍和尾鳍呈橙黄色，鳍膜间具与鳍条平行的黑色条纹；胸鳍和腹鳍呈橙色，鳍条颜色鲜艳，鳍膜透明。瞳孔后缘上方具橙色斑点。

分布：仅见于湘江支流洣水。

◎ 台湾白甲鱼 *Onychostoma barbatulum* (Pellegrin, 1908)

形态特征： 第1鳃弓外鳃耙32—41。下咽齿3行，2·3·5—5·3·2。

体长为体高的3.6—4.1倍，为头长的4.2—5.3倍，为尾柄长的4.6—5.2倍，为尾柄高的9.1—10.9倍。头长为吻长的2.8—3.5倍，为眼径的3.7—4.9倍，为眼间距的1.9—2.4倍，为口宽的1.8—2.4倍。尾柄长为尾柄高的1.9—2.2倍。

体延长而侧扁。头后背部稍隆起，腹部圆。头较长。吻钝，吻皮下包至上唇基部，在前眶骨前缘有1条侧沟。口下位，横裂，口裂较宽，口角稍后弯，上颌伸至眼前缘的下方。下唇仅限于口角，唇后沟很短，约为眼径的1/3，左右不相连。下颌裸露，具锐利的角质前缘。须2对，吻须极细小，口角须稍长，不及眼径的1/4。鼻孔在眼的前上角，距眼前缘较距吻端为近。眼中等大，侧上位，稍近吻端。鳃盖膜在前鳃盖骨后缘的下方连于峡部。鳞等大，胸部鳞片略变小。侧线完全，自鳃孔上角入后稍下弯，后平直地伸入尾柄中央。背鳍外缘稍凹，末根不分支鳍条柔软，后缘光滑；起点距吻端较距尾鳍基为近；最长鳍条与胸鳍相等，接近头长。胸鳍不达腹鳍起点。腹鳍起点比背鳍起点略后，相差1—2行鳞片，末端不达肛门。臀鳍紧接肛门之后，外缘斜截，末端较圆。尾鳍叉形，最长鳍条约为中央最短鳍条的2倍。

鳃耙短小，排列紧密。下咽齿匙状，顶端稍钩曲。鳔2室，前室卵圆形；后室细长。腹部呈黑色。

分布： 长江下游的支流、灵江、闽江、珠江和台湾。

🐟 94mm

📷 林永晟

🕐 2021-09-03

◎ 侧纹白甲鱼 *Onychostoma virgulatum* (Xin, Zhang *et* Cao, 2009)

形态特征：体侧扁，外形呈长纺锤形。头较小且尖。吻钝圆，向前突出。口下位，呈马蹄形。唇薄，下唇具小乳突，唇后沟不连续。须2对，吻须较短，颌须稍长。背鳍末根不分支鳍条为硬刺，后缘具锯齿，其起点距吻端较距尾鳍基为近。胸鳍较长，末端接近腹鳍起点。腹鳍起点位于背鳍第3—4根分支鳍条下方。臀鳍起点距腹鳍起点较距尾鳍基为近。尾鳍深叉形。鳞片中等大，胸腹部鳞片略小。侧线完全，在胸鳍上方略下弯，后延至尾柄正中。体背部青灰色，腹部银白色。体侧有一条宽阔的黑色纵带，从鳃盖后缘一直延伸至尾鳍基部。各鳍为灰黑色。

分布：主要分布在中国的长江流域和珠江流域，包括长江上游如金沙江、岷江、嘉陵江、乌江等干支流及珠江流域的西江、北江等水系。

📍 江西省吉安市赣江

🐟 140mm

📷 曾宇旸

🕐 2025-01-18

瓣结鱼属 Folifer

◎ 瓣结鱼 Folifer brevifilis
(Peters, 1881)

地方名：重口、哈司。

形态特征：体长为体高的4.1—4.4倍，为头长的3.6—3.8倍，为尾柄长的4.9—5.4倍，为尾柄高的10.6—13.0倍。头长为吻长的2.0—2.3倍，为眼径的5.3—6.3倍，为眼间距的3.0—3.4倍。尾柄长为尾柄高的1.9—2.2倍。

体长而稍侧扁，腹部圆，尾部较细。头较长，头长小于体高。吻尖突，吻长大于眼后头长；吻皮下包盖住上唇基部，与上唇分离，吻侧在前眶骨的前缘各具1条

图片来源：廖伏初等，2020

裂纹；吻端皮片状。口狭小，下位，马蹄形。上颌突出于下颌。唇厚肉质，紧贴于颌的外表；上唇向上翻卷；下唇后翻，形成2个较狭长的侧叶和1个宽阔的中叶；上、下唇在口角处相连；唇后沟在中叶下面相通。须2对，均较短小；上颌须藏于吻部中叶后角的裂纹中；口角须位于口角。鼻孔每侧2个，位于眼前缘，距眼前缘较距吻端为近。眼较大，上侧位，眼间隔宽阔。鳃盖膜与峡部相连。

背鳍外缘内凹，呈弧形，末根不分支鳍条为粗壮硬刺，其后缘具锯齿，硬刺长短于头长，起点距吻端较距尾鳍基稍近。胸鳍后伸不达腹鳍起点。腹鳍起点位于背鳍起点稍后，后伸不达肛门。肛门紧靠臀鳍起点。臀鳍不达尾鳍基。尾鳍深叉形，背鳍和臀鳍基具鳞鞘，腹鳍基具较长的腋鳞。体侧鳞基部多数具黑斑。侧线完全。鳃耙较短，排列紧密。下咽齿末端尖而呈钩状。鳔2室，前室近椭圆形；后室细长。腹部呈灰黑色。背侧呈深灰色带绿色，各鳍稍带淡红色。

分布：分布于长江、元江、澜沧江、珠江、闽江等水系。国外老挝、泰国和缅甸也有分布。

华鲮属 *Sinilabeo*

◎ 赫氏华鲮 *Sinilabeo hummeli*
(Zhang, Kullander *et* Chen, 2006)

地方名：青龙棒。

形态特征：体前部略呈圆筒形，后部侧扁。体被鳞，胸部鳞片较小，有的个体埋于皮下。侧线完全，平直。口下位，横裂，略带弧形。吻钝圆，吻长小于眼后头长；吻皮向下并向腹面扩展，包住上颌，后缘具深的齿突，下表面具乳突；上唇仅存在于口角处，不被吻皮覆盖，表面具1行小乳突；下唇与下颌分离，其间有沟相隔，下唇表面具乳突；唇后沟中断。下颌角质较发达。须2对，吻须极短，口角须约为眼径的1/4。咽齿3行。鼻孔距眼前缘较近。眼较大，侧上位。背鳍外缘平截，末根不分支鳍条软。背吻距稍小于背尾距。腹鳍起点在背鳍起点之后。胸鳍末端超过胸鳍、腹鳍起点距的中点。腹鳍基部具1枚大腋鳞。腹鳍末端接近肛门。肛门紧靠臀鳍起点。臀鳍后伸不达尾鳍基部。尾鳍叉形，上叶稍长于下叶，末端尖。鳔2室，后室长于前室。肠长为体长的1.5—2倍。

背部和体侧上部呈黄灰色，体侧中部呈沾红的浅蓝灰色，体侧下部呈灰白色，均具金属光泽。腹部呈白色。尾柄后部有一个灰黑色的圆斑。各鳍均呈浅黄灰色。

分布：长江上游特有种。主要分布于长江上游金沙江水系。

（信息卡）
- 重庆市渝北区统景古镇御临河
- 122mm
- 傅胤龙
- 2025-03-18

孟加拉鲮属 *Bangana*

◎ **伦氏孟加拉鲮** *Bangana rendahli*
　　(Kimura, 1934)

形态特征：体前部略呈圆筒形，后部侧扁。体被鳞，胸、腹部鳞片小。侧线完全，平直。吻钝圆，吻长小于或等于眼后头长。口下位，弧形。上唇存在。吻皮下垂，盖住上唇中部，其后缘无或有浅缺刻，下表面光滑或具细乳突。上唇与上颌不分离，其中部光滑，被吻皮覆盖，侧后端暴露在外，表面具栉状缘。下唇与下颌分离，其间有一较深的沟相隔。下唇前缘和内缘有乳突。唇后沟中断。下颌角质较发达。须2对，吻须极短，口角须约为眼径的1/4。

　　咽齿3行。鼻孔距眼前缘近。眼较小，侧上位。背鳍外缘平截，末根不分支鳍条软。背吻距稍小于背尾距。腹鳍起点在背鳍起点之后。胸鳍末端超过胸腹鳍起点距的中点。腹鳍基部具腋鳞。腹鳍末端不达肛门。肛门紧靠臀鳍起点。臀鳍后伸不达尾鳍基部。尾鳍叉形，上叶长于下叶，末端尖。鳔2室，后室长为前室的1.5—2倍。肠长为体长的2倍左右。雄鱼胸鳍末端尖，吻皮下表面具细乳突；雌鱼胸鳍末端圆，吻皮下表面光滑。背部和体侧灰黑色，具金属光泽。腹部白色。各鳍灰黑色。

分布：长江上游特有种。主要分布于长江上游干流、赤水河、金沙江、雅砻江、沱江、涪江、渠江、嘉陵江、岷江以及乌江下游。

　乌江

　231mm

　王雪

　2017-12-01

图片来源：李鸿等，2020

◎ 洞庭孟加拉鲮 *Bangana tungting*
(Nichols, 1925)

地方名：洞庭华鲮。

形态特征：体长为体高的3.7—4.1倍，为头长的4.1—4.5倍，为尾柄长的6.0—7.0倍，为尾柄高的6.0—6.7倍。头长为吻长的2.0—2.5倍，为眼径的5.0—6.8倍，为眼间距的1.9—2.2倍。尾柄长为尾柄高的1.0—1.1倍。

体长，前段较胖圆，后段渐侧扁，尾柄高而侧扁。吻圆钝，吻长等于或稍大于眼后头长。口下位，深弧形。吻皮厚，侧缘光滑，中间具缺刻，下包盖住上唇中部的前端，有深沟与上唇分离。上颌前缘大部分藏于吻皮下面，其掩盖部分的颌缘光滑，裸露部分具密集小凸起。下唇贴近下颌的内面具数十列斜行排列的小乳突。唇后沟短，中断，仅限于口角。颏沟显著。须2对，其中上颌须1对，位于吻侧，短小不明显；口角须1对，通常藏于唇后沟内。眼上侧位，眼间隔宽阔，光滑微隆。鳃盖膜与峡部相连。背鳍末根不分支鳍条柔软分节，最长鳍条短于头长，鳍外缘截形，起点距吻端等于或稍小于距尾鳍基。胸鳍后伸不达腹鳍起点。腹鳍起点位于背鳍第4、第5根分支鳍条的下方，后伸接近或达肛门。肛门靠近臀鳍起点。尾鳍叉形。体被较大圆鳞，胸部鳞小，埋于皮下。腹鳍基具1枚狭长腋鳞。侧线完全，前端微下弯，向后伸入躯干和尾柄正中。鳃耙薄片状，三角形，排列紧密。下咽齿，齿面臼状。鳔大，2室，前室短柱形；后室长柱形，末端稍尖。肠前部稍膨大，后部细长，盘曲多，肠长为体长的5.0—10.0倍（幼鱼）、15.0—25.0倍（成鱼）。腹部呈青灰色。体呈青绿色，背部及两侧颜色深，鳞片边缘呈深绿色，中间具1个棕红色斑点。各鳍均呈青灰色。

分布：我国长江流域及洞庭湖水系。

直口鲮属 *Rectoris*

◎ **泸溪直口鲮** *Rectoris luxiensis*
(Wu *et* Yao, 1977)

图片来源：廖伏初等，2020

地方名：油鱼。

形态特征：背鳍iii-8；胸鳍i-15；腹鳍i-8；臀鳍iii-5。背鳍前鳞14—15；围尾柄鳞17。第1鳃弓外侧鳃耙24。下咽齿3行，2·5—5·2。

标准长为体高的4.4—5.8倍，为头长的4.5—5.2倍，为尾柄长的4.6—5.3倍，为尾柄高的9.2—10.1倍。头长为吻长的1.8—2.3倍，为眼径的4.5—6.1倍，为眼间距的2.0—2.7倍，为口宽的2.0—2.4倍。尾柄长为尾柄高的1.4—1.6倍。

身体细长，稍侧扁。腹面稍平。尾柄较长而侧扁。头小，背面较平，斜向吻端。吻圆钝，向前突出，吻皮垂向腹面盖住上颌，有深沟与上颌分开，在近边缘区有许多小乳突，边缘分裂呈流苏状，在口角处与下唇相连，并有1条系带与上颌相连。口宽阔，下位，呈新月形。上、下颌均有角质边缘。上唇消失；下唇边缘突起呈弧形，其上具有许多小乳突，常排列成横列状，与下颌之间有1条宽而深的沟相隔；唇后沟短，仅于口角处存在。须2对，吻须较长且粗壮，其长度约与眼径相当；颌须短小，其长度约为吻须长的1/5。眼较小，位于头侧上方。鼻孔稍大，位于眼前缘的前方，距离较近；鼻中隔突出于鼻腔外，常盖住后鼻孔。鳃膜在峡部相连，其间距较宽，其宽度大于眼后头长。鳃耙短小。下咽齿细长，侧扁，齿冠斜截，顶端尖，稍弯曲。背鳍较长，外缘内凹，末根不分支鳍条柔软，起点位于腹鳍之前，距吻端较距尾鳍基为近。胸鳍宽大，且较长，其长度与头长约相当，后伸不及腹鳍起点。腹鳍起点约与背鳍第四根分支鳍条基部相对，后伸几乎达肛门。臀鳍较小，外缘内凹，无硬刺，末端不达尾鳍基，起点至腹鳍起点与至尾鳍基距离相当。尾鳍深叉形。肛门在臀鳍起点前方，离腹鳍末端较离臀鳍起点为近。鳞片较大，胸部鳞片变小，埋于皮下，无鳞鞘，在腹鳍基部有狭长的腋鳞，其长度约为腹鳍长的1/3。侧线完全，平直。吻端有白色珠星，排列稀疏。鳔2室，前室短，长圆形；后室较长，末端稍尖，其长度为前室长的1.4倍左右。肠管细长，盘曲多次。腹腔膜呈灰黑色。

分布：中国特有鱼类。主要分布于长江流域的部分支流，包括沅江、湘江、大宁河、清江、乌江等水系。

◎ 变形直口鲮 *Rectoris mutabilis* (Linnaeus, 1933)

形态特征： 背鳍iii-8；臀鳍iii-5；胸鳍i-16；腹鳍i-8。侧线鳞44$\frac{6.5-7.5}{5-V}$45；背鳍前鳞21—23；围尾柄鳞16。第1鳃弓外侧鳃耙30。下咽齿3行，2·4·5—5·4·2。

体长为体高的4.9—5.0倍，为头长的4.8倍，为尾柄长的6.1—6.2倍，为尾柄高的11.0倍。头长为吻长的1.9—2.0倍，为眼径的4.5—5.7倍，为眼间距的2.1—2.3倍，为眼后头长的3.2—3.7倍。尾柄长为尾柄高的1.7—1.8倍。

体前部几近圆筒形，尾柄细长，背部呈弧形，腹部平直。头稍小。吻圆钝，向前出，侧面有1条斜沟，从吻端通向口角。吻皮下垂并向腹面扩展，盖住上颌，近边缘部分外表面布满乳突状角质突起，其上有垂直裂纹，吻皮两侧端在口角处连于下唇。上唇消失，吻皮以1条深沟与上颌相分离。上颌两侧端有1条发达的系带连于吻皮与下唇相连合处的内侧。口下位，上颌弧形，下颌平直，前缘为角质薄锋，下颌有深沟与下唇相隔。下唇外表布满细小乳突状角质突起，且扩展到颏部成1个三角形区域。唇后沟较长。无颏沟。眼小，在头的后半部，接轮廓线。须2对，吻须发达，其长约与眼径相等；口角须短小，其长约为吻须之半，着生于吻皮与下唇相接处。鳃盖膜连于峡部。鳞片中等大，胸部鳞片小，埋于皮下。腹鳍基部有狭小的腋鳞。侧线平直，径行于尾柄中轴。

背鳍无硬刺，外缘内凹，最长鳍条短于头长，约与胸鳍等长，其起点距吻端较距尾鳍基为近。腹鳍起点在背鳍起点之后，距臀鳍起点比距胸鳍基为近，末端后伸达到肛门。肛门距臀鳍有1—2枚鳞片。臀鳍外缘内凹，其起点距腹鳍起点比距尾鳍基为近。尾鳍叉形。

鳔2室，前室椭圆形；后室细长，其长为前室长的3倍左右。腹部呈黑色。背部微黑，腹部灰白，腹鳍后部以及尾柄部在侧线之上具有微黑色的纵行条纹。

分布： 主要分布于我国的贵州的乌江水系和云南的元江水系。越南北部也有分布。

📍 乌江

🐟 67mm

📷 曾圣

🕐 2017-09-24

原鲮属 *Protolabeo*

◎ 原鲮 *Protolabeo protolabeo*
(Zhang, Zhao *et* Liu, 2010)

云南会泽县

180mm

赵亚辉

2009-01

形态特征：背鳍iii-12；胸鳍i-17；腹鳍i-8；臀鳍i-5。背鳍前鳞14；围尾柄鳞18—21。第1鳃弓外侧鳃耙40—47。下咽齿3行，1·4·5—5·4·1。

体长为头长的4.9倍，为体高的3.8倍，为尾柄长的8.6倍，为尾柄高的8.6倍。头长为头高的1.3倍，为头宽的1.5倍，为吻长的4.4倍，为眼径的4.1倍，为眼球径的7.5倍，为眼间距的2.1倍。尾柄长为尾柄高的1倍。

体延长，前躯略显粗壮，向后至尾鳍基部渐侧扁。吻钝圆，或有不甚明显的珠星；吻侧有斜沟斜向口角。口下位，口裂宽，弧形。吻皮下垂，在上唇和上颌中部略盖住上唇和上颌，向两口角方向上唇和上颌渐完全暴露，不为吻皮所覆盖；吻皮边缘光滑，内有深沟与上唇分离。上唇中央大部与上颌有1条明显分离的印痕或近分离，近两侧口角处分离不明显，在口角处直接与下唇相连；下唇在近两侧口角处与下颌明显不分离，延向中央逐渐与下颌分离出1条浅沟，沟内或具大小不规则的乳突。下颌外露，前缘形成薄锋，但角质化不甚明显；左、右唇后沟短，仅限于口角处。须2对，约等长，长度小于眼径。鼻孔2对，发达。眼大，位于头部两侧。鳃膜直接连于峡部。体被鳞，鳞中等大，排列规则，胸部鳞片埋于皮下；腹鳍腋鳞发达。侧线完全，自鳃盖上角向下和缓弯曲，向后行于体侧中轴伸至尾鳍基部。

背鳍外缘略内凹，其起点在腹鳍起点之前；末根不分支鳍条最长，较软，后缘无锯齿；分支鳍条12。胸鳍稍短，其长短于头长。腹鳍起点距胸鳍起点较距臀鳍基部为近，其起点约与背鳍第四或第五根分支鳍条相对；外缘弧形外凸，后伸远不达肛门。肛门位于臀鳍起点略前。臀鳍外缘微凹，其起点距尾鳍基部较距腹鳍起点为近，末端不达尾鳍基部。尾鳍叉形，上、下叶约等长。

鳃耙片状，排列紧密。鳔2室，发达，纵贯体腔；前室长椭圆形，后室长于前室，末端尖。肠管细长，多次盘曲。

分布：分布于云南省东部会泽县以礼河，金沙江水系下游右岸支流。

异黔鲮属 *Paraqianlabeo*

◎ 条纹异黔鲮 *Paraqianlabeo lineatus*
(Zhao, Sullivan, Zhang *et* Peng, 2014)

形态特征：背鳍iii-7—8；胸鳍i-13—14；腹鳍i-8—9；臀鳍5；尾鳍17—19。侧线鳞39—42，侧线上鳞5，侧线下鳞3；围尾柄鳞15—17。下咽齿3行，5·4·2—2·4·5。第1鳃弓外鳃耙14—16。

头长为标准体长的23.5%，体高为标准体长的21.6%，背鳍前距为标准长的50.7%，臀鳍前距为标准长的73.5%，腹鳍前距为标准长的52.0%，胸鳍前距为标准长的22.4%，尾柄长为标准长的18.7%，尾柄高为标准长的11.7%。头高为头长的63.3%，头宽为头长的68.3%，吻长为头长的37.5%，眼径为头长的22.6%，眼间距为头长的50.8%，口角须长为吻长的24.7%。

小型鱼类，全长在10 cm左右，身体圆筒状，体后侧稍侧扁。身体最高处为背鳍起点处，最低处为尾柄处。口下位，口裂宽。鼻孔2对，较大。眼大，位于头部两侧。吻端钝圆，无珠星；吻侧有斜沟斜向口角。须2对，口角须略长于吻须，长度大于眼径。鳞片中等大，排列规则，胸鳍基部鳞片细小，背鳍前鳞小而杂乱，不易数清。背鳍外缘略为内凹，其起点在在腹鳍起点之前；末根不分支鳍条最长，柔软，后缘光滑。胸鳍稍短，短于头长。腹鳍起点距胸鳍起点较距尾鳍基为近，其起点约与背鳍第2或第3分支鳍条相对；后伸不达肛门；腋鳞发达。肛门位于臀鳍起点略前。胸鳍起点距尾鳍基较距腹鳍起点为近，外缘微凸，末端不达尾鳍基。尾鳍叉形，上、下叶约等长。侧线完全，自鳃盖上角向下平直伸达尾鳍的上、下叶之间。

吻皮较短，不能完全覆盖上唇和上颌，吻皮边缘不呈流苏状，边缘仅有极微小的乳突；上唇发达，裸露在外；下唇分为3叶，中叶乳突较发达，形成吸盘雏形。口下位，唇后沟较短，有明显的沟。身体有明显的黑色纵条纹。鳔2室，前室短而圆；后室长而尖，后室长是前室的2倍略长。

喜欢生活在水质清澈无污染，有较大石块的沙砾底质的溪流上游，白天隐藏于较大的石缝中，傍晚或清晨出来觅食，白天偶尔也出来觅食，受到惊吓立刻隐于石缝中。

分布：主要分布于我国贵州省境内的长江支流上游，具体包括乌江上游香树湾、赤水河支流代家沟、赤水河上游菁门。

泉水鱼属 *Pseudogyrinocheilus*

◎ 泉水鱼 *Pseudogyrinocheilus procheilus*
(Sauvage *et* Dabry de Thiersant, 1874)

地方名：油鱼。

形态特征：背鳍iv-8；胸鳍i-13—15；腹鳍i-8—9；臀鳍iv—5。背鳍前鳞15—20；围尾柄鳞16—20。第1鳃弓鳃耙，外侧25—28，内侧22—31。标准长为体高的4.2—5.1倍，为头长的4.5—5.4倍，为尾柄长的4.9—6.3倍，为尾柄高的7.9—8.8倍。头长为吻长的1.8—2.1倍，为眼径的4.7—6.5倍，为眼间距的2.1—2.3倍，为眼后头长的2.6—2.8倍，为尾柄长的1.0—1.34倍，为尾柄高的1.4—1.9倍。尾柄长为尾柄高的1.3—1.7倍。

身体较长，略呈圆筒形，前段为圆筒形，后部侧扁。头部背面稍凸出呈弧形。吻端圆钝，向前突出；吻皮下垂盖于上颌之前，为口前室的前壁，后缘游离呈"∧"形，两侧斜向口角与下唇相连，其上有许多排列整齐的角质小乳突；吻皮和下唇间向外翻出呈喇叭形。唇后沟不完全，仅限于口角处。口下位，略呈三角形。须2对，吻须较长，在吻须基部上方有1条斜行的沟裂，伸达口角；颌须甚短小。眼小，位于头侧稍上方。鼻孔位于眼前缘。鳃膜在眼后缘垂直线之后连于鳃峡。鳃耙细小，排列较密。下咽齿3行，顶端呈斜截状。

背鳍外缘内凹，无硬刺，其起点稍前于腹鳍起点。胸鳍位于近腹面的水平面，后伸不达腹鳍基。腹鳍后伸可达肛门前缘。肛门位于近臀鳍起点处。臀鳍外缘内凹，后伸不达尾鳍基。尾鳍叉形，尾柄的大小随个体大小而有颇大的差异。鳞片中等大，胸、腹部鳞片稍小，其前部陷于表皮下。背鳍和臀鳍无鳞鞘，腹鳍基具稍长的腋鳞。侧线完全，较平直。鳔2室，前室短，呈圆筒形；后室长为前室长的一半。肠长为标准长的7.8—9.8倍。腹腔膜呈黑色。

身体上部常呈灰黑色，腹部呈灰白色，体侧上部鳞片有黑色边缘，连成许多纵行黑色条纹，胸鳍上方有1个不甚明显的黑斑。各鳍均呈浅灰黑色。

分布：我国长江流域及珠江水系的部分区域，包括长江上游干支流、乌江、珠江水系的西江中上游以及部分山区溪流中。

华缨鱼属 *Sinocrossocheilus*

◎ 华缨鱼 *Sinocrossocheilus guizhouensis*
(Wu, 1977)

形态特征：体略侧扁。吻圆钝而扁平，向前突出；吻侧有浅侧沟通向口角；吻皮弯向腹面，并覆盖于上、下颌之外，其近边缘有1处布满小乳突的半月形区域，边缘开裂成流。上、下颌均具角质锐缘。口下位。须2对。鳞中等大，胸部鳞片稍小，且埋于皮下。侧线完全。腹鳍基具腋鳞。体背呈深灰黑色，体侧呈灰色，在近胸鳍中点垂直线的侧线鳞上有1个黑色小斑块，背鳍间膜中央呈黑色，尾鳍外侧鳍条有1条黑色条纹。

分布：中国特有种。主要分布于贵州省的乌江水系。

贵州省贵阳市息烽县乌江中游支流息烽河

66.4mm

曾之暄

2022-05

◎ 宽唇华缨鱼 *Sinocrossocheilus labiatus*
(Su, Yang *et* Cui, 2003)

地方名：油鱼、肥鱼。

形态特征：体短小，头钝圆，眼大，位于吻端和鳃盖骨前缘之间，吻端具角质突起，与鼻后缘之下。口裂平直，上下唇间具唇后沟，下唇中叶宽，下唇具乳突的带非常宽。须2对，口角须达到眼眶中点或2/3处，吻须伸达鼻孔后缘。背鳍起始于吻端中部至尾鳍基，背鳍前鳞22枚，胸鳍和腹鳍间隔6—7枚侧线鳞，腹鳍后伸不达肛门。侧线完全，侧线鳞42—45枚，侧线上鳞6—7枚，侧线下鳞3—5枚。腹鳍上方具一浓黑斑块。

分布：分布于赤水河上游干流及其支流桐梓河。

四川省泸州市赤水河

136mm

晏雯楚

2023-04-26

墨头鱼属 Garra

◎ 墨头鱼 Garra imberba
　(Garman, 1912)

地方名：墨鱼、乌棒。

形态特征：背鳍ii-9；胸鳍i-15—17；腹鳍i-8；臀鳍iii-5。侧线鳞47—50；背鳍前鳞15—17；围尾柄鳞15—16。第1鳃弓外侧鳃耙39—45。下咽齿3行，2·4·5—5·4·2。脊椎骨4+44—45+1。

　　标准长为体高的4.8—5.5倍，为头长的4.5—5.1倍，为尾柄长的5.4—6.5倍，为尾柄高的8.7—9.8。头长为吻长的1.6—1.9倍，为眼径的4.8—6.5倍，为眼间距的1.6—2.3倍，为口宽的1.2—1.6倍。

　　体长，稍呈圆筒形，腹面在腹鳍之前较平，尾柄部侧扁。头部宽而稍扁平，略呈方形。口大，下位，口裂呈新月形。吻圆钝，背面较平，无凹陷，无吻突，前端有许多角质突起。吻皮向腹部延伸，其后缘分裂呈流苏状，在口角处与下唇相连；下唇为1个宽大的椭圆形吸盘，中央部分为1个肉质垫，周缘为游离的薄片，前窄后宽，上有小乳突，其前部与肉质垫之间有1条深沟相隔，后部与肉质垫之间的分界限不明显。无须。眼小，侧位。鳃孔伸至头的腹面，在眼后缘的垂直线下方与其峡部相连。鳃耙甚短小，排列很紧密。下咽骨薄而且较小，齿不发达，齿面光滑，顶端尖细。鳔2室，较小，前室椭圆形，稍短；后室比前室略长，后室长约为前室长的1.0—1.3倍。肠长为标准长的10.0倍左右。腹腔膜呈黑色。

　　分布：主要分布于我国长江上干支流，如金沙江、岷江、沱江、乌江、赤水河等、珠江、澜沧江、元江、海南岛水系以及雅鲁藏布江下游墨脱段的干支流。

赤水河赤水镇

130mm

吴金明

2009-05-18

盘鉤属 *Discogobio*

◎ **云南盘鉤**
Discogobio yunnanensis
(Regan, 1907)

地方名：油桐子、油桐鱼。

形态特征：背鳍ii-8；臀鳍ii-5；胸鳍i-14—15；腹鳍i-7—8。背鳍前鳞16—19；侧线鳞39—42，侧线上鳞/下鳞5/3—4—v。

体延长。吻端圆钝，较肥厚。口下位，略呈弧形。吻皮向腹面延伸，其边缘具有小缺刻，呈流苏状。下唇特化成1个椭圆形小吸盘，后缘游离，中央有1个肉垫。须2对。背鳍较大，其外缘内凹。腹鳍后伸超过肛门。臀鳍外缘平截。尾鳍叉形，上、下叶等长。鳞片中等大。侧线完全且平直。身体背部和体侧上半部呈黑色略带棕黄色，下半部体色较浅。腹部呈灰白色。尾鳍呈黑灰色，上下边缘从基部出发有1条较直的黑条纹。其他各鳍均呈灰黑色。

为小型杂食性鱼类，以藻类为主，也食植物碎屑，生长较为缓慢。性成熟年龄为3冬龄。繁殖期为4—5月。

分布：分布于长江中上游、南盘江、元江等水系。

 长江上游干流

 135mm

倪朝辉

2013-11-16

◎ 宽头盘鮈 *Discogobio laticeps*
(Chu, Cui *et* Zhou, 1993)

形态特征： 体长，前部粗壮，呈圆筒形，自腹部起点向后略侧扁，腹鳍起点之前的胸腹面平坦。头宽，钝圆，头宽略大于头高。吻部圆，无吻突，吻端近背面具1对大珠星，周围布满小珠星。吻皮下包盖于上颌外面，边缘纵裂。口下位，呈弧形。吻皮与上颌分离，上唇消失。下颌与下唇分离，下唇宽阔，有吸盘，吸盘大，后缘游离，呈圆弧形，后伸达眼中点的垂直下方，中央有1个较小的马蹄形隆起，隆起及其两侧乳突较其余部分的乳突为大。眼侧上位，眼间宽平。鼻孔距眼较距吻端为近。须2对，均较短小。体鳞片中等大，胸腹部鳞片小，排列紧密。侧线平直。背鳍无硬刺，起点距吻端小于至尾鳍基部。胸鳍平展，后伸至胸、腹鳍间的1/2处，腹鳍起点至胸鳍起点的距离大于距臀鳍起点，后伸超过肛门，几乎达臀鳍起点。肛门至臀鳍起点相距2枚鳞片。臀鳍起点距尾鳍基略大于至腹鳍起点距离，后伸不达尾鳍基部。尾鳍叉形。

分布： 贵州、云南、广西的南盘江水系、珠江水系均有分布。

📍	贵州省贵阳市乌当区清水河支流
🐟	120mm
📷	曾之旺
🕐	2024-03-15

裂腹鱼属 *Schizothorax*

◎ **短须裂腹鱼**

Schizothorax wangchiachii
(Fang, 1936)

地方名：细鳞鱼、缅鱼、沙肚。

形态特征：背鳍iii-8—9；臀鳍iii-5；胸鳍i-17—19；腹鳍i-9—10。侧线鳞 $92\frac{19—27}{16—21-V}104$。

体延长，稍侧扁。头锥形，吻稍钝且向前突出。口下位，横裂或略呈弧形，下颌前缘有锐利的角质。眼大，位于头部两侧中线的上方。短须2对。背鳍外缘内凹，背鳍末根不分支鳍条较硬，其后侧缘具强壮锯齿。尾鳍叉形，下叶略长于上叶。全身被细鳞，鳃峡以后的胸、腹部亦有鳞片，腹鳍基具稍长的腋鳞。体背部呈青蓝色或暗灰色，腹部呈银白色，胸鳍、腹鳍和臀鳍呈浅红色，尾鳍呈红色。侧线完全，除体侧前方略弯曲外，均较平直。

为冷水性鱼类，主要生活于河川急流中，常见于底质为岩石粗砂的浅滩或洞水区，为觅食而上溯到支流与小河中，冬季则集中于江河的深潭、岩洞中。摄食植物性食物，主要利用下颌刮食着生在水下岩石上的藻类。繁殖期3—4月。

分布：长江上游特有种。分布于金沙江、乌江、大渡河和雅砻江水系。

180mm

喻燚

2021-05-23

◎ **长丝裂腹鱼**

Schizothorax dolichonema
(Herzenstein, 1889)

地方名：细甲鱼、细鳞鱼。

形态特征：背鳍iii-8；臀鳍iii-5；胸鳍i-17—20；腹鳍i-8—10。侧线鳞 $96\frac{23—30}{16—23-V}104$。

　　体呈长纺锤形，侧扁。全身被细鳞，峡部后的胸部有明显的鳞片，侧线完全，肛门至臀鳍两侧各有一列大型臀鳞。头钝，圆锥状。吻长短于眼后头长。前后鼻孔紧相邻，前鼻孔在鼻瓣中。眼较大，侧上位。口下位，横裂（大个体）或呈弧形（小个体）。下颌前缘具锐利角质边缘。下唇后缘游离，内凹呈弧形，表面具乳突。唇后沟连续。须2对，均长；吻须后伸达眼球中部或眼后缘垂下方；口角须后伸达眼后缘或前鳃盖骨（个别大个体吻须后伸仅达眼前缘下方，口角须后伸仅达眼中部垂下方）。背鳍外缘内凹，末根不分支鳍条粗壮且硬，其后缘每侧具12—20枚锯齿。背吻距大于背尾距。背鳍起点在背鳍起点之后。胸鳍末端超过胸鳍、腹鳍起点距的中点。腹鳍基具腋鳞，腹鳍末端不达肛门。肛门靠近臀鳍起点。臀鳍末端后伸不达尾鳍基部。尾鳍叉形，下叶稍比上叶长。鳔2室，后室长是前室长的2倍左右。肠盘曲，为体长的3倍左右。腹部呈黑色。

　　繁殖期雄鱼吻部具颗粒状珠星，雌鱼无珠星。体侧和背部呈银灰色或蓝灰色。尾鳍、胸鳍、腹鳍和臀鳍呈橘红色，无斑点。

　　栖息于较湍急的江河中下层，以藻类和水生无脊椎动物为食。繁殖期为3—5月，有溯河产卵习性，产沉性卵，受精卵具微黏性。在江河深水处或岩洞中越冬。

　　产区种群数量大，为优势种或常见种。个体大、肉质细嫩，为产区主要的食用经济鱼类之一。

分布：长江上游特有种。主要分布于澜沧江、金沙江、雅砻江水系，在四川和西藏也有分布。

180mm

喻燚

2021-07

图片来源：廖伏初等，2020

Schizothorax sinensis
(Herzenstein, 1889)

地方名：细鳞鱼、洋鱼。

形态特征：背鳍iii-8；臀鳍iii-5；胸鳍i-18—20；腹鳍i-9—10。侧线鳞 $91\frac{18—22}{14—20-V}104$。

体呈长纺锤形，侧扁。全身被细鳞，峡部后的胸部具鳞，侧线完全，肛门至臀鳍两侧各有一列臀鳞。头圆锥状，吻长短于眼后头长。前后鼻孔紧相邻，前鼻孔在鼻瓣中。眼较大，侧上位。口下位，横裂或呈弧形。下颌前缘具锐利角质边缘。下唇内凹呈弧形，表面具乳突；下唇两侧后缘游离，中间紧贴颏部，唇后沟不连续，或唇后沟连续但中部很浅。须2对，较长，吻须后伸可达眼球中部，颌须后伸达眼后缘，有的个体可达前鳃盖骨。背鳍外缘内凹，末根不分支鳍条为较细的硬刺，后缘具13—17对锯齿。背吻距稍大于背尾距。腹鳍起点在背鳍起点之后。胸鳍末端超过胸鳍、腹鳍起点距的中点。腹鳍基具腋鳞，腹鳍末端不达肛门。肛门靠近臀鳍起点。臀鳍末端后伸不达尾鳍基部。尾鳍叉形，下叶稍比上叶长。鳔2室，后室长是前室长的2倍左右。肠盘曲，为体长的2—4倍。腹部呈黑色。繁殖期雄鱼吻部具颗粒状珠星，雌鱼无珠星。

体侧和背部呈银灰色或灰黄色，腹部呈白色。体侧或杂有黑色小斑点。尾鳍、胸鳍、腹鳍和臀鳍呈浅橘红色，无斑点。

冷水性鱼类，栖息于较湍急的江河中下层，以藻类和水生无脊椎动物为食。繁殖期为3—5月，有溯河产卵习性，产沉性卵，受精卵黏性弱。在江河深水处或岩洞中越冬。

产区种群数量大，为优势种或常见种。肉质细嫩，为产区名贵的食用经济鱼类。

分布：中国特有种。主要分布于长江上游的嘉陵江水系，包括涪江、渠江等支流。

◎ 齐口裂腹鱼 *Schizothorax prenanti* (Tchang, 1930)

地方名：齐口、细甲鱼、齐口细鳞鱼、雅鱼。

形态特征：背鳍iii-7—8；臀鳍iii-5；胸鳍i-17—18；腹鳍i-8—10。侧线鳞$90\frac{17-24}{14-19\text{-}V}109$。

体延长，稍侧扁，吻钝圆。口下位，横裂或略呈弧形。下颌前缘有锐利的角质。须2对。小个体背鳍硬刺较强，后缘具明显锯齿；但在大个体却变柔软，后缘光滑，仅具少数锯齿痕。体被细鳞，胸部自鳃峡以后具有明显鳞片，腹鳍基具稍长的腋鳞。体背呈青蓝色或暗灰色，胸鳍和腹鳍呈青灰色，尾鳍呈红色。体背及两侧具黑褐色小斑点。

为底层鱼类，喜栖于水温较低的河流急缓流交界处。主要摄食着生藻类，以硅藻为主，兼食一些水生昆虫和植物碎屑。繁殖期为3—6月。

分布：长江上游特有种。主要分布于我国长江上游干支流，包括金沙江、岷江、大渡河、青衣江及乌江下游等水域，在云南洱海及其附属水系也有分布。

四川省雅安市芦山县西川河

310mm

晏雯楚

2023-06-16

🐟	280mm
📷	喻燚
🕐	2021-05-25

◎ **细鳞裂腹鱼**

Schizothorax chongi (Fang, 1936)

地方名：雅鱼、洋鱼、细甲鱼。

形态特征：背鳍iii-8；臀鳍iii-5；胸鳍i-18—20；腹鳍i-10。侧线鳞$92\frac{33-45}{26-35-V}106$。

体略长，侧扁，背部隆起，头部呈锥形。吻端稍钝且向前突出，吻皮下垂但未盖住上颌，在吻须基部有一向前斜行的浅沟裂，沟裂末端距口角较远。下唇完整，略呈新月形，表面有乳突，唇后沟连续，下颌前缘具锐利角质。口下位呈弧形，须2对，口角须稍长，长度稍大于眼径，末端接近眼球后缘；吻须末端到达口角须基部或延至眼球中部下方。鳃膜与鳃峡相连，下咽骨稍狭窄，呈弧形，长度为宽度的2.6—3.8倍。下咽齿细圆，顶端尖，略有弯曲，咀嚼面内凹呈匙状。背鳍外缘内凹，背鳍刺强，其后缘每侧有18—31枚深的锯齿。尾鳍深叉形，下叶略长于上叶，末端尖。全身被覆细鳞，胸部白鳃峡以后的鳞片明显，侧线上的鳞片稍大于体鳞。身体背部青灰色，腹部银白色，尾鳍带红色。

分布：长江上游特有种。主要分布于金沙江中下游和岷江下游。

◎ 昆明裂腹鱼 *Schizothorax grahami*
(Regan, 1904)

地方名：细鳞鱼、细甲鱼。

形态特征：背鳍iii-8；臀鳍iii-5；胸鳍i-17；腹鳍鳍条i-9。侧线鳞$101\frac{26—32}{24—26\text{-V}}111$。

体延长，稍侧扁。头锥形。吻稍圆。口下位，横裂或略呈弧形。下颌具锐利的角质前缘。须2对，口角须末端后伸达眼中部的垂直下方。背鳍末根不分支鳍条后侧缘具12—20枚锯齿。腹鳍起点与背鳍刺相对。鳞片细小，峡部以后至胸鳍基部裸露无鳞或有少数埋于皮下的细鳞。侧线完全，只在胸鳍后段端上方下弯。体背呈灰褐色，腹部呈银白色，尾鳍下叶呈浅红色。

为冷水性底层鱼类。被中国物种红色目录评定为"易危"物种。栖息于峡谷或流速较高的河流。食性以植食性为主，以其锐利的下颚角质缘刮食水中石块上的固着藻类，兼食一些浮游动物。

分布：长江上游特有鱼类。分布于金沙江下游干支流、乌江上游和赤水河中上游。

重庆市黔江区水田乡

120mm

刘飞

2017-10-11

图片来源：乐佩琦等，2000

◎ 隐鳞裂腹鱼 *Schizothorax cryptolepis* (Fu *et* Ye, 1984)

地方名：细鳞鱼、山甲鱼。

形态特征：背鳍iii-7—8；臀鳍iii-5；胸鳍i-16—19；腹鳍i-9—10。侧线鳞$97\frac{20—24}{18—22\text{-}V}107$。

体呈长纺锤形，侧扁。体被排列不整齐的细鳞，且被皮膜覆盖。峡部后的胸部裸露无鳞，胸鳍末端后的腹部有隐于皮下的鳞片。侧线完全。肛门至臀鳍两侧各有1列大型臀鳞。头钝，圆锥状。吻长短于眼后头长。前后鼻孔紧相邻，前鼻孔在鼻瓣中。眼较小，侧上位。口下位，横裂或呈弧形。下颌前缘具锐利角质边缘。下唇后缘游离，内凹呈浅弧形，表面具乳突。唇后沟连续。须2对，等长或口角须稍长，其长度约等于眼径；吻须后伸达鼻孔下方，口角须后伸达眼球中部垂下方。背鳍外缘内凹，末根不分支鳍条柔软，后缘无锯齿。背吻距大于背尾距。背鳍起点与腹鳍起点相对或稍前。胸鳍末端不超过胸鳍、腹鳍起点距的中点。腹鳍基具腋鳞，腹鳍末端不达肛门。肛门靠近臀鳍起点。臀鳍末端后伸不达尾鳍基部。尾鳍叉形，上、下叶约等长。鳔2室，后室长是前室长的2.5倍左右。肠盘曲，为体长的2倍左右。腹部呈黑色。

繁殖期雄鱼吻部具刺突状珠星，雌鱼无珠星。

体侧和背部呈灰褐色，腹部呈白色。腹鳍和臀鳍呈橘红色。

冷水性鱼类，栖息于水质清澈、砾石沙底、有深潭和岩洞的山区小河中。冬季有入洞越冬的习性，3月出洞。以固着藻类和水生无脊椎动物为食。

分布：四川特有种。现仅知分布于青衣江支流晏场河。

◎ 异唇裂腹鱼 *Schizothorax heterochilus*
(Ye *et* Fu, 1986)

地方名：假重口、细甲鱼。

形态特征：背鳍iii-8；臀鳍iii-5；胸鳍i-18—20；腹鳍 i-9—10。侧线鳞$101\frac{19}{15\text{-V}}$。

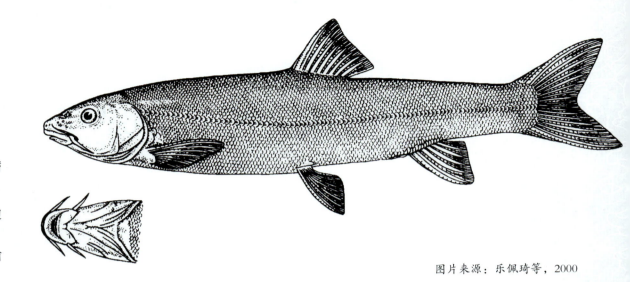

图片来源：乐佩琦等，2000

体呈纺锤形，侧扁。体被细鳞，峡部后的胸、腹部具鳞，侧线完全，肛门至臀鳍两侧各有1列臀鳞。头圆锥状，吻长短于眼后头长。前后鼻孔紧相邻，前鼻孔在鼻瓣中，鼻孔距眼前缘较距吻端近。眼较大，侧上位。口下位，呈弧形。下颌前缘中部具锐利角质边缘，但口角处未角质化。下唇发达，分为3叶，中间叶小，唇面具小乳突；唇后沟连续，但中间很浅。须2对，口角须长于吻须，口角须长为眼径的1.5倍左右；吻须后伸不达或达到眼前缘，口角须后伸达眼后缘垂下方或稍后。背鳍外缘稍内凹，末根不分支鳍条较软，其后缘具8—20枚锯齿。背吻距大于背尾距。背鳍起点在背鳍起点之后。胸鳍末端超过胸鳍、腹鳍起点距的中点。腹鳍基具腋鳞，腹鳍末端不达肛门。肛门靠近臀鳍起点。臀鳍末端后伸不达尾鳍基部。尾鳍叉形，上、下叶约等长，末端钝。鳔2室，后室长于前室。肠盘曲，为体长的2倍左右。腹部呈黑色。

繁殖期，雄鱼吻部具颗粒状珠星，雌鱼无珠星。

体侧和背部呈银灰色或黄灰色，有或无黑色斑点，腹部呈白色或黄白色。尾鳍、胸鳍、腹鳍和臀鳍呈灰色或橘红色。

冷水性鱼类，栖息于较湍急的江河中下层，以藻类和水生无脊椎动物为食。繁殖期为8—9月。产沉性卵，受精卵黏性弱。

产区种群数量很小，为偶见种，为名贵食用经济鱼类。

分布：中国特有种。分布于四川境内的大渡河中下游、青衣江及任河，还分布于陕西。

◎ **重口裂腹鱼** *Schizothorax davidi*
(Sauvage, 1880)

地方名：细甲鱼、重口、雅鱼。

形态特征：背鳍iii-7—8；臀鳍iii-5；胸鳍i-18—20；腹鳍i-9—10。侧线鳞$96\frac{17—23}{13—17-V}106$。

　　体延长，稍侧扁，腹部圆，背部隆起。头锥形。口下位。下唇发达。须2对。眼中等大，侧上位。体鳞细小，排列不整齐。侧线完全。背鳍末根不分支鳍条稍弱，其后缘具有细小锯齿。肛门紧靠臀鳍起点。臀鳍末端后伸接近尾鳍基部。尾鳍叉形。体背部呈青蓝色或暗灰色，腹侧呈银白色，尾鳍呈浅红色。

　　为冷水性鱼类，喜生活在底质为砾石或砂石的激流水环境中，到深潭或洞穴中越冬。为杂食性鱼类，主要摄食摇蚊幼虫、浮游幼虫等，也摄食少量的硅藻、绿藻及高等植物碎屑。雄性最小成熟年龄为4龄，雌性为6龄。繁殖期为8—9月。

分布：中国特有种。主要分布于长江干支流，尤其是长江上游的嘉陵江、岷江、沱江水系的峡谷河流中。此外，在陇南的西汉水、白龙江、白水江流域也有野生重口裂腹鱼分布。

⚲	岷江
🐟	300mm
📷	何斌
🕐	2017-07-29

◎ 四川裂腹鱼 *Schizothorax kozlovi*
(Nikolski, 1903)

地方名：细甲鱼、重口、细鳞鱼。

形态特征：背鳍iii-8；臀鳍iii-5；胸鳍i-17—20；腹鳍i-9—10。侧线鳞$94\frac{21-27}{18-23\text{-V}}108$。

体延长，稍侧扁。头锥形。口下位，呈弧形或马蹄形。下颌内侧角质较发达，但不形成锐利角质前缘。须2对。背鳍末根不分支鳍条强壮。体被细鳞，体背部呈青灰色或黄灰色，腹部呈银白色。尾鳍呈红色。多数小个体体侧杂有小暗斑。

为底栖杂食性鱼类，主要摄食水生昆虫、藻类、水生植物、软体动物和底栖无脊椎动物。繁殖期为3—4月。

分布：长江上游特有种。金沙江干流、雅砻江干流、赤水河上游及乌江中上游均有分布。

云南省昭通市镇雄县赤水河

380mm

施敏

2025-01-11

四川丹巴县大渡河

🐟 210mm

📷 喻燚

🕐 2021-07

◎ **长须裂腹鱼** *Schizothorax longibarbus* (Fang, 1936)

地方名：重口、细甲鱼。

形态特征：背鳍iii-8；臀鳍iii-5；胸鳍i-19—22；腹鳍i-10—11。侧线鳞$95\frac{21—23}{17—18-V}97$。

体呈纺锤形，侧扁。身被细鳞，峡部后的胸部鳞片明显，侧线完全。肛门至臀鳍两侧各有16—21枚臀鳞。头钝，圆锥状。吻长短于眼后头长。前后鼻孔紧相邻，前鼻孔在鼻瓣中，鼻孔距眼前缘较距吻端近。眼较大，侧上位。口下位，呈弧形。下颌前缘无锐利角质边缘。下唇发达，分为3叶，唇面无乳突，唇后沟连续。须2对，甚长，为眼径的2倍以上；吻须后伸达眼球中部（大个体）或眼后缘垂下方（小个体），口角须后伸达鳃盖骨后缘（大个体）或鳃盖骨的中部（小个体）。背鳍外缘稍内凹，末根不分支鳍条较硬，其后缘具15—18枚锯齿。背吻距大于背尾距。腹鳍起点在背鳍起点之后。胸鳍末端超过胸鳍、腹鳍起点距的中点。腹鳍基具腋鳞，腹鳍末端不达肛门。肛门靠近臀鳍起点。臀鳍末端后伸不达尾鳍基部。尾鳍叉形，下叶稍长于上叶。鳔2室，后室长于前室。肠盘曲，为体长的2倍左右。腹部呈黑色。

繁殖期雄鱼吻部具颗粒状珠星，雌鱼无珠星。

体侧和背部呈黄褐色或银灰色，腹部呈白色。尾鳍、胸鳍、腹鳍和臀鳍呈浅橘红色。

冷水性鱼类，栖息于较湍急的江河中下层，以水生无脊椎动物和藻类为食。繁殖期为8月下旬至9月下旬。在流水滩上产沉性卵，受精卵黏性弱。

产区种群数量较大，为常见种。肉厚味美，为名贵食用经济鱼类。已能人工养殖，并已开展增殖放流实验。

分布：四川特有种，分布于大渡河中下游。

◎ 小裂腹鱼 *Schizothorax parvus*
(Tsao,1964)

地方名：面鱼。

形态特征：体延长，稍侧扁，体背隆起，腹部圆。头锥形。吻钝。口亚下位，呈马蹄形。下颌内侧具有角质。下唇细狭，分为左右两叶。须2对。眼小，侧上位。鳞稍大，排列较整齐，自峡部至胸腹部具有明显鳞片。侧线完全。背鳍末根不分支鳍条较软。腹鳍远离肛门，肛门位于臀鳍起点的前方。尾鳍叉形，上下叶约等长，末端均钝。

栖息于小河或有地下涌泉的龙潭或水库，主要摄食昆虫、硅藻和水绵，其次为枝角类、轮虫和桡足类，也食用小虾和螺。繁殖期为4—5月，繁殖需要流水或有涌泉的环境。

分布：主要分布于云南省金沙江水系的漾弓江流域，包括该流域内的河流和水库等水体。

210mm

喻燚

2021-05-26

◎ **厚唇裂腹鱼** *Schizothorax labrosus*
(Wang, Zhang *et* Zhuang, 1981)

地方名：翻嘴皮鱼、窝子鱼。

形态特征：背鳍iii-7—8；胸鳍i-18；腹鳍i-8；臀鳍ii-5。第1鳃弓鳃耙，外侧18，内侧22—24。下咽齿3行，2·3·5—5·3·2。脊椎骨4+44。

标准长为体高的3.9—4.3倍，为头长的3.7—4.3倍。头长为吻长的2.4—3.3倍，为眼径的6.5—8.3倍，为眼间距的2.3—2.7倍，为口宽的3.2—5.0倍。尾柄长为尾柄高的1.6—2.3倍。

身体延长，稍侧扁。头中等大，顶部较宽。吻锥形，稍突出。口亚下位，弧形。下颌无锐利的角质边缘。唇部随着个体的大小而有变化，一般来说，唇的结构可以分为3个类型：唇不发达（体长20 cm以下个体），下唇分左右2叶，唇后沟中断；唇较发达（20—40 cm个体），下唇分3叶，唇后沟中断，或在中间叶突起的后缘有浅沟相连；唇很发达（体长40 cm以上个体），下唇肥厚，侧叶与中叶相连，唇后沟深而连续。须2对，吻须约与眼径等长，伸达鼻孔中部下方，口角须较吻须长，伸达眼球中部下方。眼较小，位于头侧上方。眼间隔稍圆凸，眼后头长显著大于吻长加眼径。下咽齿主行第1、第2齿呈锥形，第2齿最大，其余3齿和其他两行各齿的磨面斜而下凹，末端尖，弯曲呈钩状。

背鳍起点稍前于腹鳍，距尾鳍基部较距吻端稍近，第3根不分支鳍条骨化较弱，末端柔软，基部后缘具锯齿。腹鳍起点约与背鳍第2根分支鳍条基部相对，距臀鳍起点较距胸鳍起点为近。尾鳍分叉，上、下叶等长。肛门紧靠臀鳍起点。

体被细鳞，埋于皮下。侧线鳞较大，臀鳞发达，腹鳍基部具腋鳞。鳃峡之后的整个胸腹部都具有细鳞，埋于皮下。鳔2室，后室长约为前室长的2倍。肠长约为标准长的1.6倍。腹腔膜呈黑色。

生活时背部呈暗灰色，侧面呈淡褐色带黄色，腹部呈白色。体侧有许多不规则的小黑斑点和若干暗色斑块。背鳍和尾鳍呈灰色，具有许多黑色小斑点。胸鳍、腹鳍和臀鳍呈暗黑色略带橘红色。

分布：中国特有种。仅见于泸沽湖水域。

⊙	云南省丽江市宁蒗彝族自治县永宁镇大落水村（泸沽湖）
🐟	380mm
📷	曹寿清、杨思雅
🕐	2024-07-24

◎ 宁蒗裂腹鱼 *Schizothorax ninglangensis*
(Wang, Zhang *et* Zhuang, 1981)

图片来源：张春光等，2019

地方名：白砸嘴。

形态特征：背鳍iii-7—8；胸鳍i-18—19；腹鳍i-8；臀鳍ii-5。第1鳃弓鳃耙，外侧16—20，内侧21—24。下咽齿3行，（1）2·3·4（5）—4·（5）3·2。脊椎骨4+44+1。

标准长为体高的4.3—4.8倍，为头长的4.4—4.7倍。头长为吻长的3.0—3.6倍，为眼径的4.2—5.7倍，为眼间距的2.5—4.0倍，为口宽的4.5—5.2倍。尾柄长为尾柄高的1.6—3.2倍。

身体延长，稍侧扁。头中等大，锥形。口端位，下颌稍上翘，无锐利角质边缘。唇薄，唇后沟不连续。眼中等大，上侧位，眼间隔圆凸，眼后头长大于吻长加眼径。须2对，较短，吻须向后不达或达鼻孔前缘；口角须短于眼径，向后不达眼前缘。

体被细鳞，埋于皮下；侧线鳞较大；臀鳞发达；腹鳍基部具腋鳞；胸、腹部裸露，较大个体的腹部两侧无鳞片，中间自胸鳍基部向后有4—5列纵行鳞片。下咽骨长约为宽的3.5倍，咽齿主行笫1齿最小，呈锥形，其余3—4齿和其他2行各齿均呈钩状，齿面倾斜，下凹。

背鳍起点稍前于腹鳍起点，距尾鳍基较距吻端为近，第3根不分支鳍条骨化呈棘状，后缘具锯齿，末端柔软。腹鳍起点约与背鳍第1根分支鳍条基部相对，距臀鳍起点较距胸鳍起点为近。尾鳍分叉，上、下叶等长。鳔2室，后室长约为前室长的1.7倍。腹腔膜呈灰黑色。

生活时背部呈蓝灰色，腹部呈白色。体侧具有不规则的黑色斑块和黑色小斑点，背鳍和尾鳍具有许多黑色小斑点。

分布：中国特有种。目前仅知分布于泸沽湖。

◎ 小口裂腹鱼

Schizothorax microstomus

(Hwang, 1982)

形态特征：背鳍ii-7；胸鳍i-18；腹鳍i-9；臀鳍ii-5。第1鳃弓鳃耙，外侧22—24，内侧29—32。下咽齿3行，2·3·5—5·3·2。脊椎骨4+40+1。

标准长为体高的4.6—5.2倍，为头长的3.9—4.4倍，为尾柄长的5.7—6.3倍。头长为吻长的2.8—3.2倍，为眼径的5.0—5.5倍，为眼间距的2.8—3.0倍，为口宽的4.1—4.2倍，为吻须长的8.0—10.5倍，为口角须长的6.7—8.7倍。尾柄长为尾柄高的1.7—2.0倍。

体长形，头小。口较小，端位，口裂略倾斜，呈马蹄形。上、下颌几乎等长，下颌前缘无锐利的角质边缘。下唇狭窄，无中间叶，唇后沟中断。须2对，短小，其长度均小于眼径。鼻孔位于眼前缘稍上方，距眼前缘较距吻端为近。鳃耙较长，细密。下咽齿细圆，顶端尖，稍弯曲，咀嚼面呈匙状，内侧1行第1齿细小。

背鳍刺强，其后侧缘之下3/4每侧有14—15枚锯齿。背鳍起点至吻端的距离等于至尾鳍基部的距离。胸鳍不达腹鳍，末端仅达胸鳍、腹鳍起点间距的3/5处。腹鳍起点与背鳍的第2根分支鳍条相对，其末端约达腹鳍、臀鳍起点间距之半处。肛门接近臀鳍起点。体被细鳞，胸、腹部亦具鳞。侧线平直。鳔2室，后室长为前室长的3.1倍。腹腔膜呈黑色。

头背及体侧上方呈灰褐色，腹侧呈灰白色，体侧间有不规则的暗斑。

分布：中国特有种。仅见于四川和云南交界处的泸沽湖。

云南省丽江市宁蒗彝族自治县永宁镇大落水村（泸沽湖）

370mm

曹寿清、杨思雅

2024-05-11

◎ 灰裂腹鱼 *Schizothorax griseus* (Pellegrin, 1931)

形态特征： 背鳍iii-8；胸鳍i-16；腹鳍i-8；臀鳍ii-15。第1鳃弓鳃耙，外侧16，内侧19。下咽齿3行，2·3·5—5·3·2。脊椎骨4+43。

标准长为体高的3.9倍，为头长的3.9倍，为尾柄长的6.9倍。头长为吻长的2.5倍，为眼径的6.3倍，为眼间距的2.6倍，为口宽的3.5倍。尾柄长为尾柄高的1.3倍。

体延长，稍侧扁。头略呈锥形。口下位，呈弧形，下颌无锐利的角质边缘。下唇发达，具有中间叶，唇后沟连续。须2对，几乎等长，其长度约与眼径相当，吻须末端到达鼻孔后缘；口角须末端到达眼球后缘的下方。下咽齿细圆，顶端尖，稍弯曲，咀嚼面呈匙状，内侧的1行有5个齿，其第1齿很小。背鳍刺较强，其后侧缘的3/4部分每侧有14枚锯齿，其起点至吻端的距离稍大于至尾鳍基部的距离。腹鳍起点与背鳍末根不分支鳍条相对。胸部裸露无鳞，仅在胸鳍末端以后的腹部具有少数埋于皮下的鳞片。鳔2室，后室长约为前室长的两倍。肠管短，其长度为标准长的2.3倍。腹腔膜呈黑色。

身体背部呈蓝褐色，腹侧呈银白色，尾鳍略带红色。

分布： 主要分布于我国金沙江、南盘江、澜沧江等水系。

◉	乌江
🐟	95mm
📷	王雪
🕐	2017-11-21

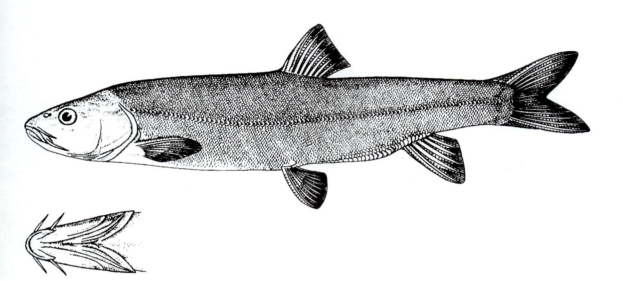

图片来源：乐佩琦等，2000

◎ 威宁裂腹鱼

Schizothorax yunnanensis weiningensis
(Chen, 1998)

地方名：细甲鱼。

形态特征：背鳍iii-7；臀鳍iii-5；胸鳍i-17—19；腹鳍i-7—9。侧线鳞$92\frac{20—23\text{-}V}{24—29}101$。第1鳃弓鳃耙，外侧9—11，内侧14—15。下咽齿3行，2·3·5—5·3·2。脊椎骨4+41—42。

体长为体高的3.7—4.9倍（平均4.1倍），为头长的4.2—4.7倍（平均4.4倍），为尾柄长的6.2—7.2倍（平均6.5倍），为尾柄高的9.1—10.7倍（平均9.7倍）。头长为吻长的3.0—3.4倍（平均3.3倍），为眼径的4.7—6.4倍（平均5.7倍），为眼间距的3.2—3.6倍（平均3.4倍），为吻须长的4.7—6.2倍（平均5.2倍），为口角须长的4.0—4.9倍（平均4.6倍）。尾柄长为尾柄高的1.3—1.7倍（平均1.5倍）。

本亚种口裂向上倾斜、口亚下位等与指名亚种相近，但其下唇两侧叶更为细狭、须较长等又与保山亚种相近。本亚种与它们的明显区别是鳃耙更为稀少及背鳍仅具7根分支鳍条等。

分布：分布于贵州省威宁县草海，分布水系属长江水系。

叶须鱼属 *Ptychobarbus*

◎ 修长叶须鱼 *Ptychobarbus leptosomus*
(Zhang, Zhao *et* Niu, 2019)

形态特征：背鳍 iii-8，胸鳍 i-16，腹鳍 i-8，臀鳍 iii-5；侧线鳞 $101\frac{26}{19}$ 体长为体高 5.94 倍，头长 3.54 倍，背鳍前距 2.02 倍。头长为吻长 3.36 倍，眼径 4.06 倍，眼间距 3.75 倍，头宽 2.22 倍，下颌长 2.92 倍。尾柄长为尾柄高 1.56 倍，体长为尾柄高 11.11 倍。体显著延长，略侧扁，背缘微隆，尾柄宽厚。头部延长，吻部稍钝。口下位，口裂呈窄弧形，下颌前缘无角质层，口角向后延伸显著超越眼前缘。下唇分为左右两侧叶，中等发达，无中间叶；唇面光滑无乳突。口角须细长，后伸达眼球后缘垂直下方。鼻孔近眼前缘，眼侧上位，中等大小，眼间距宽阔且略凸起。

　　体表大部被覆细小鳞片，排列稍显无序；自峡部向后胸腹部裸露无鳞。侧线完全，近直线状延伸至尾鳍基部。

　　背鳍起点至吻端距离显著短于至尾鳍基距离，末根不分支鳍条纤细柔软，后缘光滑无锯齿。胸鳍末端可达胸腹鳍间距 1/2 处。腹鳍起点对应背鳍后部，末端远未达臀鳍起点。臀鳍紧邻肛门，后伸未抵尾基。尾鳍分叉，叶端略圆钝。

分布：仅分布于雅砻江上游干流、支流。

🐟　243mm

📷　林永晟

🕐　2024-07-18

◎ 裸腹叶须鱼 *Ptychobarbus kaznakovi* (Nikolski, 1903)

地方名： 花鱼。

形态特征： 体略呈圆筒形，后部渐细。体被细鳞，但胸、腹部裸露无鳞，侧线完全，臀鳍每侧20—23枚鳞。头锥状，吻长短于眼后头长。前后鼻孔紧相邻，前鼻孔在鼻瓣中，鼻孔靠近眼前缘。眼侧上位。口下位，呈马蹄形。下颌前缘无锐利角质边缘。唇发达，下唇分左、右两叶，左、右两侧叶在前部相接触，唇面光滑或具皱纹，唇后沟连续。具1对口角须。背鳍末根不分支鳍条软，其后缘无锯齿。背吻距小于背尾距。腹鳍起点在背鳍起点之后。胸鳍末端超过胸鳍、腹鳍起点距的中点。腹鳍基具腋鳞，腹鳍末端不达肛门。肛门紧靠臀鳍起点。尾鳍叉形，上、下约等长。鳔2室，后室长于前室。肠粗短，为体长的1.2—1.4倍。腹部呈黑色。

分布： 中国特有种。分布于怒江、澜沧江和金沙江水系。

四川省甘孜藏族自治州稻城县

365mm

晏雯楚

2023-07-02

◎ 中甸叶须鱼

Ptychobarbus chungtienensis

(Tsao, 1964)

图片来源：朱建国，2021

地方名：花鱼。

形态特征：体修长，近圆筒形，体后部渐细。体被细鳞，但自峡部后的胸、腹部裸露无鳞，侧线完全，臀鳞每侧17—23枚。头锥状，吻长短于眼后头长。前后鼻孔紧相邻，前鼻孔在鼻瓣中；鼻孔靠近眼前缘。眼侧上位。口下位，呈马蹄形。下颌前缘无锐利角质边缘。下唇发达或不发达，分左、右两叶，左、右两侧叶在前部不相接触，唇面光滑或具皱纹，唇后沟中断。具1对口角须。背鳍末根不分支鳍条软，其后缘无锯齿。背吻距小于背尾距。腹鳍起点在背鳍起点之后。胸鳍末端超过胸鳍、腹鳍起点距的中点。腹鳍基具腋鳞，腹鳍末端不达肛门。肛门紧靠臀鳍起点。臀鳍末端后伸达到尾鳍基部。尾鳍叉形，上、下叶约等长。鳔2室，后室长于前室。肠粗短，为体长的1.1—1.3倍。腹部呈黑色。

分布：中国特有种。分布于云南小中甸河、那亚河、碧塔河、属都海等，属金沙江水系。

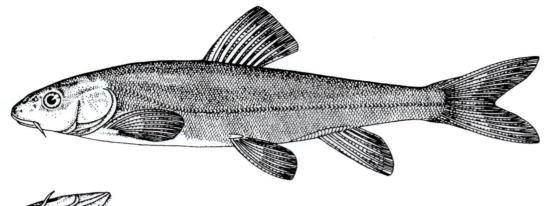

图片来源：乐佩琦等，2000

◎ 中甸叶须鱼格咱亚种

Ptychobarbus chungtienensis gezanensis
(Huang *et* Chen, 1986)

形态特征：背鳍iii-7；臀鳍iii-5；胸鳍i-18；腹鳍i-8。第1鳃弓外侧鳃耙13或14。下咽齿两行。下唇更为发达，口角须更长，后伸超过眼球后缘垂直下方比仅达眼球中部垂直下方。

分布区为相对独立的水系。该亚种较指名亚种分布的海拔更高，仅分布在水流较急的水溪中。

分布：现知仅分布于云南中甸格咱河（属香格里拉市，经香格里拉上桥头汇入金沙江的一条支流的上游，与小中甸河为不同水系，两河流向相反，源头相邻），分布水系属金沙江水系。

裸重唇鱼属 *Gymnodiptychus*

◎ 厚唇裸重唇鱼 *Gymnodiptychus pachycheilus*
(Herzenstein, 1892)

地方名：重唇花鱼、麻鱼。

形态特征：背鳍ii-8；胸鳍i-19；腹鳍i-10；臀鳍ii-5。第1鳃弓鳃耙，外侧18，内侧22。下咽齿2行，3·4—4·3。脊椎骨4+44。

标准长为体高的5.3倍，为头长的4.0倍，为尾柄长的7.5倍。头长为吻长的2.8倍，为眼径的4.9倍，为眼间距的3.2倍，为口宽的4.1倍。尾柄长为尾柄高的2.3倍。

身体延长，略呈筒形或稍侧扁，尾柄细圆。头呈锥形，背面较宽，稍平坦。吻突出，其长度显然小于眼后头长，在鼻孔前方稍向下凹陷。口下位，呈马蹄形。下颌无锐利的角质边缘。唇很发达，下唇表面具有皱纹，左、右下唇叶在前方相连接，其后缘游离部分向内弯卷，无中间叶，唇后沟连续。口角有1对短须，约与眼径等长。眼较小，侧上位。鼻孔位于眼前缘上方，距眼前缘较距吻端为近，下咽齿细圆，顶端尖，略弯曲，咀嚼面凹入呈匙状。

背鳍外缘平截，稍倾斜，最后1根不分支鳍条软，其后缘光滑。背鳍起点至吻端的距离稍小于至尾鳍基部的距离。胸鳍长度约等于胸鳍、腹鳍起点距离之半。腹鳍起点与背鳍第7根分支鳍条相对，其末端不达肛门。臀鳍末端亦不达尾鳍基部。肛门紧靠臀鳍起点。

全身裸露无鳞，在肩带部分有3—4行不规则的鳞片。在肛门两侧各有臀鳞22—23枚，其前端接近或达到腹鳍基部后端。腹鳍基部有狭长的腋鳞。侧线在头部后方向下弯，沿体侧延伸至腹鳍末端上方又转向体侧中部直达尾鳍基部。鳔2室，后室长度为前室长的2.1倍。肠管短，其长度为标准长的1.2倍。腹腔膜呈黑色。

体背部和头顶呈黄褐色，有分布均匀的黑褐色斑点。腹部呈灰白色，无斑点。背鳍呈浅灰色，尾鳍带红色，其上均有深色小斑点。

分布：中国特有种。分布于金沙江水系的雅砻江中上游干支流、黄河水系上游。

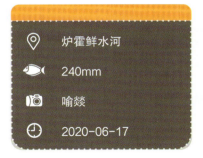

炉霍鲜水河

240mm

喻燚

2020-06-17

裸鲤属 *Gymnocypris*

◎ 松潘裸鲤 *Gymnocypris potanini potanini*
(Herzenstein, 1891)

地方名：冷水鱼。

形态特征：背鳍iii-7；胸鳍i-18；腹鳍i-8—9；臀鳍ii-5。第1鳃弓鳃耙，外侧6—9，内侧9—14。下咽齿2行，3·4—4·3。脊椎骨4+44—45+1。

标准长为体高的4.1—5.7倍，为头长的3.8—4.9倍，为尾柄长的5.6—7.6倍。头长为吻长的2.4—3.6倍，为眼径的3.3—4.4倍，为眼间距的1.9—3.1倍，为头宽的1.7—2.0倍。尾柄长为尾柄高的1.3—2.1倍。

身体较长，侧扁。头部略呈锥形，背面稍为平坦。吻部圆钝，吻皮明显地未盖住上颌前缘，后缘游离呈"∧"形斜向口角与下唇相连。口亚下位，呈弧形。下颌前缘无锐利角质边缘。下唇狭窄，分为左、右两叶，其上有许多排列不整齐的细小乳突，唇后沟中断。无须。眼中等大，鼻孔靠近眼前缘上方。鳃膜不与鳃峡相连，颏部及两侧有7—8个明显的黏液腔。下咽骨狭窄，呈弧形，长度为宽度的3.1—4.0倍。咽齿细圆，顶端尖，略弯曲。

背鳍刺甚弱，其后侧缘下部的锯齿细小，每侧有9—13枚。背鳍起点至吻端稍小于至尾鳍基部的距离。胸鳍较长，后伸距腹鳍起点远。腹鳍起点与背鳍第2或第3根分支鳍条相对。臀鳍起点与肛门接近，最长分支鳍条几乎达尾鳍前缘。尾鳍叉形。

身体除肩带部分有2行或3行不规则鳞片外，全身裸露无鳞。每侧有臀鳞16—20枚，前端几乎达腹鳍起点与臀鳍起点间的中点。性成熟雌鱼（标准长9 cm以上）体形较粗短，臀鳍的最后两根分支鳍条变硬。鳔2室，后室长为前室长的2倍左右。肠管较短，约等于标准长。腹腔膜呈黑色。

繁殖期雄鱼头部和背鳍、臀鳍、侧线上有白色珠星。

背部呈灰蓝色或灰褐色，杂有小斑点。腹部呈银白色或灰白色，尾鳍呈灰绿色。

分布：主要分布于岷江上游的干支流，此外，金沙江水系、澜沧江亦有分布。

◎ **硬刺松潘裸鲤**

Gymnocypris potanini firmispinatus
(Wu *et* Wu, 1988)

地方名：土鱼。

形态特征：测量12尾，全长为92.7—243.0mm，标准长为72.8—197.6mm。采自四川得荣县松麦镇、云南玉龙纳西族自治县石鼓镇、虎跳峡之间江段，香格里拉市五境乡泽通村和巨甸镇等。

背鳍iii-7—8；臀鳍i—5；胸鳍i-16—18；腹鳍i-7—9；尾鳍18—20。第1鳃弓鳃耙外侧7—11。下咽齿2行，3·4—4·3。

体长为体高的4.3—4.8倍，为头长的3.8—4.3倍，为尾柄长的6.0—7.2倍，为尾柄高的9.7—12.1倍。头长为吻长的3.1—3.8倍，为眼径的3.7—4.9倍，为眼间距的2.9—3.3倍。尾柄长为尾柄高的1.6—2.1倍。

体延长，稍侧扁，略呈圆筒形，体背稍隆起，腹部圆。头锥形。吻钝圆，吻长明显短于眼后头长。口位变化较大，但基本均为亚下位，呈弧形。下颌前缘无锐利角质。下唇细狭，不发达，仅限于下颌两侧，唇后沟中断。无须。鼻孔位于眼前缘。眼较大，侧上位，眼间距较圆凸。颊部两侧各具1列发达的黏液腔，鲜活时有些不太明显。背鳍外缘稍平截，末根不分支鳍条较硬，其后缘具锯齿，与前1根不分支鳍条之间的间隔扩大，有1个皮膜相连，其起点至吻端小于至尾鳍基部的距离。胸鳍末端后伸达其起点至腹鳍起点的3/5—2/3处，远不达腹鳍起点。腹鳍起点一般与背鳍第3根分支鳍条相对，其末端后伸达腹鳍起点至臀鳍起点的2/3—3/4处，近肛门。臀鳍末端后伸一般接近或达到尾鳍基部。尾鳍叉形，下叶较上叶稍长或约等长，末端钝。肛门紧位于臀鳍起点之前。臀鳞发达，前端鳞片一般达到或接近腹鳍基部；肩带有2行或3行排列不规则的鳞片；体表其他部分裸露无鳞。侧线鳞仅前面几枚比较明显，其后为不明显的皮褶。侧线完全，较平直，后伸入尾柄正中。下咽齿细圆，顶端尖，钩曲，咀嚼面匙状。鳔2室，后室长约为前室长的2.0倍以上。腹部呈黑色。

分布：分布于金沙江水系。

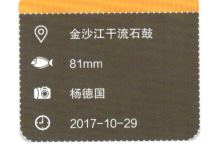

金沙江干流石鼓

81mm

杨德国

2017-10-29

裸裂尻鱼属 *Schizopygopsis*

◎ **宝兴裸裂尻鱼** *Schizopygopsis malacanthus baoxingensis* (Fu, Ding *et* Ye, 1994)

地方名： 土鱼、白鱼子。

形态特征： 背鳍iii-7—8；胸鳍i-17—19；腹鳍i-8—9；臀鳍ii-5。下咽齿2行，3·4—4·3。第1鳃弓鳃耙外侧13—21，内侧24—35。脊椎骨43—45。

体长为体高的4.2—5.7倍，为头长的4.0—4.8倍，为尾柄长5.5—6.9倍。头长为头高的1.3—1.8倍，为头宽的1.3—1.9倍，为吻长的2.8—4.0倍，为眼间距的2.7—4.0倍，为眼径的4.0—6.3倍，为口宽的3.0—4.1倍，为背鳍刺长的1.2—1.7倍。口宽为口长的1.9—3.0倍。尾柄长为尾柄高的1.8—2.2倍。

体延长，稍侧扁。吻钝圆。口下位，横裂或略成弧形。下颌的长度稍大于眼径，前缘具锐利的角质。下唇细狭，唇后沟中断。无须。体表几乎全部裸露，仅在肩带部分侧线之下有1—4行不规则的鳞片；臀鳞每侧16—25枚，其前端止于臀鳍起点至腹鳍基部间的中点附近。侧线平直。

背鳍刺在较大的个体（体长20.0 cm以上）变弱，其后缘仅在近基部的1/3部分每边约有10枚细齿；在小个体中背鳍刺发达，其近基部的2/3—5/6部分每侧具12—27枚深的锯齿。背鳍起点至吻端等于或稍小于至尾鳍基部的距离。腹鳍基部起点一般与背鳍第4分支鳍条相对。臀鳍起点至腹鳍基部约等于至尾鳍基部的距离。

下咽骨狭窄，长度为宽度的3.3—4.1倍。下咽齿细圆，顶端钩曲，咀嚼面凹入呈匙状。鳃耙短而尖。鳔2室，前室呈椭圆形，后室长筒状，后室长为前室长的2.0—2.8倍。肠管长度为体长的1.5—3.2倍，随个体的长大肠长相应增大。腹腔膜呈黑色。

体背部呈暗灰色或蓝褐色，腹侧呈灰白色，在较小个体体侧有小斑点，在较大个体体侧有少数块状暗斑。

分布： 长江上游金沙江和雅砻江水系均有分布。

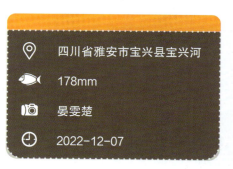

四川省雅安市宝兴县宝兴河

178mm

晏雯楚

2022-12-07

◎ 软刺裸裂尻鱼 *Schizopygopsis malacanthus malacanthus* (Herzenstein, 1891)

地方名：白鱼子。

形态特征：背鳍iii-8；胸鳍i-17—20；腹鳍i-9—10；臀鳍ii-5。下咽齿2行，3·4—4·3或3·4—4·2。第1鳃弓鳃耙，外侧10—15（12），内侧16—23（20）。脊椎骨4+44—46+1。

标准长为体高的4.0—4.9倍，为头长的3.9—4.9倍，为尾柄长的6.1—7.2倍。头长为头高的1.4—1.7倍，为头宽的1.6—2.0倍，为吻长的2.8—3.8倍，为眼间距的2.3—3.0倍，为眼径的1.3—6.2倍，为口宽的2.7—3.3倍，为背鳍刺长的1.2—1.5倍。口宽为口长的1.2—2.2倍。尾柄长为尾柄高的1.1—2.0倍。

身体稍长，略侧扁。吻端钝圆，吻皮接近上颌两侧中线部分各有1条短而浅的上行沟裂。唇狭窄，唇后沟中断，左右相隔甚远。口下位，横裂或稍呈弧形。下颌前缘具发达的角质边缘，较平直。无须。眼中等大，位于头侧中线稍前。鳃膜与鳃峡相连。外侧鳃耙短，末端尖，内侧鳃耙略长，排列较密。下咽骨狭长，呈弧形，其长度为宽度的3.0—4.0倍。齿细长呈匙状，咀嚼面凹入。

背鳍外缘平直，末根不分支鳍条甚为柔弱，其后侧缘每边有细小的锯齿11—24枚，上端无锯齿的分节部分为刺长的1/3—2/3。胸鳍末端后伸不达腹鳍基。腹鳍起点与背鳍第4分支鳍条相对，后伸不达肛门，臀鳍外缘平截，其起点至腹鳍基部约等于至尾鳍基部的距离，末端稍圆，后伸超过尾鳍基部。尾鳍分叉深，下叶略长于上叶。

身体裸露无鳞，仅肩带处有不规则排列的1—4行鳞片；侧线完全，身体最前端的侧线鳞呈皮褶状；其余清晰可见。臀鳞每列13—22枚，行列前端到达腹鳍基部与臀鳍起点间的中点附近。鳔2室，后室细长，后室长为前室长的2.1—2.8倍。肠管长为标准长的1.5—2.7倍。腹腔膜呈黑色。

身体背部呈黄褐色或黑褐色，腹部呈灰白色。胸、腹、臀鳍略呈浅黄色，尾鳍呈浅红色。多数个体两侧无明显的深褐色斑块，较大个体雄鱼有少数深褐色斑块。

分布：分布于金沙江水系和雅砻江水系。

⊙ 四川省甘孜藏族自治州稻城县无量河

🐟 184mm

📷 晏雯楚

🕐 2023-07-02

◎ **大渡软刺裸裂尻鱼**

Schizopygopsis malacanthus chengi

(Fang, 1936)

地方名：冷水鱼、白鱼。

形态特征：背鳍iii-7—8；胸鳍i-17—19；腹鳍i-8—9；臀鳍ii-5。第1鳃弓鳃耙，外侧13—19，内侧23—34。下咽齿2行，3·4—4·3。脊椎骨4+42—46。

标准长为体高的4.4—5.1倍，为头长的4.0—4.5倍，为尾柄长的5.3—6.2倍。头长为吻长的2.9—3.7倍，为眼径的4.7—5.8倍，为眼间距的3.2—3.3倍，为口宽的2.9—3.5倍。尾柄长为尾柄高的1.9—2.3倍。

体延长，稍侧扁，背缘略呈弧形，腹部较平直。头略呈锥形，背部稍隆起。吻圆钝。口下位，横裂状，口裂呈马蹄形。下颌的长度大于眼径，前缘具有锐利的角质边缘。下唇狭窄，唇后沟中断。无须。眼中等大。鼻孔位于眼前缘稍上方，距眼前缘较距吻端近。颏部和颊部有一列不明显的黏液腔。鳃耙短小，末端尖而弯曲。下咽齿细圆，顶端尖，稍弯曲，咀嚼面凹入呈匙状。

背鳍刺细弱，其后侧缘的下2/3部分每边有13—19枚锯齿。背鳍外缘平截，其起点至吻端的距离略小于至尾鳍基部的距离。胸鳍长度略超过其起点至腹鳍起点距离的1/2。腹鳍末端不达肛门，其起点与背鳍第4或第5根分支鳍条相对。臀鳍起点至腹鳍基部的距离约等于至尾鳍基部的距离。肛门紧靠臀鳍起点。

身体裸露无鳞，仅侧线前段有10—15枚隐约可见的鳞片，在肩带部分有3—5行不规则的鳞片。臀鳞每侧16—23枚，前端达到或接近腹鳍基部后端。侧线完全、平直，仅在头部后方稍向下弯。鳔两室，后室长为前室长的2.0—2.7倍。腹腔膜呈黑色。

体背部呈灰褐色或黄灰色，腹侧呈黄灰色或银灰色，腹鳍和臀鳍呈微黄色，尾鳍呈浅灰色。

分布：大渡河中游、上游有分布。

四川省甘孜藏族自治州道孚县鲜水河

385mm

晏雯楚

无

◎ 嘉陵裸裂尻鱼

Schizopygopsis kialingensis

(Tsao *et* Tun, 1962)

地方名：冷水鱼。

形态特征：体延长，稍侧扁。头锥形，吻略钝。口下位，呈深弧形。下颌的长度约为眼径的1.5倍，前缘的锐利角质不甚发达。下唇细狭，唇后沟中断。无须。体表无鳞，仅在肩带部分具有3—5行不规则的鳞片，臀鳞每侧16—25枚，行列的前端到达或接近腹鳍基部。背鳍刺弱，近基部的1/2—2/3部分每侧有13—29枚细齿；背鳍起点至吻端等于或稍小于至尾鳍基部的距离。腹鳍基部起点与背鳍第2或第3分支鳍条相对。臀鳍起点至腹鳍基部距离约等于至尾鳍基部的距离。下咽骨狭窄，长度为宽度的2.7—3.4倍。下咽齿细圆，顶端微弯曲，咀嚼面呈匙状。鳃耙短小，末端向内弯曲。鳔2室，后室的长度为前室长度的1.9—3.3倍。肠管较短，为体长的1.2—2.2倍。腹腔膜呈黑色。体背呈暗灰色，腹侧呈银白色，尾鳍略带黄绿色或灰绿色。

分布：分布于长江上游的嘉陵江的上段水域。

四川省阿坝藏族自治州若尔盖县白龙江

134mm

晏雯楚

2020-12-12

高原鱼属 *Herzensteinia*

◎ 小头高原鱼

Herzensteinia microcephalus
(Herzenstein, 1891)

地方名：小头赫氏鱼，小头单列齿鱼和小嘴湟鱼。

形态特征：背鳍iii-7—8；臀鳍iii-5；胸鳍i-17—20；腹鳍i-7—9。第1鳃弓鳃耙外侧17—24，内侧26—31。下咽齿一行，4—4。

体长为体高的4.6—5.8倍（平均5.2倍），为头长的4.2—4.9倍（平均4.5倍），为尾柄长的6.6—7.4倍（平均7.1倍），为尾柄高的13.1—14.6倍（平均13.8倍）。头长为吻长的3.2—3.8倍（平均3.5倍），为眼径的5.1—6.9倍（平均5.9倍），为眼间距的3.0—3.9倍（平均3.5倍）。尾柄长为尾柄高的1.6—2.1倍（平均2.0倍）。

体延长，略侧扁，体背隆起，腹部圆。头锥形。吻稍钝。口下位，呈弧形。下颌的长度约等于眼径，具锐利角质前缘。下唇细狭，分为左、右两侧叶，无中间叶，唇后沟中断。无须。眼稍小，侧上位，眼间较宽，圆凸。除臀鳞和肩带部分的几枚不规则鳞片外，体裸露无鳞。臀鳞行列的前端一般可达到腹鳍。侧线完全，近直形，后伸入尾柄正中。

背鳍末根不分支鳍条较强，其后侧缘具明显锯齿23—32枚，背鳍起点至吻端之距离稍大于其至尾鳍基部之距离。腹鳍起点与背鳍第3根分支鳍条相对，其末端后伸达腹鳍起点至臀鳍起点之间距离的1/2—2/3处，远离肛门。肛门紧位于臀鳍起点之前。胸鳍末端后伸达或略超过胸鳍起点至腹鳍起点之间距离的1/2处。臀鳍末端后伸可接近尾鳍基部。尾鳍叉形，上、下叶等长或下叶稍长，末端略尖。下咽骨短而宽，其长度为宽度的2.3—2.6倍；下咽齿侧扁，顶端平截呈铲状。肠管细长，其长度为体长的3.4—4.0倍。鳔2室，后室长为前室长的2.7—3.3倍。腹部呈黑色。

雄性性成熟个体的背鳍末根不分支鳍条与其前根不分支鳍条的间隔扩大，由1个皮膜相连接；臀鳍第2或第3分支鳍条最长，末根分支鳍条分叉明显；臀鳍具颗粒状粉红色珠星。雌性性成熟个体体较细长，略呈圆筒形；臀鳍第1根分支鳍条最长。

分布：中国特有种。主要分布于西藏北部的内陆水系，如怒江上游、青海的长江源区，包括通天河、沱沱河、楚玛尔河等以及金沙江上游地区。

布曲

170mm

李耀鹏

2017-06-11

原鲤属 Procypris

◎ 岩原鲤 *Procypris rabaudi*
(Tchang, 1930)

地方名： 水子、黑鲤鱼、岩鲤、墨鲤。

形态特征： 背鳍iii-4—16—21；臀鳍iii-3—5—6。侧线鳞43—46。下咽齿3行，2·3·4—4·3·2。鳃耙外侧19—25，内侧23—30。脊椎骨35—37。

体长为头长的3.8—5.2倍，为体高的2.7—3.2倍，为尾柄长的4.0—5.3倍，为尾柄高的6.4—7.8倍。头长为吻长的2.5—3.2倍，为眼径的3.0—6.9倍，为眼间距的2.0—3.0倍。

体侧扁，背部隆起，腹部圆形。口稍下位，呈马蹄形。口唇厚，唇上有不明显的乳头突起（幼鱼无此构造）。上颌须2对，体长10 cm以下的幼鱼，后对比前对稍长，而体长10 cm以上的个体则前对比后对稍长。体长在28 cm以下的个体，胸鳍末端超过腹鳍，腹鳍末端超过肛门，几乎达到臀鳍的起点；体长达40 cm的个体，胸鳍末端不达腹鳍，腹鳍末端在肛门之前。背鳍、臀鳍的不分支鳍条最后一根硬棘后缘具有锯齿。鳔2室，后室较长大，长度为前室长的1.46—2.14倍，后室随着个体的增长而增长。体腔膜呈银白色。每个鳞片后部有1个黑斑，因此形成体侧明显的12—13条黑色条纹。各鳍均呈黑色。尾鳍分叉，末端具有黑色边缘。

分布： 长江上游特有种。主要分布于长江中上游干支流，包括嘉陵江、岷江、沱江、渠江、酉水、赤水河等，以及金沙江中下游。

赤水河合江段

126mm

邱宁

2019-05-08

图片来源：张春光等，2019

鲤属 *Cyprinus*

◎ **小鲤** *Cyprinus Mesocyprinus micristius* (Regan, 1906)

形态特征：背鳍iv-10—12；臀鳍iii-5；胸鳍i-16—17；腹鳍ii-9。背鳍前鳞14—16；围尾柄鳞14—16；围尾柄上鳞7—8。下咽齿3行或4行，1·1·3—3·1·1或1·1·1·3—3·1·1·1。第1鳃弓外侧鳃耙18—22。脊椎骨4+32。

　　体长为体高的3.0—3.7倍，为头长的3.3—3.8倍，为尾柄长的5.3—6.3倍，为尾柄高的7.2—8.8倍。头长为吻长的3.2—3.8倍，为眼径的3.4—4.3倍，为眼间距的2.7—3.4倍，为尾柄长的1.5—2.0倍，为尾柄高的2.0—2.6倍。尾柄长为尾柄高的1.4—1.5倍。

　　体侧扁，背部稍隆起，腹部圆而平直，尾柄较短，尾柄长小于眼前缘至鳃盖骨后缘的距离。头近侧扁裂斜，上、下颌约等长，上颌骨的末端伸达鼻孔的下方。须2对，短小，口角须略短于吻须，末端伸达或超过眼前缘。眼侧上位，眼下缘水平线通过吻端，眼间稍突，眼间距大于眼径，为眼径1.1—1.4倍。鼻孔前方凹陷。侧线前部微弯，后部平直，伸达尾鳍基。背鳍位于腹鳍起点之后，外缘平直或微凹，起点至吻端的距离大于至腹鳍基的距离。臀鳍外缘微凹，起点与背鳍末根分支鳍条相对，至腹鳍起点的距离小于至尾鳍基的距离。背鳍、臀鳍末根不分支鳍条为硬刺，后缘具锯齿，其硬刺长度约相等。胸鳍末端圆钝，大个体的不达腹鳍起点，小个体的可达腹鳍起点。腹鳍末端不达或伸达肛门。尾鳍分叉深，上、下叶等长，末端尖形。

　　鳃耙短，排列稀疏。下咽骨中等长，其长为宽的3.2—3.7倍，前后臂约等长。咽齿主行第1枚齿呈圆锥形，齿冠光滑，其余齿呈白齿状，齿冠斜形，通常具1道沟纹，少数具2道沟纹，也有主行具1道沟纹，第二行具2道沟纹的情况；第4行咽齿甚细小，易脱落。鳔2室，后室大于前室，末端稍尖。腹部呈浅黑色。

体背部和头部呈青灰色，体侧和腹部呈淡黄色。头长一般小于体高。吻短，稍尖，吻长通常大于眼径。

分布：分布于云南滇池。

◎ 鲤 *Cyprinus carpio*
(Linnaeus, 1758)

地方名： 鲤鱼。

形态特征： 体略呈纺锤形，侧扁。除头部外全身被鳞，侧线完全。吻钝，吻长小于眼后头长。前后鼻孔紧相邻，前鼻孔在鼻瓣中，鼻孔距眼前缘较距吻端近。眼侧上位。口亚下位，呈马蹄形。唇发达，唇后沟中断。吻须和口角须各一对，较长。咽齿 3 行，臼齿状。背鳍外缘稍内凹，末根不分支鳍条为硬刺，其后缘具锯齿。背吻距小于背尾距。腹鳍起点在背鳍起点之后。胸鳍末端不达腹鳍起点。腹鳍末端不达肛门。肛门靠近臀鳍起点。臀鳍末根不分支鳍条为后缘有锯齿的硬刺。臀鳍后伸不达尾鳍基部。尾鳍叉形，上下叶约等长。鳔2室，前室长于后室。肠较长，盘曲在腹腔中。腹膜黑色。

雄鱼胸鳍末端尖，雌鱼胸鳍末端圆。繁殖期，雄鱼吻部具颗粒状珠星。背部青黄色，体侧金黄色，腹部黄白色。尾鳍下叶橘红色。

分布： 广布种，广泛分布于我国江河、湖泊、水库等水体，包括长江、黄河、珠江、黑龙江等主要水系。国外见于俄罗斯、朝鲜、日本等。

⊙ 四川丹乐山市大渡河

🐟 180mm

📷 喻燚

🕐 2020-08

图片来源：朱建国，2021

◎ 杞麓鲤 *Cyprinus chilia*
(Wu, Yang *et* Huang, 1963)

形态特征：体侧扁，背部隆起。头较长，与体高几乎相等。吻尖且长。口端位，马蹄形，口裂稍倾斜，上颌比下颌稍突出。须通常2对，上颌须约为口角须的一半长。下颌骨较长，长度大于眼间距。眼中等大，眼下缘与吻端略处于1条水平线。下咽骨长度为宽度的3.3—3.5倍，前臂较宽，比后臂短。下咽齿主行第1枚齿粗壮，为光滑的圆锥形；其余均为臼齿状，主行第2枚齿齿冠有2—3道沟纹。尾柄细长，其高度小于眼后头长。背鳍外缘内凹；其起点与腹鳍起点相对或稍后，至吻端的距离较至尾鳍基部的距离为远；背鳍基部中等长，与头长几乎相等。背鳍、臀鳍最后1根硬刺后缘均具有锯齿。胸鳍末端圆，不达腹鳍起点。腹鳍末端不达肛门。臀鳍外缘稍内凹，其起点与背鳍倒数第4或至第5根分支鳍条基部相对。尾鳍分叉。脊椎骨4+32—33。鳔2室，前室大于后室。

体背部呈草绿色，体侧呈淡草绿色稍带青灰色，腹部呈灰白色，各鳍呈黄绿色带青灰色，尾鳍的后缘带灰黑色。

分布：分布于云南杞麓湖、抚仙湖、星云湖、异龙湖、滇池、洱海、茈碧湖等。

◎ *邛海鲤 Cyprinus qionghaiensis*
(Liu, 1981)

地方名：黄桶鲤。

形态特征：体长，侧扁，腹部圆，头后背部稍隆起，背鳍起点为身体最高处。头较长大，其长度约与体高相当，头顶部较宽。吻短而圆钝，吻长远较眼后头长小，吻端略向上隆起，在鼻孔前方有1个凹陷。口裂大，端位，略呈弧形，两口角间的距离约与吻长相当，上、下颌等长。唇较薄。口角具须1对，较短小。眼大，眼间距宽而平坦。鼻孔在眼前方，距眼前缘较近。鳃孔大，第1鳃弓外侧鳃耙排列较密，长而软，其最长鳃耙的长度为鳃丝长的一半以上。内侧鳃耙短而粗，排列较稀疏。下咽骨较薄，其长度为宽度的3.7—4.2倍，前臂较后臂长，下咽齿主行第2枚齿大，第1枚齿呈光滑的圆锥形，其余为臼状齿，第3枚齿冠上有3道沟纹，下咽骨长与主行第2枚齿的最大直径之比为7.8—8.6。背鳍基部较长，外缘向内凹，其起点位置与腹鳍起点相对，距吻端的距离稍长或等于至尾鳍基部的距离，最后1根不分支鳍条成硬刺，后缘具锯齿。胸鳍后伸可达到或接近腹鳍起点。腹鳍起点约与背鳍第2根分支鳍条基部相对，其末端不达肛门。臀鳍起点约与背鳍倒数第3或第4根分支鳍条基部相对，其最后1根不分支鳍条为硬刺，后缘具锯齿。尾鳍分叉较深，上、下叶几乎等长，肛门紧靠臀鳍起点。生活时体侧呈金黄色，背部呈青黄色，腹部呈黄白色，尾鳍下叶呈橘红色。

分布：分布于四川省凉山彝族自治州西昌市邛海。

图片来源：张春光等，2019

鲫属 *Carassius*

◎ 鲫 *Carassius auratus*
(Linnaeus, 1758)

地方名：鲫鱼。

形态特征：体呈纺锤形，侧扁。除头部外全身被鳞，侧线完全。吻钝，吻长小于眼后头长。前后鼻孔紧相邻，前鼻孔在鼻瓣中，鼻孔距眼前缘较距吻端近。眼较大，侧上位。口亚下位，呈马蹄形。唇发达，唇后沟几乎连续。无须。咽齿1行。咽齿第1枚近圆锥形，其余的侧扁，铲形，齿冠具沟纹。背鳍外缘平直或稍内凹，末根不分支鳍条为硬刺，其后缘具锯齿。背吻距小于背尾距。腹鳍起点与背鳍起点相对或稍前。胸鳍末端接近或超过腹鳍起点。腹鳍末端不达肛门。肛门紧靠臀鳍起点。臀鳍末根不分支鳍条为后缘有锯齿的硬刺。臀鳍后伸不达尾鳍基部。尾鳍叉形，上下叶约等长。鳔2室，后室为前室的1.5倍左右，末端尖。肠较长，为体长的3倍左右。腹膜黑色。

雄鱼胸鳍较尖长，雌鱼胸鳍较短圆。背部和体侧上部青灰色，体侧下部和腹部银白色。各鳍浅灰色。

分布：广泛分布于我国除青海、西藏外的各大水系，包括长江、黄河、珠江、黑龙江、淮河、海河等。国外分布于中亚和日本。

沱江
150mm
邹远超
2017-11-18

亚口鱼科 Catostomidae

胭脂鱼属 *Myxocyprinus*

◎ 胭脂鱼 *Myxocyprinus asiaticus*
(Bleeker, 1864)

地方名： 火烧鳊、黄排、粉排。

形态特征： 下咽齿钩状，排列呈木梳状，齿常有折断和脱落。背鳍较高，第1、第2根分支鳍条最长，以后内凹较深，分支鳍条明显较短，最短鳍条长度不及最长鳍条的1/2；其起点在胸鳍基部稍后上方，基部甚长，其长度大于标准长的1/2。胸鳞较长，末端钝，后伸可达或超过腹鳍起点。腹鳍较长，末端钝，后伸不及肛门。臀鳍长，后缘平截，后伸可达或超过尾鳍基部。尾鳍叉形，分叉较浅。尾柄短而细。肛门紧靠臀鳍起点。性成熟个体有明显的生殖突。鳞片较大。侧线完全，平直，从鳃孔上角直达尾柄中轴。胸、腹部鳞片较小，性成熟个体的头部和胸鳍以及体侧与尾柄鳞片上有白色珠星，雄鱼的珠星比雌鱼大而明显，非生殖季节不易区分雌雄。

生活时身体颜色随个体发育阶段和栖息的环境不同而有差异。幼鱼阶段身体呈灰褐色，身体两侧有3条黑色宽横纹。第1条由头后通过胸鳍基部在腹部与另一侧的黑横纹相连；第2条从背鳍起点到腹鳍起点通过腹部与另一侧黑横纹相连；第3条从臀鳍起点斜上方直到尾鳍基部。背鳍、胸鳍、腹鳍和臀鳍呈浅红色，其上布有大小不等的深黑色斑点，背鳍上叶呈灰白色，下叶呈黑灰色，内缘呈灰白色。性成熟个体，身体呈黄褐色、粉红色或青紫色，成鱼体侧从吻端直达尾基部有1条宽阔的猩红色纵条纹，雄鱼的颜色鲜艳，雌鱼颜色暗淡。因而渔民将不同体色的个体称为黄排、血排、粉排等。

分布： 仅分布于长江干流及通江湖泊和长江中上游的主要支流，以及福建闽江水系中。

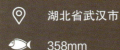

◎	湖北省武汉市
🐟	358mm
📷	梁孟
🕐	2018-01-22

鳅科 Cobitidae

云南鳅属 *Yunnanilus*

◎ 侧纹云南鳅 *Yunnanilus plenrotaenia* (Regan, 1904)

形态特征：背鳍iii-8；臀鳍iii-5；胸鳍i-12—13；腹鳍i-7—8；尾鳍16—17。侧线孔19—34。第1鳃弓内侧鳃耙9—10。

体长为体高的3.9—4.9倍，为头长的3.7—3.9倍，为尾柄长的7.7—9.1倍，为尾柄高的8.3—9.7倍，为前背长的1.8—1.9倍。头长为吻长的2.5—2.8倍，为眼间距的2.9—3.5倍。尾柄长为尾柄高的1.1—1.2倍。

体中等长，侧扁。背、腹轮廓线弧度约相等，腹部圆。头侧扁。吻稍钝，吻长稍小于眼后头长。前、后鼻孔分离，前鼻孔短管状，位于眼前缘至吻端的中点；后鼻孔周围无瓣膜，紧位于眼前上缘，距前鼻孔远于距眼前缘。眼中等大，侧上位，眼间隔略凸出。口次下位，弧形。口角达前鼻孔的垂直线。上、下唇均较厚，上唇具明显的皱褶；下唇中央有1个小缺刻，缺刻两侧各有2—3条沟褶。上颌中央具弱齿突，下颌与下唇分离。须3对，均较长。内侧吻须伸过口角，外侧吻须可达眼中央的垂直线，口角须伸过眼后缘的垂直线。鳃盖膜连于鳃峡，鳃峡宽约等于吻长。

背鳍起点距吻端大于距尾鳍基，外缘平截，最末不分支鳍条短于第1根分支鳍条，鳍条末端伸过肛门的垂直线。臀鳍外缘平截或稍圆凸，起点距尾鳍基约等于距腹鳍起点。胸鳍伸及至腹鳍起点距离的1/2处。腹鳍起点约与背鳍第3根分支鳍条相对，距胸鳍起点大于距臀鳍起点，后伸不达肛门。肛门靠近臀鳍起点。

除头部外，全身被细密鳞片。侧线直，不完全，后伸可至背鳍起点的垂直线，头部具侧线管孔。腹部呈灰白色。肠短而直，在胃后稍向左侧弯曲。鳔前室包被于骨质鳔囊中；后室发达，分为第2、第3两个室，第2室较小，第3室较发达，长椭圆形，其长约为第2室的2.5倍，末端伸达腹鳍起点。

生活时体背和体侧呈淡绿色，腹部呈灰白色，沿体侧中轴有1列近椭圆形黑斑，其上、下侧也有不规则黑色斑纹。各鳍呈灰白色，背鳍基呈黑色。

栖息于湖岸浅水区水流缓慢处。集群于水底，行动较迟缓。

分布：中国特有种。在云南滇池、抚仙湖、洱海、杨林湖等地有分布。

云南省昆明市晋宁区大河

59.5mm

秦涛

2019-01-18

◎ 长鳔云南鳅 *Yunnanilus longibulla*
(Yang, 1990)

形态特征：身体背部呈灰绿色或暗褐色，腹部呈白色，有些个体身体中央会有黑色斑点。鳞片较小，排列整齐。口小。下唇略厚。上、下颌两侧各有一排细小牙齿。长须很长，能达到体长的两倍以上。鳔很长。眼睛很小，黑色，有一定的观察范围。背鳍位于身体中部。胸鳍和腹鳍较小。尾鳍圆形。

分布：我国云南省的程海，属于金沙江水系。

金沙江支流鲹鱼河

73mm

杨德国

2017-10-26

◎ 干河云南鳅

Yunnanilus ganheensis
(An, Liu *et* Li, 2009)

图片来源：张春光等，2019

形态特征： 背鳍iii-8；臀鳍ii-5；胸鳍i-11；腹鳍i-7；尾鳍16。

体长为体高的4.9—5.1倍，为头长的3.7—3.9倍，为尾柄长的6.1—6.8倍，为尾柄高的8.6—8.8倍，为背鳍前距的1.7—1.9倍，为腹鳍前距的1.8倍。头长为吻长的2.4—2.7倍，为眼径的4.2—5.5倍，为眼间距的2.9—3.4倍。尾柄长为尾柄高的1.3—1.4倍。

体延长，侧扁。头长，呈三角形，头宽小于头高。吻钝圆，吻长小于眼后头长。前、后鼻孔相隔1个短距离；前鼻孔呈短管状，约位于吻端与眼前缘的中点；后鼻孔周围无瓣膜。眼中等大，位于头侧上位，吻长加眼径约等于眼后头长。眼间距宽，略隆起。口小，亚下位，口角达到后鼻孔下缘。上、下唇发达，表面具小乳头；上唇弧形，下唇中央具缺刻，与上颌中部的齿状突起相对。须3对，短小，外吻须与颌须约等长，外吻须后伸不达后鼻孔，口角须后伸不达眼前缘。鳃孔狭小，鳃膜连于峡部。

各鳍短小。背鳍外缘平截，起点在腹鳍起点的前上方，至吻端的距离约等于至尾鳍基部的距离。胸鳍后伸达其起点至腹鳍基距离的一半处。腹鳍起点与背鳍第二根分支鳍条相对，后伸远不达肛门。肛门紧靠臀鳍起点。臀鳍短，后伸远不达尾鳍基部。尾鳍后缘分叉。

体表有小鳞，隐于皮下；侧线不完全，终止于背鳍起点下方。

胃呈"U"形，肠短，从胃后呈直线达肛门。

分布： 分布于云南省昆明市寻甸回族彝族自治县干河，分布水系属牛栏江水系。

◎ 牛栏云南鳅 *Yunnanilus niulanensis*
(Chen, Yang *et* Yang, 2012)

形态特征：背鳍iv-9；臀鳍iii-5；胸鳍i-11；腹鳍i-7；尾鳍14。第1鳃弓无外侧鳃耙，内侧鳃耙9或10。

体长为体高的4.1—4.5倍，为头长的3.2—3.4倍，为背鳍前距的1.8—1.9倍，为腹鳍前距的1.7—1.8倍，为臀鳍前距的1.2—1.3倍，为肛门前距的1.2—1.4倍，为尾柄长的8.9—10.2倍。头长为吻长的3.4—3.8倍，为眼径的3.9—4.4倍，为眼间距的3.3—3.6倍。尾柄长为尾柄高的0.7—0.9倍。

体延长，稍侧扁。头较大，侧扁。吻钝圆，吻长小于眼后头长。前、后鼻孔相隔1个短距离，前鼻孔短管状。眼中等大，侧上位。口亚下位。上唇中央具1个缺刻，皱褶明显；下唇中央具1个缺刻，缺刻两侧各具2个或3个明显皱褶。上颌具齿状突，下颌中央无缺刻。须3对，内吻须后伸达前鼻孔垂直下方，外吻须后伸达眼前缘，颌须后伸达眼后缘的垂直下方。无侧线，头部无侧线管系统。

背鳍末根不分支鳍条柔软，短于第1根分支鳍条，至吻端的距离明显大于至尾鳍基部的距离；背鳍外缘平截，平卧时背鳍末端超过肛门上方。腹鳍起点与背鳍的第3根分支鳍条相对。胸鳍末端约达胸鳍、腹鳍起点间距的1/2处。腹鳍末端不伸达肛门。肛门靠近臀鳍起点。尾鳍平截。头部裸露无鳞，身体其余部位被有细密鳞片。

鳔2室，前室埋于骨质囊中；后室发达，末端达腹鳍起点，前端以1条短管与前室相连。肠直。

喜缓流水且具水草的环境，常居于水体的中下层，行动迟缓，常成群活动。

分布：分布于云南省昆明市嵩明县江段，分布水系属牛栏江水系。

📍	嵩明县羊街镇
🐟	55mm
📷	雷春云
🕐	2024-10

◎ 横斑云南鳅

Yunnanilus spanisbripes

(An, Liu *et* Li, 2009)

形态特征：背鳍iv-9；臀鳍ii-6；胸鳍i-11；腹鳍i-7；尾鳍16。第1鳃弓外侧鳃耙1，内侧鳃耙11或12。

体长为体高的4.6—6.1倍，为头长的3.9—4.4倍，为体宽的6.6—7.9倍，为背前距的1.8—2.0倍，为腹前距的1.7—1.8倍，为臀前距的1.2—1.3倍，为肛门前距的1.3倍，为尾柄长的7.3—8.9倍。头长为吻长的2.7—3.1倍，为眼径的4.6—5.8倍，为眼间距的3.7—4.5倍。尾柄长为尾柄高的1.0—1.4倍。

体延长，稍侧扁。头锥形，侧扁。吻钝，吻长略小于眼后头长。前、后鼻孔间隔1个短距离，前鼻孔短管状。眼位于头部侧上位。口亚下位。上、下唇发达，上唇中央具1个缺刻，下唇皱褶不明显，中央具1个缺刻，缺刻两侧各具3个明显皱褶。上颌齿状突明显，下颌中央有1个小缺刻。须3对，内吻须后伸达前鼻孔垂直下方，外吻须后伸达前鼻孔后缘，颌须后伸达眼后缘的垂直下方。侧线不完全，向后超过胸末端，但不达背鳍起点，具侧线孔15—24。头部存在侧线管孔，眶下管孔3+12；眶上管孔8；管孔3+3，有少数个体为2+2（2尾）；鳃盖管孔8—10。

背鳍末根不分支鳍条柔软，短于第1根分支鳍条；至吻端的距离略大于至尾鳍基部的距离；背鳍外缘平截，平卧时背鳍末端达到肛门上方。腹鳍起点与背鳍的第2、第3根分支鳍条相对。胸鳍末端约伸达胸鳍、腹鳍起点间距的前1/3处。腹鳍末端不伸达肛门。肛门靠近臀鳍起点。尾鳍后缘略凹。头部裸露无鳞，胸部被有稀疏鳞片，身体其余部位被有细密鳞片。鳔2室，前室埋于骨质囊中；后室发达，末端达腹鳍起点，前端以1条短管与前室相连。肠直。

分布：分布于云南省曲靖市沾益区德泽乡，分布水系属牛栏江水系。

云南省曲靖市会泽县上村乡岔河

63mm

潘晓赋

2024-08-20

◎ 四川云南鳅 *Yunnanilus sichuanensis*
(Ding, 1995)

形态特征：背鳍i-8；臀鳍ii-5；胸鳍i-12；腹鳍i-7；尾鳍16。第1鳃弓内侧鳃耙9或10。

体长为体高的4.6—5.0倍，为头长的3.9—4.5倍，为尾柄长的6.0—8.4倍，为背鳍前长的1.6—1.8倍。头长为吻长的2.4—3.1倍，为眼径的3.3—4.0倍，为眼间距的2.2—2.8倍。尾柄长为尾柄高的0.9—1.0倍。

体延长，稍侧扁。头较短，侧扁。吻钝圆，吻长约等于眼后头长。前、后鼻孔相隔1个短距离，前鼻孔短管状。眼大，位于头中部偏上方。口下位。上唇中央无缺刻，皱褶明显；下唇中央具1个缺刻，缺刻两侧各具2个明显皱褶。上颌无齿状突。须3对，内吻须后伸达后鼻孔垂直下方，外吻须后伸超过眼前缘，颌须后伸达眼后缘的垂直下方。具侧线，侧线孔10—12。

背鳍外缘稍呈弧形，其末端远不达臀鳍起点的垂直线，背鳍前距为体长的54.5%—59.1%。胸鳍较短，末端具许多小缺刻，伸达胸鳍、腹鳍起点间的1/2处。腹鳍短小，起点约与背鳍第1根分支鳍条基部相对；下缘也具小缺刻，末端不伸达肛门。臀鳍起点距腹鳍起点远大于距尾鳍基部。肛门离臀鳍起点稍远。尾鳍凹入，上、下叶末端钝圆。

胸、腹及身体前背部无鳞，其他部位被细鳞。侧线不完全，后端远不达背鳍下方。头部具感觉管孔。鳔前室分为左、右侧室，包于骨质鳔囊中；后室呈长圆形，末端稍尖，游离于腹腔中，后端接近腹鳍起点。肠管较粗短，略弯曲。腹腔膜呈白色，其上具许多黑褐色斑点。

分布：分布于四川省凉山彝族自治州冕宁县安宁河，分布水系属雅砻江水系。

四川省成都市郫县境内

65mm

傅胤龙

2025-03-20

◎ 黑斑云南鳅

Yunnanilus nigromaculatus

(Regan, 1904)

地方名： 黑斑鳅、云南鳅、斑点鳅、斑鳅。

形态特征： 鳞片较小，呈圆形或椭圆形，排列紧密，覆盖全身。身体背部呈黑色，腹部呈白色或浅黄色。身体上布满大小不一的黑色斑点。头部较小。眼睛相对较大。上下颌均有细小的牙齿。身体流线型，尾巴略微收缩。

分布： 分布于金沙江水系的滇池，云南的抚仙湖和贵州西部的草海。

图片来源：张春光等，2019

荷马条鳅属 *Homatula*

◎ 红尾荷马条鳅 *Homatula variegatus*
(Dabry de Thiersant, 1874)

地方名：红尾巴、红尾钢鳅。

形态特征：体延长，前段呈圆筒形，后段稍侧扁。尾柄侧扁，其上具发达皮质棱，上部皮质棱前端达到臀鳍起点上方。头宽大于头高，较扁平，两颊部向外鼓出。吻部较宽，前端较钝。口下位，口裂呈弧形。上颌中央具1个齿状突起，下颌由两个月牙形骨片组成，中央呈1个缺刻。唇较厚，其上有皱襞。具须3对，较粗短，外吻须后伸可达鼻孔前下方，颌须可达眼球中部下方。眼小，位于头背部两侧上方。鼻孔小，在眼前缘上前方，距眼前缘较近。鳃孔小，鳃膜在胸鳍基部前缘与峡部相连。鳃耙短小，外侧退化，内侧鳃耙排列稀疏。鳃丝长于鳃耙。背鳍短，无硬刺，基部稍长，外缘突起呈弧形，其起点位于身体前段近中点。胸鳍短小，末端圆形，后伸不及胸鳍基至腹鳍基部距离的一半处。腹鳍短小，末端后伸仅达腹鳍和臀鳍起点距离的1/3处，其起点约与背鳍起点相对。臀鳍较短小，外缘圆形。尾鳍大，呈圆形或稍呈截形。肛门距臀鳍起点稍远。体后段被细鳞，近背部两侧和尾柄上较多，体前段和胸、腹部裸露无鳞。侧线完全，前段明显，后段不甚明晰。生活时身体呈青灰色或淡黄色，腹部呈浅黄色或棕黄色。体背部和两侧有10—20条不规则横带纹，呈深褐色或黑褐色；背部和后段的斑纹较明显，排列规则，前段不明显，排列不规则；胸鳍、腹鳍和臀鳍呈灰白色带黄色。背鳍前缘和外缘有鲜红色镶边，尾柄上的皮质棱边缘亦呈鲜红色，尾鳍呈鲜红色。

体型小，在盆周山区是一种小型食用鱼类，数量较多，具有一定的经济价值。第1—2年鱼生长较快，第2年鱼全长可达100mm。营底栖生活，喜生活在流水环境中，一般在山区支流中数量较多，食物主要为水生无脊椎动物，如寡毛类和摇蚊科幼虫等。性成熟年龄为2—3龄，生殖季节为6—8月，怀卵量较少，体长140mm的个体，怀卵量为500—600粒，卵较大，呈黄白色或棕黄色。

分布：长江、黄河、珠江等水系。

四川省盐边县雅砻江

120mm

喻燚

2023-12

◎ **短体荷马条鳅** *Homatula potanini*
  (Günther, 1896)

地方名：钢鳅。

形态特征：体长形，较红尾副鳅粗短，前段呈圆筒状，后段侧扁。尾柄短而侧扁，上下具发达的皮质棱，尾柄上部皮质棱前端达背鳍基部后端。头稍短，上下扁平，其宽大于高。吻短，前端圆钝，两颊部膨大。口下位，口裂呈横裂状。上颌中央有1个较尖的齿形突起；下颌为两个月牙形的骨片组成；中央连接处有1个深缺刻。唇稍厚，其上有许多褶襞。须3对，吻须2对，外吻须后伸可达鼻孔下方，口角须伸达眼球中部下方。眼小，位于头侧上方。鼻孔位于眼前方，距眼前缘较近，在1个短管中。鳃孔小，鳃膜在胸鳍基部前缘与峡部侧面相连。鳃耙细小，两端的鳃耙呈突起状，排列较稀疏，鳃丝较长。背鳍短小，无硬刺，其起点在身体中部。胸鳍短小，呈圆形，后伸可达胸鳍至腹鳍基部的一半处。腹鳍短小，末端圆，无硬刺，其起点与背鳍第1或第2根分支鳍条相对，末端后伸不及鲤形目副鳅属。臀鳍基短小，末端圆，后伸不达尾鳍基部。尾鳍截形，尾柄短而高。肛门离臀鳍起点较近。鳞片细小，体侧和尾柄上密被细鳞，体前段稍稀，后段鳞片紧密，常被黏液层覆盖，腹部无鳞。侧线完全，在背鳍起点以后侧线常被黏液层埋藏。

分布：长江上有特有种。主要分布于长江中上游及其附属水体，包括长江干流以及大渡河、岷江、沱江、涪江、嘉陵江等支流。

岷江

170mm

何斌

2017-07-11

◎ 乌江荷马条鳅 *Homatula wujiangensis*
(Ding *et* Deng, 1990)

形态特征：背鳍iv-8；胸鳍i-8—9；腹鳍i-5；臀鳍iv-5。第1鳃弓外侧退化，内侧鳃耙6—8。脊椎骨4+33—34+1。

标准长为体高的5.6—6.8倍，为头长的4.0—4.2倍，为尾柄长的8.0—9.0倍，为尾柄高的6.2—8.0倍。头长为吻长的2.2—2.8倍，为眼径的5.2—5.6倍，为眼间距的3.1—3.2倍，为尾柄长的1.8—2.17倍，为尾柄高的1.4—1.8倍。

体长形，前段近圆筒状，后段侧扁。尾柄侧扁，上下有短皮质棱，上缘皮质棱短，前端不达臀鳍基部后端上方。头稍短，扁平，头宽大于头高，两颊稍鼓出。吻较短，前端圆钝。口下位，呈弧形。上颌中央有1个齿形突起，下颌中央有1个"V"形缺刻。唇较厚，有皱褶，下唇中央分离。须3对，口角须末端后伸达眼后缘下方。鼻孔2对，前鼻孔在鼻瓣中。鳃耙稍细长，排列较密。

背鳍短，基部较长，外缘凸出呈弧形，其起点至吻端的距离为至尾鳍基部距离的1.0—1.3倍。胸鳍短，圆形，末端后伸不及胸鳍、腹鳍起点距离的1/2处。腹鳍小，起点与背鳍第2根分支鳍条相对，末端后伸不达肛门。臀鳍后伸不达尾鳍基部。尾鳍截形。肛门在臀鳍前方，紧靠其起点。

身体几乎裸露无鳞，仅在尾柄后部有少数细鳞，幼体的鳞片稍多，腹部裸露无鳞。侧线不完全，仅在背鳍起点前有侧线，后段断续存在。腹鳍基部有1个腋鳞状突起，略呈三角形，幼体不明显。鳔前室分为左右2个侧室，呈圆形，包于骨质囊中，其间由骨质峡部相连，后室双化。胃较小，呈"U"形，弯曲部较浅。肠较细，不绕折成环。腹腔膜呈白色。

体呈浅黄色，体侧有15—17条深褐色横斑纹，前躯稍稀而短，在背部不相连；后躯宽而长，两侧条纹在背部相连。头背面和两侧有深褐色斑点。背鳍、尾鳍上有2—8列褐色斑纹，其余各鳍呈浅黄色。

分布：长江上游特有种。主要分布于我国长江流域的部分区域，包括乌江、赤水河流域以及金佛山周边溪流。

📍 贵州省毕节市赤水河支流

🐟 100mm

📷 王钦

🕐 2023-04-06

◎ 贝氏荷马条鳅 *Homatula berezowskii* (Günther, 1896)

地方名：钢鳅，红尾巴。

形态特征：体长条形，前后高度一致，前躯圆筒状，尾部侧扁。尾柄背部皮褶棱的起点与臀鳍基的后缘相对。背鳍前体无鳞，身体中、后部具细鳞。侧线完全。头短，宽大于高。吻锥形，吻长稍短于眼后头长。眼小，侧上位。前后鼻孔紧相邻，前鼻孔在短管中。口下位，口裂弧形。唇较厚，唇面光滑或有浅皱褶，下唇中部有一"V"形缺刻。上颌中部有一齿状突起，下颌匙状。须3对，较粗短，外吻须伸达口角或鼻孔前下方，口角须可达眼球中部下方。鳃孔小，鳃膜在胸鳍基部前缘与峡部相连。背吻距小于背尾距。背鳍无硬刺，背鳍背缘浅弧形；胸鳍短，末端圆，后伸不及胸、腹鳍起点距的一半；腹鳍起点在背鳍起点之后，后伸不达肛门；臀鳍较短小，外缘圆形。尾鳍后缘截形。鳔后室退化。胃呈"U"形，肠短，直通肛门。

雄鱼尾鳍鲜红色，雌鱼尾鳍色较暗。

背部和体侧呈灰褐色，身体中、后部体侧有10—14条较粗直的黑褐色横纹。背鳍黄色，前缘有红色镶边，鳍条上有褐斑纹；尾鳍和尾柄上、下缘的皮褶棱鲜红色，其他各鳍浅黄色或灰黄色。尾鳍基部有一条深褐色横纹。

分布：中国特有种。主要分布于嘉陵江、汉江、长江上游支流等流域。

◎	岷江
🐟	165mm
📷	何斌
⏱	2017-07-26

图片来源：张春光等，2019

南鳅属 *Schistura*

◎ 牛栏江南鳅
Schistura niulanjiangensis
(Chen, Lu *et* Mao, 2006)

形态特征： 牛栏江南鳅体型稍长而细，呈纺锤形，略侧扁。鳞片较小且均匀，密集分布在全身，具有光滑的表面。头部较小。吻端较尖。口裂大而斜位。上颌稍向上突出。眼睛中等大小，位于头部的侧面。鳃盖骨完整，具有明显的鳃盖棘。背鳍和臀鳍位置相对较低，背鳍起点位于腹鳍前方。尾柄较短且宽度较大。口腔内有发达的鱼鳔。

分布： 金沙江、牛栏山流域均有分布。

◎ 华坪南鳅 *Schistura huapingensis*
(Wu *et* Wu, 1992)

地方名：钢鳅、红尾巴。

形态特征：体条形，前躯圆筒状，后躯侧扁，头长大于尾柄长，尾柄背部无皮褶棱。躯体后鼻孔紧相邻。口下位。唇较厚，唇面具有较细的皱褶，侧线完全，或在尾柄处呈断续状。头短宽，中部有1个齿状突起。下颌匙状。须3对，外吻须可伸达眼前缘垂下方，口角须可伸达或超过眼后缘。吻前端钝圆，颊部鼓出，雄鱼比雌鱼更甚。外吻须可伸达眼前缘垂下方。吻前端钝圆，颊部鼓出，雄鱼比雌鱼更甚。鼻孔距眼前缘较近，前鼻孔在鼻瓣中，前达眼后缘垂下方。鳃膜与峡部相连。背吻距大于背尾距。背鳍末根不分支鳍条软，背鳍外缘弧形。胸鳍末端超过胸鳍、腹鳍起点距的中点。腹鳍起点在背鳍起点之后，腹鳍后伸末端不达肛门，或达到肛门。尾鳍凹形。鳔前室分为两室，包于骨质囊内，无游离膜质鳔。胃呈"U"形。肠短，直通肛门。背部和体侧呈灰色或浅灰棕色，有10—14条较粗直的黑褐色横纹，腹部呈白色。背鳍、胸鳍、腹鳍和臀鳍呈黄色，尾鳍上叶呈鲜红色，下叶呈黄色或带红色。背鳍前缘基部有1个小黑斑，尾鳍基部有1条黑褐色横纹，各鳍均无斑纹。

云南省楚雄彝族自治州元谋县小罗岔

82mm

陈浩骏

2022-01-22

分布：中国特有种。主要分布于中国滇西北和川西南地区的金沙河水系。

山鳅属 *Claea*

◎ **戴氏山鳅** *Claea dabryi*
   (Sauvage, 1874)

地方名：钢鳅、麻鱼子、瓦鱼子。

形态特征：体长形，前段呈圆筒状，后段稍侧扁，腹部圆，尾柄侧扁，无皮质棱。吻稍短，前段钝圆，吻皮特化为吻须。口下位，横裂状。上颌中央有1个齿形突起。须3对。背鳍短小。胸鳍后伸不达腹鳍起点。尾鳍发达、中央内凹，两叶末端圆。身体裸露无鳞，侧线完全。

多生活在水流湍急，水质清澈有砾石、岩缝或洞穴的河段。主食底栖无脊椎动物，也食植物碎屑。繁殖期为5—7月。

分布：长江上游特有种。分布于长江中上游及其附属水体。

四川省雅安市芦山县玉溪河

84mm

陈浩骏

2024-08-29

高原鳅属 *Triplophysa*

◎ 粗壮高原鳅 *Triplophysa robusta*
(Kessler, 1876)

地方名： 麻鳅。

形态特征： 体延长，呈圆筒状，腹部圆形，尾柄稍侧扁。头较长，腹面平坦。吻长，其长度约等于眼后头长，背面呈弧形，前端钝。口下位，较宽，口裂呈弧形。上颌平滑，呈弧形，边缘匙状。唇发达，上唇较薄，其上有许多小乳突；下唇宽厚，中央分离，相隔稍远，其上多皱褶，唇后沟不连续，不达下颌中央。具须3对，较粗壮，外吻须后伸达鼻孔前缘下方；口角须最长，末端后伸达到或超过眼后缘。眼稍大，侧上位，位于头的中点处。鼻孔较大，在眼前缘上方，外鼻孔在短管状的鼻瓣中，后鼻孔大。鳃孔稍大，鳃膜在胸鳍前下方与鳃峡相连。鳃耙短小，呈三角形，有的呈突起状，排列稀疏。背鳍较长，外缘稍内凹，其起点约在身体中点偏后段。胸鳍较长大，雄鱼末端尖，雌鱼较圆，后伸不达腹鳍起点。腹鳍小，末端稍尖，后伸不达肛门前缘，其起点在背鳍起点之前，后缘平截。尾鳍宽大，后缘凹形，上、下叶末端尖。尾柄细长。肛门靠近臀鳍起点。体前段裸露无鳞，后段背面和尾柄上有细鳞，特别是尾柄基部鳞片较多，呈圆形，排列较稀，头部和腹部无鳞。侧线完全，平直，侧线孔突起稍高。体背部呈青灰色，头侧有许多小黑点，体侧呈浅青灰色带绿色，腹部呈棕黄色，背部有7—9个黑色大横斑。胸、腹、臀鳍呈黄白色。背鳍呈灰白色，基部和中部各有一列黑斑。尾鳍基部上下各有一个黄色斑块，尾鳍上具有两列斑纹。体较粗壮，个体稍大，肌肉丰满，种群数量较多，是产区群众的食用鱼类之一。

分布： 黄河和长江支流嘉陵江等的上游。

🐟 100mm

📷 谢昊洋

🕐 2023-02-14

◎ *东方高原鳅 Triplophysa orientalis*
(Herzenstein, 1888)

地方名： 东方须鳅、峻吉斯条鳅、东方条鳅。

形态特征： 体延长，前躯圆筒形，后段稍侧扁，尾柄侧扁。头稍短，腹面平坦。吻短，前端钝，约与眼后头长相当。口下位，呈马蹄形。上颌稍向前，下颌不显著突出，下颌边缘呈匙形。唇较发达，其上无明显的皱褶和乳突，下唇较厚，中央分离，唇后沟几乎接近下颌中部。具须3对，其中吻须2对，稍短；口角须长，约为眼径的2倍，末端后伸超过眼后缘下方。鼻孔稍小，位于眼前上方，距眼前缘较近；前鼻孔在1个短管状的鼻瓣中。鳃孔小，鳃耙少，短小，呈突起状，排列稀疏。背鳍小，外缘平截，其起点至吻端的距离较至尾鳍基大。胸鳍较宽，几乎与腹面平行，末端稍尖，后伸可达胸鳍、腹鳍基部距离的1/2处。腹鳍稍短小，末端达到或超过肛门，其起点约与背鳍起点相对。臀鳍短小，外缘截形，后伸不达尾鳍基部。尾鳍长大，后缘截形。肛门离臀鳍起点近。全身裸露无鳞。侧线完全，明显，平直。头背面，体侧及背部呈灰黑色。头背部有许多黑色斑点，体侧和背部亦有由许多黑色小斑点组成的网状斑纹，背部正中背鳍前有6—8个较大的黑斑，背鳍后部有3个大黑斑。胸鳍、腹鳍背面呈浅灰黑色，其上有黑色斑点。背鳍和臀鳍上有黑色斑点，前者较明显。尾鳍基部有2个大黑斑，鳍膜上有4—6条横斑纹，其间有许多黑色小斑点。

分布： 甘肃、青海、四川西部的长江水系，黄河上游干流及其附属水体，怒江上游，甘肃河西走廊和青海柴达木盆地的自流水体，西藏的拉萨河。

四川省阿坝藏族羌族自治州若尔盖县黑河

114mm

晏雯楚

2022-08-19

◎ 异尾高原鳅 *Triplophysa stewarti*
(Hora, 1922)

地方名： 刺突条鳅、长鳍条鳅。

形态特征： 背鳍iii—iv-7—10，臀鳍ii—iii-5—6；胸鳍i-9—13；腹鳍i-5—8；尾鳍13—16。第1鳃弓内侧鳃耙11—19。脊椎骨4+33—39。

体长为体高的4.4—9.1倍，为头长的3.6—5.5倍，为尾柄长的3.3—4.7倍。头长为吻长的2.2—3.5倍，为眼径的3.6—5.8倍，为眼间距的2.5—4.7倍。眼间距为眼径的1.1—1.6倍。尾柄长为尾柄高的3.2—7.3倍。

身体延长，前躯近圆筒形；尾柄低，其起点处的横剖面近圆形，只靠近尾鳍基部处侧扁。头略平扁，头宽等于或稍大于头高。吻部短钝，吻长等于或短于眼后头长。口下位，口裂较小。唇厚，上唇缘多乳头状突起，呈流苏状；下唇面多深皱褶和乳头状突起。下颌匙状，一般不露出。须中等长，外吻须后伸达后鼻孔和眼前缘之间的下方；颌须后伸达眼中心和眼后缘之间的下方，少数可稍超过眼后缘。无鳞。不同采样地区皮肤状态不同，采自拉萨、昂拉仁错、多钦湖、羊卓雍措湖和狮泉河的标本皮肤布满小结节；采自斯潘古尔湖的标本皮肤表面有稀疏的小结节；其余地区的标本皮肤基本光滑。侧线完全、不完全或无侧线，如完全者，侧线孔往后渐稀疏，如不完全者，侧线一般终止在臀鳍上方。

鳍较长。背鳍基部起点至吻端的距离为体长的47%—52%。胸鳍长约为胸鳍、腹鳍基部起点之间距离的3/5。腹鳍基部起点相对于背鳍基部起点或第1、第2根分支鳍条基部，末端伸达或伸过肛门到达臀鳍基部起点，有的可稍超过臀鳍基部起点。尾鳍后缘深凹入，上叶明显长于下叶。

分布： 分布较广。主要分布于西藏的湖泊和河流的缓流河段，如多钦湖、羊卓雍措湖、纳木湖、鹤龙湖、昂拉仁错、色林错、加仁错、班公湖、斯潘古尔湖等，怒江上游的那曲和二道河，拉萨市内的一些坑塘、狮泉河等地；青海省的沱沱河及克什米尔东部地区的一些自流水体也有分布。

🐟 191mm

📷 潘晓赋

🕐 2024-08-20

◎ 黑体高原鳅 *Triplophysa obscura* (Wang, 1987)

形态特征： 体长形，前段呈圆柱状，腹部圆，后段稍侧扁，尾柄侧扁。头略侧扁，背部平。吻稍短，前端钝。口稍小，下位，呈马蹄形。上颌平滑，呈弧形，下颌不露出唇外，匙状。唇发达，上、下唇具有发达的乳突，下唇肥厚，中央间断。须3对，外吻须后伸达到鼻孔和眼前缘之间的下方；口角须较长，末端可达眼后缘下方。眼较大，位于头侧上方；眼间较宽，且平坦。鼻孔位于眼前缘上方，前鼻孔在短管中。鳃孔小，鳃耙短小，呈突起状，排列稀疏。背鳍短小，外缘平截，其起点位于身体后半部。胸鳍稍宽阔，略平展，末端圆，后伸达胸鳍、腹鳍基部的1/2处。腹鳍短小，末端圆，后伸超过肛门，其起点与背鳍起点相对。臀鳍短小，末端后伸不达尾鳍基部。尾鳍宽大，后缘平截。全身裸露无鳞。侧线完全，明显，平直。头背部和体背、侧部有许多细小的颗粒状刺突。腹部亦有刺突，有时较少。体背部呈灰黑色，腹部呈浅黄色，头背面和体侧上部有许多大小不等的黑斑，背部黑斑大而明显。身体沿侧线为1条纵行白色细条纹。背鳍上有4—5列横斑，其余各鳍上均有许多小黑斑。

分布： 黄河上游和嘉陵江支流白龙江上游。

四川省阿坝藏族羌族自治州若尔盖县黑河湿地

116mm

晏雯楚

2022-08-19

◎ 昆明高原鳅 *Triplophysa grahami*
(Regan, 1906)

地方名： 格氏巴鳅、葛氏条鳅。

形态特征： 体延长，前段较宽，呈圆筒状，后段稍侧扁。尾柄短。口下位。无鳞。侧线完全。背鳍背缘微凹入。腹鳍末端不达肛门。肛门约位于腹鳍末端和臀鳍基部起点之间的中点。尾鳍后缘凹入，两叶等长。

分布： 长江上游特有种。分布于云南金沙江水系的螳螂川和元江水系的礼社江。

📍 云南省嵩明牧羊河

🐟 100mm

📷 陈小勇

🕐 2006-03-22

◎ 西昌高原鳅 *Triplophysa xichangensis*
(Zhu *et* Cao, 1989)

形态特征： 体延长，粗壮，侧扁。尾柄稍厚实，其起点处的宽明显小于该处的高和尾柄高。头稍扁。吻稍短，小于眼后头长。口下位。下颌匙形。唇厚，表面多皱褶。具须3对，口角须末端后伸达眼中心至眼后缘之间中点。背鳍较短，外缘平截，不分支鳍条软，其起点至吻端的距离为至尾鳍基部距离的1.1—1.3倍（平均1.2倍）。胸鳍较短，末端后伸达胸鳍、腹鳍基部距离的1/2处。腹鳍起点约与背鳍起点相对，末端后伸不达肛门。尾鳍后缘微凹。全身裸露无鳞，皮肤光滑。侧线完全，平直。背鳍前背部有5—6个褐色横纹。体侧有褐色小斑点，沿侧线有1列深褐色斑块。背鳍、尾鳍有许多褐色小斑点。

分布： 四川西昌雅砻江支流安宁河。

⊙ 四川省甘孜藏族自治州稻城县无量河

🐟 96mm

📷 晏雯楚

🕐 2023-05-15

◎ 秀丽高原鳅 *Triplophysa venusta*
(Zhu *et* Cao, 1988)

形态特征：背鳍iii-7—9（多数为8）；臀鳍iii-5；胸鳍i-10—12；腹鳍i-7；尾鳍15—16（多数为16）。第1鳃弓内侧鳃耙10—11。

体短而侧扁。背缘自吻端至背鳍起点逐渐隆起，往后渐次下降。腹缘轮廓线略呈弧形，腹部圆。头大，侧扁。吻钝，吻长略小于或等于眼后头长。鼻孔接近眼前缘而远距吻端；前、后鼻孔靠近，前鼻孔位于鼻瓣中，鼻瓣后缘略延长，末端接近后鼻孔后缘。眼中等大，位于头背侧，腹视可见一部分。眼间隔较狭，稍隆起。口下位，口裂呈弧形。上、下唇厚，有浅皱褶，上唇中央无缺刻，下唇中央有1个缺刻。缺刻之后有中央颏沟。上颌弧形，无齿状突起；下颌匙状，边缘不锐利。须3对，中等长，内侧吻须后伸达前鼻孔；外侧吻须伸达后鼻孔后缘；口角须伸达眼后缘。鳃孔伸达胸鳍基腹侧。尾柄细且略长，侧扁，尾柄起点处的宽小于该处的高；尾柄后段背、腹侧均有明显的棱状突起。

背鳍起点通常位于体长中点或略后，少数位于中点之前，鳍条末端接近肛门的垂线。臀鳍起点距腹鳍起点通常略大于距尾鳍基，鳍条末端不达尾鳍基。胸鳍外缘略圆，长约占胸鳍、腹鳍起点间距的52%—75%。腹鳍起点约与背鳍第1或第2根分支鳍条相对，与胸鳍起点间距约等于臀鳍第1至第5根分支鳍条的间距，鳍条末端远不达肛门。肛门接近臀鳍起点，与臀鳍起点间距约占臀鳍起点至腹鳍基后端间距的11%—17%。

全体裸露无鳞。侧线完全，沿体侧中轴伸达尾鳍基。腹部呈黄色。肠短，在胃后略向左侧弯曲。鳔前室包于骨质鳔囊中；后室发达，长袋形，末端伸达腹鳍起点，前端通过1条长鳔管与前室相连。胸鳍外侧数根鳍条背面有垫状隆起，其上也布满小刺突。

体基色浅黄，体背、体侧及头背具众多不规则云状斑。背鳍、尾鳍各具3—4条斑纹，胸鳍具条状短纹，其余各鳍无斑纹。雄性吻部两侧有1个长条形隆起，其上布满密集的小刺突。胸鳍外侧数根鳍条背面有垫状隆起，其上也布满小刺突。

分布：云南丽江县的黑龙潭和漾弓江，属金沙江水系。

云南省大理白族自治州鹤庆县西草海镇新华村

48mm

潘晓赋

2024-08-20

图片来源：张春光等，2019

◎ 大桥高原鳅 *Triplophysa daqiaoensis* (Ding, 1993)

形态特征：体延长，前躯近圆筒形，后躯略侧扁。尾柄前后高度相等，起点横切面呈长椭圆形。侧线完全，起于鳃盖上缘开口处，沿体侧正中平直延伸至尾鳍基部，具侧线孔84—105。

头略尖，头宽大于头高，头长大于尾柄长。吻圆弧形，吻长小于眼后头长。前、后鼻孔紧相邻；前鼻孔位于鼻瓣中；后鼻孔的周围无瓣膜。眼大，靠近头顶；眼径小于眼间距。口下位，口裂呈弧形。唇厚，上唇具明显皱褶，下唇面正中央具1个"V"形缺刻，缺刻两侧具明显皱褶。上、下颌弧形，无齿状突起，下颌匙状，上、下颌均不露出唇外。须3对，颌须后伸近眼后缘的垂直下方，外吻须后伸达后鼻孔，内吻须后伸达到或略超过口角。头部侧线管孔发达，眶下管孔3+10—12；眶上管孔7或8（大部分为7）；颞颥管孔3或2+2；颚骨—鳃盖管孔8。

背鳍末根不分支鳍条柔软，短于第1根分支鳍条，至吻端的距离略大于至尾鳍基部的距离；背鳍外缘略凹入，平卧时背鳍末端达臀鳍起点的上方。腹鳍起点位于背鳍起点的前下方。胸鳍末端约伸达胸腹鳍起点间距的2/3处。腹鳍末端后伸不达肛门。肛门位于臀鳍起点的前方，肛门距臀鳍起点的距离略大于1/2眼径。尾鳍后缘凹入。

鳔前室埋于骨质囊中，分左、右两室，其间有1个骨质连接柄；鳔后室退化。肠自"U"形胃发出后，在胃后方约两倍胃长的地方向前弯折，形成半个回路，沿胃的右侧向体前弯折，在达胃中部后又向体后弯折，向后直达肛门。

分布：四川特有种。分布于四川省安宁河，属金沙江水系雅砻江支流。

◎ **短须高原鳅** *Triplophysa brevibarba*
(Ding, 1993)

地方名： 钢鳅、白钢鳅。

形态特征： 体较粗短，前躯近圆筒形，后躯渐侧扁。尾柄高度向尾鳍基方向减小。尾柄短，侧扁，头长大于尾柄长。体裸露无鳞，侧线完全。

头钝，圆锥形，头高小于头宽。吻长大于眼后头长。前鼻孔在鼻瓣中，前、后鼻孔紧相邻。口下位。唇厚，上唇面具浅皱褶；下唇面皱褶较浅，正中央具1个"V"形缺刻，缺刻两边各具1个长形肉突，缺刻后的中央纵沟浅或不明显。下颌铲状，须3对，安宁河标本须短，内吻须后伸不达口角，外吻须平直后伸达鼻孔前缘下方，口角须平直后伸仅达眼前缘垂下方；其他产区标本的须较长，内吻须后伸超过口角，外吻须平直后伸达鼻孔后方，口角须平直后伸达眼后缘垂下方。背鳍末根不分支鳍条软；背鳍背缘平截，其起点至吻端较至尾鳍基稍远。胸鳍长超过胸鳍、腹鳍起点距的1/2。腹鳍起点位于背鳍起点之后，腹鳍末端达到或超过肛门。臀鳍外缘平截，末端不达尾鳍基部。尾鳍后缘深凹形，上、下叶等长。鳔前室包于骨质囊中，分左、右两室，侧室之间有1条短管相连接；膜质鳔后室缺失。胃呈"U"形。肠管长度变化较大，在胃之后或绕折成具2—4个环的螺旋形或仅绕折呈"Z"形。生活时背部和体侧呈浅灰色或黄灰色，腹部呈白色，各鳍均呈黄灰色，无色斑。

分布： 四川省特有种。分布于四川省安宁河，属金沙江水系雅砻江支流。

四川省雅安市宝兴县

116mm

李昌衡

2024-08-08

◎ 拟硬刺高原鳅 *Triplophysa pseudoscleroptera*
(Zhu *et* Wu, 1981)

形态特征： 体长形，前段呈圆筒形或略呈方形，后躯侧扁，腹部平坦，尾柄侧扁。头长，较高，背面较平，略呈楔形。吻较短，前端钝。口下位，口裂呈弧形。上颌平滑，下颌弧形，不露出唇外，边缘呈匙状。唇发达，其上多皱褶，下唇肥厚，后缘游离，中部为两个瓣状乳突，中央分离。须3对，发达，外吻须后伸达到眼前缘下方，口角须后伸超过眼后缘。眼大，椭圆形，位于头前半部侧上方，眼间平坦。鼻孔大，在眼前缘上方。鳃孔较大，鳃耙较发达，呈三角形，末端稍尖，排列稀疏。背鳍较宽大，外缘呈凹形，其起点至吻端的距离较至尾鳍基为大，为其长度的1.0—1.2倍；末根不分支鳍条的下部2/3变硬，分支鳍条较软。胸鳍较宽大，末端稍尖，后伸达到胸鳍、腹鳍起点的1/2处。腹鳍较宽大，末端达到或超过肛门。臀鳍较短小，外缘平截，后伸不达尾鳍基部。尾鳍发达，后缘深凹，上叶稍长于下叶。肛门离臀鳍起点稍远，其距离约为腹鳍、臀鳍间距离的1/4。

体裸露，侧线平直，侧线孔大，组成一条白线。生殖季节雄鱼头背部有细小刺突，眼前下方的刺突区增厚。胸鳍第1—4根分支鳍条中部背面变厚、变宽，其上有许多细小刺突。全身基色为浅黄色，头、背和体侧均有许多不规则的黑褐色斑块，背鳍前后各有5—7个褐色横斑。体侧沿侧线上有8—10个深褐色斑块。背鳍有5—6列横斑点。尾鳍上有5—6列横斑点。其余各鳍上有少数斑点。

分布： 青海、云南、四川西部和甘肃境内的长江、黄河干流及其附属水体，柴达木盆地的柴达木河和格尔木河。

🐟 130mm

📷 喻燚

🕐 2023-11

◎ 麻尔柯河高原鳅 *Triplophysa markehenensis* (Zhu *et* Wu, 1981)

形态特征：体延长，前躯略呈圆筒形，后躯侧扁。头稍扁平。口下位。唇面有浅皱褶，下唇薄。下颌边缘锐利，铲状，露出于下唇之外。须3对，吻须末端达鼻孔或眼前缘下方；颌须末端达眼后缘。背鳍刺硬较粗壮。腹鳍起点与背鳍第2根分支鳍条相对，末端伸抵肛门或伸达臀鳍起点。尾鳍后缘凹入，上叶稍长。无鳞，侧线完全。鳔前室分左、右两室，包于骨质囊中；游离膜质鳔较小，其长为1—2个脊椎骨之长，长圆形，壁较厚。肾"U"形，肠绕折呈螺纹状，体长为肠长的15%。体基色浅黄。背部常有不规则的褐色横斑，背鳍前后各有1—6条；体侧有很多不规则的褐色条纹，沿侧线常有1列（5—10枚）褐色斑块；背、尾鳍有数行黑色斑点。

分布：金沙江上游包括雅砻江和大渡河中上游水系。

⊙	岷江
🐟	130mm
📷	何斌
🕐	2018-10-26

◎ 安氏高原鳅 *Triplophysa angeli*
(Fang, 1941)

形态特征：背鳍iii-8；胸鳍i-10—11；腹鳍i-6—7；臀鳍iii-5。第1鳃弓内侧鳃耙13—18。体长为体高的6.7倍，为头长的5倍。头长为吻长的2倍，为眼径的4.5倍，为眼间距的5倍。尾柄长为尾柄高的3倍。

体延长，尾柄侧扁，尾柄长约与头长相等。吻稍长于眼后头长。口下位，口裂呈半圆形。唇肉质，无乳突。下颌露出唇外。须3对，吻须长于眼径，为眼径的1.1—1.3倍，上颌须为眼径的2倍，末端后伸达眼后缘下方。体裸露，皮肤光滑。侧线完全，位于体中部。

背鳍外缘平截，其起点距吻端较距尾鳍基部为近。胸鳍较长，末端伸达胸鳍、腹鳍基部起点间距离的3/5处。腹鳍起点略微在背鳍起点之后，其末端伸达肛门或接近或超过肛门。臀鳍末端不达尾鳍基部。尾鳍分叉，下叶比上叶长，头长约为分叉部分长的2.5倍。鳔2室，前室由两个侧室组成，其间有1条细管相连，均包于骨质鳔囊中；后室退化，仅存一个小膜质鳔。肠管较短。

分布：长江上游特有种。分布于四川省西部的雅砻江流域。

雅安市青衣江

110mm

喻燚

2023-05

◎ 前鳍高原鳅 *Triplophysa anterodorsalis*
(Zhu *et* Cao, 1989)

形态特征：背鳍iv-8—9；胸鳍i-9—10；腹鳍i-6—8；臀鳍iii-5；尾鳍i-14—17。第1鳃弓内侧鳃耙11—13。脊椎骨4+33—35。

体长为体高的5.25—7.17倍，为头长的1.3—5.0倍，为尾柄长的5.0—6.3倍。头长为吻长的2.2—2.7倍，为眼径的4.07—5.4倍，为眼间距的2.6—3.1倍。眼间距为眼径的1.3—1.8倍。尾柄长为尾柄高的1.6—2.2倍。

体延长，后部逐渐侧扁。尾柄高度几乎不变。头短，前端钝，稍压低。吻长等于或稍长于眼后头长。口下位。上唇有乳突，下唇薄，有浅皱纹。下颌铲状，露于唇外。具须3对，口角须末端后伸达眼中心和眼后缘之间下方。

背鳍较长，外缘平截，不分支鳍条软，其起点较前，至吻端的距离为至尾鳍基部距离的0.8—0.9倍。胸鳍较长，后伸接近或达到腹鳍起点，其起点与背鳍第1或第2根分支鳍条基部相对。尾鳍后缘微凹。肛门靠近臀鳍起点。鳔前室发达，包于骨质囊中；后室退化呈小膜囊。肠短，绕折成一个环。

体裸露无鳞。侧线明显，完全，从鳃孔下角直达尾柄中部。

分布：金沙江水系有分布。

🐟 60mm

📷 喻燚

🕐 2021-05-15

◎ 短尾高原鳅 *Triplophysa brevicauda* (Herzenstein, 1888)

形态特征： 背鳍iii-7—8；胸鳍i-9—11；腹鳍i-6—7；臀鳍iii-5。第1鳃弓内侧鳃耙12—15，外侧退化。脊椎骨4+32—37+1。

标准长为体高的5.3—6.6倍，为头长的4.5—5.4倍，为尾柄长的5.1—6.6倍，为尾柄高的9.4—11.6倍。头长为吻长的2.0—2.4倍，为眼径的4.1—4.6倍，为眼间距的3.2—4.5倍，为尾柄长的1.0—1.2倍，为尾柄高的1.8—2.5倍。尾柄长为尾柄高的1.6—2.3倍。

体长形，侧扁，后躯更侧扁，尾柄侧扁，头稍侧扁，腹面较平坦。吻长约与眼后头长相等，前端钝。口下位，口裂呈弧形。下颌边缘呈匙状。唇较薄，上下唇在口角处相连，下唇中央分离，中央无明显的突起。须3对，外吻须后伸达鼻孔后缘下方；口角须后伸可达眼后缘下方。眼稍大，略呈椭圆形，位于头的中部侧上方。鼻孔在眼前缘上方，距眼前缘较近。鳃孔稍大，鳃耙短小，排列较稀疏。

背鳍外缘微凹，其起点距吻端较距尾鳍基为远，不分支鳍条较软。胸鳍较宽大，末端稍尖，后伸超过胸鳍、腹鳍起点距离的1/2处。腹鳍较狭窄，后伸接近或达到肛门，其起点约与背鳍起点相对。臀鳍短，外缘平截，后伸不达尾鳍基部。尾鳍发达，后缘凹形，有时凹陷较深，上、下叶末端圆。肛门距臀鳍起点较近。

体裸露无鳞，侧线完全，平直，从鳃孔上角直达尾柄基部。成熟雄鱼全身体色变深，眼前下方的月牙形刺突区隆起较高，小刺突明显增长，胸鳍第1—5根分支鳍条中部表皮变厚变宽，其上有许多小刺突。鳔前室发达，分为两个球形的侧室，外面由骨质鳔囊包裹，两骨质鳔囊之间由骨质峡部相连；鳔后室退化。胃大，呈"U"形。肠短，绕呈"Z"形。腹腔膜呈黑色。

体色随栖息环境和季节不同以及雌雄个体间均有不同的变化。常见个体全身呈青黄色，腹部呈浅黄色。头背面和两侧有许多黑色斑点，体侧上部和背部亦有许多黑色斑点，背部有8个较宽的鞍状黑斑，一般背鳍前后各有4个。背鳍膜上有2列横斑。尾鳍上有4—5列横斑纹。其余各鳍均呈浅黄色。

分布： 主要分布于青藏高原及其毗邻地区的溪流、澜沧江、金沙江、怒江流域，还分布于新疆、四川西部和甘肃河西走廊。

金沙江支流鲹鱼河

67mm

杨德国

2017-10-26

◎ 贝氏高原鳅 *Triplophysa bleekeri* (Sauvage *et* Dabry de Thiersant, 1874)

地方名：花泥鳅、钢鳅。

形态特征：背鳍iii-7—8；胸鳍i-10—11；腹鳍i-7—8；臀鳍iii-5；尾鳍i-14—16。第1鳃弓内侧鳃耙7—12，外侧退化。脊椎骨4+33—43+1。

体长为体高的5.0—6.6倍，为头长的4.3—5.1倍，为尾柄长的5.0—6.1倍，为尾柄高的5.1—7.8倍。头长为吻长的1.8—2.6倍，为眼径的4.0—4.6倍，为眼间距的2.6—3.6倍。尾柄长为尾柄高的1.2—2.0倍。

体延长，前段近圆筒形，尾柄侧扁，短且较高。头稍短，腹面平坦。吻端钝，其长与眼后头长相当。口下位，口裂呈弧形，口裂后端达鼻孔前缘下方。上颌平滑，下颌向前突出，边缘呈匙形。唇厚，其上有许多乳突，下唇具皱褶，中央分离，唇后沟不连续。具须3对，吻须2对，口角须1对，较长，后伸达眼后缘下方。眼较大，侧上位，眼间较宽。前后鼻孔相近，后鼻孔大，前鼻孔在瓣膜中，鳃孔较小。鳃耙短小，呈突起状，尖端钝，排列稀疏。

背鳍无硬刺，外缘平截，其长度比头长短，其起点在身体中部偏后段。胸鳍短，末端钝，后伸可达胸鳍、腹鳍基距离的1/2处。腹鳍短小，后伸不达或仅及肛门前缘，其起点与背鳍起点相对或位于背鳍第1根分支鳍条基部下方。臀鳍小，后缘平截，末端不伸达尾鳍基部。尾鳍大，后缘微凹，上、下叶末端圆。尾柄较粗短，侧扁。肛门离臀鳍起点稍远，其距离约为腹鳍、臀鳍起点距离的1/4。

体裸露无鳞，侧线完全，平直。雄鱼眼前下方有1个月牙形刺突区，下缘与邻近皮膜分离。鳔前室较发达，分为左右两室，包裹于骨质鳔囊中，两鳔囊之间为骨质峡部；鳔后室退化。肠粗短，绕折成一个环。腹腔膜的腹部呈黄白色，近背面呈黑色。

体侧上部呈浅黄色，腹部呈棕黄色。头背呈灰黑色，体背部有6—7个大的黑色横斑，一般背鳍前有3个，背鳍后有3—4个。体侧中部有1列不规则的斑点，一般有6—9个，有时不明显。背鳍和尾鳍上有许多黑色小斑点，其他鳍呈浅棕黄色。

个体小，分布广，有的江段数量相当多，为产区的食用鱼之一，具有一定的经济价值。

生长速度较快，第二年体长可达4 cm。食料主要为水生昆虫的成虫及幼虫、摇蚊科幼虫、寡毛类、端足类以及植物碎屑和藻类。常生活在有石砾流水的江段，多与短尾高原鳅生活在一起。成熟年龄为2—3龄，生殖期在5—7月，川东地区稍早。成熟卵较小，黄色。怀卵量不大，一般成熟个体怀卵量为300—700粒。

分布：长江中上游水系，包括长江上游干支流、金沙江下游、雅砻江下游、岷江中下游、嘉陵江、沱江、乌江中下游、大宁河、平通河、马边河。

岷江

103mm

何斌

2017-07-11

◎ 修长高原鳅 *Triplophysa leptosoma*
(Herzenstein, 1888)

形态特征：体条形，前躯近圆筒形，后躯渐侧扁。尾柄高度向尾鳍方向减小，头长长于尾柄长。无鳞，侧线完全。吻较尖，吻长短于眼后头长。前、后鼻孔紧相邻，前鼻孔在鼻瓣中。眼侧上位。口下位，弧形。雅砻江标本，唇厚，上唇流苏状且具乳头，下唇为具乳突的深皱褶；岷江标本，上、下唇皱褶较浅，上唇中央无缺刻，下唇正中具1个"V"形缺刻，缺刻两边各为1个长形肉突，缺刻后具1条深而发达的中央纵沟，纵沟沿头腹面正中央延伸至鳃盖下缘闭合处。下颌匙状，不露出于唇外。须3对，较短，内吻须后伸不达口角，外吻须后伸达鼻孔下方，口角须后伸达眼中部垂下方。

背鳍最后1根不分支鳍条软。腹鳍起点靠后于背鳍起点，背吻距大于背尾距。胸鳍末端超过胸鳍、腹鳍起点距的中点。腹鳍末端超过肛门。臀鳍末端后伸不达尾鳍基部。尾鳍微凹。鳔前室埋于骨质囊中，分左右两室，侧室之间有1条短管相连接；膜质鳔后室小，仅1—2mm长。肠自"U"形胃发出后，绕折呈"乙"形。

雄鱼吻部眼眶前下方有一条形刺突区，胸鳍背面有增厚的垫状隆起，胸鳍较宽；雌鱼吻部眼眶前下方无刺突区，胸鳍背面无垫状隆起，胸鳍较窄。

体侧和背部呈灰黄色，腹部呈白色。

栖息在砾底、流水的河流中。以水生无脊椎动物和藻类为食。繁殖期为5—8月，产沉性卵，受精卵黏性弱。

分布：长江、黄河上游，西藏北部，柴达木盆地，青海湖及河西走廊等地。

72mm

陈浩骏

2023-07-18

◎ 斯氏高原鳅 *Triplophysa tenuicauda*
(Steindachner, 1866)

形态特征：背鳍iii-8—10；胸鳍i-10—11；腹鳍i-7—9；臀鳍iii-5。第1鳃弓内侧鳃耙16—21，外侧退化。脊椎骨4+36—40+1。

标准长为体高的5.0—6.6倍，为头长的4.6—6.6倍，为尾柄长的4.6—5.1倍，为尾柄高的13.8—16.2倍。头长为吻长的2.0—2.6倍，为眼径的4.0—6.6倍，为眼间距的2.5—3.6倍，为尾柄长的0.9—1.3倍，为尾柄高的13.8—16.1倍。尾柄长为尾柄高的2.2—3.1倍。

体延长，呈圆筒形，前段较粗，尾柄较细圆，腹部圆形。头稍短，背面呈弧形，腹面较平坦。吻短，前端钝。口下位，口裂呈弧形。下颌边缘锐利，常露出唇外。唇稍厚，其上有许多皱褶。唇后沟中断。须3对，较粗壮，外吻须后伸达眼前缘下方，上颌须后伸可达眼后缘下方。眼较小，位于头中部侧上方，眼间稍平坦。鼻孔明显，鼻窝稍下凹，前鼻孔在1条短管中。鳃孔稍小，下角伸达胸鳍前下方腹面。鳃耙短小，呈三角形，排列稍密。

背鳍无硬刺，外缘平截，基部较长，其起点距吻端的距离大于至尾鳍基部距离。胸鳍较大，末端钝，后伸达到或超过胸鳍、腹鳍基距离的1/2处。腹鳍稍小，末端后伸达到或超过肛门，其起点与背鳍起点相对或与第2、第3根分支鳍条相对。臀鳍短，外缘平截，后伸不达尾鳍基部。尾鳍长分叉较深，上、下叶末端圆钝。肛门离臀鳍起点较近。鳔前室分为两室，包于骨质囊中，其间为骨质的峡部；后室退化或仅为1个小泡囊。胃膨大，呈"U"形。肠管较长，在胃之后绕折成多个环或绕成螺旋状。腹腔膜呈浅棕色，有黑色斑点。

体裸露无鳞，侧线完全、平直。生殖季节雄鱼头部和背部有珠星，眼前下方的月牙形刺突区隆起较高，刺突明显变长。

身体呈棕色或浅黄色，头部、体侧和背部有许多黑色斑点，体侧有5—7块大黑斑，背鳍前后有4—5个大的褐色横斑。背鳍条鳍膜上有2—3列横斑，胸鳍、腹鳍、臀鳍均呈棕色或浅黄色，尾鳍基部中央有一个大黑斑，尾鳍上有4—5列横斑。

主要栖息于川西北高原山区河流及与河流相通的湖泊中，喜流水生活。主要食物为昆虫成虫及其幼虫，如鞘翅目和襀翅目等，也食寡毛类和藻类等。生殖期在7—8月。怀卵量较大，一般体长15 cm左右的个体，怀卵量为2000—5000粒，卵粒较小，IV期卵直径为0.1—0.15 cm。

分布：分布广泛，在我国分布于黄河、长江、澜沧江、怒江、渭河水系，还分布于青藏高原及其毗邻地区的其他高海拔水域。

 四川省

 114mm

 陈浩骏

 2022-07-14

◎ 粗唇高原鳅 *Triplophysa crassilabris* (Ding, 1994)

形态特征：背鳍i-7；胸鳍i-8—9；腹鳍i-7—8；臀鳍i-5。第1鳃弓内侧鳃耙8—9，外侧退化。脊椎骨4+33—35+1。

标准长为体高的6.2—7.1倍，为头长的4.5—1.6倍，为尾柄长的5.00—5.32倍，为尾柄高的12.6—14.0倍。头长为吻长的2.2—2.4倍，为眼径的4.4—4.8倍，为眼间距的2.7—3.0倍，为尾柄高的1.0—1.1倍，为尾柄高的2.7—3.0倍，为口宽的3.0—3.2倍。尾柄长为尾柄高的2.6—2.8倍。

体延长，呈圆筒形，前段腹面较平，尾柄细圆。头短小，背、腹面略平。吻短，前端钝圆。口小，下位，口裂呈弧形。上、下颌露出唇外，平滑，下颌边缘呈铲形。唇厚，其上有许多乳突，下唇发达，分为两叶，薄而宽，前缘游离，中央不分离；后缘游离，有缺刻稍深。唇后沟中断。须3对，短小，外吻须后伸达鼻孔中部下方，口角须末端后伸达眼球中部下方。眼小，圆形，位于头中部侧上方。眼间头部平坦，眼间距约等于尾柄高。鼻孔小，前鼻孔在1条短管中，位于眼前方，距眼前缘较近。鳃孔较小，鳃耙短小，排列稀疏。

背鳍小，无硬刺，外缘平截，其起点距吻端与至尾鳍基部距离约相等。胸鳍较长，末端稍尖，后伸达到或超过胸鳍、腹鳍起点距离的1/2处。腹鳍小，末端尖，后伸达到或超过臀鳍起点，其起点与背鳍第1或第2根分支鳍条相对。臀鳍短小，外缘平截，无硬刺，后伸不达尾鳍基部。尾鳍较长，后缘截形。肛门位于臀鳍起点前方。鳔前室发达，分为两个侧室，包于骨质鳔囊中，骨鳔囊呈椭圆形；后室退化。胃呈"U"形。肠管较细长，绕折成4—5个环，在肠管起点处有一个小膜质囊呈圆形或椭圆形，管较细长。腹腔膜呈黑色。

体裸露无鳞。侧线完全，平直，明晰。生殖季节雌、雄鱼全身有许多细小疣状突起，腹部亦较明显，雄鱼体上疣状突起较雌鱼显著。

全身基色为浅黄白色，背部为棕黑色或灰色，有许多大小不等的黑色斑块。背部在背鳍前后各有3个黑色斑块，背鳍前的3个黑斑在背中部分离，后3个连接呈鞍状。各鳍呈灰白色，有3—5列细小黑色斑点。尾鳍基部有一条较宽的横斑纹。

个体小，一般全长在100mm以下，生活在浅水湖泊，有水草的浅水区，主要以植物碎屑和藻类为食，也食一些小型水生昆虫。生殖季节在7—8月。怀卵量较少，体长50mm的个体，怀卵量为300—500粒，卵小，黄色，卵径为1.0—1.5mm。

分布：在四川省阿坝藏族羌族自治州若尔盖县和茂县有分布，分布水系属岷江水系。

黑水县黑水河

90mm

喻燚

2020-08

图片来源：张春光等，2019

◎ 姚氏高原鳅 *Triplophysa yaopeizhii*
(Xu, Zhang *et* Cai, 1995)

形态特征：身体延长，前躯略圆，自肛门之后稍侧扁。头部锥形，钝圆。吻长与眼后头长相等。口下位，口裂弧形。下颌边缘匙状，略露出，无角质。上、下唇较厚，在口角处相连，下唇分离，两侧叶略扩展，中央无明显突起。须3对，吻须2对，口角须1对。前、后鼻孔紧相邻，距眼前缘较距吻端近。眼稍大，圆形，位于头中部侧上方。体表裸露无鳞，侧线完全，平直，从鳃孔上角直达尾柄基部。

背鳍外缘微内凹，其起点距吻端较距尾鳍基为远，鳍条柔软。胸鳍平展，起点紧接鳃盖侧下角，或为其所盖，末端稍圆，后伸多达胸鳍、腹鳍起点之间距离的1/2处。腹鳍较窄，内侧鳍条略短，末端稍尖，后伸远不达肛门，其起点明显在背鳍起点之前。臀鳍起点位于腹鳍起点与尾鳍起点之间，离肛门有一段距离，后伸远不达尾鳍基。尾鳍后缘浅凹入。鳔的后室退化，仅残留1个很小的膜质室。肠短，自"U"形的胃发出后，在胃后方折向前，至胃中段和前端之间再后折通肛门，绕折呈"Z"形。

体呈褐色，侧腹部颜色略浅，背部在背鳍前、后各有数块深褐色鞍形斑纹。体侧散布有多数不规则的深褐色斑块或斑点。背鳍、尾鳍具略显规则的横列深褐色斑纹；胸鳍、腹鳍的上面散布黑斑，个别不明显，下面的色淡；臀鳍色淡。

分布：金沙江上游特有种，现知分布于西藏自治区昌都市江达县、芒康县、贡觉县等地，分布流域属金沙江水系右岸支流藏曲。

◎ 拟细尾高原鳅 *Triplophysa pseudostenura*
(He, Zhang *et* Song, 2012)

形态特征： 身体光滑，躯干前部细长、扁平，侧面扁平，躯干朝向尾鳍的基部变细，无鳞片。头部凹陷，深度小于宽度，逐渐变细且相对狭窄，从背部观察时形状接近三角形。鼻渐尖，鼻孔比鼻尖更靠近眼睛前缘，前鼻孔和后鼻孔间隔紧密，前鼻孔比后鼻孔小，在短管末端穿孔。骨间隙略微凸起。眼小，靠近头部背侧轮廓，位于头部中点附近。嘴唇薄而光滑。背鳍前方插入骨盆鳍。尾鳍深凹。侧线完整。膀胱后腔缩小或缺失。肠短，在"U"形胃底部后呈锯齿状。

分布： 雅砻江干流以及支流咸水河有分布。

	炉霍鲜水河
	140mm
	喻焱
	2024-07

◎ 理县高原鳅 *Triplophysa lixianensis* (He, Zhang *et* Song, 2008)

形态特征： 胸鳍i-9—10；背鳍iii-7—8；腹鳍i-7；臀鳍ii-5。

　　体修长，无鳞，体表光滑。背鳍前后躯均呈圆筒形，背鳍前后的背部平坦，最大体高位于胸腹鳍之间中部，体高约等于体宽。背鳍基部向腹部方向倾斜，该基部末端处的身体高度明显大于臀鳍起点处的高度，向后身体逐渐变得细长。尾柄细圆，起点处的横切面呈圆形，尾柄高向后逐渐降低，尾柄长大于头长。尾鳍基部不具皮质棱。肛臀距约等于眼径。侧线完全，起于鳃盖上缘开口处，沿体侧正中线略偏背方向平直延伸至臀鳍起点上方，再沿体侧正中线向尾鳍基部平直延伸。

　　头部扁平，头高明显小于头宽；头顶平坦，其背面观略呈正三角形。雄性眼下刺突区上叶为长条形肉瓣状隆起，位于眼眶前缘和外吻须基部之间，向上不扩散到鼻孔；下叶为弥散状分布于鳃盖前缘至口角须基部的两颊区域内；上、下叶间的狭沟（眶下侧线管）明显。雌性眼下两颊较光滑。吻尖形，吻长小于眼后头长。前后鼻孔紧靠，前鼻孔前缘位于吻端和眼眶前缘之间的中点或略近眼眶前缘；前鼻孔延长呈开阔的短喇叭状，后鼻孔开阔且其开口面几乎等于前者。眼小略呈圆形，十分靠近头顶，眼径约小于眼间距。鳃盖侧线管不明显，位于眼眶后缘约1倍径距离处，向下逐渐延伸至口角。

　　口裂呈宽弧形。唇厚，上唇中央无缺刻，唇面深皱褶，唇缘无乳突；下唇面正中央具1个"V"形缺刻，缺刻后中央纵沟浅或不明显；下唇发达，唇面皱褶，无乳突。上下颌边缘肉质，不锐利，上颌宽弧形，下颌匙状且自然露出唇外。须3对，略长，内吻须后伸仅及口角；外吻须平直后伸接近或达到鼻孔，很少伸达眼眶前缘垂下方；口角须平直后伸达到或超过眼眶后缘垂下方。

　　鳍条软。雄性胸鳍增宽变圆，背面第1—5/6根分支鳍条处具1个增厚的隆起刺突层；雌性胸鳍较尖，末端后伸达到或超过胸腹鳍之间的中点。背鳍起点位于标准体长的中后部，靠后于腹鳍起点，距吻端大于距尾鳍基的距离；背鳍基末端相对或略靠近前肛门；背鳍外缘微微内凹，鳍条末端平直后伸达到或超过臀鳍起点正上方。腹鳍外缘略宽，起点约位于吻端和尾鳍起点之间的中点，末端平直后伸超过肛门，接近或达到臀鳍起点。臀鳍外缘平截，起点至腹鳍腋部的距离远小于至尾鳍基部的距离，末端平直后伸不及尾柄中点。尾鳍后缘深凹或略显叉形，两叶等长或上叶略长，最短分支鳍条约为最长分支鳍条长度的3/4。

　　鳔前室埋于骨质囊中，分左右两近圆形侧室，其间有1个短骨质连接柄；鳔后室退化。胃略大，呈"U"形。肠自胃发出后在胃底端1倍胃长处回折至胃中部，再回折直达肛门，肠呈"Z"形。

分布： 目前仅知分布于四川省阿坝藏族羌族自治州理县杂古脑河（米亚罗至薛城河段），分布流域属岷江水系一级支流。

四川省阿坝藏族羌族自治州理县杂谷脑河

138mm

晏雯楚

◎ 稻城高原鳅 *Triplophysa daochengensis*
(Wu, Sun *et* Guo, 2016)

形态特征：体形修长，体表光滑无鳞，侧线完整。鼻钝，长度等于后鼻孔的长度，鼻孔和后鼻孔相邻，靠近眼眶前缘。嘴唇厚而有沟；上唇没有中间切口；下唇有"V"形中央切口，表面有浅沟。有锋利的边缘，不被下唇覆盖。

栖息在河岸和湿地附近，栖息地水流缓慢，底部由砾石和泥组成。杂食性，以藻类和水生昆虫为食。

分布：四川省特有种。四川省金沙江北部支流城河及其相关湿地有分布。

金沙江汇口

117mm

张春光

◎ 玫瑰高原鳅 *Triplophysa rosa*
(Chen *et* Yang, 2005)

形态特征：鼻尖，头微凹陷。头背部长度和头部长度大于头宽；头部长度短于胸鳍和尾鳍的最大长度，比背鳍、腹鳍和臀鳍的长度长。眼睛退化。有上、下颌，下颌在消化道联合处未被下唇覆盖。嘴唇上布满了褶皱；上颚可见，嘴角被上唇覆盖；下唇被消化道联合的沟槽完全平分。内吻侧骨至嘴角，外吻侧骨至眶腔，上颌骨超过眶腔，但未达鳃盖前缘。前鼻孔形成一个细长的杠铃状突起。背鳍的远缘呈凹形。胸鳍的尖端靠近腹鳍的起点。背鳍比头短。臀鳍起点更接近腹鳍起点，而不是尾鳍基部。

分布：重庆市武隆县，属乌江水系。

📍 重庆市彭水县黄泉洞

🐟 62mm

📷 晏雯楚

◎ 湘西盲高原鳅 *Triplophysa xiangxiensis* (Yang, Yuan *et* Liao, 1986)

地方名：湘西盲南鳅、湘西盲鳅。

形态特征：背鳍iii-8；臀鳍i-6；胸鳍i-11；腹鳍i-6。

体长为体高的6.1—7.0倍，为头长的3.1—3.4倍，为尾柄长的5.5—6.9倍，为尾柄高的13.3—15.1倍。头长为口角须长的2.5—2.8倍，为内侧吻须长的5.4—6.2倍，为外侧吻须长的2.7—3.3倍，为尾柄长的1.7—1.8倍，为尾柄高的4.2—4.5倍。头长为鼻孔前吻长的4.8—5.0倍，为鼻孔后缘距鳃盖膜后缘的1.4—1.5倍。

体稍长，腹鳍基前的头腹面及胸腹部较平，背鳍起点处较为隆起，腹鳍以后身体逐渐侧扁。头稍平扁，头宽大于头高。口下位，弧形。上、下唇发达，边缘光滑，无任何乳状凸起，分别覆盖上、下颌；下唇中部具1条明显的裂缝将之分为2部分，唇后沟在此中断。上、下颌均具明显的革质边缘，尤以上颌较发达。须3对，其中吻须2对，外侧吻须较内侧吻须长，末端超过口角须基部；口角须1对，较长，后伸超过鼻孔后缘至鳃盖骨间（即鼻后头长）的中点稍后。鼻孔大，宽大于长，鼻孔后缘距鳃盖骨后缘为鼻孔前缘距吻端的2.5倍左右；鼻瓣发达，突出，卵圆形。眼窝为疏松的脂肪球所充满，呈盲眼，仅剩眼眶痕迹。鳃盖膜与峡部相连。

背鳍末根不分支鳍条柔软分节，起点距吻端较距尾鳍基为近。胸鳍平直，第1根分支鳍条特别延长，呈燕翅状，后伸可超过臀鳍基中点；第2、第3根分支鳍条亦延长，但均小于第1根长度的1/2；其他分支鳍条不延长；整个鳍的边缘平整。腹鳍起点约与背鳍第2根分支鳍条相对，后伸可达臀鳍起点，其第1根分支鳍条稍突出于鳍膜之外。肛门靠近臀鳍起点。臀鳍起点距腹鳍起点与其基末距尾鳍基约等长。尾鳍中部最短鳍条为最长鳍条的1/2—2/3，两叶末端尖。尾柄上、下缘均无软鳍褶。

全体裸露无鳞，侧线孔明显。

鳔前室分为左、右两室，包于骨质鳔囊中；后室囊状，长形。肠短，前端特别膨大，绕折呈"U"形。

体呈淡红色，腹面透明，依稀可见内部构造。

分布：中国特有种。分布范围窄，数量较少，仅见于湘西土家族苗族自治州龙山县飞虎洞，分布河流为沅水支流酉水。

湖南省湘西州龙山县

46.5mm

周佳俊

2020-02-01

◎ 小眼高原鳅 *Triplophysa microphthalmus* (Kessler, 1879)

形态特征： 身体呈纺锤形，略扁平。体长一般为12—15 cm。

鳞片较小，密集排列，呈深灰色。头部较小，眼睛相对较小。嘴部朝下弯曲，下颌延长，呈管状。背鳍和臀鳍位置较低，尾鳍有分叉，呈椭圆形。体色以深灰色为主，腹部稍浅，无明显花纹。

分布： 分布于中国云南省境内，包括怒江、澜沧江、元江等河流水系。其中以怒江上游及其支流的高山溪流为主要生境。此外，也有报道称其在中国贵州省和广西壮族自治区的一些河流中有分布。

📍 贵州省黔南州瓮安县老鹰洞

🐟 30mm

📷 周佳俊

🕐 2020-03-09

球鳔鳅属 *Sphaerophysa*

◎ 滇池球鳔鳅 *Sphaerophysa dianchiensis*
(Cao *et* Zhu, 1988)

图片来源：国家标本资源库

形态特征：背鳍iv-10—11；臀鳍iii-6；胸鳍i-10—12；腹鳍i-7—8；尾鳍16。第1鳃弓内侧鳃耙10或11。

体长为体高的4.9—7.1倍，为头长的4.3—5.0倍，为尾柄长的4.6—5.8倍。头长为吻长的2.4—3.0倍，为眼径的3.3—4.5倍，为眼间距的5.3—6.8倍。尾柄长为尾柄高的2.1—2.8倍（不包含软鳍褶高度）。

体稍延长，侧扁。头侧扁。吻部钝，吻长约等于眼后头长。前、后鼻孔紧相邻，前鼻孔位于瓣膜中。眼侧上位。口下位。唇狭，唇面光滑或有浅皱。上颌具齿状突。须3对，较短，外吻须后伸达口角；颌须后伸达眼中心和眼后缘之间的下方。

背鳍外缘平截或稍外凸，背鳍前距为体长的45%—46%。胸鳍末端伸达胸鳍、腹鳍起点间的1/2处。腹鳍起点约与背鳍第2或第3根分支鳍条基部相对，末端不伸达肛门。尾鳍后缘稍外凸呈圆弧形或斜截状，上叶稍长。背部在背鳍和尾鳍之间及尾柄的下侧缘有发达的膜质软鳍褶，背部的背鳍褶高超过尾柄高度的一半，其中排列有弱的鳍条骨58—61。

胸、腹及身体前背部无鳞，尾柄处具密集小鳞。侧线不完全，终止在胸鳍上方。鳔前室膨大呈圆球形，包于与其形状相近的骨质鳔囊中；整个骨质鳔囊呈圆球形；鳔后室退化。胸自"U"形胃发出，向后几乎呈一条直管通向肛门。

身体基色为浅黄色或灰白色，背部较暗，未见明显斑纹。

分布：仅记录在云南昆明滇池有分布，分布水系属金沙江水系。

沙鳅属 *Botia*

◎ 中华沙鳅 *Botia superciliaris*
(Günther, 1892)

地方名：龙针、钢鳅。

📍	湖北宜昌
🐟	95mm
📷	倪朝辉
🕐	2013-11-16

形态特征：体长形，侧扁，腹部圆。头小，呈锥形。吻较长，侧扁，前端尖，其长大于眼后头长，约为眼径和眼后头长之和。颏部有1对纽状突起，呈椭圆形，相距甚近。口小，呈马蹄形。上颌前端较突出，下颌圆滑，边缘不锐利。唇稍厚，其上有皱褶。上下颌分离。具须3对，其中吻须2对，聚生于吻前端，外吻须稍长于内吻须，后伸达口角须基部；口角须1对。后伸达眼前缘至鼻孔后缘之间的下方，眼稍大，位于头部近中点处上方。眼下刺较长，分叉，末端超过眼后缘。眼间凸出。鳃膜在胸鳍下方与峡部相连。鳃耙短，排列稀疏。

分布：中国特有种。主要分布于长江中上游（包括金沙江下游、岷江、嘉陵江、沱江等水系的中下游）和云南澜沧江流域，在四川东部盆地和盆周低山区江段、湖北宜昌、甘肃文县（嘉陵江上游支流）等地也有分布。

◎ 宽体沙鳅 *Botia reevesae* (Chang, 1944)

形态特征：体长形，侧扁，腹部较圆。头稍短，前端尖，侧扁。吻较短，其长度约等于眼后头长。口小，下位。上下颌约等长，边缘平滑，与唇分离。唇较厚，其上有皱褶。颏下有1对纽状突起。须3对，吻须2对，聚生于吻端；口角须1对，稍长。眼较大，位于头侧上方。具眼下刺，基部分叉，末端超过眼后缘。眼间稍凸出。鼻孔稍大，距眼前缘较近，前后鼻孔之间有稍宽的皮褶。鳃孔稍大，在胸鳍基部下方与峡部相连。鳃耙短小，排列稀疏。

背鳍短小无硬刺，外缘平截，其起点距吻端较距尾鳍基部为远。胸鳍稍大，末端圆，后伸不及胸鳍、腹鳍基部距离的1/2处。腹鳍小，末端圆，后伸不达肛门前缘。臀鳍短小、无硬刺、外缘平截，后伸不达尾鳍基部。尾鳍宽大，分叉深，上、下叶等长，末端圆或稍圆。尾柄侧扁，且甚高，其高大于尾柄长。肛门离臀鳍起点较近。

分布：长江上游特有种。主要分布于长江上游干支流。

⊙	沱江
🐟	105mm
📷	田甜
🕐	2017-10-24

副沙鳅属 *Parabotia*

◎ 花斑副沙鳅 *Parabotia fasciata*
(Dabry de Thiersant, 1872)

地方名：黄鳅、黄沙鳅。

形态特征：体长形，体高较低，稍侧扁。腹部圆形。头小，呈锥形，稍侧扁。吻较长，前端尖，其长大于眼后头长。口小，呈马蹄形，下位。下颌边缘呈匙形，中央有1个深缺刻。颏部无纽状突起。唇薄，较光滑，下唇侧叶长，近前端，唇后沟中断。须3对，发达，吻须2对，聚生于吻端，前面1对稍长，后1对较短小，口角须1对，后伸达眼前缘下方。眼较大，位于头后部侧上方，眼间凸起呈弧形。眼下刺较粗短，基部分叉，末端后伸不达眼后缘。鼻孔小，距眼前缘较远，几乎达吻端至眼前缘的中点。鳃膜在胸鳍起点下方与峡部相连。鳃耙短小，呈突起状，排列稀疏。

背鳍较高，基部较长，外缘斜截，其起点至吻端较距尾鳍基为远。胸鳍短小，末端圆形，后伸不达胸鳍、腹鳍起点间的1/2处。腹鳍小，末端圆形，后伸不达肛门，其起点约与背鳍第1或第2根分支鳍条基部相对。臀鳍短小，外缘斜截状，末端后伸不达尾鳍基部。尾鳍宽大，分叉深，下叶比上叶长，末端稍尖。尾柄较厚，侧扁，短而高，其高常大于长。肛门离臀鳍起点稍近，其距离约为腹、臀鳍起点间距离的1/4。

体被细鳞，颊部有鳞。侧线完全，很平直，从鳃孔上角直达尾柄中部。腹鳍基部有长形的腋鳞。

分布：中国特有种。广泛分布于我国黑龙江至珠江间各水系。

沱江

115mm

邹远超

2017-05-18

◎ 双斑副沙鳅 *Parabotia bimaculata*
(Chen, 1980)

地方名： 黄沙鳅。

形态特征： 体长形，体高较低，前躯稍侧扁，后段侧扁，腹部圆。头长而尖，呈锥形。吻稍长，前端尖，其长大于眼后头长。口小，下位。下颌中央有1个缺刻。唇稍厚，其上有皱褶，下唇两侧叶短，唇后沟短。具须3对，吻须2对，聚生于吻端；口角须1对，较长，末端后伸达眼前缘下方。眼稍大，侧上位，位于头的中部。眼间凸起；眼下刺粗壮，基部分叉，末端达到或超过眼球中部。鼻孔2对，前后鼻孔之间有皮褶相隔，距眼前缘稍近。鳃孔小，鳃膜在胸鳍基部前下方与峡部侧面相连。鳃耙短小，呈突起状，排列稀疏。

背鳍短，外缘平截或微凹，无硬刺，其起点至吻端的距离大于至尾鳍基部。胸鳍短小，末端圆形，后伸不达胸鳍、腹鳍基部间的1/2处。腹鳍小，末端圆，后伸达到或稍超过肛门，其起点与背鳍第2或第3根分支鳍条基部相对。臀鳍短小，无硬刺。尾鳍宽大，较短，分叉稍浅，上、下叶等长或下叶稍长，末端圆钝。尾柄宽，其长度等于或大于尾柄高。肛门位于腹鳍和臀鳍起点之中部。

体被细鳞，颊部有鳞。胸鳍、腹鳍基部具腋鳞。侧线完全，平直。

分布： 长江上游特有种。主要分布于长江干流、嘉陵江、渠江。

重庆市云阳县新津县磨刀溪

105mm

陈浩骏

2023-10-02

◎ 点面副沙鳅 *Parabotia maculosa* (Wu, 1939)

地方名：花泥鳅、长沙鳅、头点副沙鳅、点面付沙鳅。

形态特征：背鳍iii-8—9；臀鳍iii-5；胸鳍i-11—12；腹鳍i-7。

体长为体高的7.2—8.6倍，为头长的4.3—4.5倍，为尾柄长的5.7—6.6倍，为尾柄高的13.7—15.5倍。头长为吻长的1.9—2.3倍，为眼径的7.1—8.2倍，为眼间距的6.4—7.4倍。尾柄长为尾柄高的2.2—2.5倍。

体圆而细长。头长而尖。吻长大于眼后头长。口下位，马蹄形。上唇中部被缝隙分隔，两侧皮片状向上翻卷；下唇前端中部具1个小缺刻。上、下颌分别与上、下唇分离。须3对，其中吻须2对，相互靠拢，位于吻端，位置在前的1对，长度稍超过鼻孔后缘，后1对稍短，长度接近或稍超过眼的前缘；口角须1对。鼻孔距眼较距吻端为近。眼小，上侧位。眼径小于眼间距。眼下方具1根尖端向后的叉状细刺，埋于皮下。

背鳍起点与腹鳍起点相对或稍前，距吻端等于或稍大于距尾鳍基；外缘斜截。胸鳍后伸不达腹鳍起点。腹鳍起点位于胸鳍起点至臀鳍起点间的中点或稍后。腹鳍后伸接近肛门。肛门位于腹鳍基末至臀鳍起点间的中点或稍后。臀鳍起点距腹鳍基末较距尾鳍基稍远。尾鳍叉形，下叶稍长。

体被细小圆鳞，深陷皮内。颊部具鳞。侧线完全，平直。

背部呈灰黄色，腹部呈黄白色。头部散布黑点。背侧具10余条垂直黑斑带。背鳍和尾鳍上各具数条不连续的灰黑色斑纹。臀鳍斑纹较少（久浸标本不明显）。其余各鳍均呈灰白色。

分布：珠江、闽江、沅江、汉江等水系。

安徽省安庆市桐城市柏年河

127mm

陈浩骏

2024-11-23

◎ 武昌副沙鳅 *Parabotia banarescui* (Nalbant, 1965)

地方名：武昌付沙鳅。

形态特征：背鳍iii-9—10；臀鳍iii-5；胸鳍i-12；腹鳍i-6。

体长为体高的5.3—6.3倍，为头长的3.6—4.0倍，为尾柄长的7.0—8.4倍，为尾柄高的8.5—9.5倍。头长为吻长的1.9—2.2倍，为眼径的6.6—7.7倍，为眼间距的5.3—6.2倍。尾柄长为尾柄高的1.0—1.3倍。

体长，由前向后渐侧扁。头长而尖。吻端尖突，吻长远大于眼后头长。口下位，马蹄形。上唇中部微现缝隙，两侧皮片状向上翻卷；下唇中部具1个小缺刻。上、下颌分别与上、下唇分离。须3对，其中吻须2对，相互靠拢，位于吻端，前吻须稍短于后吻须，约与口角须等长；口角须1对。鼻孔位于吻端至眼后缘的中间。眼上侧位，眼径小于眼间距，眼间隔宽平。眼下刺分叉，埋于皮下。鳃孔小，止于胸鳍起点下缘。鳃盖膜与峡部相连。

背鳍起点距鼻孔约等于距尾鳍基。背鳍外缘斜截。胸鳍后伸不达腹鳍起点。腹鳍起点位于背鳍第3或第4根分支鳍条的下方，后伸超过肛门。肛门约位于腹鳍起点至臀鳍起点的中点处。臀鳍起点距腹鳍起点较距尾鳍基为近。尾鳍叉形，上、下叶等长。

鳞小，深埋皮下。侧线完全，平直。鳔2室，后室细小。

背侧呈灰黄色，腹部及腹面各鳍基部呈黄白色。头部从吻端至眼具4条黑色纵纹。眼后及头侧散布虫蚀状斑纹。背侧具13—16条垂直黑条纹。尾柄基部在侧线终点处具1个明显黑斑：奇鳍呈黄白色，上具数条黑色斑纹；臀鳍上黑色斑纹较少。

分布：长江中游及其附属水体。

长江宜昌段

169mm

梁孟

2017-12-08

◎ 漓江副沙鳅 *Parabotia lijiangensis*
(Chen, 1980)

地方名：花泥鳅。

形态特征：背鳍iii-9；臀鳍iii-5；胸鳍i-10—13；腹鳍i-8。

体长为体高的5.5—6.2倍，为头长的3.4—4.1倍，为尾柄长的7.2—8.3倍，为尾柄高的7.5—9.1倍。头长为吻长的2.0—2.4倍，为眼径的5.7—8.2倍，为眼间距的5.2—7.0倍。尾柄长为尾柄高的1.0—1.3倍。

体长，前段较圆，后段侧扁。头长而尖，颅顶具囟门。吻长大于或等于眼后头长。口小，下位，马蹄形。下唇被纵沟分隔。须短，3对，其

图片来源：廖伏初等，2020

中吻须2对，口角须1对，长度稍短于眼径。鼻孔距吻端较距眼略远。眼大，上侧位，位于头的中后部。眼下刺分叉，埋于皮下，末端达或稍超过眼中部。眼间距等于或稍大于眼径。鳃孔止于胸鳍起点下缘。鳃盖膜与峡部相连。

背鳍末根不分支鳍条柔软分节，起点距尾鳍基较距吻端为近；背鳍最长鳍条约等于背鳍基长。腹鳍起点约位于背鳍第2或第3根分支鳍条下方，后伸可达或超过肛门。臀鳍末根不分支鳍条亦柔软分节，起点距尾鳍基较距腹鳍起点为近。肛门位于腹鳍起点至臀鳍起点间的中点。尾鳍叉形，上、下叶等长，末端尖。

体被细小圆鳞，易脱落；颊部具鳞。侧线完全，平直。

鳔相当发达，前室为膜质；后室圆锥形，长度约为前室长的2.0倍。肠短，约为体长的0.9倍。

体上部呈灰褐色，下部呈浅黄色。体侧具10—13条棕黑色亚直横纹，延伸至腹部。头背部具2条棕黑色横条纹，1条位于头后部，伸至鳃孔上角，另1条位于眼间隔，伸至眼上缘。吻端背面具"∩"形黑带纹。尾鳍基中部具1个黑斑。背鳍具2条由斑点组成的斜行黑条纹；尾鳍具3—4条斜行黑带纹；靠近臀鳍起点具1条不明显黑条纹，鳍中间具1条明显黑条纹；腹鳍具2条不明显的黑条纹。胸鳍背面呈暗色。

分布：漓江和湘江上游有分布。

薄鳅属 *Leptobotia*

◎ **长薄鳅 *Leptobotia elongata***
(Bleeker, 1870)

地方名：花鱼。

形态特征：体长而侧扁。头侧扁。吻长而尖。口较大，亚下位，口裂呈马蹄形。上下唇肥厚，唇褶与颌分离。须3对，吻须2对，口角须1对。颏下没有纽状突起。鼻孔靠近眼前缘，前鼻孔呈管状，后鼻孔较大，前后鼻孔中间有1个分离的皮褶。眼很小，侧上位，眼下缘具1条光滑的硬刺，其长度大于眼径。鳃孔较小，鳃膜在胸鳍基部前缘与峡部侧上方连接。背鳍短小，没有硬刺，其起点至吻端大于至尾鳍基部的距离。胸鳍末端达胸鳍、腹鳍距离的1/2处，基部具有1个长形的皮褶。腹鳍起点在背鳍第2或第3根分支鳍条的垂直下方，末端盖过肛门，基部各具1个长形的皮褶。臀鳍短小。尾鳍深叉。鳞细小。侧线完全。肛门在腹鳍基部至臀鳍起点的中点处。腹腔膜呈银灰色。鳔小，2室，前室较大；后室细小。消化道较短，为体长的0.7—1.1倍。

头部背面具有不规则的深褐色花纹，头部侧面及鳃盖部位呈黄褐色。身体呈浅灰褐色，较小个体有6—7条很宽的深褐色横纹，大个体则呈不规则的斑纹。腹部呈淡黄褐色，背鳍基部及靠边缘的地方，有两列深褐色的斑纹，背鳍带有黄褐色光泽。胸鳍、腹鳍呈橙黄色，并有褐色斑点。臀鳍有2列褐色的斑纹。尾鳍呈浅黄褐色，有3—4条褐色条纹。

分布：长江上游特有种。主要分布于长江流域，包括长江中上游干流及其支流，如金沙江下游、岷江、嘉陵江、沱江、渠江和涪江等水系的中下游。此外，在云南省元江也有分布。

沱江

217mm

邹远超

2017-01-15

◎ 紫薄鳅 *Leptobotia taeniops*
(Sauvage, 1878)

地方名： 花鳅。

形态特征： 体纺锤形，侧扁。体被细鳞，侧线完全，颊部有鳞。吻锥形，稍钝，吻长短于眼后头长。眼较大，头长为眼径的11~15倍，侧上位。眼下刺不分叉，其末端超过眼后缘。鼻孔靠近眼前缘，前、后鼻孔紧相邻；前鼻孔在鼻瓣中。口下位。颏部无纽状突。吻须2对，聚生于吻端；口角须一对，后伸仅达鼻孔下方。背吻距大于背尾距。背鳍末根不分支鳍条软，背鳍外缘斜截或稍凹。胸鳍末端超过胸鳍、腹鳍起点距的中点处。腹鳍起点与背鳍的第1或第2根分支鳍条相对，腹鳍末端超过肛门。肛门位于腹鳍基后缘至臀鳍起点距的中点处。臀鳍后伸不达尾鳍基部。尾鳍深分叉，上叶较长，末短尖。鳔2室，前室包于骨质囊内；后室约与前室等长。肠较短，呈"Z"形。

分布： 中国特有种。主要分布于长江中下游及其附属水体，包括长江干流、金沙江下游、岷江和沱江下游，嘉陵江中下游等。

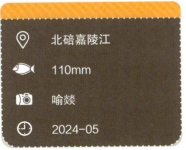

⊙	北碚嘉陵江
🐟	110mm
📷	喻燚
🕐	2024-05

◎ 薄鳅 *Leptobotia pellegrini* (Fang, 1936)

地方名： 红沙鳅钻、火军鱼。

形态特征： 体长形，侧扁。体被细鳞，侧线完全，颊部有鳞。头长大于体高。吻长短于眼后头长。眼较大，侧上位。眼下刺不分叉，其末端达眼后缘。鼻孔位于头前部，靠近眼前缘；前、后鼻孔紧相邻；前鼻孔在鼻瓣中。口下位。颏部无纽状突。吻须2对，聚生于吻端；口角须1对，后伸可达眼球中部。背吻距大于背尾距。背鳍末根不分支鳍条较硬，背鳍外缘平截。胸鳍末端达胸鳍、腹鳍起点距的中点处。腹鳍起点在背鳍起点之后，与背鳍的第1或第2根分支鳍条相对；腹鳍后伸达到或超过肛门。肛门约位于腹鳍基后缘至臀鳍起点距的中点或靠近臀鳍起点。臀鳍后伸不达尾鳍基部。尾鳍叉形。鳔前室包于骨质囊内；后室长仅为前室长之半。肠短，其长度仅为体长的0.8倍左右。

分布： 主要分布于长江以南的多个水系，包括长江干流、珠江、闽江、沅江、曹娥江、瓯江、九龙江及韩江等。

广西

90mm

喻燚

2020-09

◎ 小眼薄鳅 *Leptobotia microphthalma*
(Fu *et* Ye, 1983)

地方名: 高粱鱼、竹叶鱼。

形态特征: 背鳍iii-8; 臀鳍iii-5; 胸鳍i-11; 腹鳍i-8; 尾鳍20—22。

体长条形,侧扁。体被细鳞,侧线完全,颊部有鳞。吻尖,吻长短于眼后头长。眼小,侧上位,头长为眼径的15倍以上。眼下刺不分叉,其末端达眼后缘。鼻孔靠近眼前缘,前、后鼻孔紧相邻,前鼻孔在鼻瓣中。口下位。颏部无纽状突。须短,吻须2对,聚生于吻端;口角须1对,后伸仅接近或稍超过鼻孔前缘。背吻距大于背尾距。背鳍末根不分支鳍条软,背鳍外缘斜截。胸鳍末端不达胸鳍、腹鳍起点距的中点。腹鳍起点与背鳍起点相对,腹鳍后伸不达或达到肛门。肛门距臀鳍起点较近。臀鳍后伸不达尾鳍基部。尾鳍分叉很深,上叶较长。鳔2室,前室圆形,部分包于骨质囊内;后室小,长度不及前室长的1/3。肠短,呈"Z"形。

分布: 长江上游特有种。主要分布于长江上游的部分支流,包括岷江干流中下游、大渡河下游以及嘉陵江下游等。

岷江

130mm

何斌

2017-07-11

📍	沱江
🐟	103mm
📷	邹远超
🕐	2017-01-13

◎ **红唇薄鳅** *Leptobotia rubrilabris*
(Dabry de Thiersant, 1872)

地方名：红针。

形态特征：背鳍iii-8；臀鳍iii-5；胸鳍i-13—14；腹鳍i-8；尾鳍18—20。

体纺锤形，侧扁。体被细鳞，侧线完全，颊部有鳞。吻尖，吻长短于眼后头长。眼小，侧上位。眼下刺不分叉，其末端超过眼后缘。鼻孔靠近眼前缘，前、后鼻孔紧相邻，前鼻孔在鼻瓣中。口下位。颐下有1对纽状突起。吻须2对，聚生于吻端；口有须1对，后伸达眼前缘。背吻距大于背尾距。背鳍外缘斜截，末根不分支鳍条软。胸鳍末端超过胸鳍、腹鳍起点距的中点。腹鳍起点与背鳍的第2或第3根分支鳍条相对，腹鳍末端超过肛门。肛门位于腹鳍起点至臀鳍起点距的中点。臀鳍后伸不达尾鳍基部。尾鳍分叉很深，上叶较长，末短尖。鳔2室。

生活在较湍急的江河中，主要以钩虾和蜻蜓幼虫为食。繁殖期为5—7月，在多石砾的流水滩上一次性产漂流性卵。

分布：长江上游特有种。主要分布于长江干流、岷江、嘉陵江、沱江、青衣江、大渡河等。

◎ 东方薄鳅 *Leptobotia orientalis* (Xu, Fang *et* Wang, 1981)

形态特征：背鳍3—9；胸鳍1—10；腹鳍3—5。脊椎骨4+34。

体长为体高的5.7—5.8倍，为头长的3.8—4.0倍，为尾柄长的6.1—7.3倍，为尾柄高的8.5—9.0倍。头长为吻长的2.7—3.0倍，为眼径的7.0—9.3倍，为眼间距的7.1—8.9倍。尾柄长为尾柄高的1.2—1.5倍。

体长，侧扁。头长大于体高。吻短，眼后头长约等于吻长与眼径之和。眼侧上位，位于头的前半部，眼间距等于或稍大于眼径。眼下刺不分叉，后伸达眼中央，鼻孔距眼前缘较距吻端为近。口小，下位。颐下无纽状突起。须3对，吻须2对；口角须1对，其长约等于眼径的1.5倍，末端伸达眼前缘。吻端至背鳍起点的距离约为体长的53%，背鳍前角及外缘呈弧形，背鳍长稍短于背鳍基长。腹鳍起点位于背鳍第1根分支鳍条的下方，末端不达肛门，肛门距臀鳍较距腹鳍基为近。臀鳍起点位于腹鳍起点至尾鳍基距离的中点。胸鳍、腹鳍基具腋鳞。尾鳍短而宽，上、下叶等长，深凹，最长鳍条约为中央最短鳍条的2倍，末端圆钝。侧线完全，平直。体被细鳞，颊部具鳞。

背部呈棕灰色，腹部呈浅黄色，体具11—12条棕灰色垂直宽带纹（背鳍前具4条，背鳍基具3—4条，背鳍后具4—5条），其宽度约为间隔黄色条纹的3—4倍，这些带纹延伸至腹部。背鳍具3—4列由斑点组成的斜形条纹，尾鳍具5列回形条纹。偶鳍背面色浅。头背面和侧面各具一对自吻端至眼间的纵条纹。

分布：为亚热带淡水鱼，是中国的特有种，分布于黄河、汉水等。

湖北省鄂州

100mm

陈浩骏

2025-02-28

◎ 汉水扁尾薄鳅

Leptobotia tientaiensis hanshuiensis
(Fang *et* Xu, 1980)

地方名：天台薄鳅。

形态特征：体长条形，侧扁。体被细鳞，侧线完全，腹鳍基部有腋鳞。颊部有鳞。吻钝，吻长短于眼后头长。眼较大，头长为眼径的15倍以下，侧上位。眼下刺不分叉，其末端达眼后缘。鼻孔靠近眼前缘，前、后鼻孔紧相邻，前鼻孔在鼻瓣中。口下位，呈马蹄形。颏部无纽状突。吻须2对，等长，聚生于吻端；口角须1对，后伸达眼前缘或眼球中部下方。背吻距大于背尾距。背鳍外缘凸出，末根不分支鳍条软。胸鳍末端不达胸鳍、腹鳍起点距的中点。腹鳍起点与背鳍起点约相对，腹鳍后伸不达或超过肛门。肛门约位于腹鳍起点至臀鳍起点的中点。臀鳍后伸不达尾鳍基部。尾鳍分叉较浅，上、下叶等长，末端钝。鳔2室，后室游离，其长度较大，为前室长的3倍。

分布：中国特有种。主要分布于中国陕西省的汉江支流，如岚皋县的涓河、镇巴县的任河等，以及清江水系。

◎	湖北省恩施土家族苗族自治州巴东县神农溪
🐟	62mm
📷	陈浩骏
🕐	2023-10-08

◎ 衡阳薄鳅 *Leptobotia hengyangensis*
(Huang *et* Zhang, 1986)

地方名： 花泥鳅。

形态特征： 须3对。眼间距与眼径之比小于2.0。背鳍起点与腹鳍起点相对或稍前。腹鳍后伸超过肛门。肛门位于腹鳍起点至臀鳍起点间的中点。尾鳍深叉形。背部自吻端至尾柄末端具7—8个大黑斑，无横纹。

分布： 分布于湘江中上游，数量稀少。

122mm

陈浩骏

2023-04-11

图片来源：郑曙明等，2015

花鳅属 *Cobitis*

◎ 中华花鳅 *Cobitis sinensis*
(Sauvage *et* Dabry de Thiersant, 1874)

地方名：花鳅。

形态特征：背鳍iii-7；臀鳍iii-5；胸鳍i-8；腹鳍i-6。
体呈条形，侧扁。除颊部外全身被细鳞，侧线不完全，仅存在于胸鳍上方。吻部极侧扁，颊部稍凸出。吻长稍短于或等于眼后头长。眼小，侧上位。眼下刺分叉，其末端可达眼球中部。鼻孔距眼前缘较吻端近，前、后鼻孔紧相邻，前鼻孔在短管中。口下位。唇面光滑，下唇分为2叶。吻须2对，口角须1对，须长等于或短于眼径。背吻距大于背尾距。背鳍外缘凸出，末根不分支鳍条软。胸鳍末端不达胸鳍、腹鳍起点距的中点。腹鳍起点在背鳍起点之后，后伸远不达肛门。肛门距臀鳍起点近。臀鳍小，后伸不达尾鳍基部。尾鳍后缘平截。鳔前室包于骨质囊内，无游离膜质鳔。肠短，其长度仅为体长的1/2左右。

分布：分布范围较广。在我国主要分布于长江以南的各江河水系，包括珠江、元江、海南岛、闽江、钱塘江、长江及黄河、海河中下游、嘉陵江和渠江上游等。国外分布于越南北部、朝鲜、韩国等。

◎ 大斑花鳅 *Cobitis macrostigma*

(Dabry de Thiersant, 1872)

地方名：花泥鳅、大斑鳅。

形态特征：体长，侧扁。口下位。雌鱼下唇中央突出，呈葵花籽状；雄鱼凸起在前端起点处融合，后端呈马鞍状。眼下刺分叉。须3对。背鳍起点位于吻端至尾鳍基中点之前。尾鳍截形。侧线不完全。噶氏斑纹分化不明显；背中线具10—13个马鞍形黑斑。体侧具5—9个横向的长圆形大斑。背鳍和尾鳍通常各具3—4列点状条纹。体色灰黄。头部散布黑点。自吻端至眼睛具1条斜行条纹。尾鳍基上方具1个深黑斑，下方斑点不明显。其余各鳍呈黄白色。具两性异形现象。

分布：中国特有种，主要分布于长江中下游及其附属水体，包括湖南、湖北等地的江河和湖泊。

图片来源：廖伏初等，2020

◎ **稀有花鳅** *Cobitis rara*
(Chen, 1981)

形态特征：背鳍4.6—7；臀鳍3.5。

体长为体高的5.7—7.8倍，为头长的4.9—5.4倍。头长为吻长的2.0—2.5倍，为眼径的4.1—4.5倍，为眼间距的3.7—4.5倍。尾柄长为尾柄高的1.5—1.8倍。

体长形，侧扁。头短。眼小，侧上位，眼前缘下方有1个分叉的硬刺。吻尖，背面很窄。口下位，窄小。唇发达，下唇边缘分割呈流苏状。须3对，最长1对须的末端不达眼前缘。鳃孔小。侧线多达胸鳍末端。背鳍小，胸鳍窄长，腹鳍起点在背鳍起点稍后，尾鳍圆形。头部有许多圆形的黄褐色斑块，吻端至眼前缘有1条黑色斑条，体背部正中有9—12个陀驼斑块，体侧正中有7—9个方形棕褐色斑块，尾鳍基部上方有1个黑色斑点，背鳍和尾鳍有2—3列由斑点组成的条纹。

分布：中国特有种。分布于汉水上游支流源流——关门河（神农架境内阳日湾河段）、堵河（竹山河段、竹溪河段）。

📍 陕西省安康市汉滨区张滩镇

🐟 88mm

📷 陈浩骏

🕐 2023-10-30

◎ 粗尾花鳅 *Cobitis crassicauda*
(Chen *et* Chen, 2013)

图片来源：陈文静和付辉云，2024

形态特征：背鳍iii-7；臀鳍iii-5；胸鳍i-8；腹鳍ii-5；尾鳍vi-16-v。脊椎骨4+37—38+1。

　　侧线上方有两条条纹，超过胸鳍的长度，然后在背斑条和侧斑条之间散布云斑；身体中侧线有10—13个长椭圆形斑点；尾鳍基部有1个明显的黑色延长或半圆形斑点。雄性具有细长的针状圆形叶片；鳞片稍长；尾柄短。

　　头小，鼻直圆。头部眶前部分略短于眶后部分；眼睛小，眶间宽度等于或略大于眼睛直径。嘴巴小。上、下颌触须向尾部延伸，不延伸到眼睛下方。上唇薄，下唇分为两叶，尖端尖。前鼻管靠近后口，比鼻尖更靠近眼睛。眶下棘位于眼睛前方，呈分叉状，向后延伸至眼睛中部下方。

　　身体覆盖着微小、稍长的鳞片；脸颊和部分眼睑上没有鳞片。侧线短，不超过胸鳍后部的长度。

分布：主要分布于我国江西省的信江和乐安江等河流，属鄱阳湖水系。

◎ 横纹花鳅 *Cobitis fasciola*
(Chen *et* Chen, 2013)

形态特征：背鳍iii-7；臀鳍iii-5；胸鳍i-8；腹鳍ii-5；尾鳍vi-16-v。脊椎骨4+39—40+1。

从背鳍到尾鳍基部有12—16条大的垂直带，这些带在中侧线斑点中连续，第1条带很小，前背鳍基部有6—7条垂直带，背鳍基部有2条带，后背鳍基部和尾鳍之间有5—7条带。雄性具有椭圆形的鳞片；雌性具有小焦点区域的圆形鳞片。

身体拉长，两侧扁平。项和背鳍基部之间的空间深度均匀，向尾鳍基部略有减小。头部稍长，侧向压缩，口鼻平直呈圆形，头部眶前部分略长于眶后部分。嘴巴小，呈拱形。3对触须，其中1对为头端触须，1对为上颌触须，1对为下颌触须，其长度等于或略短于眼睛直径。脑叶未发育。眼睛位于头部的上部和中部。眶间宽度等于或略大于眼睛直径。眶下脊柱裂位于眼睛前方，向后延伸至眼睛中部下方。头部没有鳞片，身体鳞片是圆形的，有1个稍微小的偏心焦点区域（更靠近底部）。侧线短，不超过胸鳍后部至下方的长度。背鳍长，尖端钝。背鳍比头部短。腹鳍短，与第2支背鳍大致位于同一水平。臀鳍小，位于腹鳍和尾鳍之间的中点处。尾鳍长，尖端微缺。

分布：鄱阳湖支流和乐安江有分布。

江西省宜春市袁州区渥江镇

94mm

陈浩骏

2024-02-16

◎ 细尾花鳅 *Cobitis stenocauda* (Chen *et* Chen, 2013)

形态特征：背鳍iii-7；臀鳍iii-5；胸鳍i-8；腹鳍ii-5；尾鳍vi-16-v。脊椎骨4+39+1。

身体中等，细长，两侧扁平。腹部呈圆形，腹部的背线和腹线几乎平行。头部小，头部的眶前部分比眶后部分稍长。眼睛位于头部的上部和中部。眶间宽度等于或略窄于眼睛直径。眶下脊柱裂位于眼睛前方，向后延伸至眼睛中部下方。头部没有鳞片，身体鳞片几乎都是圆形的。侧线短，不超过胸鳍后部至下方的长度。背鳍略长，比头部短，插入身体中部，尖端钝。腹鳍短而小，与背鳍大致处于同一水平。尾鳍长，尖端微缺。尾部上部具椭圆形黑色斑点；背鳍和尾鳍上有4—5条条纹；头部散布着许多黑点。雄性比雌性小，胸鳍和腹鳍较长。

分布：鄱阳湖支流新疆河中上游的弋阳县段和贵溪市段，也出现在新疆河下游的余江县段。

📍 江西省鹰潭市余江县三宋村

🐟 74mm

📷 陈浩骏

🕐 2025-03-11

◎ 信江花鳅 *Cobitis xinjiangensis* (Chen *et* Chen, 2005)

地方名： 花泥鳅。

形态特征： 背鳍iv-6；胸鳍i-6；腹鳍i-7；臀鳍iii-5。

体长为体高的5.8—7.7倍，为头长的5.2—6.1倍，为尾柄长的6.4—8.0倍，为尾柄高的9.1—12.2倍。头长为吻长的1.9—2.7倍，为眼径的6.7—8.5倍，为眼间距的5.1—7.2倍。尾柄长为尾柄高的1.2—1.7倍，尾柄长大于花鳅属其他物种。

身体中等偏小，细长侧扁。背面和腹面几乎平行。头小，略扁平。吻圆钝，吻长大于眼后头长。口小，下位，颏叶发达。须粗，短于眼径。眼间距等于或大于眼径。眼下刺稍微弯曲。体被细鳞，鳞片圆形或者接近方形，有1个大的偏心鳞焦，初级鳞沟24—25个，次级鳞沟更少。鳞片正面和侧面的初级鳞沟宽且稀疏，在鳞片底部紧密间隔。侧线短，超过胸鳍长。

背鳍中等长，末端钝，位于头后部到尾鳍之间的前半部。腹鳍短小，与背鳍起点位置相当，腹鳍长超过腹鳍和臀鳍之间的1/3。臀鳍短而小，靠近尾鳍，末端钝。尾柄长，顶端微缺，脂鳍发达。

体呈淡黄色，头部散布黑点，从头背部穿过眼睛到第1对须基部有1条黑色条纹。背部有黑色条纹，背外侧表面有17—20条大而长的深褐色垂直条纹，外侧中线上有1条黑色条纹，然后逐渐向下至低于体侧中线。尾鳍和背鳍上均有3—5条条纹，尾鳍基部上部有1个明显黑点。

分布： 分布于鄱阳湖流域的信江水系。

江西省宜春市袁州区渥江镇

94mm

陈浩骏

2024-02-16

泥鳅属 *Misgurnus*

◎ 泥鳅 *Misgurnus anguillicaudatus*
  (Cantor, 1842)

地方名：鳅鱼。

形态特征：体长条形，前部略呈圆柱状，后部侧扁。尾柄上、下缘有与尾鳍相连的皮褶棱，皮褶棱短。体被细鳞，侧线不完全，仅存在于胸鳍上方。吻长短于眼后头长。眼小，侧上位。无眼下刺。鼻孔距眼前缘较距吻端近；前、后鼻孔紧相邻，前鼻孔在短管中。口下位。上唇发达，内缘有浅褶皱；下唇分为两叶。须5对，其中吻须2对；口角须1对，等于或短于吻长，后伸可达眼后缘；颏须2对，短于吻须。背吻距大于背尾距。背鳍外缘凸出，末根不分支鳍条软。胸鳍末端不达胸鳍、腹鳍起点距的中点。腹鳍起点在背鳍起点之后，后伸不达肛门。肛门距臀鳍起点近。臀鳍小，后伸不达尾鳍基部。尾鳍圆形。鳔前室包于骨质囊内，无游离膜质鳔。肠较短，其长度仅为体长的0.6—0.9倍。

分布：在我国除青藏高原外的全国各地天然淡水水域中均有分布，尤其在长江和珠江流域的中下游地区分布极广。国外分布于朝鲜、日本和越南。

沱江

149mm

邹远超

2017-08-25

副泥鳅属 *Paramisgurnus*

◎ *大鳞副泥鳅 Paramisgurnus dabryanus*
(Dabry de Thiersant, 1872)

地方名：大泥鳅。

形态特征：背鳍iii-6—7；臀鳍iii-5；胸鳍i-9—10；腹鳍i-5—6。

体长条形，侧扁，尾柄上、下缘有与尾鳍相连甚发达的皮褶棱。体鳞较大，侧线不完全，仅存于胸鳍上方。吻长短于眼后头长。眼小，侧上位。无眼下刺。鼻孔靠近眼前缘，前、后鼻孔紧相邻，前鼻孔在短管中。口下位。上唇发达，内缘有浅褶皱；下唇分为2叶。须5对，吻须2对；口角须1对，口角须最长，长于吻长，后伸可达鳃盖；颏须2对，较短。须背吻距大于背尾距。背鳍小，外缘凸出，末根不分支鳍条软。胸鳍末端不达胸鳍、腹鳍起点距的中点。腹鳍起点在背鳍起点之后，与背鳍的第3根分支鳍条相对。腹鳍后伸不达肛门。肛门距臀鳍起点较近。臀鳍小，后伸不达尾鳍基部。尾鳍圆形。鳔前室包于骨质囊内，无游离膜质鳔。肠较短，其长度仅为体长的0.5—0.9倍。

分布：中国特有种。主要分布于长江中下游及其附属水体，在我国东南沿海的浙江、福建、台湾等地也有报道。

📍 沱江

🐟 160mm

📷 邹远超

🕐 2017-08-25

平鳍鳅科 Balitoridae

原缨口鳅属 *Vanmanenia*

◎ 大斑原缨口鳅 *Vanmanenia maculata*
(Yi, Zhang *et* Shen, 2014)

形态特征： 体高在背鳍基部之前，最小尾柄高更接近尾鳍基部，而不是臀鳍基部的后端。背侧轮廓平直或稍凸出。从臀鳍尖部到臀鳍基部后端凸出，从臀鳍基部后端到尾鳍基部略凹或直。头部较小，头长小于体高。鼻钝型，鼻长大于眼直径，尖端无结节，外侧有浅沟，沿眼前缘延伸至嘴角。眼睛位于背侧，头部前半部分，眶间间隙宽，有点凸。口下末端，宽而拱。下颌无球状关节；上颌升突不通过眼前缘，垂直延伸。口顶无犁腭器官。鳃腔顶部无鳃上器官。吻侧折叠简单，仅覆盖上唇的基部。上唇与上颌完全相邻，中间有浅凹陷，下颌覆盖锐利角质边缘。

　　鳞片大小适中，其顶端视野大大拉长。侧线完整，沿尾柄中线延伸；穿孔鳞片35（1）、36（5）或37（3），加尾鳍基部3个；侧线鳞片5（9）、4（6）或5（3），纵向排列；周围鳞片14（9）；背鳞片14（2）、15（4）或16（3），规则排列。胸部无鳞；腹部鳞片稍小。骨盆鳍基部有腋窝鳞片。在喷口和臀鳍起点之间有一个或两个鳞片。

　　背鳍有4根不分支和7（7）或8（2）根分支鳍条，最后1根分裂到基部；最后未分支的鳍条柔软，后端光滑，远端边缘截断；稍早于臀鳍的起点。胸鳍有1根不分支的和12（5）或13（4）根分支的鳍条，没有达到腹鳍基部的一半。腹鳍有1根未分支和8（9）根分支的鳍条，超过臀鳍基部的一半。臀鳍有3根不分支的和5（9）根分支的鳍条，最后1根分裂到基部；远端边缘截断；起点位于腹鳍起点和尾鳍基部之间。尾鳍分叉，上、下叶的长度和形状相等，尖端尖锐。

分布： 模式产地为湖北省恩施土家族苗族自治州建始县马水河，分布流域属长江流域清江支流，还分布于湖南省张家界自然保护区，分布流域属洞庭湖水系澧水支流，以及江西省鄱阳湖水系信江流域。

湖北省恩施州恩施市清江支流带水河

65mm

曾之旺

2018-07-16

◎ 平舟原缨口鳅 *Vanmanenia pingchowensis* (Fang, 1935)

地方名：内子鱼、平舟前台鳅。

形态特征：背鳍iii-8；臀鳍ii-5；胸鳍i-14；腹鳍i-8。侧线鳞89—109。

体长为体高的5.1—6.1倍，为头长的4.9—5.2倍，为尾柄长的10.3—11.8倍。头长为吻长的1.5—1.9倍，为眼径的5.2—6.5倍，为眼间距的2.2—2.6倍。尾柄长为尾柄高的1.2—1.4倍。

体长，背鳍起点向前渐平扁，由此向后渐侧扁，背缘弧形，腹部平。头较平扁。吻圆钝，吻长约为眼后头长的2.0倍；吻皮与上唇由浅而窄的吻沟分隔，吻沟直通口角。吻沟前吻褶分为等大的3叶，叶端较尖细；吻褶叶间具2对小吻须，内侧具1对乳突状，外侧1对长约为眼径的1/4。口小，下位，新月形。唇肉质，上唇与上颌分离；下唇与下颌连在一起，前缘表面具4个分叶状乳突；上、下唇在口角处相连。唇后沟不连续，仅限于口角。上、下颌具角质，下颌前端稍外露，表面具放射状沟和脊。口角须2对，外侧1对粗短，内侧1对细小。鼻孔较大，具发达鼻瓣，距眼较距吻端为近。眼上侧位。眼间隔宽平。鳃孔自胸鳍基前上缘扩展至头部腹面。鳃盖膜与峡部相连。

背鳍末根不分支鳍条柔软分节，外缘截形，起点位于腹鳍稍前，距尾鳍基近于距吻端。偶鳍平展。腹鳍后伸仅达肛门或稍超过。肛门约位于腹鳍基末至臀鳍起点间中点或稍后。臀鳍后伸接近尾鳍基。尾鳍凹形，下叶稍长。

体被细小圆鳞，包被皮膜。头部胸鳍基之前的腹部无鳞，部分个体腹部裸露区扩展至胸鳍基与腹鳍基间的中点。侧线完全，平直。

头部和体侧纹界限不清晰。各鳍均具数目不等的褐色斑纹。背鳍基后缘两侧各具1个明显的白色亮斑。

分布：广泛分布于珠江水系和长江水系湘江、沅江上游。

⊙	乌江
🐟	170mm
📷	曾圣
🕐	2017-09-24

图片来源：廖伏初等，2020

◎ 原缨口鳅 *Vanmanenia stenosoma*
(Boulenger, 1901)

形态特征：背鳍iii-7；臀鳍ii-5；胸鳍i-13—14；腹鳍i-7。侧线鳞83—99。

体长为体高的4.5—7.0倍，为体宽的6.8—7.8倍，为头长的4.4—5.3倍，为尾柄长的8.2—9.6倍，为尾柄高的6.5—7.6倍，为背鳍前距的1.8—1.9倍，为腹鳍前距的1.6—1.8倍。头长为头高的1.7—2.1倍，为头宽的1.1—1.5倍，为吻长的1.6—2.2倍，为眼径的5.0—6.4倍，为眼间距的2.2—2.7倍。尾柄长为尾柄高的0.7—0.9倍。头宽为口宽2.2—3.0倍。

体细长，前段呈圆筒形，后段稍侧扁，背缘呈浅弧形，腹面平坦。头稍低平。吻端圆钝，边缘较厚；吻长约为眼后头长的2倍。口下位，宽大，呈深弧形。唇肉质，上唇无明显乳突，下唇表面具4个分叶状的大乳突，上下唇在口角处相连。下颌前缘外露部分角质化，表面具放射状的沟和脊。上唇与吻端之间具较宽而深的吻沟，延伸到口角。吻沟前的吻褶分为3叶，叶端略尖细。吻褶叶间具2对小吻须，外侧须长约为眼径的1/2，内侧须呈乳突状。口角须2对，外侧1对稍长于外侧吻须，内侧具1对乳突。鼻孔较大，具较发达的鼻瓣。眼较小，侧上位。眼间宽阔，平坦。鳃裂自胸鳍起点的前上缘扩展到头部的腹面。鳞细小，为皮膜所覆盖，头背部及胸腹鳍起点的前1/3的腹面无鳞。侧线完全，自体侧中部平直地延伸到尾鳍基部。背鳍基长稍大于吻长，起点在吻端至尾鳍基部的中点稍后。臀鳍基长约为背鳍基长的一半，鳍条压倒后末端接近或达到尾鳍基部。偶鳍平展，末端稍尖，基部不具肉质鳍柄。胸鳍基长显著短于吻长，起点在鳃裂上角的垂直下方，外缘近菱形，末端约伸至胸鳍腋部至腹鳍起点间的2/3处。腹鳍起点在背鳍起点稍后，基部背侧具1个长约似眼径的皮质鳍瓣，末端稍超过肛门。肛门约位于腹鳍腋部至臀鳍起点间的2/3处。尾鳍长略长于头长，末端凹形，下叶稍长。

分布：瓯江至钱塘江的浙江沿海各水系及鄱阳湖水系均有分布。

◎ 拟横斑原缨口鳅 *Vanmanenia pseudostriata*
(Zhu, Zhao, Liu *et* Niu, 2019)

地方名：花斑鳅。

形态特征：背鳍iii-8；臀鳍ii-5；胸鳍i-13，腹鳍i-7。侧线鳞95—100。

体长为体高的5.0—7.3倍，为体宽的5.0—7.1倍，为头长的4.1—4.7倍，为尾柄长的6.0—7.3倍，为背鳍前距的2.0倍，为腹鳍前距的1.9—2.0倍。头长为头高的1.7—1.8倍，为头宽的1.3倍，为吻长的1.8倍，为眼后头长的3.2倍，为眼径的6.3—7.3倍，为眼间距的2.4—2.5倍。尾柄长为尾柄高的1.8倍。

体延长，前躯背侧部略浑圆，腹部平扁；后躯至尾部渐侧扁。体背缘自吻端向后略呈弧形隆起，至背前缘为最高点，向后至尾鳍基平直降低；腹缘较平直。吻端圆钝，边缘稍薄；吻长约为眼后头长的1.8—2.0倍。鼻孔每侧1对，分别位于眼内前方，距眼前缘较距吻端为近。口下位，弧形。上唇与吻端间的吻沟呈弧形，两端延伸至口角。吻沟前的吻褶分3叶，各叶边缘较为整齐；吻褶间具有2对吻须，内侧1对呈乳突状，外侧1对长度约为眼径的1/4。上、下唇肉质；上唇较为肥厚，表面平滑；下唇前缘具4个分叶状乳突，弧形排列；上、下唇在口角处相连。口闭合时可见到暴露的上、下颌；上颌弧形，稍外露；下颌前缘出露较多。两侧口角各具1对小须，长约为眼径的1/2；有些个体可见其内侧还有1对乳突状小须。鳃裂较大，向下可扩展到胸鳍基部前缘稍下方。体侧自背部向下至腹部内缘明显被细小鳞片，排列较密集；腹部自颏部向后至腹鳍基后起点裸露无鳞。侧线完全，自体侧鳃孔上角较平直后延到尾鳍基。

背鳍基长约与吻长相等，其起点约在吻端至尾鳍基部的中点。臀鳍基短于背鳍基长，后缘略平截，鳍条压倒后末端接近或达到尾鳍基。偶鳍宽大平展，末端圆钝，基部不具肉质鳍柄；胸鳍基长稍短于吻长，其起点约与鳃裂上角相对，末端约伸至胸鳍、腹鳍起点间的后2/3处或接近腹鳍起点；腹鳍起点在背鳍起点稍后下方，末端伸过肛门，至肛门和臀鳍起点的约1/2处，基部背面具1个直径小于眼径的肉质瓣。肛门明显距腹鳍腋部较距臀鳍起点近。尾鳍长约等于头长，末端近平截。

分布：分布于金沙江下游支流普渡河。

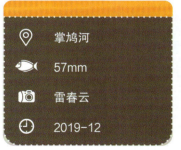

掌鸠河

57mm

雷春云

2019-12

似原吸鳅属 *Paraprotomyzon*

◎ 似原吸鳅 *Paraprotomyzon multifasciatus* (Pellegrin *et* Fang, 1935)

形态特征： 背鳍iii-8；臀鳍ii-5；胸鳍i-19—21；腹鳍i-12—13。侧线鳞62—68。

体长为体高的4.6—5.6倍，为体宽的4.5—5.6倍，为头长的3.4—4.1倍，为尾柄长的8.2—11.8倍，为尾柄高的8.0—9.4倍，为背鳍前距的1.8—2.0倍，为腹鳍前距的2.0—2.3倍。头长为头高的1.5—2.0倍，为头宽的1.0—1.2倍，为吻长的1.0—2.0倍，为眼径的4.5—6.5倍，为眼间距的1.8—2.5倍。尾柄长为尾柄高的0.7—0.9倍，头宽为口宽的3.0—3.6倍。

体长，前部稍平扁，尾部侧扁。头较低平。吻端圆钝，边缘较薄；吻长约为眼后头长的2倍；吻端至眼下缘具细小且较疏松的刺状突。口下位，较小，呈半圆形。唇肉质，上唇无明显乳突，下唇呈"八"形，表面各具6—8个乳突。上、下唇在口角处相连，上唇与吻端之间的吻沟浅而窄，延伸到口角。吻沟前的吻褶分3叶，约等大，呈三角形。叶间具2对吻须，内侧吻须呈乳突状，外侧吻须稍大。口角须2对，位于上、下唇在口角相连处的表面，内侧1对很小，呈乳突状，外侧1对稍长于外侧吻须。鼻孔较大，具发达的鼻瓣。眼侧上位，中等大小，腹面不可见。眼间宽阔平坦。鳃裂较宽，下角止于胸起点前缘，但不延伸到头部腹面。鳞片细小，头背部、偶鳍基背侧及腹鳍基部之前的腹面无鳞。侧线完全，自鳃裂上缘的体侧平直地延伸到尾基部。背鳍基约等于吻长，起点在吻端至尾鳍基的中点稍前。臀鳍基长约为背鳍基长的1/3，末端压倒后达到或稍超过尾鳍基。偶鳍平展。胸鳍起点在眼后缘下方，外缘弧形，末端盖过腹鳍起点。腹鳍起点前于背鳍起点，基部背侧具发达的皮质瓣膜，后缘尖细，末端达到或稍超过肛门。肛门在腹鳍腋部至臀鳍起点间的中点稍后。尾鳍斜截，下叶稍长。

分布： 长江上游、珠江红水河有分布。

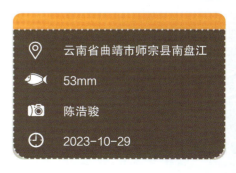

云南省曲靖市师宗县南盘江

53mm

陈浩骏

2023-10-29

◎ **牛栏江似原吸鳅**

Paraprotomyzon niulanjiangensis
(Lu, Lu *et* Mao, 2005)

形态特征：背鳍iii-8；臀鳍ii-5；胸鳍i-19—22；腹鳍i-15—16。侧线鳞86—93。

　　体长为体高的6.1—6.5倍，为头长的4.7—4.9倍，为体宽的4.7—4.9倍，为尾柄长的6.5—6.8倍，为背鳍前距的1.9—2.0倍，为腹鳍前距的2.3—2.5倍。头长为头高的1.6—2.0倍，为头宽的1.0—1.1倍，为吻长的1.9—2.0倍，为眼径的5.3—6.0倍，为眼间距的2.1—2.2倍。尾柄长为尾柄高的2.0—2.5倍。头宽为口宽的3.1—4.2倍。

　　体形小，前躯平扁，头背部隆起，腹面平，背鳍起点以后，呈圆形渐侧扁。背视吻端稍圆。吻褶发达，分为3叶，叶间具2对吻须，外侧吻须稍长；外吻须后有1个明显向外的深凹沟与头侧相通。口小，下位，呈弧形。唇肉质，上、下唇在口角处相连。上唇或有1个明显的中脊，中脊光滑，前、后两侧具细小乳突，或上唇中脊不明显，表面具细小乳突；下唇分化为4个较大的乳突，呈平行或向前凸的弧形排列。口角须2对，内侧1对很小，或呈乳突状；外侧1对约与吻须等大。下颌外露，边缘具角质。眼小，侧上位，腹视不可见。鳃孔窄小，仅限于头部背侧，约与眼径等宽。头背部、偶鳍基部及腹鳍基之前的腹面无鳞，身体的其他部位被细鳞。侧线完全，自鳃裂上角向后沿体侧平直延伸到尾鳍基部。

　　背鳍起点在吻端至尾鳍基部的中点或稍后。臀鳍后缘远不达尾鳍基部。偶鳍平展。胸鳍起点在眼后缘下方，外缘弧形，末端远盖过腹鳍起点。腹鳍起点远在背鳍起点之前，基部背面具发达的皮质瓣膜，外缘圆形；左、右腹鳍分开不相连，最后3根分支鳍条与鳍膜向外折叠贴于体表；腹鳍后伸不超过肛门。肛门位于腹鳍起点至臀鳍起点的后1/5处。尾鳍发达，后缘略内凹。

分布：目前仅记录分布于金沙江一级支流牛栏江。

◎ 云南省昆明市盘龙区牧羊河	
🐟 47mm	
📷 陈浩骏	
⏰ 2024-03-08	

◎ 龙口似原吸鳅

Paraprotomyzon lungkowensis
(Xie, Yang *et* Gong, 1984)

形态特征：背鳍iii-8；臀鳍ii-5；胸鳍i-22—23；腹鳍i-15—16。侧线鳞82—92。

体长为体高的7.7—8.3倍，为体宽的5.2—5.8倍，为头长的4.8—5.2倍，为尾柄长的8.7—9.8倍，为尾柄高的12.2—13.0倍。头长为头高的1.6—2.2倍，为头宽的1.0—1.1倍，为吻长的1.9—2.2倍，为眼径的5.3—6.7倍，为眼间距的1.8—2.3倍。尾柄长为尾柄高的1.3—1.4倍。头宽为口宽的3.1—3.9倍。

体前躯平扁，背部隆起，腹面平，尾柄部侧扁。吻端稍圆，吻褶发达，分为相等的3叶，后缘弧形，在头部腹面两侧紧靠外吻须后缘有1条浅凹沟。口小，下位，呈弧形。唇肉质，吻沟发达，上唇具上、下两排细小乳突，下唇分化为4个较大的突起。上、下颌外露，边缘角质发达，下颌具1列细小的纵向突起。须4对，均短于眼径的1/2，其中吻须2对，内侧1对较小；口角须2对，短于外侧吻须，内侧1对退化，呈痕迹状。鳃裂窄小，仅限于胸鳍基部上方。鳞片细小，头部、偶鳍基背侧及腹鳍基的肉质鳍瓣无鳞。侧线完全，前段稍向上弯曲，后段平直。

背鳍起点至吻端较至尾鳍基略近。胸鳍椭圆形，其起点位于眼后缘垂直线下方，末端超过腹鳍起点，不达腹鳍肉质鳍瓣后缘。腹鳍半圆形，其起点约位于吻端至肛门的中点，后缘左右不相连，最后2根分支鳍条与鳍膜向外折叠贴于体表。臀鳍短，不达尾鳍基。其起点距肛门较距尾鳍基为近。尾鳍斜截，稍内凹，下叶稍长。肛门约在腹鳍末端至臀鳍起点间的中点。

分布：分布于长江上游支流香溪河。

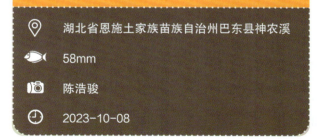

湖北省恩施土家族苗族自治州巴东县神农溪

58mm

陈浩骏

2023-10-08

拟腹吸鳅属 *Pseudogastromyzon*

◎ 拟腹吸鳅 *Pseudogastromyzon fasciatus* (Sauvage, 1878)

形态特征：背鳍ii-7；臀鳍ii-5；胸鳍i-17—18；腹鳍i-9—10。侧线鳞68—79。

体长为体高的5.2—6.9倍，为体宽的4.7—5.8倍，为头长的4.6—5.5倍，为尾柄长的11.0—13.3倍，为尾柄高的9.4—12.1倍，为背鳍前距的2.0—2.3倍，为腹鳍前距的2.1—2.4倍。头长为头高的1.4—1.8倍，为头宽的0.9—1.1倍，为吻长的1.5—1.9倍，为眼径的6.5—8.0倍，为眼间距的1.5—2.2倍。尾柄长为尾柄高的0.8—1.3倍。头宽为口宽的3.2—3.9倍。

体前部稍平扁，后部侧扁，背缘呈弧形，腹面平坦。头较低平，吻端圆钝，边缘稍薄。吻长约为眼后头长的2倍，雄性成体吻两侧具疣刺状突起。口下位，呈弧形。唇肉质，上唇肥厚，表面具放射状排列的极细小乳突；下唇宽厚，颏吸附器主要由3条波浪形皮脊组成；上、下唇在口角处相连，上唇内缘无明显皮脊。下颌前缘外露，表面具放射状的沟和脊。上唇与吻端之间的吻沟浅而窄，延伸到口角，吻沟前的吻褶中叶前缘分化出5个小乳突，两侧叶端各有3—4个乳突。吻褶间的吻须很小，与吻褶叶端的乳突等大。口角须1对，短小，稍大于吻须。鼻孔较小，具鼻瓣。眼中等大，侧上位。眼间隔宽阔而平坦。鳃裂宽似眼径，仅限于胸鳍基部前缘的上方。鳞细小，埋于皮膜内，头背部及偶鳍基背侧无鳞，腹部裸露区延伸到腹鳍腋部之后，约至腹鳍腋部到肛门的1/3处。侧线完全，但在胸鳍上方有侧线孔而无鳞，之后自体侧中部平直地延伸到尾鳍基部。

背鳍基长大于吻长，起点在吻端至尾鳍基之间的中点或稍前，外缘呈弧形突出。偶鳍平展。胸鳍基长大于吻长，起点在眼中部的垂直下方，基部具较发达的肉质鳍柄，外缘弧形，末端超过腹鳍起点。腹鳍起点与背鳍起点相对或稍后，基部背面具1个长大于眼径的皮质瓣膜，左右腹鳍相距较小，间距稍小于眼径，鳍条末端达到或接近肛门。肛门在腹鳍腋部至臀鳍起点间的2/3处。尾鳍长等于或略小于头长，末端稍内凹或近斜截，下叶略长。

分布：瓯江至木兰溪的闽浙沿海各水系均有分布。

🐟 72mm

📷 陈浩骏

🕐 2024-06-11

爬岩鳅属 *Beaufortia*

◎ 侧沟爬岩鳅 *Beaufortia liui*
(Chang, 1944)

地方名：石爬子。

形态特征：背鳍iii-7；臀鳍ii-5；胸鳍i-21—22；腹鳍i-15—27。侧线鳞98—104。

体前段较宽，平扁，后部侧扁，背缘略呈弧形隆起，腹面平坦。体被细鳞，头部及偶鳍基部的背侧面和胸、腹部裸露无鳞。侧线完全，在体侧中部平直地延伸到尾鳍基部。头部扁平。吻端钝圆。吻长大于眼后头长。口小，下位，呈弧形。上唇与吻端之间具较深的吻沟。吻沟前的吻褶分3叶，吻褶叶间具2对小吻须。口角须1对，短小。口裂两边各有1个侧沟与头侧相通。上唇肉质，无乳突；下唇有乳突。鼻孔靠近眼前缘，前、后鼻孔紧相邻，前鼻孔在鼻瓣中。眼小，侧上位。眼间隔宽。鳃裂小，仅限于头背侧。背吻距稍小于或等于背尾距。偶鳍前端只有1根不分支鳍条；偶鳍向左、右平展。胸鳍起点位于眼后缘垂直下方，其末端超过腹鳍起点。腹鳍起点在背鳍起点之前，腹鳍左、右相连形成吸盘，后端不达肛门。臀鳍前缘不分支鳍条软，末端不达尾鳍基部。尾鳍平截。

分布：长江上游特有种。四川特有种。分布于金沙江下游及其支流鲹鱼河、大渡河、岷江、青衣江和沱江下游。

金沙江支流鲹鱼河

110mm

杨德国

2017-10-26

◎ 四川爬岩鳅 *Beaufortia szechuanensis*
(Fang, 1930)

地方名：石爬子。

形态特征：背鳍iii-7；臀鳍ii-5；胸鳍i-25—27；腹鳍i-17—20。侧线鳞98—106。

体长为体高的5.8—8.2倍，为体宽的4.2—4.8倍，为头长的5.0—6.0倍，为尾柄长的8.2—12.9倍，为尾柄高的10.4—13.2倍，为背鳍前距的1.9—2.1倍。头长为头高的1.0—2.0倍，为口宽的0.7—1.0倍，为吻长的1.7—2.0倍，为眼径的4.0—6.5倍，为眼间距的1.6—2.0倍。尾柄长为尾柄高的1.0—1.4倍。头宽为口宽的3.0—3.7倍。

体稍延长，前段较平扁，后段渐侧扁，背缘稍隆起，腹面平坦。头很宽扁。吻圆钝，边缘薄；吻长大于眼后头长。口下位，弧形。唇肉质，上、下唇在口角处相连，口角沟较深，仅限于口角；上唇无明显乳突；下唇中部具1个深缺刻，左、右唇片边缘光滑或各具3个不明显的分叶状乳突。吻沟前的吻褶发达，分3叶，约等大，叶端圆钝，呈半圆状突出。吻褶叶间具2对小吻须，外侧对稍大。口角须1对，约与外侧吻须等大。鼻孔较大，具鼻瓣。眼上侧位。眼间隔宽阔、平坦。鳃孔极小，仅限于头的背侧面。鳃盖膜与峡部相连。

背鳍基长约等于吻长，起点约与腹鳍基的后缘相对，距吻端约等于距尾鳍基，臀鳍基长不足吻长的1/2，不分支鳍条不变粗变硬，后伸达尾鳍基。偶鳍平展。胸鳍基长约等于头长，起点位于眼前缘的垂直下方，外缘椭圆形，后伸超过腹鳍起点。腹鳍起点距臀鳍起点远大于距吻端，基部背面具1枚发达的肉质鳍瓣，左、右腹鳍最末2—3根分支鳍条在中部斜向完全愈合，后缘无缺刻，后伸远不达肛门。肛门约位于腹鳍起点至臀鳍起点间的中点稍后。尾鳍长约等于头长，末端斜截，下叶稍长。

体被细小圆鳞，头部、胸鳍基的背侧和腹鳍基之前的腹面无鳞。侧线完全，自体侧中部平直延伸至尾柄基部。

头部及各鳍具不规则褐色斑块，体背中央具横斑。

分布：长江上游特有种。四川特有种。分布于长江干流、南广河、金沙江下游及其支流鲹鱼河、雅砻江下游及其支流三源河、大渡河中下游、岷江下游和青衣江，沅水和澧水中上游支流中也有分布。

 糁鱼河

 75mm

 喻燚

 2024-08

◎ 牛栏爬岩鳅 *Beaufortia niulanensis*
(Chen, Huang *et* Yang, 2009)

形态特征：背鳍7；腹鳍21。侧线鳞90—95。

胸鳍起点相对于鼻孔和眼前缘之间，背鳍起点相对于腹鳍起点至其基部后缘的中点稍后，肛门位于腹鳍基后缘至臀鳍起点间的中点，腹鳍末端接近肛门。

分布：牛栏江流域有分布。

云南省昆明市盘龙区牧羊河

43mm

陈浩骏

2024-03-08

犁头鳅属 *Lepturichthys*

◎ **犁头鳅** *Lepturichthys fimbriata*
(Günther, 1888)

图片来源：廖伏初等，2020

地方名：细尾鱼、燕鱼、石爬子。

形态特征：背鳍iii-7—8；臀鳍ii-5；胸鳍i-10—12；腹鳍iii-8—9。侧线鳞84—95。

体长为体高的8.0—10.6倍，为头长的5.3—5.9倍，为尾柄长的3.3—3.8倍。头长为吻长的1.6—1.9倍，为眼径的6.0—7.5倍，为眼间距的2.5—3.0倍。尾柄长为尾柄高的12.5—14.5倍。

体延长，臀鳍向前渐宽扁，背部微隆，腹部宽平，尾柄细长如鞭。头部矮扁，前狭后宽，形状像犁头，故名犁头鳅。吻稍尖，吻长大于眼后头长；吻皮下包止于上唇基部，与上唇之间具吻沟相隔，吻沟直通口角。吻沟前吻褶分3叶，中叶较宽，两侧叶较细；吻褶中间具吻须2对，外侧1对稍粗大。口小，下位，新月形。唇厚，肉质，具发达须状乳突；上唇乳突2—3排，梳状；下唇1排，稍短；颏部具3—5对小须：上、下唇在口角处相连。上、下颌较薄，下颌铲形。口角须3对，外侧2对稍粗长，略小于眼径，内侧1对细小，位于口角内侧。鼻孔每侧2个，紧邻，靠近眼前缘；前鼻孔小，具较大鼻瓣，后鼻孔大，裂缝状。眼小，圆形，上侧位，位于头的后半部，距鳃孔较距吻端为近，眼缘游离。眼间隔较宽平，中间凹入。鳃孔稍宽，自胸鳍基背侧延伸至头部腹面。鳃盖膜与峡部相连。

背鳍不分支鳍条基部稍硬，末端柔软；起点与腹鳍起点相对或稍前，距吻端远小于距尾鳍基。偶鳍左、右平展。胸鳍起点位于眼后缘下方，后伸不达腹鳍。腹鳍不达或达到肛门。肛门位于腹鳍起点与臀鳍起点间的2/3处或稍后。臀鳍较小，末根不分支鳍条柔软分节，位于背鳍后下方，起点距腹鳍起点较距尾鳍基为近。尾鳍叉形，下叶甚尖长。

体被细小圆鳞，多数鳞上具易脱落的角质突，触摸有粗糙感。头背部裸露无鳞，腹部裸露区不超过胸鳍起点和腹鳍起点间的中点。侧线完全，平直。无咽齿，胃呈"U"形。肠道短，肠长为体长的一半。

背侧呈棕褐色，腹部呈黄白色。背部具6—9个大褐斑。各鳍均具数条褐色斑纹。

分布：中国特有种。主要分布于我国长江中上游干支流，包括金沙江、岷江、嘉陵江、乌江水系和长江干流。

图片来源：廖伏初等，2020

形态特征：体长，稍平扁，腹面平坦，尾柄细长似鞭状。头低平。吻端稍尖细，边缘较薄；吻长大于眼后头长。口下位，中等大，呈弧形。唇肉质，具发达的须状乳突，上唇2—3排，较长，呈流苏状；下唇1排，稍短。颌部有2—4对小须。上、下唇在口角处相连。下颌稍外露。上唇与吻端之间具深吻沟，延伸到口角。吻沟前的吻褶分3叶，较宽的中叶叶端一般有2个须状突，两侧叶叶端尖细。吻褶叶间有2对吻须，外侧1对较粗大。口角须3对，外侧2对稍粗大，内侧1对细小，位于口角内侧，有时和颌部的小须难以区分。鼻孔较小，约为眼径之半，具鼻瓣。眼侧上位，较小。眼间宽阔，平坦。鳃裂较宽，自胸鳍基部的前上方延伸到头部腹侧。鳞细小，大多数鳞片表面均具有易于脱落的角质疣突，头部及臀鳍起点之前的腹面无鳞。侧线完全，自体侧中部平直地延伸到尾鳍基部。

背鳍基长稍短于头长，起点约在吻端至尾鳍基之间的2/5处。臀鳍基长约与吻长相等，最长鳍条稍短于最长背鳍条。偶鳍平展。胸鳍长稍大于头长，起点约在眼后头长之半的下方，末端接近腹鳍起点。腹鳍起点约与背鳍起点相对，末端接近或稍超过肛门。肛门约在腹鳍腋部至臀鳍起点间的2/3处稍后。尾鳍呈叉形，下叶稍长。

分布：闽江水系有分布。

间吸鳅属 *Hemimyzon*

◎ 窑滩间吸鳅 *Hemimyzon yaotanensis*
(Fang, 1931)

地方名：石爬子。

形态特征：背鳍iii-8；臀鳍ii-5；胸鳍viii—x-12—13；腹鳍vi-8。侧线鳞68—72。

　　体较长，前段宽，平扁，后段侧扁，背略呈弧形隆起，腹面平坦。尾柄粗。鳞细小，鳞具棱脊。头部及偶鳍基部的背侧面和胸、腹部腹面中央无鳞。侧线完全，在体侧中部平直地延伸到尾鳍基部。头低平。吻端钝圆。吻长大于眼后头长。口较小，下位，呈弧形。上唇具10—14个明显的乳突，排成1排；下唇乳突较多。上唇与吻端之间具较深的吻沟。吻沟前的吻褶分3叶，中叶较大。吻褶叶间具2对小吻须，外侧1对稍长。口角须2对，约等长。鼻孔靠近眼前缘，前、后鼻孔紧相邻，前鼻孔在鼻瓣中。眼侧上位。眼间隔宽阔，平坦。鳃裂下端扩展到头部腹面。背吻距小于背尾距。偶鳍向左、右平展。胸鳍起点位于眼后缘垂下方，其末端接近腹鳍起点。腹鳍起点与背鳍起点相对，腹鳍左、右分离不形成吸盘，后端不达肛门。臀鳍前缘不分支鳍条为较细弱的扁平硬刺，末端不达尾鳍基部。肛门约位于腹鳍后缘至臀鳍起点距的中点。尾鳍叉形，下叶长，最短鳍条为最长鳍条的3/5。

🐟 80mm

📷 喻燚

🕐 2019-07-13

分布：长江上游特有种。主要分布于长江上游及其支流，包括四川省的长江干流、岷江、沱江水系等。

金沙鳅属 *Jinshaia*

◎ **短身金沙鳅 *Jinshaia abbreviata***
(Günther, 1892)

地方名：石爬子。

形态特征：体较短，前段较宽，平扁，后部呈直径向尾鳍基渐减的圆柱状。背略呈弧形隆起，腹面平坦。体被细鳞，鳞片棱脊不发达，头部及偶鳍基部的背侧面和肛门前的腹面无鳞。侧线完全，在体侧中部平直地延伸到尾鳍基部。头低平，头长大于或等于尾柄长。吻端钝圆。吻长大于眼后头长。口较宽，下位，呈弧形。上唇与吻端之间具较深的吻沟。吻沟前的吻褶分3叶，中叶大。吻褶叶间具2对小吻须，外侧1对稍长。口角须2对，短小。上唇具1排明显的乳突；下唇乳突不明显。颏部具1—2对乳突。鼻孔靠近眼前缘，前、后鼻孔紧相邻，前鼻孔在鼻瓣中。眼小，侧上位。眼间隔宽阔，平坦。鳃裂下端扩展到头部腹面。背吻距小于背尾距。偶鳍向左、右平展。胸鳍起点位于眼下方，其末端超过腹鳍起点。腹鳍鳍条15，其起点在背鳍起点之前，腹鳍左、右分离不形成吸盘，后端不达或达到肛门。臀鳍前缘不分支鳍条软，末端不达尾鳍基部。尾鳍深叉形，下叶长，最短鳍条为最长鳍条的1/3。

体背和体侧呈棕褐色或古铜色，背部有6—8个深褐色圆斑。腹部呈黄白色。各鳍均呈灰褐色。

底栖鱼类，生活在水流较湍急的江、河中，以藻类和水生无脊椎动物为食。繁殖期为4—6月，产漂流性卵。

产区种群数量较多，为常见种，可驯化为观赏鱼。

分布：长江上游特有种。主要分布于长江上游及其支流的金沙江水系。

◎ 中华金沙鳅 *Jinshaia sinensis*
(Sauvage *et* Dabry de Thiersant, 1874)

地方名：石爬子。

形态特征：体较长，前段较宽，平扁，后部呈直径向尾鳍基渐减的圆柱状。背略呈弧形隆起，腹面平坦。鳞细小，鳞具棱脊。头部及偶鳍基部的背侧面和胸、腹部腹面无鳞。侧线完全，在体侧中部平直地延伸到尾鳍基部。头低平，头长小于尾柄长。吻端钝圆，吻长大于眼后头长。口较宽，下位，呈弧形。上唇与吻端之间具较深的吻沟。吻沟前的吻褶分3叶，中叶大。吻褶叶间具2对小吻须，外侧1对稍长。口角须2对，短小。上唇具1排明显的乳突；下唇乳突不明显。颏部具1—2对乳突。鼻孔靠近眼前缘，前、后鼻孔紧相邻，前鼻孔在鼻瓣中。眼小，侧上位。眼间隔宽阔，平坦。鳃裂下端扩展到头部腹面。偶鳍向左、右平展。胸鳍起点在眼后缘垂直下方，末端稍超过腹鳍起点。腹鳍鳍条18，其起点在背鳍起点之前，腹鳍左、右分离不形成吸盘，后端不达或达到肛门。臀鳍前缘不分支鳍条软，末端不达尾鳍基部。尾鳍深叉形，下叶长于上叶，最短鳍条为最长鳍条的1/3。

体背和体侧呈黄褐色或灰褐色，背部有6—8个深褐色圆斑。腹部呈黄白色。各鳍均呈灰黄色。

底栖鱼类，生活在水流较急的江河中，以藻类和水生无脊椎动物为食。繁殖期为4—6月，产漂流性卵。

分布：长江上游特有种。主要分布于长江上游，包括金沙江上游下段以下干支流。

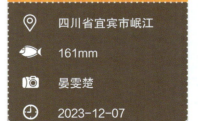

四川省宜宾市岷江

161mm

晏雯楚

2023-12-07

华吸鳅属 *Sinogastromyzon*

◎ 大渡河华吸鳅 *Sinogastromyzon daduheensis* (Yang *et* Guo, 2013)

地方名：石爬子。

形态特征：外部形态：躯体前段宽阔而平扁，后段渐侧扁，背缘呈缓弧形隆起，腹面平坦。鳃裂宽阔，下缘延伸至头部腹面。体表覆细鳞，头部、偶鳍基部背侧面、胸鳍腋部至腹鳍起点间体侧及腹鳍基前腹面区域无鳞。侧线完整，沿体侧中部平直延伸至尾鳍基。头部低平。

　　头部特征：吻端略尖且缘薄，吻长大于眼后头长（眼后头长占头长1/3以上）。眼较小，侧上位，眼间隔宽阔平坦。鼻孔较小，具发达鼻瓣覆盖。

　　口部结构：口下位，较小呈弧形，吻端至上唇间具深吻沟延伸至口角。吻沟前吻褶分三叶，中叶较大，叶端圆钝，叶间具两对小吻须（外侧须稍长）。口角须两对，外侧须与外侧吻须近等长，内侧须短小。唇薄，上唇具6-10个显隐不定的单列乳突，下唇光洁无乳突，上下唇于口角处相连。下颌前缘微露，表面具放射状沟脊。

　　偶鳍特征：胸鳍起点位于眼前缘垂直下方，末端超越腹鳍起点，基部具发达肉质鳍柄。背鳍起点对应腹鳍第4-5不分支鳍条基部，其至吻端距离短于至尾鳍基距离。左右腹鳍联合形成完整吸盘，后缘完整无缺刻，末端远未达肛门。胸鳍第6-7不分支鳍条基部与鳃盖后缘相对。

　　尾部结构：肛门邻近臀鳍起点。臀鳍首根不分支鳍条为细弱扁平硬刺，末端未达尾基。尾鳍长度约等于头长，后缘深凹，下叶略长于上叶。

分布：中国特有种。分布于大渡河下游和金沙江，省外分布于云南和西藏。

金川大渡河

84mm

喻燚

2020-05

◎ **西昌华吸鳅** *Sinogastromyzon sichangensis*
(Chang, 1944)

地方名： 石爬子。

形态特征： 体前段宽，平扁，后段侧扁，背缘呈弧形隆起，腹面平坦。鳃裂较宽，下端延伸到头部腹面。体被细鳞，头部及偶鳍基部的背侧面和胸鳍腋部至腹鳍起点间的体侧以及腹鳍基部之前的腹面无鳞。侧线完全，在体侧中部较平直地延伸到尾鳍基部。头低平。吻端钝圆，边缘薄；吻长大于眼后头长，眼后头长小于头长的1/3。口下位，较小，呈弧形，吻端与上唇之间具较深的吻沟，延伸到口角。吻沟前的吻褶分3叶，叶端圆钝，中叶较大。吻褶叶间具2对小吻须，约等长。口角须2对，内侧1对短小。唇较薄，上唇具8—10个明显的乳突，排成1排；下唇也具乳突；上、下唇在口角处相连。下颌前缘外露，表面具放射状的沟和脊。鼻孔较小，具发达的鼻瓣。眼较大，侧上位。眼间隔宽阔，平坦。背吻距稍小于背尾距。偶鳍宽大平展，具发达的肉质鳍柄。胸鳍起点位于眼前缘的垂下方，其末端超过腹鳍起点。鳃盖后缘与胸鳍的第4—5根不分支鳍条基部相对。背鳍起点与腹鳍的第2—3根不分支鳍条基部相对。左、右腹鳍联合成吸盘，后缘无缺刻，末端不达肛门。肛门靠近臀鳍起点。臀鳍前缘不分支鳍条为较细弱的扁平硬刺，末端压倒后不达尾鳍基部。尾鳍凹形。

雄鱼体较细长，繁殖季节吻部和鳃盖上有珠星，腹鳍后缘至臀鳍起点间距较长；雌鱼体较粗短，繁殖季节吻部和鳃盖上无珠星，腹鳍后缘至臀鳍起点间距较短。

体背和体侧呈灰黄色或灰褐色，背部有5—8个褐色的团状斑块。体侧和偶鳍的肉质鳍柄上均有褐色斑纹。背鳍和尾鳍上有成行的褐色斑纹。

底栖鱼类，栖息于水流较湍急的河流砾石滩上或石下，游动敏捷。主要摄食藻类，也食摇蚊幼虫等水生无脊椎动物。繁殖期为3—6月，在急流石滩上产沉性卵，受精卵具黏性。

产区种群数量现已较少，为常见种或偶见种，可驯化为观赏鱼。

分布： 长江上游特有种。分布于长江上游及其支流清江。

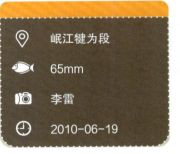

⊙	岷江犍为段
🐟	65mm
📷	李雷
🕐	2010-06-19

◎ 四川华吸鳅 *Sinogastromyzon szechuanensis szechuanensis* (Fang, 1930)

地方名：石爬子。

形态特征：体前段宽，平扁，后段侧扁，背缘呈弧形隆起，腹面平坦。鳃裂宽，下端延伸到头部腹面。体被细鳞，头部及偶鳍基部的背侧面和胸鳍腋部至腹鳍起点间的体侧以及腹鳍基部之前的腹面无鳞。侧线完全，在体侧中部较平直地延伸到尾鳍基部。头低平。吻端钝圆，边缘薄；吻长大于眼后头长，眼后头长约为头长的1/4。口下位，较小，呈弧形。吻端与上唇之间具较深的吻沟，延伸到口角。吻沟前的吻褶分3叶，中叶较大。吻褶叶间具2对小吻须，约等长。口角须2对，内侧1对短小。唇较薄，上唇具1排明显的乳突；下唇乳突不明显。上、下唇在口角处相连。下颌前缘外露，表面具放射状的沟和脊。鼻孔较小，具发达的鼻瓣。眼较大，侧上位。眼间隔宽阔，平坦。背吻距小于背尾距。偶鳍宽大平展，具发达的肉质鳍柄。胸鳍起点位于眼前缘的垂下方，其末端超过腹鳍起点。鳃盖后缘与胸鳍的第5—6根不分支鳍条基部相对。背鳍起点与腹鳍的第2—3根不分支鳍条基部相对。左右腹鳍联合成吸盘，后缘无缺刻，末端盖过肛门。臀鳍前缘不分支鳍条为较细弱的扁平硬刺，末端压倒后不达尾鳍基部。尾鳍凹形，下叶稍长于上叶。

雄鱼繁殖季节吻部和鳃盖上有珠星，雌鱼无珠星。

体背和体侧呈灰黄色或灰褐色，背部有5—8个褐色的团状斑块。体侧和偶鳍的肉质鳍柄上均有褐色斑纹。背鳍和尾鳍上有成行的褐斑纹。

底栖鱼类，栖息于水流较湍急的河流砾石滩上或石下，游动敏捷。以藻类和水生无脊椎动物为食。繁殖期为4—6月。在急流石滩上产沉性卵，受精卵具黏性。

产区种群数量较多，为优势种或常见种，可驯化为观赏鱼。

分布：长江上游特有种。主要分布于长江上游干支流，包括金沙江、雅砻江、岷江、嘉陵江和乌江水系。

沱江

55mm

田甜

2017-11-12

◎ 下司华吸鳅 *Sinogastromyzon hsiashiensis* (Fang, 1931)

地方名： 石爬子。

形态特征： 吻铲状，具须2对。口下位。口角须2对。上唇具1行乳突。鳃孔较宽，下角延伸至头部腹面。胸鳍宽大，起点位于眼后缘垂直下方之前，后伸超过腹鳍起点。左右腹鳍愈合成吸盘，后缘圆形，后伸超过肛门。背侧呈暗绿色，具不规则褐色斑块。腹面呈黄白色。

山涧溪流性鱼类，栖息于急流浅滩中，吸附于卵石下面。

分布： 分布于长江中游洞庭湖。

湖南

70mm

喻燚

2024-12

◎ *德泽华吸鳅* *Sinogastromyzon dezeensis*
(Li, Mao *et* Lu, 1999)

形态特征：体短而宽，体高显著小于体宽。前部平扁，后部侧扁。头扁，侧平。吻钝圆。鼻孔靠近眼前缘，位于头的前半部。眼侧上位。吻长大于眼后头长。眼间隔宽而平坦。口下位，口裂弧形。唇具乳突，上唇乳突发达，排列成1行；下唇乳突不明显；上、下唇在口角处相连。口前具吻沟和吻褶，吻褶分3叶，中叶较大，叶间有短而粗的吻须2对。口角须2对，外侧须较长。鳃孔沿胸鳍基部延伸到头的腹面。背鳍无硬刺，起点在腹鳍起点之上后上方，至吻端距离小于至尾鳍基距离。臀鳍具弱硬刺，后伸超过至尾鳍基距离的一半。胸鳍具发达肉质基部，前方鳍条位于眼前缘的垂直线之前下方，鳍条向后超过腹鳍起点。腹鳍具肉质鳍柄，起点在胸鳍起点和肛门的中点上，左、右鳍条相连成吸盘，末端达到肛门。肛门接近臀鳍起点。尾鳍叉形，下叶长于上叶。体被细鳞，排列整齐，鳞上有脊。侧线完全，较平直。胸腹部裸露无鳞。体呈棕褐色，体背有7—8个（大多为7个）褐色斑块，其分布为背鳍前2—3个，背后3—4个，腹部呈淡黄色。背鳍具2—3条黑色条纹，臀鳍中间具1条黑色条纹，胸鳍和腹鳍背面散布棕灰色斑点，尾鳍具2—3条黑色条纹。

分布：分布于云南省曲靖市德泽乡，分布水系属牛栏江水系。

⦿	牛栏江
🐟	50mm
📷	雷春云
🕐	2014-03

后平鳅属 *Metahomaloptera*

◎ 汉水后平鳅 *Metahomaloptera omeiensis hangshuiensis* (Xie, Yang *et* Gong, 1984)

形态特征：背鳍iii-8；臀鳍ii-5；胸鳍x—xi-16—18；腹鳍vi—viii-13—15。侧线鳞59—63。

体长为体高的5.1—7.3倍，为体宽的4.0—4.6倍，为头长的4.2—5.0倍，为尾柄长的10.0—14.0倍，为尾柄高的12.8—15.0倍，为背鳍前距的2.0—2.1倍，为腹鳍前距的2.5—2.6倍。头长为头高的1.8—2.0倍，为头宽的0.8—1.1倍，为吻长的1.7—2.0倍，为眼径的4.5—6.5倍，为眼间距的2.0—2.5倍。尾柄长为尾柄高的0.9—1.3倍。头宽为口宽的2.0—2.9倍。

体较短，前段极平扁，后段稍侧扁，背缘较平直，腹面平坦。头很宽扁。吻端圆钝，边缘极薄；吻长约为眼后头长的2倍，雄性成体吻侧至眼下缘具刺状疣突。口下位，较大，呈浅弧形。唇肉质，上唇具1排约10个显著的乳突；下唇中央略凹，中央的颏部表面具2个不甚显著的纵脊状乳突；上、下唇在口角处相连。下颌前缘外露，表面具明显的放射状沟和脊。上唇与吻端之间具吻沟，延伸到口角。吻沟前的吻褶分3叶，叶端平直，中叶较大，两侧很小。吻褶叶间具2对小吻须，外侧1对约为眼径的1/2，内侧1对较小。口角须2对，约与外侧吻须等长。鼻孔较大，具发达的鼻瓣。眼中等大，侧上位。眼间宽阔，平坦。鳃裂极小，宽似眼径，仅限于胸鳍基部前缘的背侧面。鳞细小，头背部、胸腹部及偶鳍基部背侧无鳞。侧线完全，自体侧中部平直地延伸到尾鳍基部。

背鳍基长大于吻长，起点约在吻端至尾鳍基间的中点，外缘近截形。臀鳍基长约为吻长的一半，末端压倒后达到或接近尾鳍基部。偶鳍平展。胸鳍基长稍大于头长，基部具有发达的肉质鳍柄，起点在眼眶前缘的垂直下方，外缘扇形，末端伸达腹鳍基部的中点。腹鳍起点显著前于背鳍起点，稍前于吻端至肛门间的中点，基部背面无显著的瓣膜，左右鳍条完全愈合，末端伸达腹鳍腋部至臀鳍起点间的中点稍后。肛门接近臀鳍起点。尾鳍长稍短于头长，末端斜截或浅内凹，下叶稍长。

分布：四川省的任河上游有分布，分布水系属汉江水系。

湖北省恩施土家族苗族自治州巴东县神农溪

42mm

陈浩骏

2023-10-08

◎ 峨眉后平鳅 *Metahomaloptera omeiensis*
(Chang, 1944)

地方名：石爬子。

形态特征：体前段宽，平扁，后段侧扁，背缘呈弧形隆起，腹面平坦。体被细鳞，头部及偶鳍基部的背侧面和胸鳍腋部至腹鳍起点间的体侧以及腹鳍基部之前的腹面无鳞。侧线完全，在体侧中部较平直地延伸到尾鳍基部。头低平。吻端钝圆，边缘薄；吻长大于眼后头长。口下位，较小，呈弧形。吻端与上唇之间具较深的吻沟。吻沟前的吻褶分3叶，叶端圆钝，中叶较大。吻褶叶间具2对小吻须，约等长。口角须2对，内侧1对短小。唇较薄，上唇具8—10个乳突，排成1排；下唇乳突不明显。下颌前缘外露。鼻孔较小，具发达的鼻瓣。眼较小，侧上位。眼间隔宽阔，平坦。鳃裂窄，其下端止于胸鳍的背面。背吻距稍小于或等于背尾距。偶鳍宽大平展，具发达的肉质鳍柄。胸鳍起点位于眼前缘的垂直下方，其末端超过腹鳍起点。腹鳍起点位于背鳍起点之前，左、右腹鳍联合成吸盘，后缘无缺刻，末端不达肛门。肛门靠近臀鳍起点。臀鳍前缘不分支鳍条为较细弱的扁平硬刺，末端压倒后不达尾鳍基部。尾鳍凹形，下叶稍长。

体背和体侧灰黄或棕褐色，背部有6—9个褐色的团状斑块。体侧和偶鳍的肉质鳍柄上均有褐色斑纹。背鳍和尾鳍上有成行的褐色斑纹。

底栖鱼类，栖息于水流较湍急的河流砾石滩上或石下，游动敏捷。以藻类和水生无脊椎动物为食。繁殖期为3—6月。在急流石滩上产沉性卵，受精卵具黏性。产区种群数量较多，为优势种或常见种，可驯化为观赏鱼。

分布：中国特有种。长江上游特有种。分布于长江干流及其支流岷江、嘉陵江、安宁河、青衣江、乌江等。

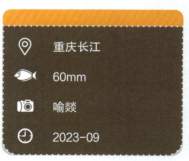

⌖	重庆长江
🐟	60mm
📷	喻燚
🕐	2023-09

05

鲇形目
Siluriformes

鲇科 Siluridae

鲇属 *Silurus*

◎ 鲇 *Silurus asotus*
(Linnaeus, 1758)

地方名：鲇鱼、土鲇鱼、鲇巴郎。

形态特征：口裂浅，末端仅达眼前缘垂直下方。下颌稍长于上颌。须2对，上颌须后伸达胸鳍末缘。鳃盖膜与峡部不相连。侧线完全，具1行黏液孔。背鳍短小。无脂鳍。胸鳍刺前缘具弱锯齿，后缘雄鱼锯齿发达，雌鱼光滑或仅具小凸起。臀鳍基甚长，末端与尾鳍相连。尾鳍浅凹形，上叶长于下叶。背侧呈灰褐色，腹部呈黄白色，各鳍呈浅灰色。栖息于水草丛生、水流较缓的底层。

分布：除青藏高原和西藏外，遍布全国各水系。国外分布于日本、朝鲜半岛和俄罗斯。

沱江

243mm

邹远超

2017-10-28

鱼的采集地点　鱼的全长　拍摄人员　拍摄时间

◎ 昆明鲇 *Silurus mento*
(Regan, 1904)

地方名：鲇鱼、土鲇鱼、鲇巴郎。

形态特征：背鳍i-4—5；臀鳍ii-61—72；胸鳍i-9—11；腹鳍i-8—10。鳃耙12—14。

体长为体高（肛门处体高）的5.4—7.2倍，为头长的3.9—4.7倍，为前背长的2.9—3.6倍。头长为吻长的2.4—3.1倍，为眼径的8.2—10.9倍，为眼间距的1.9—2.7倍，为头宽的1.4—1.9倍，为口裂宽的1.6—2.3倍。

体延长，前部纵扁，后部侧扁。头中等大，宽钝，向前纵扁。口大，次上位，口裂浅，仅伸至眼前缘的垂直下方。眼小，位于头侧中部前上方。眼间距宽阔且平坦。下颌突出于上颌，上、下颌具绒毛状细齿，形成宽齿带。犁骨齿带中央不连续。前、后鼻孔相隔较远，前鼻孔呈短管状，后鼻孔圆形。须2对，颌须较粗，后伸可达胸鳍起点；吻须较细，短于颌须，后伸超过眼后缘的垂直线。鳃膜游离，在腹面互相重叠，不与鳃峡相连。

背鳍甚短，无硬刺，起点位于胸鳍后端的垂直上方，距尾鳍基部较距吻端远。无脂鳍。臀鳍基长，后端与尾鳍相连，距尾鳍基部较距胸鳍基后端甚远。胸鳍中等大，硬刺前缘具颗粒状突起，后缘具弱锯齿，鳍条后伸不达腹鳍。腹鳍小，左、右鳍基紧靠，位于背鳍基后端垂直下方之后，鳍条后伸超过臀鳍起点，距胸鳍基后端较距臀鳍起点远。肛门距臀鳍起点较距腹鳍基后端略近。尾鳍斜截或略凹，上、下叶等长。

分布：金沙江特有种。仅记录分布于金沙江水系的云南滇池流域。

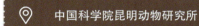
中国科学院昆明动物研究所

93mm

潘晓赋

2025-03-25

◎ 大口鲇 *Silurus meridionalis* (Chen, 1977)

地方名：鲶鱼、土鲶鱼、鲶巴郎。

形态特征：口裂较深，末端达眼中部垂直下方。下颌长于上颌。须2对，上颌须后伸达胸鳍末端。鳃盖膜与峡部不相连。侧线平直，具1行黏液孔。背鳍短小。无脂鳍。胸鳍刺前缘具颗粒状凸起，后缘中部至末端具弱锯齿。臀鳍基甚长，末端与尾鳍相连。尾鳍短小，上叶略长于下叶。体呈灰褐色，腹部呈灰白色，各鳍呈灰黑色。

多栖息于水草丛生的底层，夜晚活动寻食。

分布：珠江、岷江、湘江、长江等水系均有分布。

吉安赣江

860mm

丁兆宸

2023-12

鲿科 Bagridae

黄颡鱼属 *Pelteobagrus*

◎ 黄颡鱼 *Pelteobagrus fulvidraco*
  (Richardson, 1846)

地方名：黄腊丁。

形态特征：体较高，略呈纺锤形，后段侧扁，体长为体高的4.2倍以下。无鳞，侧线完全，平直。头较扁。上枕骨棘短于背鳍硬刺。吻圆钝。前、后鼻孔相距远；前鼻孔位于吻端，管状，后鼻孔位于鼻须基部的后方。眼较小，侧上位。口下位，弧形。上颌长于下颌。上、下颌及腭骨均具绒毛状细齿。唇后沟中断。须4对，鼻须末端稍超过眼后缘，颌须末端可达胸鳍基后缘；外侧颏须长于内侧颏须，其末端可达胸鳍基前缘。背鳍较高，外缘浅弧形，背鳍刺稍长于胸鳍刺。背吻距为体长的3倍以下，其大于背鳍起点至脂鳍起点距。脂鳍基长短于臀鳍基长。胸鳍刺前缘具细锯齿，后缘锯齿粗壮。腹鳍末端达到或超过腹鳍起点。尾鳍深叉形，中央最短鳍条为最长鳍条的1/2，末端圆。

性成熟的雄鱼肛门后有1个明显的生殖突，雌鱼生殖突不明显。

体背和体侧呈灰黄色，腹部呈黄色。体侧有3条淡黄色的垂直纹和2条较细的淡黄色的纵纹，其间有3块灰黄色斑块。各鳍均呈灰黑色。

肉食性底栖鱼类，栖息于江河中。繁殖期为5—7月，产黏性卵。产卵前，雄鱼在水较浅多水草的静水区掘泥做巢，雌鱼产卵后，雄鱼有护卵的习性。

种群数量较小，常见种或偶见种。肉细嫩，肌间刺少，为名贵食用经济鱼类，已人工养殖。

分布：珠江、闽江、长江、黄河、黑龙江等水系均有分布。国外分布于老挝、越南至俄罗斯西伯利亚。

长江宜昌段

143mm

梁孟

2017-12-12

◎ 长须黄颡鱼 *Pelteobagrus eupogon*
(Boulenger, 1892)

地方名：黄腊丁。

形态特征：背鳍i-6；臀鳍21—23。第1鳃弓外侧鳃耙13—17。脊椎骨5+10—41+1。

标准长为体高的4.6—6.8倍，为头长的4.0—5.6倍，为尾柄长的5.5—6.8倍，为尾柄高的11.1—11.2倍，为背鳍前距的3.1—3.8倍。头长为吻长的1.0—4.7倍，为眼径的3.8—4.5倍，为眼间距的1.9—2.3倍。

体较长，尾部侧扁。头顶后部裸露。吻短、圆钝。口下位，略呈弧形，上颌长于下颌，上、下颌均具绒毛状细齿。须4对，鼻须黑色，其末端超过眼后缘；上颌须长，其末端超过背鳍起点的垂直下方；颏须较上颌须短，外侧一对的末端至鳃孔附近。眼中等大，侧上位，眼间较宽，平坦。鳃孔宽阔，鳃膜不与峡部相连。背鳍起点至吻端较距脂鳍起点为近，背鳍刺后缘锯齿细小。胸鳍刺前后缘均有锯齿，前者细小，后者粗壮。腹鳍末端后伸超过臀鳍起点。脂鳍末端游离，远较臀鳍为短。尾鳍深叉形。肛门位于腹鳍基部后端与臀鳍起点的中点。体裸露无鳞。侧线平直。体呈黄褐色，沿体侧有宽而长的黑色纵条纹，延至尾柄处则分叉。各鳍均呈灰黑色。

分布：长江水系。

浙江省湖州市

143mm

林永晟

2024-04-14

◎ 瓦氏黄颡鱼 *Pelteobagrus vachelli*
(Richardson, 1846)

地方名：黄腊丁。

形态特征：背鳍i-7；胸鳍i-8—9；腹鳍i-6；臀鳍i-21—25。第1鳃弓外侧鳃耙11—15。脊椎骨5+38—1+1。

标准长为体高的3.6—5.3倍，为头长的4.0—4.8倍，为尾柄长的5.7—7.4倍，为尾柄高的10.6—13.4倍，为背鳍前距的3.0—3.3倍。头长为吻长的2.8—4.5倍，为眼径的4.5—6.4倍，为眼间距的1.6—2.1倍，为上颌须长的0.7—1.0倍。尾柄长为尾柄高的1.6—2.2倍。

体长形，前部稍扁平，后部侧扁。头顶被薄皮，枕部裸露。吻圆钝。口下位。上、下颌及腭骨具绒毛状细齿。唇厚，唇后沟仅限于口角处。须4对，至少有3对须末端呈青黑色；鼻须末端超过眼后缘；上颌须末端后伸超过胸鳍基部；外侧颏须超过鳃膜。眼中等大。鼻孔分离，后鼻孔距眼前缘约与距前鼻孔相等。鳃孔宽阔，左右鳃膜相连，不与峡部相连。

背鳍具粗壮硬刺，其后缘有锯齿。胸鳍刺发达，其前缘光滑，后缘有发达锯齿。背鳍刺与胸鳍刺约等长。腹鳍末端后伸可达或接近臀鳍起点。脂鳍基较臀鳍基短。尾鳍深分叉，中央鳍条长小于最长鳍条的1/2。生殖突明显。体裸露无鳞。侧线较平直。鳔较厚，具中央隔膜。肠管短于体长。腹腔膜呈白色。侧线以上体色灰黑，侧线以下呈粉红或白色。

分布：珠江、闽江、湘江、长江、淮河、辽河等水系均有分布。国外分布于越南。

⌖	长江洪湖段
🐟	126mm
📷	谢晓
🕐	2017-07-21

◎ 光泽黄颡鱼 *Pelteobagrus nitidus*
(Sauvage *et* Dabry de Thiersant, 1987)

地方名：黄腊丁、尖嘴黄腊丁。

形态特征：背鳍i-7；胸鳍i-6；腹鳍i-6；臀鳍i-22—28。第1鳃弓外侧鳃耙8—11。脊椎骨5+38—39+1。

标准长为体高的4.0—4.6倍，为头长的4.3—5.0倍，为尾柄长的7.4—9.0倍，为尾柄高的11.8—12.6倍，为背鳍前距的3倍。头长为吻长的3.1—4.1倍，为眼径的3.6—4.8倍，为眼间距的2.2倍，为上颌须长的1.3—1.6倍。尾柄长为尾柄高的1.4—1.6倍。

体长形，头部稍扁平，头后体渐侧扁。头顶大部裸露。吻短，稍尖。口下位，略呈弧形。上下颌及腭骨均具绒毛状细齿。唇较肥厚。须4对，均较短，鼻须后伸可超过眼前缘；上颌须可超过眼后缘。眼中等大。鼻孔分离，后鼻孔距眼较距前鼻孔为近。鳃孔宽阔，左右鳃膜联合，不与峡部相连。背鳍具硬刺，其后缘具细锯齿。胸鳍具粗壮硬刺，前缘光滑，后缘锯齿发达。腹鳍末端后伸超过臀鳍起点。臀鳍基显著长于脂鳍基。尾鳍深叉形，中央最短鳍条小于最长鳍条的1/2。肛门近臀鳍起点。生殖突明显。体裸露无鳞。侧线平直。鳔具中央纵隔膜。肠短于体长。腹腔膜呈浅褐色。体侧有2块暗色斑纹。

分布：黑龙江、辽河、海河、长江、闽江等水系。

🐟	110mm
📷	张炜钊
🕐	2025-03

鮠属 *Leiocassis*

◎ **长吻鮠** *Leiocassis longirwstris*
　　(Günther, 1864)

地方名：江团。

形态特征：背鳍i-6—8；胸鳍i-8—10；腹鳍i-5；臀鳍15—18。第1鳃弓外侧鳃耙12—16。脊椎骨5+31—35+1。

　　标准长为体高的4.1—4.7倍，为头长的3.5—3.9倍，为尾柄长的5.6—6.5倍，为尾柄高的12.3—14.2倍。头长为吻长的2.3—2.8倍，为眼径的11.1—13.0倍，为眼间距的2.5—2.8倍。

　　体延长，腹部圆，头后体侧扁。头较尖，头背面隆起，腹面平坦，枕骨裸露。吻显著突出，肥厚呈锥形，口下位，横裂或呈新月形。上、下颌及腭骨均具绒毛状锐利细齿。唇厚，光滑，唇后沟不连续，上下唇联合于口角处。须4对，较短，鼻须不达眼前缘；上颌须稍超过眼后缘。眼位于头侧，眼小。鼻孔分离，后鼻孔距前鼻孔较距眼为远。鳃孔宽阔，左右鳃膜相连但不与峡部相连。肩骨突出于胸鳍上方。背鳍具强硬刺，其后缘有较发达锯齿。胸鳍具粗壮硬刺，前缘光滑无锯齿，后缘具强锯齿。腹鳍后伸达臀鳍起点。脂鳍基长于臀鳍基，末端游离。尾鳍深叉形。肛门约位于腹鳍与臀鳍的中点处。体裸露无鳞。侧线平直。鳔大而肥厚，具中央纵隔膜。腹腔膜呈褐色。体色为粉红色或灰黑色，侧线以上体色较深，侧线以下较浅，腹面呈白色。

分布：鸭绿江、辽河、钱塘江、瓯江、灵江、珠江等。国外分布于日本、朝鲜半岛等。

◎	四川省眉山市
🐟	153mm
📷	林永晟
🕐	2024-05-17

图片来源：廖伏初等，2020

◎ 粗唇鮠 *Leiocassis crassilabris*
(Günther, 1864)

地方名：黄腊丁。

形态特征：背鳍i-7；胸鳍i-8—9；腹鳍i-6；臀鳍16—19。第1鳃弓外侧鳃耙8—13。脊椎骨5+39—41+1。

标准长为体高的3.9—6.2倍，为头长的3.6—4.5倍，为尾柄长的5.5—7.7倍，为尾柄高的11.0—14.6倍，为背鳍前距的2.5—3.0倍。头长为吻长的2.6—3.1倍，为眼径的6.7—10.9倍，为眼间距的2.3—3.0倍，为上颌须长的1.6—1.9倍。

　　体长形，粗壮，胸、腹部圆，腹鳍之后渐侧扁。头稍扁，头顶稍隆起，被较厚皮膜。吻突出，圆钝。口下位，横裂。上、下颌及腭骨均具绒毛状细齿。唇厚，唇后沟不连续。须4对，鼻须末端接近眼后缘；上颌须末端接近或达到鳃膜，较大个体的上颌须末端离鳃膜较远；2对颏须较短。眼位于头侧，近吻端，眼小。眼间隔隆起。鼻孔分离，后鼻孔距眼较距前鼻孔稍近。鳃裂宽阔，左右鳃膜相连但不与峡部相连。肩骨突出于胸鳍上方。背鳍硬刺粗壮且较长，后缘有弱锯齿或光滑。胸鳍具发达硬刺，其前缘光滑，后缘具强锯齿。背鳍硬刺与胸鳍硬刺约等长。腹鳍后伸超过肛门但不达臀鳍起点。脂鳍基与臀鳍基约相对。脂鳍末端游离。尾鳍深分叉，中央最短鳍条约为最长鳍条的1/2。肛门距臀鳍起点较距腹鳍基为近。全身裸露无鳞。侧线较平直。鳔大，其外被较坚韧而厚的肌肉层，具中央纵隔膜。肠短，约为标准长的1/2。腹部呈白色或褐色。雄性生殖突发达。体侧及背部呈灰色，具褐色斑纹。

分布：长江、珠江、闽江水系及云南程海。

◎ 纵带鮠 *Leiocassis argentivittatus*
(Regan, 1905)

形态特征：背鳍ii-6—7；臀鳍iii-12—15；胸鳍i-6—7；腹鳍i-5。鳃耙12—14。游离脊椎骨30—32。

体长为体高的3.4—4.4倍，为头长的3.8—4.3倍，为尾柄长的5.4—6.3倍，为前背长的2.7—2.9倍。头长为吻长的3.3—3.8倍，为眼径的3.1—3.6倍，为眼间距的2.3—2.7倍，为头宽的1.1—1.3倍，为口裂宽的2.2—2.4倍。尾柄长为尾柄高的1.4—2.0倍。

体延长，略粗壮，后部侧扁。头略短且稍纵扁，头背被皮膜；上枕骨棘或裸露，略细，连于颈背骨。吻钝。口下位，弧形。上颌突出于下颌。上、下颌与腭骨均具绒毛状齿，形成弧形齿带。眼大，侧上位。眼间隔宽，略隆起。前后鼻孔相距较远，前鼻孔呈短管状，近吻端；后鼻孔略圆。鼻须后伸超过眼后缘；颌须长于头长且超过胸鳍起点；外侧颏须长于内侧颏须。鳔1室，略呈圆形。鳃孔大。鳃盖膜不与鳃峡相连。

背鳍骨质硬刺完全光滑或后缘具弱锯齿，起点距吻端大于距脂鳍起点。脂鳍基略短于臀鳍基，与其相对，基部位于背鳍基后端至尾鳍基的中央。臀鳍较短，起点位于脂鳍起点之垂直下方略前，至尾鳍基的距离不及至胸鳍基后端。胸鳍侧下位，硬刺前缘光滑，后缘具强锯齿，较背鳍硬刺为长，后伸不及腹鳍。腹鳍起点位于背鳍基后端之垂直下方略后，距胸鳍基后端大于距臀鳍起点，鳍条后伸超过臀鳍起点。肛门距臀鳍起点较距腹鳍基后端略近。尾鳍深分叉。

分布：珠江水系有分布。

🐟 41mm

📷 林永晟

🕐 2022-08-08

图片来源：廖伏初等，2020

拟鲿属 *Pseudobagrus*

◎ 圆尾拟鲿 *Pseudobagrus tenuis* (Günther, 1873)

地方名：石格。

形态特征：背鳍i-7；胸鳍i-8；腹鳍i-6；臀鳍i-7。第1鳃弓外侧鳃耙10。

标准长为体高的4.1—5.1倍，为头长的3.9—4.2倍，为尾柄长的5.8—8.7倍，为尾柄高的11.9—13.5倍，为背鳍前距的3.0—3.1倍。头长为吻长的2.8—3.1倍，为眼径的6.2—8.2倍，为眼间距的2.6—3.0倍。尾柄长为尾柄高的1.4—2.3倍。

体长形，头稍平扁，头后体渐侧扁。头顶被皮，枕骨突裸露。吻扁圆。口下位，横裂。上、下颌及腭骨有齿。唇较薄，上、下唇在口角处相连，唇后沟不连续。须4对，均较细短，鼻须仅达眼前缘；上颌须稍超过眼后缘。鼻孔分离，后鼻孔距眼与距前鼻孔等距。鳃孔宽阔，左右鳃膜联合，但不与峡部相连。背鳍硬刺稍粗，其后缘光滑无锯齿。胸鳍刺强，其后缘有粗壮锯齿。腹鳍盖过肛门但不达臀鳍起点。臀鳍基与脂鳍基相对，但前者较后者为短。尾鳍末端为圆弧形，外缘呈白色，尾柄后半部上、下缘有皮褶棱与尾鳍相连。肛门位于腹鳍基与臀鳍起点之中点。全身裸露无鳞。侧线平直。肠短，约为体长的一半。腹腔膜呈白色。体色灰黑，各鳍均呈黑色，尾鳍边缘镶有明显的白边。

分布：闽江至长江水系有分布。

◎ 乌苏拟鲿 *Pseudobagrus ussuriensis*
(Dybowski, 1872)

地方名：柳根子。

形态特征：背鳍i-6；胸鳍i—7；腹鳍i—6；臀鳍
17—18。

　　体长为体高的4.2—4.9倍，为头长的3.9—4.2
倍，为尾柄长的6.3—7.8倍，为尾柄高的9.8—11.6
倍。头长为吻长的1.6—2.8倍，为眼径的6.0—7.0
倍，为眼间距的2.4—2.6倍，为背鳍刺长的1.3—
1.4倍，为胸鳍刺长的1.3—1.4倍，为上颌须长的
1.6—1.9倍。

　　体长形，头部扁平，背鳍后稍侧扁。头顶部
有皮膜覆盖，枕骨突裸露。吻圆钝。口下位，横裂。上、下颌具绒毛状细齿。唇厚，稍具褶。须4对，
鼻须达眼之中点；上颌须接近鳃膜；颏须2对，均短于上颌须。眼小，侧上位。眼间微凸。鼻孔分离。
鳃孔宽大，鳃膜不与峡部相连。背鳍硬刺后缘具细齿。胸鳍硬刺后缘锯齿强。腹鳍末端伸达肛门。脂
鳍低，与臀鳍基相对，约等长。尾鳍末端凹形，上下叶圆钝。尾柄细长。全身裸露无鳞。体背、侧线
呈黄色，背鳍和尾鳍末端呈黑色。

分布：珠江至黑龙江水系。国外分布于俄罗斯。

🐟　143mm

📷　林永晟

🕐　2022-12-27

◎ 中臀拟鲿 *Pseudobagrus medianalis* (Regan, 1904)

地方名：湾丝。

形态特征：体长形，侧扁。头平扁。吻短圆。眼小。口宽，下位。两颌及犁、腭骨有齿。后鼻须达眼后缘；上颌须约达胸鳍；下颌后须达鳃膜，前须短。鳃孔大，鳃膜游离。侧线平直。体无鳞。背鳍硬刺锯齿弱。脂鳍基较臀鳍基略短。胸鳍硬刺锯齿强。腹鳍达臀鳍，尾鳍后缘微凹，近截形。头部蒙皮。体呈黄色，有3—4个大黑斑，腹部较淡。

分布：云南滇池有分布。

云南省晋宁龙王塘

150mm

陈小勇

2006-08-25

◎ 切尾拟鲿 *Pseudobagrus truncatus*
(Regan, 1913)

地方名：扇尾儿。

形态特征：背鳍i-7；胸鳍i-7；腹鳍i-6；臀鳍17—18。第1鳃弓外侧鳃耙8—10。脊椎骨5+39—10+1。

标准长为体高的5.4—6.7倍，为头长的4.3—5.0倍，为尾柄长的5.4—7.3倍，为尾柄高的11.5—13.6倍，为背鳍前距的3.1—3.5倍。头长为吻长的2.6—3.2倍，为眼径的6.0—8.0倍，为眼间距的2.2—3.0倍，为上颌须长的1.2—1.8倍。尾柄长为尾柄高的1.6—2.2倍。

体长形，头部略扁平，头后体渐侧扁。头顶覆盖有皮膜。吻突出，稍尖。吻皮下包，仅在口角处可见与唇的界限。口亚下位。上、下颌与腭骨均具绒毛状细齿。唇后沟不连续，下唇中央有1个凹陷。须4对，鼻须超过眼中点；上颌须较长，末端后伸可达鳃膜或至胸鳍起点，少数个体上颌须末端不达鳃膜；颏须2对，均较短。眼小，位于头的前半部。眼间平坦。鼻孔分离，后鼻孔距眼较距前鼻孔近。鳃孔宽阔，左右鳃膜相连但不与峡部相连。背鳍具较弱硬刺，其后缘无锯齿，较粗糙。胸鳍具强硬刺，其前缘光滑，后缘有粗壮锯齿。腹鳍后伸超过肛门，不达臀鳍起点。脂鳍基与臀鳍基相对，约等长。尾鳍截形或凹形。肛门距臀鳍起点较距腹鳍基稍近。全身裸露无鳞。侧线平直。体色为灰黑色。

分布：闽江、长江、黄河水系均有分布。

沱江

134mm

邹远超

2017-08-25

◎ 凹尾拟鲿 *Pseudobagrus emarginatus*
(Regan, 1913)

地方名： 角角鱼。

形态特征： 背鳍i-7；胸鳍i-7；腹鳍i-6；臀鳍15—16。第1鳃弓外侧鳃耙7—8。脊椎骨5+39—40+1。

标准长为体高的4.7—6.0倍，为头长的3.5—4.4倍，为尾柄长的6.0—7.1倍，为尾柄高的11.5—13.0倍，为背鳍前距的2.7—3.1倍。头长为吻长的2.6—3.3倍，为眼径的6.5—7.9倍，为眼间距的2.9—3.5

长江上游

150mm

倪朝辉

2013-04-19

倍，为上颌须长的1.6—1.9倍。尾柄长为尾柄高的1.7—2.1倍。

体长形，较短，头部扁平，头后体渐侧扁。头顶被薄皮。吻扁圆。口亚下位，口裂宽阔，略呈弧形。上下颌及腭骨具绒毛状细齿。上唇厚，上下唇连于口角处，唇后沟不连续。须4对，鼻须可达眼中点；上颌须末端可达鳃膜，有少数个体不及鳃膜。眼小，侧上位。鼻孔分离，后鼻孔距眼较距前鼻孔为近。鳃孔宽阔，鳃膜左右联合但不与峡部相连。

背鳍硬刺较细，后缘无锯齿。胸鳍具粗壮硬刺，前缘光滑，后缘具发达锯齿。腹鳍末端后伸超过肛门但不达臀鳍起点。臀鳍基较脂鳍基短。尾鳍内凹，中央最短鳍条约为最长鳍条的2/3。肛门约位于腹鳍基与臀鳍起点之中点。生殖突不明显。体裸露无鳞。侧线平直。鳔具"T"形隔膜。胃大。肠长较体长短。腹腔膜呈褐色。侧线以上体色为灰黑色，侧线以下体色较浅，腹面呈粉红色。

分布： 长江、闽江水系有分布。

◎ 细体拟鲿 *Pseudobagrus pratti*
(Günther, 1892)

地方名：肉黄鳝、牛尾子。

形态特征：背鳍i-6—7；胸鳍i-8—9；腹鳍i-6；臀鳍17—19。第1鳃弓外侧鳃耙7—9。脊椎骨5+38—40+1。

标准长为体高的6.5—8.1倍，为头长的4.6—5.2倍，为尾柄长的5.2—6.1倍，为尾柄高的14.9—38.6倍，为背鳍前距的3.3—3.6倍。头长为吻长的2.7—3.2倍，为眼径的6.2—9.5倍，为眼间距的2.8—3.1倍，为尾柄高的3.3—3.6倍，为背鳍刺长的2.1—2.6倍，为胸鳍刺长的1.7—2.1倍，为上颌须长的1.8—2.1倍。

体修长，头部扁平，头后体稍侧扁，体高较低。头顶被较厚皮肤。吻扁圆。口下位，口裂宽阔成弧形。上、下颌及腭骨均具绒毛状细齿。唇厚，有褶皱，上下唇连于口角处，唇后沟不连续。须4对，鼻须可达眼中点；上颌须超过眼后缘但远不及鳃膜。眼小，侧上位。鼻孔分离，后鼻孔距眼较距前鼻孔为近。鳃孔宽阔，左右鳃膜联合但不与峡部相连。背鳍具硬刺，较短，后缘光滑。胸鳍刺前缘光滑，后缘具粗壮锯齿。腹鳍末端后伸达到肛门。尾鳍内凹，中央最短鳍条约为最长鳍条的2/3，上叶稍长于下叶。肛门位于腹鳍基和臀鳍起点之中点。体裸露无鳞。侧线平直。肠长短于体长。腹腔膜呈白色。体色为灰黑色。

分布：珠江及长江水系有分布。

⊙	金沙江干流宜宾段
🐟	170mm
📷	何勇凤
🕐	2017-05-24

图片来源：廖伏初等，2020

◎ **短尾拟鲿**

Pseudobagrus brevicaudatus
(Wu, 1930)

形态特征：背鳍i-7；胸鳍i-8；腹鳍i-6；臀鳍i-17。第1鳃弓外侧鳃耙17。脊椎骨5+37—39+1。

标准长为体高的3.7—4.0倍，为头长的3.9—8.6倍，为尾柄长的5.7—7.0倍，为尾柄高的9.6—10.6倍，为背鳍前距的2.6—2.8倍。头长为吻长的3.0—3.1倍，为眼径的4.7—5.2倍，为眼间距的2.8—8.4倍，为上颌须长的1.9—2.1倍。尾柄长为尾柄高的1.5—1.8倍。背鳍刺长为胸鳍刺长的1.2倍。

体长形。头部腹面平，背面隆起，头顶被较薄皮膜。吻突出呈锥状。口下位，横裂。上下颌及腭骨均具绒毛状细齿。唇厚，上下唇在口角处相连，唇后沟不连续。须1对，均较短，上颌须末端不达鳃膜。眼中等大，侧上位。眼间稍隆起。鼻孔分离，后鼻孔距眼较距前鼻孔为近。鳃孔宽阔，左右鳃膜联合但不与峡部相连。背鳍具粗壮硬刺，较长，显著长于胸鳍刺，其后缘具细锯齿。胸鳍具粗壮硬刺，后缘具强锯齿。腹鳍末端后伸超过肛门，或达到臀鳍起点。脂鳍基与臀鳍基相对并较后者为长。尾鳍凹形，其中部最短鳍条约为其最长鳍条的2/3。尾柄较短。肛门约位于腹鳍基与臀鳍起点的中点。全身裸露无鳞，侧线较平直。肠短，约为体长的1/2。腹腔膜呈褐色。体色为灰黑色。

分布：长江、闽江水系有分布。

◎ **短须拟鲿** *Pseudobagrus brachyrhabdion*
(Cheng, Ishihara *et* Zhang, 2008)

地方名： 竹筒拟鲿、竹筒鮠。

形态特征： 背鳍ii-7；臀鳍i-20—23；胸鳍i-8；腹鳍i-5。鳃耙10—11。脊椎骨41—46。
体长为体高的5.6—8.5倍，为头长的4.2—6.0倍，为尾柄长的5.2—8.0倍。头长为吻长的2.2—2.8倍，为眼径的4.2—6.2倍，为眼间距的2.7—3.6倍，为头宽的1.3—1.8倍。尾柄长为尾柄高的2.3—2.9倍。

体细长，前段较圆，后段侧扁。头宽大于体宽。头平扁，包被厚皮膜。口下位，弧形。上、下颌及腭骨均具绒毛状细齿。须4对，短小，鼻须1对，后伸最多达眼前缘；颌须1对，后伸略过眼后缘；颏须2对，粗短，内侧颏须与后鼻孔相对，后伸略过眼前缘；外侧颏须略后于内侧颏须，后伸达眼后缘。鼻孔每侧2个，前、后分离较远；前鼻孔短管状，位于吻端；后鼻孔距眼前缘较距吻端稍近。眼大，椭圆形，上侧位，包被皮膜，眼缘不游离。眼间隔宽，稍平。枕骨棘细长。鳃盖膜与峡部不相连。

背鳍约位于吻端和臀鳍起点垂直线的中间，起点距胸鳍起点较距腹鳍起点为近。背鳍刺细长，后缘具弱锯齿或仅具锯痕（仅有粗糙感）。脂鳍位于臀鳍起点垂直线的后方，前低后高，末端游离，脂鳍基短于臀鳍基。胸鳍刺粗壮，长于背鳍刺，前缘光滑，后缘锯齿发达，具锯齿10—15枚，鳍末超过背鳍起点。匙骨外侧突三角形，末端尖，后伸达胸鳍刺的3/4处。腹鳍距吻端较距臀鳍基末端为近，起点与背鳍末端相对，末端超过或不达臀鳍起点（雌鱼超过，雄鱼不达）。肛门约位于腹鳍基末端至臀鳍起点间的中点。臀鳍起点距尾鳍基较距吻端为近，臀鳍基长于脂鳍基。尾鳍微内凹，上、下叶均圆，上叶略长，末端圆形。体光滑无鳞。侧线完全。背侧呈土黄色，腹部及各鳍呈淡黄色。

分布： 长江中游的洞庭湖等有分布。

湖南省

65mm

陈浩骏

2024-07-12

◎ 盎堂拟鲿 *Pseudobagrus ondan* (Shaw, 1930)

地方名：黄塘丁、黄刺丁。

形态特征：体延长，腹鳍以前近筒状，以后渐侧扁。头较短，头顶皮膜较厚，光滑，枕骨突模糊可见。吻圆钝。口下位。上下颌齿呈绒毛状齿带。头部须4对，鼻须、颌须各1对，颏须2对，颌须最长，末端伸达胸鳍腋部。眼较小，上侧位，眼缘不游离。鼻孔2个，前后鼻孔远离。鳃孔较大，鳃膜与峡部不相连。

体无鳞，皮肤光滑。侧线平直。背鳍起点位于吻端至臀鳍起点之间的中央，鳍棘光滑无锯齿。脂鳍基短于臀鳍基；胸鳍棘后缘有较粗的锯齿。腹鳍末端达臀鳍起点。臀鳍较长，基部末端与脂鳍基部末端近相对。尾鳍略浅凹，近圆形。体呈灰黄色，微带绿色，头的背面与背鳍前方背侧呈灰黑色，颈部有1条较宽的横带，横跨颈部到胸鳍基部上方，将头与背部分开。沿体侧中间有1条宽阔的灰黑色纵带，延伸至尾鳍。

分布：黄河、汉水、淮河、曹娥江、灵江、瓯江等水系均有分布。

📍	福建三明
🐟	136mm
📷	陈浩骏
🕐	2024-03

◎ 白边拟鲿 *Pseudobagrus albomarginatus* (Rendahl, 1928)

地方名：汪刺。

形态特征：体延长，前部粗壮，后部侧扁。头背被粗糙皮膜。口下位，弧形。上下颌及腭骨具绒毛状齿带。眼小，侧上位，无游距眼睑，被以皮膜。眼间隔宽，稍隆起。吻短而圆钝。须4对，均较短小，鼻须刚达眼前缘；颌须稍过眼的后缘；外侧颏须长于内侧。前后鼻孔相距较远，前鼻孔位于吻端，呈短管状。鳃孔大，鳃盖膜不与鳃峡相连。鳃耙短小，末端尖。肩骨显著突出，位于胸鳍上方。体裸露无鳞，侧线完全，较平直。背鳍基部较短，起点距吻端与距脂鳍起点约相等，第1枚硬棘埋于皮下，第2枚硬棘发达，其长大于胸鳍棘，前缘光滑，后缘粗糙。脂鳍低而长，基长大于臀鳍基长，较肥厚。胸鳍具硬棘，后缘锯齿发达。腹鳍腹位，鳍端盖过肛门而不达臀鳍。臀鳍基部较长，起点约与脂鳍相对，鳍末不达尾鳍。尾鳍圆形。体背及两侧呈青褐色，腹部呈黄白色，各鳍均呈灰黑色，尾鳍边缘呈淡黄色至白色。

分布：我国长江中下游地区。

112mm

陈浩骏

2023-10

图片来源：李鸿等，2020

◎ 长臂拟鲿 *Pseudobagrus analis*
(Nichols, 1930)

形态特征： 背鳍i-7；臀鳍23。

体长101mm，体长为体高的5倍，为头长的4.4倍。头长为吻长的2.8倍，为眼径的7倍，为眼间距的2.9倍，为口宽的2.5倍，为颌须长的2.5倍，为背鳍硬刺长的1.6倍。

体延长，极侧扁。头顶被厚的皮肤所覆盖。上枕骨棘尖端几乎与颈背骨接近。吻甚突出，上颌长于下颌。口下位，横裂，略弯曲。唇较厚。颌须短，后伸略过眼后缘。眼小，侧上位，除眼后部外眼缘游离。眼间距平坦。鳃盖膜不与鳃峡相连。

背鳍具骨质硬刺，前后缘光滑，起点距臀鳍较距吻端略近。脂鳍低，后端尖且游离。臀鳍与脂鳍相对。胸鳍硬刺前缘光滑，后缘具锯齿，胸鳍条长为胸鳍基后端至腹鳍起点间距的3/5。腹鳍条末端后伸几乎达到或已达到臀鳍起点。尾鳍后缘略圆。体背呈浅紫灰色，体侧以下色浅。

分布： 江西省九江市湖口县水系有分布。

◎ 富氏拟鲿 *Pseudobagrus fui*
(Miao, 1934)

地方名：黄腊丁、黄骨头。

形态特征：体长形，头后体渐侧扁。无鳞，侧线完全，平直。头较扁。上枕骨棘短于背鳍硬刺。吻较尖。前、后鼻孔相距远；前鼻孔位于吻端，管状；后鼻孔位于鼻须基部的后方。眼较大，侧上位。口下位，弧形。上颌长于下颌。上、下颌及腭骨均具绒毛状细齿。唇后沟中断。须4对；鼻须末端超过眼后缘；颌须末端可达鳃膜；外侧颏须长于内侧颏须，其末端可达眼后缘。背鳍高；外缘平截；背鳍刺长于胸鳍刺。背吻距小于背鳍起点至脂鳍起点距。脂鳍基长短于臀鳍基长。臀鳍鳍条27—33。胸鳍刺前缘光滑，后缘有粗壮锯齿。腹鳍末端超过臀鳍起点。尾鳍深叉形，中央最短鳍条长度为最长鳍条长度的1/2，末端圆。

体背和体侧呈灰黄色或金黄色，腹部呈白色。体侧有3块灰黄色斑块。各鳍均呈灰黄色，边缘呈灰黑色。

分布：中国特有种。主要分布于长江水系。

- 贵州遵义赤水河
- 120mm
- 喻燚
- 2023-07-22

鲿属 *Mystus*

◎ **大鳍鲿** *Mystus macropterus*
(Günther, 1870)

地方名：江鼠、石扁头。

形态特征：背鳍i-7；臀鳍i-11—13；胸鳍i-8—9；腹鳍i-5。鳃耙19或20。

体长为体高（肛门处体高）的6.0—7.2倍，为头长的3.7—4.1倍，为尾柄长的4.2—5.3倍，为尾柄高的9.3—10.6倍，为前背长的2.6—2.9倍。头长为吻长的2.6—2.9倍，为眼径的6.8—7.5倍，为眼间距的3.3—3.6倍，为头宽的1.1—1.3倍，为口裂宽的2.2—2.4倍。尾柄长为尾柄高的1.8—2.4倍。

体延长，前端略纵扁，后部侧扁。头较宽且纵扁，头顶被皮膜；上枕骨棘不外露，不连于颈背骨。吻钝。口略大，次下位，口裂呈弧形。唇于口角处形成发达唇褶。上颌突出于下颌，上、下颌具绒毛状齿，形成弧形齿带，下颌齿带中央分开；腭骨齿形成半圆形齿带。唇后沟不连续。眼大，侧上位，位于头的前半部，上缘接近头缘，眼缘游离，不被皮膜覆盖，眼间距宽而平。前、后鼻孔相隔较远，前鼻孔呈管状，后鼻孔为裂缝。须4对，鼻须位于后鼻孔前缘，末端超过眼中央或达眼后缘；颌须后伸达胸鳍后端，外侧颌须长于内侧颌须。鳃膜不与鳃峡相连。鳃耙细长。鳃盖条12。体光滑无鳞。

背鳍短小，骨质硬刺前、后缘均光滑，短于胸鳍硬刺，起点位于胸鳍后端的垂直上方，约在体前1/3处，距吻端大于距腹鳍起点。腹鳍低且长，起点紧靠背鳍基后，后缘略斜或截形而不游离。臀鳍起点位于脂鳍起点之后，至尾鳍基部的距离不及至胸鳍基后端。胸鳍侧下位，硬刺前缘具细锯齿，后缘锯齿发达，鳍条后伸不达腹鳍。腹鳍起点位于背鳍基后端的垂直下方，距胸鳍基后端大于距臀鳍起点。肛门紧靠腹鳍基后端，距臀鳍起点较距腹鳍基后端为远。尾鳍分叉，上、下叶等长，末端圆钝。

分布：珠江和长江水系。

钝头鮠科 Amblycipitidae

鮡属 *Liobagrus*

◎ **白缘鮡** *Liobagrus marginatus*
(Bleeker, 1892)

地方名：米汤粉、鱼蜂子、土鲇鱼（四川）。

形态特征：背鳍i-6—8；臀鳍iv-10—13；胸鳍i-7—8；腹鳍i-5。

体长为体高（肛门处体高）的4.6—7.9倍，为头长的3.6—4.8倍，为尾柄长的4.5—6.7倍，为尾柄高的7.1—11.1倍，为前背长的2.9—3.7倍。头长为吻长的2.8—4.3倍，为眼径的8.9—16.1倍，为眼间距的2.8—4.6倍，为头宽的1.1—1.4倍，为口裂宽的1.9—3.1倍。尾柄长为尾柄高的1.3—2.0倍。

体长形，前躯较圆，肛门以后逐渐侧扁。头宽大而其腹面较平，背面有1条纵沟，两侧鼓起。吻钝圆。下颌长于上颌。眼小，背位，眼缘模糊，紧位于后鼻孔的后外侧。口大，端位。前颌齿带呈整块状，约为口宽的一半；下颌齿带呈弯月形，分为紧靠的左、右两块；腭骨无齿。前鼻孔短叉状，约位于吻端至眼前缘的中点；后鼻孔紧位于鼻须后基，后鼻孔的间距大于前鼻孔的间距。须4对，鼻须较长，后伸将及鳃孔上角；颌须基部皮膜较宽，颌须长等于或略短于外侧颏须；内侧颏须短于鼻须。鳃孔大，鳃膜不与鳃峡相连。

背鳍硬刺包覆于皮膜之中，其长度不及最长分支鳍条的一半。背鳍起点至吻端约等于至脂鳍起点的距离。脂鳍基较长，后缘游离，不与尾鳍相连，通过1个缺刻分开。臀鳍平放不达尾鳍基部，起点距尾鳍基与距胸鳍基后端约相等。胸鳍刺包覆于皮膜之中，末端尖，前缘光滑，后缘基部有锯齿，基部有毒腺。腹鳍起点约位于吻端至尾鳍基部的中点。肛门距腹鳍基部较距臀鳍起点为近。尾鳍平截，有时后缘微凹。

分布：主要分布于长江上游及其支流水域。

◎	沱江
🐟	71mm
📷	邹远超
🕐	2017-03-26

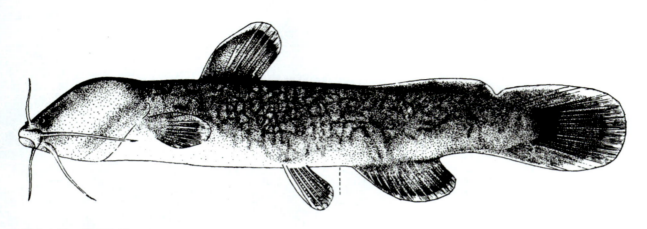

图片来源：褚新洛等，1999

◎ 金氏鲅 *Liobagrus kingi*
(Tchang, 1935)

形态特征：背鳍i-6—8；臀鳍iv-10—13；胸鳍i-7—8；腹鳍i-5。

体长为体高（肛门处体高）的3.8—5.4倍，为头长的3.4—3.6倍，为尾柄长的6.8—7.7倍，为尾柄高的7.1—8.1倍，为前背长的2.5—2.6倍。头长为吻长的3.0—3.3倍，为眼径的9.2—17.4倍，为眼间距的2.4—3.1倍，为头宽的1.1倍，为口裂宽的1.9倍。尾柄长为尾柄高的1.0—1.1倍。

体长形，前躯较圆，腹鳍以后逐渐侧扁。头宽大，腹面较平，背部纵沟不明显，两侧鼓起的程度不如白缘鲅。上、下颌约等长。眼小，背位，眼缘模糊，紧位于后鼻孔的后外侧。口大，端位。前颌齿带呈整块状，长度约为口宽的一半；下颌齿带呈弯月形，分为紧靠的左、右两块；腭骨无齿。前鼻孔短管状，距吻端近于距眼前缘；后鼻孔紧位于鼻须后基，后鼻孔的间距略大于前鼻孔的间距。须4对，鼻须远不及鳃孔上角；颌须长等于或略短于外侧颏须，后伸不达胸鳍起点；外侧颏须最长，后伸可达胸鳍起点；内侧颏须远不及胸鳍起点的垂直下方，与鼻须约等长。鳃孔大，鳃膜不与鳃峡相连。

背鳍硬刺包覆于皮膜之中，其长度略短于最长分支鳍条的一半。背鳍起点至吻端等于或略大于至脂鳍起点。脂鳍基较长，后缘游离，不与尾鳍相连，通过1个浅缺刻分开。臀鳍平放不达尾鳍基部，起点距尾鳍基部明显小于距胸鳍基后端的距离。胸鳍刺包覆于皮膜之中，末端尖，前缘光滑，后缘基部有锯齿，基部有毒腺。腹鳍起点距尾鳍基部显著小于距吻端的距离。肛门距臀鳍起点较距腹鳍基部为近。尾鳍圆形。

分布：金沙江流域特有种，分布于金沙江中下游，有记录亦分布于四川省凉山彝族自治州会东县和云南滇池等地。

◎ 黑尾鮠 *Liobagrus nigricauda* (Regan, 1904)

地方名：土鮎鱼。

形态特征：背鳍i-6—8；臀鳍iv-10—14；胸鳍i-7—9；腹鳍i-5。

体长为体高（肛门处体高）的6.1—8.3倍，为头长的4.1—5.4倍，为尾柄长的4.6—6.7倍，为尾柄高的6.8—10.5倍，为前背长的2.8—3.6倍。头长为吻长的2.8—4.0倍，为眼径的5.2—16.6倍，为眼间距的1.9—3.5倍，为头宽的1.0—1.3倍，为口裂宽的1.5—2.8倍。尾柄长为尾柄高的1.4—2.0倍。

体长形，前躯较圆，肛门以后逐渐侧扁。头扁，钝圆，背面有1条深纵沟，两侧鼓起。吻较短。上、下颌约等长。眼小，背位，眼缘模糊，紧位于后鼻孔的后外侧。口大，端位。前颌齿带呈整块状，长度约为口宽的一半；下颌齿带呈弯月形，分为紧靠的左、右两块；腭骨无齿。前鼻孔短管状，约位于吻端至眼前缘的中点；后鼻孔紧位于鼻须后基，后鼻孔的间距大于前鼻孔的间距。须4对，鼻须较长，后伸几乎达到胸鳍基上方；颌须基部皮膜较宽，颌须约与外侧颏须等长，后伸超过或达胸鳍基部；内侧颏须短于鼻须，约为外侧颏须的一半。鳃孔大，鳃膜不与鳃峡相连。

背鳍硬刺包覆于皮膜之中。背鳍起点至吻端的距离等于或大于至脂鳍起点的距离。脂鳍基较长，脂鳍与尾鳍相连，中间有1个浅缺刻或无。尾柄长大于或等于臀鳍基长。胸鳍刺包覆于皮膜之中，末端尖，前缘光滑，后缘基部有弱锯齿或无，基部有毒腺。腹鳍末端超过肛门，肛门距腹鳍基部的距离较距臀鳍起点为近。尾鳍圆形。

分布：长江及其附属水体有分布。

貴州省銅仁市思南縣

87mm

曾圣

2018-07-12

◎ 拟缘鮠 *Liobagrus marginatoides*
(Wu, 1930)

地方名：鱼蜂子。

形态特征：体长为体高（肛门处体高）的4.8—7.0倍，为头长的3.8—4.5倍，为尾柄长的5.4—6.5倍，为尾柄高的1.0—5.0倍，为前背长的2.8—3.4倍。头长为吻长的3.0—3.4倍，为眼径的1.05—1.10倍，为眼间距的2.6—3.3倍，为头宽的1.2—1.3倍，为口裂宽的1.8—2.4倍。尾柄长为尾柄高的1.2—1.4倍。

　　体长形，前躯较圆，肛门以后逐渐侧扁。头圆扁。吻钝圆，背面有1条纵沟，两侧鼓起。上、下颌约等长。眼小，背位，眼缘模糊，紧位于后鼻孔的后外侧。口大，端位。

前颌齿带呈整块状，长度约为口宽的一半；下颌齿带呈弯月形，分为紧靠的左、右两块；腭骨无齿。前鼻孔短管状，约位于吻端至眼前缘的中点；后鼻孔紧位于鼻须后基，后鼻孔的间距大于前鼻孔的间距。须4对，鼻须后伸超过头长的一半；颌须最长，基部皮膜较宽；外侧颏须等于或略短于颌须，后伸不超过胸鳍基部；内侧颏须最短。鳃孔大，鳃膜不与鳃峡相连。

　　背鳍硬刺包覆于皮膜之中，其长度不及最长分支鳍条的一半。背鳍起点距吻端的距离小于距脂鳍起点的距离。脂鳍基较长，脂鳍与尾鳍相连，中间有1个缺刻。臀鳍平放，远不及尾鳍基部，尾柄长短于臀鳍基长。胸鳍刺包覆于皮腹之中，末端尖，前缘光滑，后缘基部有锯齿，基部有毒腺。腹鳍后伸超过肛门，但不达臀鳍起点。肛门距腹鳍基部较距臀鳍起点为近。尾鳍圆形。

分布：长江上游特有种。主要分布于长江上游水系，包括长江干流、金沙江、岷江、嘉陵江等支流。

◎ 赤水河合江江段

🐟 62mm

📷 李飞

🕐 2017-05-22

◎ 司氏鉠 *Liobagrus styani*
(Regan, 1908)

形态特征： 背鳍i-6；臀鳍iv-10—12；胸鳍i-7—8；腹鳍i-5。游离脊椎骨36—37。

体长为体高的4.8—8.2倍，为头长的4.1—4.7倍，为尾柄长的5.4—7.2倍。头长为吻长的3.3—3.8倍，为口宽的1.4—1.9倍，为眼间距的2.4—3.3倍，为头宽的1.0—1.2倍，为颌须长的0.9—1.4倍，为外侧颏须长的1.0—1.4倍。

体长形，前躯较圆，肛门以后逐渐侧扁。头宽扁。吻钝圆。上、下颌约等长。颌须最长；外侧颏须等于或略短于颌须；鼻须短于外侧颏须；内侧颏须最短。上、下颌有绒毛状细齿组成的齿带；下颌齿带中央分离；腭骨无齿带。

背鳍起点距吻端小于距脂鳍起点。脂鳍与尾鳍相连，中间有1个缺刻。臀鳍平放，达到尾鳍下缘基部。胸鳍刺光滑无锯齿。肛门距腹鳍基较距臀鳍起点为近。尾鳍圆形。

分布： 长江中游、下游水系有分布。

🔘 湖北省咸宁市赤壁市赤马港

🐟 77mm

📷 陈浩骏

🕐 2021-08-06

◎ 等颌鮠 *Liobagrus aequilabris* (Wright *et* Ng, 2008)

地方名： 鱼蜂子、大颌鮠、等唇鮠。

形态特征： 背鳍i-6—8；臀鳍iv-14—17；胸鳍i-7—8；腹鳍i-5—6。

体长为体高的5.7—5.8倍，为头长的4.3—4.5倍。头长为吻长的3.0—3.1倍，为眼径的15.0—16.0倍，为眼间距的2.5—2.6倍，为头宽的1.2倍，为口宽的1.7—1.9倍。

体长，前段平扁，后部侧扁。头平扁，被厚皮膜；宽大，头宽大于头高；头背面具1条纵沟，两侧鼓起。口大，端位，横裂。上、下颌等长；唇厚；具绒毛状细齿；上颌齿弧形；下颌齿中部分离，分为紧靠的左、右2块。须4对，鼻须细小，后伸超过眼后缘，不达胸鳍起点；颌须长，基部皮膜较宽，一边紧连于鼻须基部，一边连上唇，自然状态时横向伸展，后伸达胸鳍起点。鼻孔2对，前后分离；前鼻孔短管状，约位于吻端至眼前缘间的1/3处；后鼻孔距眼前缘较距吻端为近，其间距大于前鼻孔的间距。眼小，椭圆形，背位，位于头部前端的1/3处，紧贴后鼻孔外侧。眼间隔宽平。鳃盖膜与峡部不相连。

背鳍起点距胸鳍起点较距腹鳍起点为近，距吻端较距脂鳍起点为远；与胸鳍中部或之后相对，后伸不达腹鳍起点上方。背鳍边缘凸起，硬刺平直，被厚皮膜，前后缘均光滑；背鳍刺长于最长分支鳍条的1/2，短于胸鳍刺。脂鳍低而长，起点位于腹鳍垂直上方之后，约与肛门相对；末端与尾鳍连接处无明显缺刻，约位于臀鳍末端的垂直上方之后；脂鳍外边缘突出；脂鳍基长于臀鳍基。胸鳍刺较背鳍刺发达、粗壮，包被皮膜，末端尖，前后缘均光滑；胸鳍刺长于最长分支鳍条的1/2，后伸不达背鳍起点。腹鳍起点位于背鳍末端之后，脂鳍起点之前，距吻端较距尾鳍基为近；腹鳍短，边缘突出，后伸超过肛门，不达臀鳍起点。肛门靠前，距腹鳍起点较距臀鳍起点为近。臀鳍外缘圆凸，起点位于脂鳍起点后下方，后伸不达尾鳍基；臀鳍短，鳍基长，长于背鳍基，但短于脂鳍基。尾鳍亚圆形，尾柄最低处位于臀鳍基末之后。体裸露无鳞，被覆细小的颗粒状乳突。侧线不明显。

分布： 湘江上游。

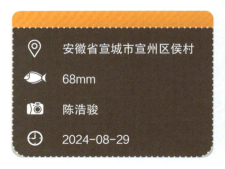

安徽省宣城市宣州区侯村

68mm

陈浩骏

2024-08-29

鮡科 Sisoridae

纹胸鮡属 *Glyptothorax*

◎ 中华纹胸鮡 *Glyptothorax sinensis* (Regan, 1908)

地方名：刺格巴。

形态特征：背鳍i-6；胸鳍i-8；腹鳍i-5；臀鳍i-8—9。第1鳃弓鳃耙6—7。脊椎骨5+27—28+3。

标准长为体高的4.0—4.6倍，为头长的3.6—4.3倍，为尾柄长的4.4—7.6倍，为尾柄高的10.0—12.5倍。头长为吻长的2.0—2.3倍，为眼径的8.0—10倍，为眼间距的3.2—3.8倍，为眼后头长的2.0—2.2倍，为尾柄长的1.6—1.7倍，为尾柄高的2.2—2.6倍。尾柄长为尾柄高的1.5—1.7倍。

体较小，长形，背鳍前身体扁平，后躯侧扁，腹部稍平。尾柄细而短。头宽阔，上、下扁平。吻短而阔，前端圆。口下位，横裂状。上、下颌具齿带，上颌齿带较宽，下颌齿带窄，中央不连续。唇稍厚，其上有小乳突。须4对，鼻须1对，基部稍宽，后伸不达前缘；上颌须1对，发达，基部宽扁，须状末端较长，后伸可达胸鳍中部；下颌须2对，内侧须短，外侧须长，后伸可达胸鳍基部。眼小，位于头背面。眼间距较宽，稍平坦。鼻孔2对，位于吻前端，前后鼻孔被鼻须分开。胸部有明显的纹状吸着器。鳃膜与鳃峡相连，鳃耙粗，排列稀疏。鳔小，分为左右2侧室，圆形，腹面为厚的膜质囊，背面在骨质凹窝内。胃较大，囊状。肠管较粗短，绕折成环形。腹腔膜呈黄白色，其上有小黑斑点。

背鳍短，具硬刺，外缘平截，起点位于胸鳍中部上方。胸鳍较长，末端稍尖，具硬刺，后缘有粗锯齿，后伸不达腹鳍起点。腹鳍短小，末端钝，后伸达臀鳍起点。臀鳍小，外缘斜截，起点与脂鳍起点相对。脂鳍短小，末端稍游离。尾鳍分叉深，上、下叶约等长，末端尖。肛门位于臀鳍起点前方。体裸露无鳞，侧线完全，平直。

身体呈棕黄色，腹部呈白色。体侧在背鳍和脂鳍部位各有1条宽的横行棕黑色带纹。各鳍上有黑灰色斑纹，尾鳍上有黑色斑点。脂鳍呈黄褐色，边缘为白色。

底栖性小型鱼类，多生活在急流河滩上，善在急流中游泳。生长速度慢，食物主要是蜉蝣目、襀翅目、毛翅目等昆虫幼虫。生殖期为5—6月，常见个体怀卵量为800—1000粒，成熟卵呈黄色，直径为0.1—0.18 cm。成熟亲鱼多在流水浅滩上产卵，受精卵具黏性，黏附在石头上发育孵化。

分布：长江中下游及附属水体。国外分布于印度和缅甸。

图片来源：廖伏初等，2020

石爬鮡属 *Euchiloglanis*

◎ 黄石爬鮡 *Euchiloglanis kishinouyei* (Kimura, 1934)

地方名：石爬子、石斑鮡、石爬鮡。

形态特征：背鳍i-6；胸鳍i-12—13；腹鳍i-5—6；臀鳍i-4。第1鳃弓外侧鳃耙6—8。脊椎骨5+34—36+1。

标准长为体高的5.5—7.0倍，为头长的3.5—4.5倍，为尾柄长的4.5—5.0倍。头长为吻长的2.0—2.5倍，为眼间距的2.4—3.5倍，为口宽的2.0—2.5倍。尾柄长为尾柄高的2.5—3.1倍。

体延长，前躯扁平，后部稍侧扁，尾柄侧扁。头宽阔，上下扁平。吻稍短，上下扁平，前端圆。口裂较宽，下位，横裂状。唇厚，肉质，其上有许多小乳突，上下唇在口角处相连。须4对，鼻须1对，较短，稍扁平，后伸达眼前缘；上颌须1对，发达，须状部分较长，后伸远超过鳃孔下角；下颌须2对，短小。上颌齿两端显著向后延伸，较长，延伸部有明显节痕。眼小，上位，有皮膜覆盖。鼻孔2对，位于吻前端。鳃孔稍大，下角伸达胸鳍第1—2根分支鳍条基部。鳃耙粗短，末端钝，排列稀疏。背鳍短小，外缘截形，无硬刺，起点在胸鳍基部后上方，距吻端较距尾鳍基为近。胸鳍发达，基部宽厚，肉质，末端圆形，后伸显著不达腹鳍起点，第1根鳍条发达，宽厚，腹面有许多羽状皱褶。腹鳍发达，末端圆形，后伸达到肛门，第1根鳍条变宽厚，腹面亦有羽状皱褶，腹鳍起点至臀鳍起点的距离小于至鳃孔下角的距离。臀鳍小，外缘截形，无硬刺，脂鳍较高而长，末端不与尾鳍相连。尾鳍宽，后缘截形。肛门位于腹鳍基部后端至臀鳍起点的中点。鳔小，包于骨质囊中。胃囊状，较大。肠管粗短，长度不及体长，在胃左侧中部相连，绕过胃前部再向下弯曲成环状。腹腔膜呈黄白色。

全身裸露无鳞，侧线完全，平直。成熟雄鱼在肛门后方的生殖突起明显。全身呈棕黄色带浅绿色，腹部呈黄白色。各鳍均呈灰棕色，背鳍、尾鳍上有1—2个黄色大斑点。尾鳍颜色较深。

个体大，肉味鲜美，含脂量较高，常见个体质量为80—250 g，样品最大个体质量为750 g。在岷江、青衣江、大渡河和雅砻江上游地区有一定的产量，是产区的重要经济鱼类之一。属底栖性鱼类，常生活在河流的支流，河床多砾石、水流湍急段，多以腹部紧贴石上或在石缝中活动。食性以水生昆虫成虫及其幼虫为主，如蜉蝣和蜻蜓的幼虫、石蝇、石蚕等，其次为有机腐屑以及水生植物的碎片。生殖季节为9—10月，具1个生殖腺，呈椭圆形，囊状。一般个体怀卵量较小，通常为100—500粒，呈黄色，卵径为4—5mm。常在急流乱石滩上产卵，受精卵具黏性，黏附在石上发育孵化。

分布：金沙江水系。

四川省雅安市宝兴县东河

78mm

陈浩骏

2024-10-27

◎ 青石爬鮡 *Euchiloglanis davidi* (Sauvage, 1874)

地方名：石爬子。

形态特征：背鳍i-5；胸鳍i-12—13；腹鳍i-5；臀鳍i-4—5。第1鳃弓外侧鳃耙6—8。脊椎骨5+36—37+1。

标准长为体高的5.0—7.9倍，为头长的3.9—4.9倍，为尾柄长的4.0—5.5倍，为尾柄高的10.0—12.0倍，为前臀长的3.0—3.5倍。头长为吻长的1.5—2.5倍，为眼间距的3.0—4.0倍，为口宽的2.0—2.8倍。尾柄长为尾柄高的2.0—3.5倍。

体长形，背鳍前身体扁平，向后逐渐侧扁，胸、腹部平坦。头宽阔，背面弧形，腹面平坦，有许多颗粒状乳突。吻较长，前端圆，向前突出。口稍小，下位，口裂呈横裂状，周围有许多乳突。须4对，鼻须1对，扁平，后伸达眼前缘；上颌须1对，甚宽，末端稍延长，后伸能达鳃孔下角；下颌须2对，较短小，外侧须后伸达胸鳍起点。唇后沟不连续。上、下颌均有细齿，齿尖型，排列紧密呈带状，上颌齿带原型，两端向后延伸稍短，延伸部分无节痕。眼很小，位于头背面。鼻孔2对，前后鼻孔由鼻须分隔。鳃孔较小，其下角与胸鳍第1—2根分支鳍条的基部相对。鳃耙粗长，呈三角形，排列稀疏。

背鳍较小，外缘截形，无硬刺，起点至吻端等于至脂鳍起点的距离或稍后。胸鳍发达，宽大，较长，起点位于鳃孔前方，与腹部平行，末端圆，后伸接近或达到腹鳍起点，第1鳍条变宽厚，腹面有许多羽状皱褶。腹鳍稍小于胸鳍，平展，末端圆钝，后伸达肛门，第1鳍条变宽厚，腹面有许多羽状皱褶，其起点至臀鳍起点较至鳃孔下角为远。臀鳍小，起点仅位于尾鳍基部至腹鳍起点间的中点或偏前，后伸不达尾鳍基部。脂鳍较高，后端与尾鳍不相连，起点约与腹鳍末端相对。尾鳍平截。尾柄侧扁，较高。肛门位于腹鳍基部后端至臀鳍起点的中点或偏后。身体裸露无鳞，侧线完全，平直。身体呈青灰色，背部色深，腹部黄白色。胃大，呈囊形。肠管粗短，其长度不及体长，在胃中部相连，绕过胃前部再向下弯曲，在胃后方绕成一个环。腹腔膜呈黄白色。体较小，种群数较少。营底栖生活，多生活在山区河流中，喜流水生活。生长较慢，食物以水生昆虫成虫及其幼虫为主。生殖季节在6—7月，卵巢一个，呈囊状，怀卵量为150—500粒，成熟卵较大，黄色，直径为3—4mm。常在急流多石的河滩上产卵，受精卵具黏性，黏在石上发育孵化。

分布：长江上游特有种。目前已知分布于青衣江、岷江上游、金沙江、雅砻江和大渡河上游。

岷江

157mm

何斌

2017-11-12

◎ 长须石爬鮡 *Euchiloglanis longibarbatus*
(Zhou, Li *et* Thomson, 2011)

形态特征：背鳍i-5—6；臀鳍i-4—5；胸鳍i-12—14；腹鳍i-5。

体长为体高（肛门处体高）的6.3—12.4倍，为头长的3.5—5.4倍，为尾柄长的4.0—6.7倍，为尾柄高的10.1—22.5倍，为前臂长的2.4—3.4倍。头长为吻长的1.9—2.4倍，为眼径的8.9—16.0倍，为眼间距的3.4—5.7倍，为头宽的0.9—1.2倍，为口裂宽的2.3—3.0倍。尾柄长为尾柄高的2.2—4.6倍。

头平扁，吻端圆。眼小，背位，距吻端大于距鳃孔上角。口下位，横裂，闭合时前颌齿带仅边缘显露。齿尖锥形，下粗上细顶端尖，密生，埋于皮下，仅露尖端。上颌齿带两边向后方延伸，呈新月形，中央有明显缺刻，两侧齿带近中央各有1个刻痕。鳃孔下角与胸鳍第1根不分支鳍条的基部相对。唇后沟不通，止于内侧颏须的基部。下唇与颌须基膜直接相连，无明沟隔开。须4对，鼻须前端尖细后端宽，边缘皮肤薄膜状，后伸不达或达眼前缘；颌须发达，末端须状部分尖细且延长呈线状，明显超过胸鳍起点；外侧颏须不达或达胸鳍起点。

背缘隆起，腹面平直。口的周围和前胸密布小乳突，往后逐渐稀少，腹面光滑。脂鳍起点以后，身体逐渐侧扁。

背鳍起点距吻端明显大于距脂鳍起点，平卧时鳍条末端明显超过腹鳍基后端的垂直上方。背鳍外缘平直。脂鳍后端内凹，呈游离膜片，不与尾鳍连合；脂鳍起点与腹鳍末端的垂直上方相对或较前，个别个体可较后；脂鳍基长小于前背长。臀鳍起点距尾鳍基大于距腹鳍起点。胸鳍基上缘明显低于鳃孔上角，胸鳍后伸不达腹鳍起点。腹鳍后伸超过肛门。肛门位于腹鳍基后端至臀鳍起点的中点。尾鳍平截。侧线平直，明显。

颜色通体暗黄，背面有细小黑色斑点。腹部乳白。胸鳍和腹鳍灰黄，边缘较淡。尾鳍末端灰黑，中央有不规则淡黄色斑。

分布：金沙江水系特有种。分布于金沙江上游水系，实地调查显示，最上分布到云南省迪庆藏族自治州维西傈僳族自治县等地。

云南省保山市施甸县大河

79mm

潘晓赋

2024-08-20

鮡属 *Pareuchiloglanis*

◎ 中华鮡 *Pareuchiloglanis sinensis*
(Hora *et* Silas, 1952)

地方名： 石爬子。

形态特征： 背鳍i-5—6；胸鳍i-13—16；腹鳍i-4—5；臀鳍i-5，第1鳃弓外侧鳃耙6。

标准长为体高的6.0—7.3倍，为头长的3.8—4.6倍，为尾柄长的5.5—6.7倍，为尾柄高的13.7—15.0倍。头长为吻长的1.8—3.6倍，为眼间距的3.4—4.0倍，为尾柄长的1.2—1.6倍，为尾柄高的3.0—3.8倍。尾柄长为尾柄高的2.1—2.5倍。

体延长，背鳍前扁平，以后逐渐侧扁，腹部平坦。头扁平、腹面平，枕部稍隆起。吻短，宽阔，中央边缘有浅凹陷。口下位，较小，横裂状。上颌稍长于下颌。上颌齿带略呈"一"形，前缘中央稍有缢口，下颌齿带短，分为左右两列。唇较厚，其上有许多细颗粒状乳突。唇后沟不连续，限于口角处。胸部有许多细小乳突，腹部较少。须4对，鼻须1对，后伸不达眼前缘；上颌须1对，甚宽阔，末端尖，呈短须状，后伸接近鳃孔下角；下颌须2对，较短小。眼小，位于上方。鼻孔2对，位于近吻端。鳃孔较大，下角伸达胸鳍中点以下。鳃耙稍细，末端尖，排列稀疏。背鳍短小，无硬刺，外缘截形，起点位于胸鳍近末端上方，背前距约与背鳍距相当。脂鳍稍长，起点在腹鳍末端后上方。胸鳍、腹鳍基部宽厚，第1根鳍条变宽，腹面有羽状皱褶，胸鳍末端后伸远不达腹鳍起点；腹鳍末端后伸接近肛门。肛门约位于腹鳍和臀鳍起点的中点或略偏后。臀鳍起点至尾鳍基小于至腹鳍起点的距离。尾鳍截形。体裸露无鳞，体表有细小颗粒状突起，侧线完全，平直。胃大，略呈柱状。肠管在胃的左侧中部与胃相通，向前绕过胃前端弯向下方，经数次弯曲后达肛门。腹腔膜呈白色。

全身基色呈灰棕色，膜部呈灰白色，各鳍呈灰棕色。

分布： 金沙江（云南省江段）、大渡江（四川省江段）、白龙江（甘肃省江段）有分布。

云南省昭通市彝良县柳溪乡

114.4mm

薛绍伟

2018-11-11

◎ 前臀鮡 *Pareuchiloglanis anteanalis* (Fang, Xu *et Cui*, 1984)

地方名：石爬子。

形态特征：背鳍i-5；胸鳍i-13—14；腹鳍i-5；臀鳍i-4。第1鳃弓鳃耙5—6。脊椎骨5+34+1。

标准长为体高的6.7—7.5倍，为头长的3.8—4.0倍，为尾柄长的3.5—4.0倍，为尾柄高的18.0—20.0倍。头长为吻长的1.8—1.9倍，为眼间距的3.5—4.0倍，为口宽的2.5—3.0倍。尾柄长为尾柄高的4.9—5.5倍。

体延长，较低，前段扁平，后段逐渐侧扁。胸、腹部平坦，头宽阔，扁平。吻宽而圆，其长约与眼后头长相当。口较小，下位，口裂呈横裂状。上、下颌不突出。上、下颌具细齿，由细齿组成齿带，上颌齿带两端不向后延伸，略呈"一"形，前缘中央有缢口；下颌齿带中央有较深的缢口，分为左右两团，呈椭圆形。唇较厚，有许多细小的颗粒乳突，唇后沟中断，限于口角处。具须4对，鼻须1对，甚短小，后伸达眼前缘；上颌须最长，宽阔，扁平，基部与头侧紧相连，末端尖，达鳃孔下角；颌须2对，较短，基部稍扁平。眼小，上位。鼻孔位于吻部中点近前方，前、后鼻孔相隔甚近，中央由鼻须分隔。鳃孔稍小，下角与胸鳍第2—3根分支鳍条基部相对。

背鳍短，外缘微凸，无硬刺，不分支鳍条较宽，起点近鳃孔后上方。胸鳍发达，宽阔，呈扇形，基部厚，不分支鳍条变宽扁，腹面有许多羽状皱褶，末端后伸接近腹鳍起点。腹鳍较宽，外缘略圆，第1鳍条变宽厚，腹面亦有羽状皱褶，末端后伸达肛门。臀缩小，外缘截形，起点至腹鳍起点距离显著小于至尾鳍基距离。脂鳍较长，其长大于背鳍起点至吻端的距离，末端稍游离，距尾鳍基部较近。尾鳍后缘微凹，下叶稍长，上、下叶末端圆，尾柄较细长。肛门位于腹鳍基部后端至臀鳍起点的中点偏后。

全身裸露无鳞，侧线完全，平直。

身体基色为浅棕黄色，腹部呈黄白色。背鳍、胸鳍和腹鳍背面呈灰黑色，各鳍末端颜色较浅，尾鳍呈黑色，基部上下有黄白色斑块。

个体稍小，数量不多，生活在山区溪河，喜急流环境，以水生昆虫幼虫为主要食料，产卵期在6—7月。

分布：金沙江、青衣江、大渡河、白龙江。

金沙江丽江段

112mm

李雷

2013-06-28

◎ 四川鮡 *Pareuchiloglanis sichuanensis* (Ding, Fu *et* Ye, 1991)

形态特征：背鳍i-6；胸鳍i-13—14；腹鳍i-5；臀鳍i-4—5；尾鳍i-14—15。第1鳃弓鳃耙4—5。脊椎骨5—30—31（4尾）。

体长为体高的4.7—5.8倍，为头长的3.7—4.6倍，为尾柄长的5.4—6.7倍，为尾柄高的8.8—12.8倍。头长为吻长的2.0—2.3倍，为眼间距的3.4—4.1倍，为口宽的2.0—3.3倍。尾柄长为尾柄高的1.4—1.9倍。

四川省雅安市飞仙关

103mm

潘晓赋

2024-08-20

体短，长形，前躯扁平，后段逐渐侧扁，腹部平坦，尾柄短而高，上下有稍高的皮褶。头宽阔，平扁，头后背部隆起较高。吻宽，前端钝圆。口下位，横裂。唇后仅限于两侧，彼此不相通。上颌齿带短，两侧不向后方延伸，前缘中央有明显凹陷，后缘稍呈弧形；下颌齿带分为左右两团，较短，排列呈"八"形，在下颌中央相距甚近。齿尖形，密生，稍有弯曲，斜向口内方。唇和口周围及胸、腹部满布颗粒状突起，背部和体侧亦有细小的颗粒状突起。须4对，鼻须1对，较长，基部宽扁，末端尖细，向后伸超过眼后缘；上颌须基部宽阔，与头侧相连，末端稍尖，向后伸接近鳃孔下角；颏须2对，较短。眼小，侧上位，居头中部偏后。鼻孔2对，前后鼻孔相近，由鼻须相隔。鳃孔较大，下角与胸鳍第2—3根分支鳍条基部相对。背鳍短，无硬刺，外缘圆凸或稍斜截，起点在体前部约1/3处。脂鳍长而高，前端接近背鳍末端，起点约在腹鳍基部后端上方。胸鳍和腹鳍发达，基部宽厚；第1根鳍条宽厚，腹面具横纹皱褶；胸鳍末端向后伸接近或达到腹鳍起点；雄鱼腹鳍末端向后伸达到肛门，雌鱼不达肛门。臀鳍短小，起点至腹鳍基部后端大于至尾鳍基部的距离，末端向后伸超过臀鳍起点至尾鳍基部距离的1/2。尾鳍后缘微凹或截形。肛门位于腹鳍基部后端至臀鳍起点的中点，雌体较雄体略后。体裸露无鳞。侧线完全，偏于体轴上方。鳔小，分为左右2个侧室，近圆形，包于骨质囊中。胃大，囊状。肠管短，始于胃中部左侧，向上弯曲，经胃前部向下弯曲至胃下方，盘曲成环状，向后伸达肛门。腹腔膜呈黄白色。

生活在山区多砂石、水流较急的溪河底层，常与石爬鮡生活在一起，数量较多。生殖期在6—7月，常见个体怀卵量为200—400粒，卵大，黄色，卵径为4.0—5.0mm。

分布：四川省岷江水系有分布。

◎ 壮体鳅 *Pareuchiloglanis robusta*
(Ding, Fu *et* Ye, 1991)

形态特征：背鳍i-5—6；胸鳍i-14—15；腹鳍i-5；臀鳍i-4—5；尾鳍i-15—16。第1鳃弓鳃耙6—7。脊椎骨5+32—33（4尾）。

体长为体高的6.0—7.5倍，为头长的4.4—4.9倍，为尾柄长的4.0—4.9倍，为尾柄高的13.1—17.2倍。头长为吻长的1.7—2.1倍，为眼间距的3.1—3.8倍，为口宽的1.8—2.9倍。尾柄长为尾柄高的2.7—3.1倍。

体长形，粗壮，背缘轮廓呈弧形，腹面平坦。头宽，平扁。吻较短，宽阔。口小，下位，横裂。唇后沟不连续。上颌齿带短，两侧不向后方延伸，前缘中央有明显缺刻，后缘稍呈弧形；下颌齿带分为左右两团，在下颌中央相距甚近。齿尖型，上细下粗，近末端稍弯曲，末端略呈棕色，斜向口内方。唇、口周围和胸部有许多细颗粒状突起，腹部少。须4对，鼻须短，基部扁，末尖，向后伸不达眼前缘；上颌须发达，基部与头侧相连，甚宽阔，末端尖，向后伸不达鳃孔下角；颏须2对，较短，外侧颏须向后伸不达胸鳍起点。眼小，侧上位，居头中部偏前。鼻孔2对，前后鼻孔相近，其间由鼻须隔开。鳃孔较小，下角与胸鳍基部中点相对。背鳍短，无硬刺，起点在胸鳍中部上方，外缘斜截形。脂鳍稍短，起点约在腹鳍末端上方，远未达背鳍后缘，末端不游离。胸鳍、腹鳍发达，基部厚，第1根鳍条宽阔，腹面具横纹状皱褶；胸鳍末端后伸显著不达腹鳍起点；雄鱼腹鳍末端超过肛门，雌鱼不达或接近肛门。臀鳍短，起点至尾鳍基部距离大于至腹鳍起点的距离。尾后缘截形。肛门位于腹鳍和臀鳍起点的中点偏后方，雄鱼较雌鱼略靠前。体裸露无鳞，侧线完全，稍呈弧形，略偏于体侧上部。鳔甚小，分为左右两室，近圆形，包于骨质囊中。胃大，囊状。肠管粗短始于胃左侧中部，向上绕过胃前端后下行至胃下部，呈一回曲后直达肛门。腹腔膜呈白色。

在产区常生活于多砾石、水流湍急的河流底层，主要以鞘翅目的扁泥甲科幼虫为食。生殖季节在6—7月，在流水河滩上产卵，受精卵具黏性。体长150—200mm的个体，怀卵量为200—500粒，Ⅳ期卵巢呈黄色，卵径为3.5—4.0mm。

分布：四川省岷江水系有分布。

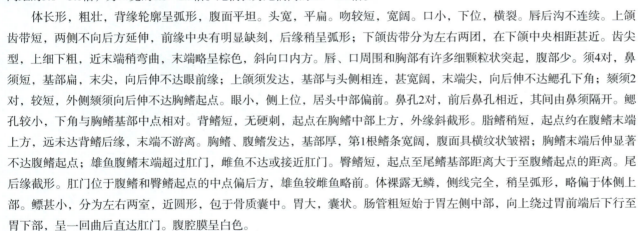

 四川省雅安市天全县

 98mm

 潘晓赋

 2024-08-20

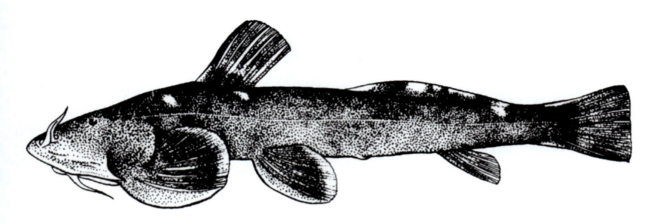

图片来源：褚新洛等，1999

◎ **短鳍鮡** *Pareuchiloglanis feae*
(Vinciguerra, 1890)

形态特征： 背鳍i-5—6；胸鳍i-12—13；腹鳍i-5—6；臀鳍i-4—5。

体长为体高的5.48—7.00倍，为头长的3.24—4.34倍，为尾柄长的4.80—5.23倍，为尾柄高的12.78—19.20倍。头长为吻长的1.89—2.42倍，为眼径的13.0—15.5倍，为眼间距的3.63—4.14倍。尾柄长为尾柄高的2.44—4.00倍。

体长形，前平扁，而后侧扁。头部扁平。口下位，略呈弧形。须4对，鼻须1对，基部宽，围绕后鼻孔的前半部呈半圆膜状，末端不达眼前缘；上颌须1对，特别宽大，其基部与头侧相连，末端尖细，达胸鳍基部；下颌须2对，外侧须长。上、下颌均有绒毛状齿带；上颌齿带较宽，中间连续；下颌齿带较窄，中间断裂。眼小，位于头部上方。前后鼻孔接近且相通。鳃孔窄，鳃孔下角对应胸鳍基部之中点。胸部无吸着器。

背鳍基部宽而厚，第1根鳍条特化成角质鳍条，其腹面具横纹，其后缘略圆。胸鳍不达腹鳍。臀鳍短，不达尾鳍，与脂鳍相对，距尾鳍较距腹鳍为近。尾鳍小，近截形。尾柄中等长。肛门近腹鳍。无鳞片，侧线完全。

分布： 主要分布于云南省，在贵州省分布于乌江及南盘江。

胡子鲇科 Clariidae

胡子鲇属 *Clarias*

◎ 胡子鲇 *Clarias fuscus*
(Lacepède, 1803)

形态特征：体延长，头部平扁，体后部侧扁。口大，亚下位。上颌略突出于下颌。眼很小。须四对，口角须最长，末端一般超过胸鳍；鼻须末端后伸略过鳃孔；颏须2对。背鳍基长，无硬刺，背鳍条54—64，鳍条隐于皮膜内。臀鳍基长但短于背鳍基。胸鳍小，硬刺前缘粗糙，后缘具弱锯齿。腹鳍小，起点位于背鳍起点垂直下方之后。尾鳍圆形。体呈黄褐色，体侧有一些不规则白色小斑点。

分布：在我国南自海南岛、北至长江中下游、西自云南、东至台湾的淡水流域。国外分布于柬埔寨、越南、老挝及菲律宾的淡水流域。

📍	乌江
🐟	149mm
📷	王雪
🕐	2017-12-01

06

鲑形目
Salmoniformes

鲑科 Salmonidae

哲罗鲑属 *Hucho*

◎ 川陕哲罗鲑 *Hucho bleekeri* (Kimura, 1934)

地方名：猫鱼。

形态特征：体形修长，长梭形，略侧扁，最大者体长可达2m左右。头部无鳞。吻钝尖。眼侧位，眼间隔宽。口大，端位。上颌伸过眼后缘。前颌骨有齿18，上颌骨有齿50，下颌每侧有齿14；腭骨有齿13；犁骨前端有3—4齿，两侧各有4齿；舌有齿2行各6—7个。背部生有肉鳍。眼间距鳃孔大，鳃耙粗短。鳃膜骨条13，鳃膜分离且游离。肛门邻近臀鳍始点。鳔长大，一室。胃发达。鳞为小圆鳞，无辐状沟纹。侧线完整，前端稍高。背鳍始于体前后端的正中点，第1根分支鳍条最长，鳍背缘微凹。臀鳍约始于腹鳍基到尾鳍基的正中点。脂背鳍位于臀鳍基的正上方。胸鳍侧下位，尖刀状，远不达背鳍。腹鳍约始于背中部下方，远不达肛门。尾鳍叉状。头体背侧呈蓝褐色，有十字架形小黑斑，斑小于瞳孔；腹侧呈白色。小鱼体侧常有6—7个暗色横斑，鳍呈淡黄色；生殖期腹部、腹鳍及尾鳍下叉呈橘红色。

分布：是中国特有种，主要分布于长江流域的岷江上游、青衣江上游、大渡河中上游等。

四川省崇州市鸡冠山

200mm

喻燚

2024-03

 鱼的采集地点　 鱼的全长　 拍摄人员　 拍摄时间

细鳞鲑属 *Brachymystax*

◎ 秦岭细鳞鲑 *Brachymystax lenok tsinlingensis* (Li, 1966)

地方名： 花鱼、梅花鱼。

形态特征： 体长纺锤形，稍侧扁。体长165—275mm，为体高的3.9—4.9倍，为头长的3.7—4.6倍，为前背长的2.0—2.2倍，为后背长的2.4—2.7倍。头钝，头长为吻长的3.1—4.8倍，为眼径的3.7—4.9倍，为眼间距的3.2—3.7倍，为上颌长的2.1—2.4倍，为尾柄长的1.6—2.5倍。

吻不突出或微突出。眼位于侧上方和头前半部。眼间隔中央微凸。2个鼻孔很近，约位于吻中部。口前位而稍低。下颌较上颌略短。上颌骨宽长外露，后端达眼中央下方。两颌、犁骨与腭骨各有小尖牙1行；犁骨与腭骨牙行相连，呈马蹄形。舌厚，游离，有尖牙2纵行，每行牙5个，牙行间纵凹沟状。鳃孔大，侧位，下端达眼中央下方。鳃盖膜分离，不连鳃峡。有假鳃。鳃耙外行长扁形，最长较眼半径略短；内行小块状。肛门邻臀鳍前缘。椎骨34—35—24个。胃发达，白色弯管状。肠长约等于体长的2/3。幽门盲囊65—75个。鳔长大，圆锥形，壁薄，后端尖且伸过肛门。腹部色很淡。体被椭圆形小鳞，头无鳞。侧线侧中位。

背鳍短，上缘微凹，第1根分支鳍条最长，头长为其长的1.4—1.8倍。脂背鳍位于臀鳍上方。臀鳍亦短，头长为其第1根分支鳍条长的1.2—1.7倍。胸鳍侧位，很低，尖刀状，头长为其第3或第4分支鳍条长的1.3—1.6倍。腹鳍始于背鳍基中部下方，头长为其第1根分支鳍条长的1.4—2.1倍，远不达肛门；鳍基有1枚长腋鳞。尾鳍叉状。

背侧呈暗绿褐色；两侧呈淡绛红色，微紫，到腹侧渐呈白色；背面及两侧有椭圆形黑斑，斑缘白色环纹状，最大斑直径约等于或稍大于眼半径，前背部斑很少，沿背鳍基及脂背鳍上各有4—5个黑斑；前背鳍与尾鳍呈灰黄色。

分布： 分布于渭河上游及其支流和汉水北侧支流湑水河、子午河上游的溪流中。

陕西陇县秦岭细鳞鲑国家级自然保护区

278mm

邵剑

2013-04-16

银鱼科 Salangidae

大银鱼属 *Protosalanx*

◎ 大银鱼 *Protosalanx hyalocranius*
(Abbott, 1901)

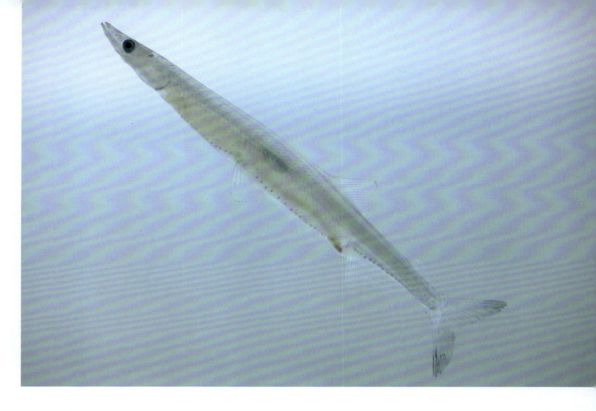

地方名：面条鱼、面丈鱼、泥鱼。

形态特征：背鳍ii-iii，15—18；臀鳍iii，29—30；胸鳍22—27；腹鳍7；尾鳍19—20。脊椎骨64—69。

体长为体高的6.4—10.9倍，为头长的4.1—5.5倍。头长为吻长的2.6—3.8倍，为眼径的5.3—8.0倍，为眼间距的2.9—3.8倍。尾柄长为尾柄高的1.7—2.8倍。

体长圆筒形，具有独特的骨化不全和持续幼态特征，体表无鳞且通体透明，仅眼睛和部分鳍条上有黑色素沉着。头部扁平。吻尖，呈三角形，吻长短于眼后头长。口宽大，下颌稍长于上颌。上颌骨正常，末端超过眼前缘，至眼中部下方前。颌与口腔内具齿，此性状作为与非食鱼性银鱼区分的重要特征。成鱼颌与口腔齿的数量排列如下：前颌骨具齿1行，13—14个；上颌骨具齿1行，21—40个；腭骨具齿2行，每行14—28个；下颌骨具齿2行，每行13—44个；舌齿一般2行，每行4—17个；犁骨具齿1簇，约10个。背鳍偏后，位于臀鳍前上方，其起点至吻端距离为至尾鳍基部距离的1.5—1.8倍。脂鳍小，与臀鳍末端相对，距背鳍末端较距尾鳍基部为远。臀鳍起点紧邻背鳍后或在背鳍后第1—2根背鳍条下方。胸鳍具有发达的肌肉基，成熟雄鱼第1根鳍条延长。腹鳍起点距胸鳍起点较距臀鳍起点为近。尾鳍叉形。成熟雄性个体的臀鳍上方两侧各具1列鳞片，数量为25—34枚。鳃孔大，鳃盖膜与峡部相连，鳃盖条4枚。鳃耙短而细密。血液无色，肝脏较大，肠道平直且短粗透明，鳔单室。

分布：在我国主要分布于渤海、黄海、东海沿海及长江、淮河中下游的水体中。国外朝鲜、韩国、越南也有分布。

洪泽湖

145mm

丁兆宸

2024-12

间银鱼属 *Hemisalanx*

◎ **短吻间银鱼**

Hemisalanx brachyrostralis (Fang, 1934)

地方名：玉筋鱼面鱼、面条鱼、鲙残鱼。

形态特征：体细长，近圆柱状，后段较侧扁。头部平扁，呈三角形。口大，吻长而尖。上下颌及口盖骨具有细齿，下颌骨前部具1对犬齿，下颌缝合处有1个肉质突起。两颌无齿。体被小圆鳞。侧线完全，位于背缘。体侧具若干斜的皮褶，腹部每侧有1条纵皮褶，自鳃盖下方直达尾鳍基。无腹鳍，具有透明小脂鳍。雄鱼臀鳍基部两侧各有1行大鳞。

云南省昆明市盘龙江

90mm

曾宇旸

2023-06-04

　　生活时体柔软透明，从头背面能清楚地看到脑的形状。体侧有1列黑色斑点，腹面自胸部起经腹部至臀鳍前有两行平行的黑色斑点，沿臀鳍基左右分开，后端合二为一，直达尾鳍基。尾鳍和胸鳍的第1根鳍条上不规则的分布有小黑色斑点。

分布：长江中游、下游干流和附属湖泊以及瓯江均有分布。

◎ 前颌间银鱼

Hemisalanx prognathus

(Regan, 1908)

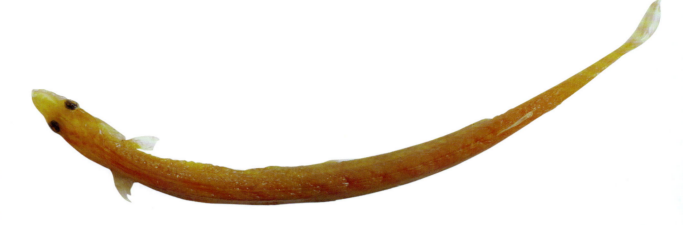

地方名：银鱼、面条鱼。

形态特征：体长为体高的12.5—15倍，为头长的5.9—6.5倍。头长为吻长的2.8—3.1倍，为眼径的6.7—7.5倍，为眼间距的5.3—6.0倍。尾柄长为尾柄高的4.5—5.3倍。

体细长，前部略呈圆筒形，后部侧扁。头平扁，吻尖而延长，吻长大于眼前头宽，约为眼径的2倍。眼较小，圆形，侧位，眼间隔宽而平。鼻孔2个，具鼻瓣。口中大。下颌稍突出，前端中央具肉质缝前突，其上无齿；前颌骨宽，呈钝三角形；上颌骨后端不伸达眼前缘下方。齿尖锐，前颌骨1行，4—5枚；上颌骨1行，12—14枚；下颌骨1行，约10枚；下颌联合处有犬齿1对；腭骨齿1行，犁骨和舌上无齿。鳃孔大，鳃耙细，较稀疏，假鳃发达，鳃盖膜连于峡部。体无鳞，仅雄鱼臀鳍基部有1纵行大鳞，19—22枚。无侧线。背鳍1个，后位，起点距吻端约为至尾鳍基的2.8—3.2倍。脂鳍小，位于臀鳍基底之后上方，不与臀鳍末端鳍条相对。臀鳍较大，与背鳍基底相对，起点稍后于背鳍起点。胸鳍小，位低，雄鱼上部数鳍条延长，基部肌肉不发达。腹鳍起点距臀鳍起点较距胸鳍起点为近。尾鳍叉形。

体白色，半透明。腹两侧各有1纵行黑色小点。各鳍无色，尾鳍边缘色略深。

分布：分布于中国和朝鲜。我国产于东海、黄海及鸭绿江、小清河、长江和瓯江。

118mm

潘晓赋

2024-08-20

图片来源：李桂峰等，2018

新银鱼属 *Neosalanx*

◎ **太湖新银鱼** *Neosalanx taihuensis* (Chen, 1956)

地方名：小银鱼。

形态特征：体细长，略呈圆筒形，后段较侧扁。头部平扁，呈三角形。吻短。口小。上下颌骨各有一排细齿，口盖上无齿，下颌前端亦无犬齿。胸鳍小，具有肌肉基。背鳍后方有1个小而透明的脂鳍。体无鳞，仅雄鱼臀鳍基部两侧各有一排较大的鳞片。

分布：分布于长江中游、下游及通江湖泊、淮河、灵江，以及江苏省、浙江省的内地小河。

◎ 安氏新银鱼 *Neosalanx anderssoni* (Rendahl, 1923)

地方名：冰鱼、黄瓜鱼。

形态特征：体长为体高的7.7—8.8倍，为头长的6.0—6.3倍，为尾部长的2.8—4.2倍。头长为吻长的3.1—3.3倍，为眼径的5.3—6.2倍，为最长背鳍条长的1.4—1.9倍，为最长臀鳍条长的1.2—1.5倍，为胸鳍上缘鳍条的1.5（雄鱼）—3.2（雌鱼）倍，为腹鳍第1根分支鳍条的1.3（雄鱼）—1.8（雌鱼）倍。

头短小，很平扁，自背面看呈矛状且能看见脑形。吻不突出，长约等于宽。眼侧位，后缘位于头正中间或略前方。眼间隔平坦。口前位。上颌达眼中央下方；下颌稍突出，前端有1个钝圆形肉质突起，小鱼此突起不明显。两颌、腭骨及舌具齿。鳃孔大，下端达眼前半部下方；鳃盖膜分离，不连鳃峡；假鳃发达；鳃耙1行，长扁。肛门紧邻臀鳍始点。

雌鱼无鳞。雄鱼仅沿臀鳍基有1纵行约20个大鳞。侧线很低，在胸鳍基下呈1纵行针尖般小黑点状。

背鳍2个，前背鳍始于体正中间后方，背鳍前距为后距的2.0—2.7倍，前方鳍条最长；后背鳍为1个小脂鳍。臀鳍始于前背鳍基后端正下方（雌鱼）或稍前方（雄鱼）。胸鳍位于体侧下半部，有1个肉质扇状鳍柄，鳍宽圆（雌鱼）或呈尖刀状（雄鱼）。腹鳍始于头后端到臀鳍始点正中间（雌鱼）或较前方（雄鱼）。尾鳍深叉状。

生活时体呈灰白色，半透明，在臀鳍基中部上缘附近有1群针尖般黑点，鳍呈白色。

分布：分布于黄渤海、黄海沿岸，南岸至长江口、杭州湾。

80mm
潘晓赋
2024-08-20

图片来源：张春光等，2019

◎ 陈氏新银鱼 *Neosalanx tangkahkei* (Wu, 1931)

地方名：天湖新银鱼、小银鱼、面丈鱼、面条鱼。

形态特征：体长为体高的7.2—9.0倍，为头长的5.7—6.7倍。头长为吻长的3.3—4.5倍，为眼径的5.5—8.0倍，为眼间距的3.7—5.0倍。

　　体细长，稍侧扁。吻短而圆钝。眼较大，侧位。口小，前位。下颌比上颌稍长，下颌前端无缝突；上颌骨伸达眼的前缘。上下颌各具细齿一行；腭骨和舌上皆无齿。鳃孔较大；鳃盖膜与峡部相连；鳃耙较发达；鳃盖骨薄；具假鳃。

　　体光滑无鳞，仅雄鱼臀鳍基部具鳞1行。无侧线。背鳍较大，基部终点位于臀鳍前上方。脂鳍小，位于臀鳍后部上方。臀鳍中大，起点在背鳍后下方。胸鳍短，下侧位，基部具肉质片。腹鳍较大，起点距吻端较距尾鳍基为近。尾鳍分叉。有鳔，属于管鳔类。无幽门盲囊。脊椎骨58—60。

　　体白色半透明。吻端散布黑色小点。腹缘有黑色小点2行。尾鳍基部有2个黑色斑点。胸鳍、腹鳍、背鳍和臀鳍皆无色。

分布：分布于长江中游、下游的附属湖泊中，尤以太湖所产最为著名。

银鱼属 *Salanx*

◎ 有明银鱼 *Salanx ariakensis*
(Kishinouye, 1902)

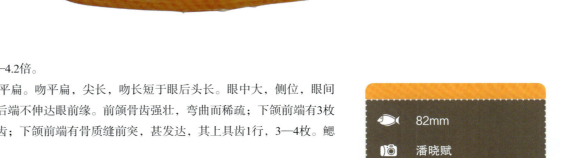

地方名：银鱼、小白鱼、燕窝鱼。

形态特征：体长为体高的9.5—11.0
倍，为头长的5.3—5.5倍。头长为吻长
的2.2—2.4倍，为眼径的8.0—8.2倍，为眼间距的3.8—4.2倍。

体细长，前部近圆筒形，后部侧扁。头长，很平扁。吻平扁，尖长，吻长短于眼后头长。眼中大，侧位，眼间隔宽平。口大，口裂宽。上、下颌约等长，上颌骨后端不伸达眼前缘。前颌骨齿强壮，弯曲而稀疏；下颌前端有3枚大犬齿，两侧各有小齿1行；腭骨有齿1行；舌上无齿；下颌前端有骨质缝前突，甚发达，其上具齿1行，3—4枚。鳃孔宽大；鳃盖骨薄；鳃耙短而细；有假鳃。

体光滑无鳞，仅雄鱼臀鳍基部有圆鳞1行，22—24枚。无侧线。

背鳍后位，起点距尾鳍基较距胸鳍基为近。脂鳍很小，紧接臀鳍基部后上方。臀鳍较大，部分与背鳍基相对，起点距尾鳍基较距腹鳍起点为近。胸鳍下侧位，基部无发达肉质片，雄鱼第1鳍条略延长。尾鳍深叉形。

体半透明，无色。腹缘和臀鳍基有少数黑色小点，尾鳍呈浅灰色。

分布：分布于中国、日本和朝鲜。我国产于东海、黄海、渤海沿岸及北戴河、大清河、长江等河口。

82mm

潘晓赋

2024-08-20

香鱼科 Plecoglossidae

香鱼属 *Plecoglossus*

◎ 香鱼 *Plecoglossus altivelis*
(Temminck *et* Schlegel, 1846)

地方名：油香鱼、留香鱼、肥鱼。

形态特征：香鱼体细长而侧扁。口大，斜裂。头大。吻尖，吻尖前端下弯成吻钩。下颌前端两侧各有1个圆形突起，两突起之间呈明显的凹陷。上下颌各有1行宽扁梳状齿，长在唇皮上，能活动，成鱼的上梳状齿有34—37枚，下颌每侧11—13枚，上颌每侧12—14枚；仔鱼期圆锥齿坚固，这可能与香鱼摄食习性有关。口腔底膜呈褶膜状，犁骨无齿，腭骨和舌上具齿。眼中等大，侧上位。鼻孔每侧两个，前小后大。鳃孔大，鳃盖骨不与峡部相连，鳃盖骨后方各具两个明显的橙色大斑。全身除头部外均被细小圆鳞，侧线鳞140枚左右，侧线平直完全，位于体侧中部。各鳍皆呈淡黄色，背鳍无硬棘，共10—11根鳍条，其后有1个脂鳍。尾鳍叉状，上叶和下叶近等长。胸鳍较短。腹鳍上方有1个鲜黄色的长卵形斑块。背鳍特别大。发育完毕的香鱼其奇、偶鳍鳍条数目为背鳍D：2+（9—10），臀鳍A：2+（13—15），尾鳍C：44—45；胸鳍P：14—15；腹鳍V：8—9。脂鳍脂化由上而下不透明，其他各鳍透明略带黄色。

生殖季节，雄鱼体表粗糙，腹侧具赤褐色条纹，背部各鳍上有珠星；雌鱼体表光滑，有稀疏的珠星，臀鳍外缘向内凹陷。雌雄鱼的臀鳍形态区别较大，雌鱼臀鳍高与长基本相等，雄鱼则长为高的两倍，而且雄鱼的臀鳍比雌鱼要平坦些。

体色随环境而变化，性别不同体色亦不相同，体背部通常呈苍黑色或黄褐色，背部至腹部逐渐趋向黄色，两侧及腹部呈银白色。背鳍、脂鳍和尾鳍均有橄榄色，胸鳍、腹鳍和臀鳍呈淡黄色或橙色，各鳍末端呈淡黄色。

分布：洄游性鱼类，广泛分布于东亚地区，包括中国黄海、渤海、东海沿海的溪流，以及长江下游、广西北仑河等内陆河流。国外日本、朝鲜和越南也有分布。

214mm

陈浩骏

2024-01-24

07

鲈形目
Perciformes

鮨科 Serranidae

鳜属 *Siniperca*

◎ 鳜 *Siniperca chuatsi*
(Basilewsky, 1855)

地方名：母猪壳、鳜鱼、桂花鱼。

形态特征：体较高，侧扁背部显著隆起，背、腹缘轮廓线呈弧形。腹部圆，头部较短小。吻短而宽，其长稍大于眼径。口大，端位，口裂略向上倾斜，后伸超过眼后缘的下方。下颌突出于上颌之前，口闭合时下颌前端的齿不外露。两颌、犁骨和腭骨具绒毛状细齿，两颌前部的小齿扩大呈犬齿状。每侧鼻孔2个，前后分离，相距很近。眼位于头前部，侧上位。眼间狭窄，眼径大于或等于眼间距。前鳃盖骨后缘具锯齿，下缘有4—5个大棘；间鳃盖骨和下鳃盖骨下缘光滑，鳃盖骨后上角有2个扁平荆棘。背鳍2个，相连，由硬棘和软鳍条组成，鳍棘较长，软鳍较短。胸鳍扇形。腹鳍长，后端近圆形。臀鳍由3根硬棘和多数鳍条构成，第2、第3根硬棘粗壮，圆形。尾鳍宽阔，后缘圆形。肛门紧靠臀鳍起点。体被细鳞，侧线完全。鳔1室，较大，略扁平。腹腔膜呈白色。体色黄绿，腹部呈灰白色。体侧有不规则的暗棕色斑点和斑块。自吻端穿过眼眶至背鳍前下方有1条狭长带纹。在背鳍的第6—7根硬棘基部两侧的下方，有1条较宽的暗棕色垂直带纹，体背有5—6个暗棕色鞍状斑块。背鳍、尾鳍和臀鳍上有暗棕色条纹。

分布：长江及其以北水系。国外分布于俄罗斯。

乌江

193mm

曾圣

2017-09-20

 鱼的采集地点　 鱼的全长　 拍摄人员　 拍摄时间

◎ 大眼鳜 *Siniperca kneri* (Garman, 1912)

地方名：母猪壳、鳜鱼、桂花鱼。

形态特征：体较长，侧扁，头、背部轮廓线隆起，胸、腹部轮廓线略呈弧形。口大，端位，略倾斜。下颌突出于上颌之前，口闭合时下颌前端的齿不外露；上颌骨后端宽阔，末端伸至眼中部或稍后下方，其中大个体的下颌末端常伸至眼后缘的下方。两颌、犁骨和颚骨具细齿，呈绒毛状齿带；上颌前端两侧犬齿发达，两侧细齿排列成行；下颌前端两侧犬齿较细弱；侧中后部犬齿发达；犁骨齿团近圆形，齿较发达；齿较细弱，排列略呈"八"形。鳃盖发达，前鳃骨后缘锯齿发达，隅骨和下缘具强大的刺棘。背鳍2个，相连，前部约2/3为鳍棘，后部约1/3为鳍条，外缘圆形，背鳍基部后端约与臀鳍基部后端相对。胸鳍较宽呈扇形，向后上方斜伸。腹鳍较窄，末端后伸不达肛门。臀鳍外缘圆形，末端接近或达尾鳍基。

分布：长江及其以南水系。国外分布于越南。

📍	平昌巴河
🐟	130mm
📷	喻燚
🕐	2024-06

图片来源：廖伏初等，2020

◎ **斑鳜** *Siniperca scherzeri*
(Steindachner, 1892)

地方名：母猪壳、鳜鱼、桂花鱼。

形态特征：标准长为体高的2.9—3.7倍，为头长的2.3—3.0倍，为头高的1.0—3.1倍，为吻长的6.5—9.2倍，为眼后头长的4.9—6.5倍，为尾柄长的7.8—13.1倍，为尾柄高的7.7—10.2倍。头长为吻长的2.1—3.4倍，为眼径的4.7—7.0倍。为眼间距的4.1—6.2倍，为眼后头长的1.8—2.6倍。尾柄长为尾柄高的0.7—1.1倍。

体长形，侧扁，背，腹轮廓稍隆起，头稍大，吻略尖。口大，近端位，口裂稍倾斜。上颌骨后缘宽，其末端一般伸至眼中部下方或眼后缘下方；下颌前端稍突出，口闭合时下颌前端外露。两颌、犁骨和腭骨上具绒毛状细齿，犬齿发达；上颌犬齿前端联合部的齿带，上、下颌两侧犬齿呈1行，多成对；犁骨齿带呈横椭圆形，犬齿不发达；腭骨齿带呈前圆后尖的条状齿带，两腭骨齿带呈"八"形。前鳃盖骨后缘具锯齿，下缘具强棘，间鳃盖骨和下鳃盖骨下缘具细弱锯齿；鳃盖后上角具2个扁刺棘。眼较大，侧上位，眼径小于或等于眼间距。每侧鼻孔2个，前后鼻孔相距很近，前鼻孔略呈管状，白色，后缘凸呈半圆形鼻瓣；后鼻孔长椭圆形，稍呈管状。鳃膜发达，鳃耙短而硬，最长鳃耙约为鳃丝长的2/3。背鳍2个，彼此相连，较短，基部甚长，其起点约与胸鳍起点相对，前部约3/4为鳍棘，后部约1/4为鳍条。胸鳍较长，末端上缘与鳃孔上缘平行。腹鳍胸位，长形，末端圆。臀鳍较短。尾鳍宽大，后缘圆形，尾柄短。肛门接近臀鳍起点。体被细鳞，侧鳞宽大，腹侧鳞较小，峡部鳞片多隐于皮下，侧线完全，侧线鳞较小。

分布：我国鸭绿江至珠江间各水系。国外分布于朝鲜和越南。

◎ 波纹鳜 *Siniperca undulata*
(Fang *et* Chong, 1932)

地方名：桂鱼、母猪壳。

形态特征：身体侧扁，背略隆起。吻端钝圆，吻背部有1处凹陷。上下颌等长，齿较细小，在上颌前端尖齿排成多行，在下颌犬齿排成1行，但均不甚发达。鳃盖及间鳃盖骨的后下缘有明显的锯齿。第1背鳍有13根鳍棘，第2背鳍分支鳍条有10—12根。胸鳍扇形。腹鳍稍后于胸鳍。尾鳍圆形。体背呈棕褐色，体侧具5条左右纵向白色波纹状斑纹，背部及沿侧线具多个不规则黑色斑纹。各鳍呈浅黑色。

生活于水体中上层，以小鱼、虾为食。

分布：长江至珠江各水系。

图片来源：廖伏初等，2020

图片来源：廖伏初等，2020

◎ 暗鳜 *Siniperca obscura* (Nichols, 1930)

地方名：鳜鱼、小鳜鱼、无斑鳜。

形态特征：背鳍i-11；臀鳍i-8。侧线鳞64—70。外侧鳃耙6—8。

体长为体高的3.0—3.9倍，为头长的2.8—3.1倍，为尾柄长的5.1—5.6倍，为尾柄高的8.2—9.1倍。头长为吻长的3.2—3.8倍，为眼径的4.0—5.0倍，为眼间距的5.2—6.1倍。

体稍侧扁，头后微隆起，体背呈弧形。口端位，吻钝圆，且较短。上、下颌几乎等长，均具绒毛状的细齿，无明显的犬齿。前鳃盖骨后缘有11个显著的锯齿；鳃盖骨的后缘有2枚或3枚硬刺；鳃膜不与峡部相连。鳞片细小。侧线与背部边缘平行，向后延至尾柄中部。

背鳍起点在胸鳍基部的垂直上方，背鳍硬刺最长的是第5根或第6根。胸鳍圆形。腹鳍起点在胸鳍基部的垂直下方，末端伸至背鳍第10个硬刺的垂直下方。臀鳍第2根硬刺最长。尾柄长大于尾柄高。尾鳍近切截形。

体呈深暗灰色，背部呈灰黑色，腹部呈灰白色。体侧有不规则的黑斑。吻端至尾基部有黑斑，黑斑排列成带状，鳃盖上有3条呈放射状的黑斑，体色浅时黑斑不明显。背鳍硬棘部和软鳍之间有1个小缺刻。侧线完全，沿体侧中部与背侧平行，后伸达尾鳍基部。体被细小栉鳞。尾为正尾，尾鳍呈浅回形。

分布：长江至珠江各水系。

长身鳜属 Coreosiniperca

◎ 长身鳜 *Coreosiniperca roulei* (Wu, 1930)

地方名：长体鳜、尖嘴鳜、火烧鳜。

形态特征：背鳍i-10—11；胸鳍i-13—14；腹鳍i-5；臀鳍i-7。侧线鳞86—103。

标准长为体高的4.0—4.6倍，为头长的2.4—2.5倍，为尾柄长的8.3—9.5倍，为尾柄高的10.8—11.5倍。头长为吻长的2.7—3.2倍，为眼径的5.2—5.4倍，为眼间距的7.2—7.6倍，为眼后头长的2.0—2.2倍，尾柄长为尾柄高的1.1—13倍。

体延长，略呈圆筒形，胸、腹部圆，背、腹轮廓线略呈弧形。眼侧上位，位于头部中点稍前，眼径大于眼间距。吻长而尖，为眼后头长的0.7—0.8。唇厚而光滑。口大，端位，稍向上斜，口裂向后延伸达眼中部的下方；下颌向前

图片来源：廖伏初等，2020

突出于上颌之前。上下颌前部犬齿发达，上颌前部犬齿排成4—6纵行，中后部单行；下颌犬齿单行，前部较密，中后部较稀。犁骨、腭骨齿细密，前者呈团状，后者呈长带状。每侧鼻孔2个，前后两鼻孔很接近，其间距约等于或稍大于后鼻孔径；前鼻孔略呈管状，管壁后部延伸为半圆形鼻瓣，前折可盖前鼻孔；后鼻孔位于眼前上方。鳃孔大，鳃膜不与鳃峡相连；鳃盖条7根；前鳃盖骨下缘有2个小棘，后缘有7—9个锯齿；鳃盖骨后缘有2个扁棘；鳃耙退化，呈结节状，较大的结节在鳃弓的上段有1—2个，下段有1—3个。鳞细小，长圆形。背、躯干和尾被鳞，头部无鳞；体背和两侧的鳞片较大，腹侧的较小；胸、腹部前段的鳞细而稀，隐于皮下。鳔1室，长形略扁平，前部宽，略呈两个半圆状凸起，突向前部，后端呈圆锥形。肠管长为标准长的0.4—0.5倍。幽门盲囊4—8枚。腹腔膜呈肉色带银白色。

身体呈棕色，全身具不规则的黑棕色斑点。头部腹面具有或多或少的黑棕色细点。胸、腹部呈白色或具黑棕色斑点。体背及两侧有4—5块不规则的暗色斑块。胸、腹部鳞无色；背鳍、尾鳍和臀鳍具有排列不规则的浅棕色斑点。

分布：长江至珠江各水系。

图片来源：廖伏初等，2020

少鳞鳜属 *Coreoperca*

◎ 中国少鳞鳜 *Coreoperca whiteheadi*
(Boulenger, 1900)

地方名：石鳜。

形态特征：背鳍iii-13；臀鳍iii-9—10；胸鳍15—16；腹鳍i-5。侧线鳞61—71。鳃耙7。幽门盲囊3。

体长为体高的2.8—2.9倍，为头长的2.5—2.7倍，为尾柄长的6.3—7.8倍，为尾柄高的6.9—7.8倍。头长为吻长的3.3—3.4倍，为眼径的6.3—6.4倍，为眼间距的5.0—5.1倍，为尾柄长的2.1—2.6倍，为尾柄高的2.8—2.9倍。尾柄长为尾柄高的1.0—1.1倍。

体延长，长圆形，侧扁，背、腹缘均呈弧形，弧度大致相当。头长与体高约相等。眼侧上方，距吻端较近。吻短，钝尖。口端位，口裂大，稍斜。上颌骨末端游离，但不达眼后缘下方。两颌约等长，上、下颌骨，犁骨与腭骨均具绒毛状细齿，上、下颌齿多行，无犬齿。鼻部凹陷，前鼻孔较大，裂缝状，周缘具隆起鼻瓣，距眼较距吻端为近；后鼻孔较小，为前鼻孔鼻瓣所覆盖，不显见。前鳃盖骨后缘及腹缘锯齿状棘弱小，无骨棘；鳃盖骨后缘具2根几乎等大的平扁棘，鳃盖骨腹缘具弱锯齿。鳃盖条7根，鳃孔大，鳃盖膜与峡部不相连。

背鳍2个，基部相连，分鳍棘部和鳍条部，起点位于胸鳍起点上方；第1背鳍全为鳍棘；第2背鳍全为软鳍条，末端接近尾鳍基。胸鳍圆形。腹鳍起点位于胸鳍起点下方稍后。肛门位于腹鳍起点至臀鳍起点间的中点。臀鳍起点与背鳍第11—12根鳍棘基部相对。尾鳍圆形。

体被小圆鳞，头部颊部、鳃盖具鳞。侧线完全，从鳃孔上角起沿体背轮廓后行，在背鳍中部下方急折下行至体侧中部，而后沿体侧中部延伸至尾鳍基。

分布：钱塘江、瓯江、福建木兰溪、珠江、元江、海南岛。

塘鳢科 Eleotridae

沙塘鳢属 Odontobutis

◎ 河川沙塘鳢 *Odontobutis potamophila*
(Günther, 1861)

图片来源：廖伏初等，2020

地方名：虎头鲨、草婆鱼、土布鱼禾。

形态特征：体长为体高的3.5—4.1倍，为头长的2.5—2.8倍。头长为吻长的3.7—4.2倍，为眼径的3.5—4.9倍，为眼间距的3.7—4.9倍。

体延长，比较粗壮，雄雌略有区别，身体前部亚纺锤形，后部比前部侧扁，背部和腹部略向外突出，尾柄较高。头宽大，平扁，头高比头宽短。颊部圆且突。吻宽短，吻长大于眼径，为眼径的1.5—1.8倍。眼睛小，上侧位，在头的前半部分；眼间宽而内陷，比眼径大，其两侧眼上缘处具细弱的骨质嵴；眼后方具有管孔；眼的前下方横行的感觉乳突线的端部有排列呈直线状的乳突；眼的后下方有横行的感觉乳突线，与眼下纵行感觉乳突线相连。鼻孔每侧2个，分离；前鼻孔前部具1对短管，距吻部较近；后鼻孔较小为圆形，在眼的前方。口裂大，斜上。下颌较突出且长于上颌，上颌骨后端向后伸达眼中部下方或稍前。上、下颌齿细尖，多行排列或呈绒毛状齿带；犁骨无齿。鳃孔宽大，向头部腹面延伸达眼前缘或中部的下方；前鳃盖骨的后下缘无棘；峡部宽大，鳃盖膜不与峡部相连；鳃盖条6根；有假鳃，且鳃耙粗短少。

分布：长江中下游（湖北荆州至上海江段）及沿江各支流、钱塘江水系、闽江水系，偶见于黄河水系。

图片来源：廖伏初等，2020

◎ 中华沙塘鳢 *Odontobutis sinensis*
(Wu, Chen *et* Chong, 2002)

地方名：木奶奶、沙鳢、暗色土布鱼。

形态特征：背鳍vi—vii-1—9；臀鳍i-7—8；胸鳍25—26；腹鳍i-5。纵列鳞39—42；横列鳞16—17；背鳍前鳞30—34。

体长为体高的4.3—4.9倍，为头长的2.6—3.0倍，为尾柄长的4.7—5.4倍。头长为吻长的3.8—4.1倍，为眼径的6.5—8.4倍，为眼间距的3.1—3.8倍。尾柄长为尾柄高的1.4—1.8倍。

体长，前部粗圆，尾部略侧扁。头大而宽，略平扁，颊部突出。吻短而钝，吻长约等于眼间距。口大，端位，稍斜裂。下颌长于上颌，上颌骨末端延伸至眼中部下方。上、下颌均密生锐利细齿，呈带状排列；犁骨无齿。舌大，前端较圆，舌面无齿。鼻孔2对，前、后分离；前鼻孔短管状，靠近吻端；后鼻孔靠近眼。眼较大，位于头的前半部，上侧位，较突出。眼间隔宽且微内凹。鳃孔向前达眼前缘之下。前鳃盖骨无棘，峡部狭窄，鳃盖膜与峡部不相连。

背鳍2个，分离，间距较近，第1背鳍较第2背鳍低小。胸鳍宽圆，有较发达的肌肉基，上被细鳞。腹鳍胸位，鳍较小，左、右分离。肛门靠近臀鳍起点，臀鳍起点约与第2背鳍第4—5根鳍条相对。尾鳍后缘椭圆形。

分布：主要见于珠江流域、海南岛及长江中上游。

乌塘鳢属 *Bostrychus*

◎ 中华乌塘鳢 *Bostrychus sinensis*
(Lacépède, 1801)

形态特征：体细长，前躯近圆筒形，后躯侧扁。头宽而平扁。口端位，口斜裂。上颌骨后端伸达眼后缘的下方，上下颌具多行绒毛状细齿。舌前端略圆。鼻孔2个，前鼻孔具细长鼻管。眼上侧位。体被小圆鳞。无侧线。背鳍2个，第1背鳍全为鳞棘。胸鳍发达，宽圆，后伸超过腹鳍。腹鳍较短，左、右腹鳍靠近，但不愈合成吸盘。尾圆形。体黑褐色，腹部色浅。体侧上方有12条隐约可见的深褐色斜纹。胸鳍、腹鳍呈灰黄色。尾鳍基底上端具一个带白边的黑斑。

分布：广泛分布于中国东南沿海及长江口以南地区及台湾地区各水系。国外分布于印度洋北部沿岸至太平洋中部波利尼西亚群岛，北至日本，南至澳大利亚。

 58mm

 陈浩骏

🕐 2024-06-24

图片来源：郑曙明等，2015

塘鳢属 *Eleotris*

◎ **尖头塘鳢** *Eleotris oxycephala*
(Temminck *et* Schlegel, 1845)

形态特征：体延长，前躯近圆筒形，后躯侧扁。头宽、平扁。吻长大于眼径。口端位。下颌突出于上颌，上、下颌各具4排细齿。犁骨和腭骨无齿。舌圆形。前、后鼻孔相距甚远。体被栉鳞，但第1背鳍前方、头部及胸腹部为圆鳞。无侧线。背鳍2个，第1背鳍全为鳞棘。胸鳍基部肉质柄发达，鳍宽大。左、右腹鳍相互靠近，但不形成吸盘。尾鳍圆形。

体背呈暗黑色，腹部颜色较淡。头侧有2条黑色纵线纹，1条自上颌吻端经眼至鳃盖上方、1条从眼后下缘向下倾斜至前鳃盖后缘中间。体侧有多条深褐色纵条纹。以水生昆虫、小虾为食，栖息于水流较平缓的近海河段，入海河口种群数量多。

分布：长江、钱塘江、瓯江、灵江、交溪、闽江、木兰溪、晋江、九龙江、汀江、珠江等水系，海南，台湾，香港。国外分布于日本。

小黄鲖鱼属 Micropercops

◎ 小黄鲖鱼 *Micropercops swinhonis*
(Günther, 1873)

图片来源：廖伏初等，2020

地方名：黄肚鱼、黄麻嫩。

形态特征：背鳍vii—viii，i-10—12；臀鳍i-8—9；胸鳍i-11—14；腹鳍i-5。纵列鳞28—32；横列鳞8—10；背鳍前鳞15—16。鳃耙3—8。

体延长，颇侧扁；背缘浅弧形，腹缘稍平直；尾柄颇长，但小于体高。头略侧扁，头后背部稍隆起。头部具感觉管及5个感觉管孔。颊部不突出，具4条感觉乳突线。口端位，斜裂。下颌较上颌长；下颌骨后伸达眼前缘下方；上、下颌均密生锐利细齿，绒毛状，无犬齿，带状分布；犁骨、腭骨及舌均无齿。吻短钝。唇厚，发达。舌游离，前端浅弧形。鼻孔每侧2个，分离，相互接近；前鼻孔短管状，靠近吻端；后鼻孔小，圆形，边缘隆起，紧邻眼前缘。眼大，背侧位，眼上缘突出于头部背缘。眼间隔狭窄，稍内凹，稍小于眼径。鳃孔大，向头部腹面延伸，伸达眼中部下方。前鳃盖骨边缘光滑，无棘；后缘具4个感觉管孔；鳃盖骨上方无感觉管孔。鳃盖条6根；具假鳃。鳃耙短小，柔软。峡部狭窄，左、右鳃盖膜在峡部中部相遇，并在稍前方相互愈合，其同时与峡部亦有小部分相连。

背鳍2个，分离；第1背鳍高，鳍基短，起点位于胸鳍起点后上方，鳍棘柔软，其第3根鳍棘最长，平放时，后伸达第2背鳍起点；第2背鳍略低于第1背鳍，鳍基较长，前部鳍条稍短，中部鳍条较长，最长鳍条稍大于头长的1/2，平放时，后伸不达尾鳍基。胸鳍尖长，后伸达肛门上方。腹鳍略短于胸鳍，左、右腹鳍相互靠近，不愈合成吸盘。臀鳍与第2背鳍相对，起点位于第2背鳍第4根鳍条下方，后部鳍条较长，平放时后伸不达尾鳍基。肛门与第2背鳍起点相对。尾鳍末端圆钝。雄鱼生殖乳突细长而尖，雌鱼生殖乳突短钝，后缘浅凹。

分布：广泛分布于我国东中部、东南部、西南部各大小河流、水库、湖泊等。

图片来源：廖伏初等，2020

虾虎鱼科 Gobiidae

吻虾虎鱼属 *Rhinogobius*

◎ 子陵吻虾虎鱼 *Rhinogobius giurinus* (Rutter, 1897)

地方名：麻鱼子、老虎鳖。

形态特征：背鳍vi，i-7—8；胸鳍i-16—17；臀鳍i-7—8。纵列鳞27—30；横列鳞8—9；背鳍前鳞8—15；围尾柄鳞12—15。鳃耙7—8。

体较长，前部近圆筒形，后部侧扁。头部、峡部和胸部无鳞；背鳍前被鳞较密；背部和腹部被圆鳞，其余各处被栉鳞；无侧线。头部有感觉管及感觉管孔。头较大且宽，前鳃盖骨边缘有小乳突。吻钝圆。口端位，口裂大，倾斜。上颌稍长于下颌，上、下颌齿尖细，2行，排列成带状，无犬齿。唇厚，唇后沟中断。无须。前、后鼻孔相距较近；前鼻孔呈短管状，不位于吻端；后鼻孔距眼前缘较远。眼较大，背侧位。背鳍2个，分离。背吻距小于背尾距。胸鳍上位，腹鳍胸位。左、右腹鳍愈合成长圆形吸盘。腹鳍后缘至臀鳍起点距小于腹鳍长。肛门靠近臀鳍起点。尾鳍圆形。雄鱼背鳍较高长，生殖突尖长；雌鱼背鳍较矮短，生殖突短钝。腹腔膜呈灰白色。

体呈灰色或灰褐色，腹部色浅。头有数条斜向前下方的褐色条纹。体侧有7个不规则的褐色或黑褐色斑。

分布：除青藏高原和西北地区以外的各大江河水系、海南及台湾均有分布。国外分布于日本和朝鲜。

◎ 四川吻虾虎鱼

Rhinogobius szechuanensis (Tohang, 1939)

地方名：成都虾虎鱼、成都栉虾虎鱼、成都吻虾虎鱼。

形态特征：体较长，前部近圆筒形，后部侧扁。体被栉鳞，但吻部、峡部和鳃盖部无鳞，背鳍前中央有稀疏的鳞，无侧线。头部无感觉管和感觉管孔。头较大且宽，前鳃盖骨下缘有细小的锯齿。吻钝圆。口端位，口裂大，倾斜。上颌稍长于下颌；上、下颌齿尖细，多行，排列成带状，无犬齿。唇厚，唇后沟中断。无须。前、后鼻孔相距较近；前鼻孔呈短管状，不位于吻端；后鼻孔距眼前缘较远。眼较小，背侧位。背鳍2个，分离。背吻距小于背尾距。胸鳍上位，腹鳍胸位。左、右腹鳍愈合成吸盘，圆形。腹鳍末端至臀鳍起点距大于或等于腹背鳍长。肛门靠近臀鳍起点。尾鳍圆形。

分布：中国特有种。分布于四川岷江水系。

📍	四川大邑
🐟	74mm
📷	喻燚
🕐	2024-02

图片来源：廖伏初等，2020

◎ **波氏吻虾虎鱼** *Rhinogobius cliffordpopei* (Nichols, 1925)

地方名：超天眼、麻鱼子。

形态特征：体较短，前部近圆筒形，后部侧扁，背缘浅弧形，腹缘较平直。体被栉鳞，但头部、峡部和胸部无鳞，背鳍前方中央无鳞，无侧线。头部有感觉管及感觉管孔。头较宽大。吻钝圆。口端位，口裂大，倾斜。上颌稍长于下颌；上、下颌齿尖细，多行，排列成带状，无犬齿。唇厚，唇后沟中断。无须。前、后鼻孔分离；前鼻孔呈短管状，不位于吻端；后鼻孔距眼前缘较远。眼背侧位。背鳍2个，分离。背吻距小于背尾距。胸鳍上位，腹鳍胸位。左、右腹鳍愈合成吸盘，圆形。腹鳍末端至臀鳍起点距大于腹鳍长。肛门靠近臀鳍起点。尾鳍圆形。

分布：中国特有种。分布于黑龙江、辽河、黄河、长江、钱塘江、珠江等水系。

◎ 神农吻虾虎鱼 *Rhinogobius shennongensis* (Yang *et* Xie, 1983)

形态特征：体延长，后部侧扁。头中大，稍平扁。吻尖突。口中大，端位，口裂倾斜。上颌具齿2行，下颌具齿3行。眼大，上位。背鳍前鳞4—6，背鳍起点之前和腹部具圆鳞，其他部位具栉鳞，无侧线。背鳍2个，分离。腹鳍胸位愈合成圆形吸盘。体侧常有6条黑色横跨背部的斑条，雄鱼第1背鳍前部有1个大而明显的蓝色斑点。

分布：中国特有种。主要分布于湖北省、浙江省、陕西省各水系。

图片来源：郑曙明等，2015

◎ 刘氏吻虾虎鱼 *Rhinogobius liui* (Chen *et* Wu, 2008)

地方名：四川虾虎鱼、四川栉虾虎鱼。

形态特征：背鳍vi，i-9—10；臀鳍i-8；胸鳍19；腹鳍i-5；尾鳍4+16+5。纵列鳞36—39；横列鳞10—11；背鳍前鳞0。鳃耙10—11。脊椎骨29枚。

体长为体高的5.9—6.4倍，为头长的3.2—3.7倍。头长为吻长的3.0—3.3倍，为眼径的4.9—5.7倍，为眼间隔的3.9—5.5倍。尾柄长为尾柄高的1.5—1.8倍。头宽为头高的1.5—1.7倍。

体延长，前部亚圆筒形，后部侧扁；背缘浅弧形隆起，腹缘稍平直；尾柄颇长，其长大于体高。头中大，圆钝，前部宽而平扁，背部稍隆起。头部具5个感觉管孔。颊部显著凸出，有时颇膨大，具3纵行感觉乳突线。吻短而圆钝，较长，吻长稍大于眼径。眼较小，背侧位，位于头的前半部，眼上缘突出于头部背缘；眼下缘无放射状感觉乳突线，仅具1条由眼后下方斜向前方的感觉乳突线。眼间隔稍宽，其宽等于眼径，稍内凹。鼻孔每侧2个，分离，相互接近；前鼻孔具1条短管，位于吻部中央稍近吻端处；后鼻孔小，圆形，边缘隆起，紧位于眼前方。

口小，前位，斜裂。两颌约等长，上颌骨后端伸达眼前缘下方。上、下颌齿细小，尖锐，无犬齿，多行，排列稀疏，呈带状，外行齿稍扩大，下颌内行齿亦扩大。犁骨、腭骨及舌上均无齿。唇略厚，发达。舌游离，前端圆形。鳃孔中大，侧位，向头部腹面延伸，止于鳃盖骨后缘下方稍前处，鳃孔宽稍大于胸鳍基部宽。前鳃盖骨后缘有3个感觉管孔，鳃盖上方具3个感觉管孔。峡部宽，鳃盖膜与峡部相连。鳃盖条5根。具假鳃。鳃耙短小。

体被中大弱栉鳞；吻部、颊部、鳃盖部及颈部无鳞；无背鳍前鳞；胸部、腹部及胸鳍基部裸露无鳞。无侧线。

背鳍2个，分离；第1背鳍高，基部短，起点位于胸鳍基部后上方，鳍棘柔软；第3、第4鳍棘最长，平放时，稍伸越第2背鳍起点；第2背鳍略高于第1背鳍，具1根鳍棘，9—10根鳍条，基部较长，前部鳍条稍短，后部鳍条较长，最长的鳍条稍大于头长的1/2，平放时，不伸达尾鳍基。臀鳍与第2背鳍相对，同形，起点位于第2背鳍第1根鳍条的下方，后部鳍条较长，平放时，不伸达尾鳍基。胸鳍宽大，圆形，下侧位，鳍长大于吻后头长，后缘不伸达肛门上方。腹鳍略短于胸鳍，圆盘状，膜盖发达，边缘弧形凹入，左、右腹鳍愈合成1个吸盘。尾鳍长圆形，短于头长。肛门与第2背鳍起点相对。雄鱼生殖乳突细长而尖，雌鱼生殖乳突短钝。

分布：四川省、湖北省等长江中上游干支流中。

📍	成都平原
🐟	70mm
📷	喻焱
🕐	2023-05

图片来源：廖伏初等，2020

◎ 李氏吻虾虎鱼 *Rhinogobius leavelli* (Herre, 1935)

地方名：朝天眼、老虎鳖、麻鱼子。

形态特征：体较长，前部近圆筒形，后部侧扁。吻部、峡部、胸部和腹部无鳞；背鳍前中央被圆鳞，其余各处被栉鳞；无侧线。头部有感觉管及感觉管孔。吻钝圆。口端位，口裂大。上颌稍长于下颌。上、下颌齿尖细，多行，排列成带状，无犬齿。唇厚，唇后沟中断。无须。前、后鼻孔分离；前鼻孔呈短管状，不位于吻端；后鼻孔靠近眼前缘。眼背侧位。背鳍2个，分离。背吻距小于背尾距。胸鳍上位，腹鳍胸位。左、右腹鳍愈合成吸盘，圆形。腹鳍末端至臀鳍起点距等于或大于腹鳍长。肛门靠近臀鳍起点。尾鳍圆形。

分布：中国特有种。分布于钱塘江以南各水系及海南。

◎ 黑吻虾虎鱼 *Rhinogobius niger*
(Huang, Chen *et* Shao, 2016)

形态特征：第1背鳍v-vi；第2背鳍i-8—9；尾鳍i-8；胸鳍16—18。纵向鳞35—37；横向鳞10—12。脊椎骨10+17。

身体相当细长，前部呈亚圆柱形，后部扁平。头部中等大小。眼睛高而大。唇厚，上唇比下唇更突出。雄性吻部长于雌性。口倾斜，雄性口角延伸至眼眶前缘的垂直线，雌性仅延伸至头部孔的垂直线。前鼻孔呈短管状，后鼻孔为圆孔。鳃开口，向腹侧延伸至鳃盖的中部垂直线。

胸鳍宽，骨盆鳍盘圆形，棘状，带尖膜叶。尾鳍呈圆形。雄性头部和身体略带黑色，颊部没有任何条纹或斑点，前胸的上边缘有2条水平排列的红棕色条纹向后延伸。成年雄性的鳃盖膜有15—25个红橙色的小圆点，第1背鳍前部有1个大的黑色斑点。

分布：分布于曹娥江、灵江、瓯江等上游，江西、安徽等地的水系也有分布。

58mm

林永晟

2022-09-19

◎ 戴氏吻虾虎鱼 *Rhinogobius davidi* (Sauvage *et* Dabry de Thiersant, 1874)

形态特征： 体长为体高的5.7—6.5倍，为头长的3.1—3.6倍。头长为吻长的3.4—4.1倍，为眼径的4.6—6.1倍，为眼间距的4.3—6.8倍。尾柄长为尾柄高的1.6—2.0倍。

体延长，前部亚圆筒形，后部侧扁；背缘浅弧形隆起，腹缘稍平直；尾柄颇长，其长大于体高。头中大，圆钝，前部宽而平扁，背部稍隆起，头宽大于头高。雄鱼颊部凸出。吻圆钝，颇长，吻长大于眼径，雄鱼吻部较雌鱼更为突出。眼中大，背侧位，位于头的前半部，眼上缘突出于头部背缘。眼间隔宽阔，宽大于眼径，稍内凹。鼻孔每侧2个，分离，相互接近；前鼻孔具1条短管，位于吻的前部，接近于上唇；后鼻孔小，圆形，边缘隆起，紧位于眼前方。口中大，前位，颇斜。两颌约等长。雄鱼上颌骨后端伸达眼中部下方，雌鱼的仅伸达眼前缘下方。上、下颌齿细小，尖锐，无犬齿，3—4行，排列稀疏，呈带状，外行齿稍扩大；下颌内行齿亦扩大。犁骨、腭骨及舌上均无齿。唇略厚，颇发达。舌游离，前端圆形。鳃孔中大，侧位，向头部腹面延伸，止于鳃盖骨后缘下方稍后处，其宽度稍大于胸鳍基部的宽度。峡部宽，鳃盖膜与峡部相连。鳃盖条5根。具假鳃。鳃耙短小。

体被中大栉鳞，头的吻部、颊部、鳃盖部无鳞。雄鱼无背鳍前鳞，雌鱼背鳍中央前方具3—4枚小鳞，眼后颈部具1个裸露区。胸部、腹部及胸鳍基部均无鳞。无侧线。

背鳍2个，分离；第1背鳍高，基部短，起点位于胸鳍基部后上方，鳍棘柔软，不延长呈丝状，第3及第4根鳍棘最长，平放时，雄鱼的可伸达第2背鳍起点，雌鱼的不伸达第2背鳍起点；第2背鳍略高于第1背鳍，基部较长，前部鳍条稍短，后部鳍条较长，最长的鳍条稍大于头长的1/2，平放时，不伸达尾鳍基。臀鳍与第2背鳍相对，同形，起点位于第2背鳍第2根鳍条的下方，后部鳍条较长，平放时，不伸达尾鳍基。胸鳍宽大，长圆形，下侧位，鳍长大于吻后头长，后缘几乎伸达肛门上方。腹鳍略短于胸鳍，圆盘状，膜盖发达，边缘弧形凹入，左、右腹鳍愈合成吸盘。尾鳍长圆形，短于头长。肛门与第2背鳍起点相对。雄鱼生殖乳突细长而尖，雌鱼生殖乳突短钝。

分布： 浙江省、福建省各水系均有分布。

🐟 43mm

📷 林永晟

🕐 2022-01-04

◎ 武义吻虾虎鱼 *Rhinogobius wuyiensis* (Li *et* Zhong, 2007)

形态特征：体延长，前部亚圆筒状，后部侧扁。头大，成年雄性头部平扁，颊部两侧肌肉发达并外突，雌性头部亚圆筒状。吻圆钝，雄性吻长稍大于雌性。眼间距甚狭窄，小于眼径，稍内凹。口中大，斜裂。上颌稍突出，上颌骨后端伸达（雄鱼）或不伸达（雌鱼）眼前缘下方；上、下颌具多行细齿，外行齿稍扩大。唇略厚，发达。舌游离，前端圆形。鳃孔大，向头部腹面延伸，止于鳃盖骨中部下方。峡部宽，与鳃盖膜相连。体被中大栉鳞，前部鳞小，后部鳞较大。头部、胸鳍基部和腹鳍前方裸露无鳞，背鳍前鳞0—4，纵列鳞30—31，横列鳞9—11，第1背鳍起点至胸鳍起点具鳞片8—9。第1背鳍具6根鳍棘，第3或第4鳍棘最长；第2背鳍具1个鳍棘，8—9根鳍条。臀鳍起点位于第2背鳍的第3根鳍条下方，臀鳍与第2背鳍平放时不伸达尾鳍基部。胸鳍宽大，椭圆形，后缘不伸达第2背鳍起点下方。腹鳍圆盘状，边缘弧形凹入。尾鳍边缘近圆形，短于头长。

头、体呈浅褐色。体部具7—9个狭长斑块，通常从腹侧延伸至背侧，斑块通常呈"Y"状分叉于背侧交错；体两侧每枚鳞片处常具1个浅棕色斑点，呈规则排列，腹侧及背侧斑点常不明显或缺失，固定标本的后体部两侧中部的斑点色较深，常形成1行点状纵纹。头部眼前缘具红棕色细纹延伸至近上唇部相交；颊部及鳃盖部具数量不等的不规则红棕色斑点，常呈线状相互交织，部分个体（多见于成年雌性及幼年个体）于眼后形成3条近平行的纵纹，分别起始于眼后缘、眼下缘、颊部近中部，往后延伸一般不达鳃盖部；雌雄成年个体的鳃盖条部内侧均不具斑点，仅少数个体于外侧边缘处具少数斑点。胸鳍基部色浅，具少量红棕色斑点；背鳍鳍膜略呈白色，鳍棘及鳍条呈棕色，第1背鳍第1与第2根鳍棘中部具黑斑，雌性个体的黑斑较雄性小或缺失；臀鳍与尾鳍呈浅黄色，鳍条色浅；尾鳍基部具1个黑斑。

分布：广泛分布于浙江省金华市武义县武义江等各支流的上游。

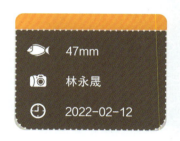

47mm

林永晟

2022-02-12

鲻虾虎属 *Mugilogobius*

◎ 黏皮鲻虾虎鱼 *Mugilogobius myxodermus*
(Herre, 1935)

地方名：黏皮虾虎、黏皮栉虾虎。

形态特征：背鳍vi，i-8—9；胸鳍i-16；臀鳍i-7—8。纵列鳞38—40；横列鳞12—13；背鳍前鳞13—14；围尾柄鳞14—15。

体侧扁，头顶平扁。口亚下位。上颌稍长于下颌，上、下颌具细齿数行，齿不分叉，排列呈带状。舌端平。眼侧上位，眼间隔较宽。前鳃盖肌肉发达。体被栉鳞，头部完全无鳞，颈部有鳞，胸、腹部裸露无鳞。

背鳍2个。胸鳍发达，呈扇圆形。腹鳍胸位，左右两个连合成吸盘。尾鳍圆扇形。体背及体侧上部具有不规则的灰黑色斑点。第1背鳍后方基部有1个大的黑色斑点，第2背鳍中部有1条黑色带纹。尾鳍、臀鳍呈灰黑色。胸鳍、腹鳍呈灰白色。

分布：长江中游、下游及其附属水体有分布。

◎ 阿部鲻虾虎鱼 *Mugilogobius abei*
(Jordan *et* Snyder, 1901)

地方名： 鲻虾虎鱼、阿部氏鲻虾虎。

形态特征： 体延长，前部略呈圆柱状，后部侧扁，尾柄较长。头颇大，稍宽。吻圆钝。口中大，端位，稍斜。上、下颌齿排列呈带状。眼中大，上侧位，眼间距宽。头部及鳃盖上半部被鳞，无侧线。背鳍2个，分离，第1背鳍各鳍棘柔软，第2—4根鳍棘呈丝状延长。腹鳍短，愈合成吸盘。鱼体前半部具数条黑色横带，后半部有2条深色纵纹。第1背鳍具白边，中央具白色纵带，在第5—6根鳍棘间具1个黑斑。尾鳍有暗色纵纹数条。

分布： 主要分布于南海、台湾海峡、东海、黄海及各河口。

🐟 33mm

📷 林永晟

🕐 2023-02-26

刺虾虎鱼属 *Acanthogobius*

◎ **长体刺虾虎鱼**
Acanthogobius elongata (Fang, 1942)

地方名：虾虎鱼。

🐟 10mm

📷 李昂

🕐 2023-04-04

形态特征：体颇延长，侧扁，背缘和腹缘稍平直，尾柄长。头中大，稍宽扁，具2个感觉管孔。吻圆钝，较长。眼小，背侧位。眼间隔狭窄，稍内凹。口中大，前位。上颌长于下颌，稍突出，上、下颌齿细小而尖锐，多行，排列呈带状。犁骨、腭骨及舌上均无齿。唇略厚，发达。舌游离，前端截形。鳃孔大。鳃盖膜与峡部相连。具假鳃。鳃耙短小。体被弱栉鳞，头部、颈部、胸部及腹部无鳞。无侧线。背鳍2个，分离；第1背鳍鳍棘细弱；第2背鳍略高于第1背鳍，平放时不伸达尾鳍基。臀鳍与第2背鳍同形，相对。胸鳍宽圆，扇形，下侧位。腹鳍长圆形，左右腹愈合成吸盘。尾长。

分布：分布于西北太平洋海域的朝鲜半岛西海岸。中国产于渤海、黄海和东海。

◎ 斑尾刺虾虎鱼 *Acanthogobius ommaturus* (Richardson, 1845)

地方名： 泥鱼、光鱼、痴狗、尖鲨。

形态特征： 体延长，前部呈圆筒形，后部侧扁而细。头宽大，稍平扁，具3个感觉管孔。颊部具3条感觉乳突线。吻圆钝。眼上侧位，眼下具1条斜向上唇的感觉乳突线。眼间隔平坦。口大，前位。上颌稍长于下颌，上颌具尖细齿1—2行，下颌齿2—3行。犁骨、腭骨、舌上均无齿。舌游离，前端近截形。颏部有1个长方形皮突，后缘微凹。鳃孔宽大，具假鳃。鳃耙短。体被圆鳞及栉鳞，无侧线，纵列鳞57—67。第1背鳍基底短，第2背鳍基底长。臀鳍不达尾鳍基。胸鳍尖圆形。腹鳍小，左、右愈合成1个圆形吸盘。尾鳍圆截或尖长。体呈淡黄褐色，中小个体体侧常具数个黑色斑块。背侧呈淡褐色。头部有不规则暗色斑纹。第1背鳍上缘呈橘黄色，第2背鳍有3—5纵行黑色点纹。臀鳍下缘呈橘黄色。胸鳍和腹鳍呈淡黄色，前下缘呈橘黄色。尾鳍基部常有1个暗色斑块。

分布： 分布于长江口。

🐟　170mm

📷　李昌衡

🕐　2025-02-26

竿虾虎鱼属 *Luciogobius*

◎ 竿虾虎鱼 *Luciogobius guttatus* (Gill, 1859)

地方名：斑点竿鲨、竿鲨。

形态特征：尾鳍4+18+5。纵列鳞0；横列鳞0；背鳍前鳞0。脊椎骨38。

　　体长为体高的8.8倍，为头长的4.7倍。头长为吻长的4.3倍，为眼径的8.3倍，为眼间距的4.0倍。尾柄长为尾柄高的1.2倍。吻长为眼径的1.5—2.0倍。体细长，竿状，前部圆筒形，后部侧扁；背缘浅弧形，腹缘稍平直；尾柄颇高，其长大于体高。头中大，圆钝，前部宽而平扁，背部稍隆起，头宽大于头高。头部或鳃盖部均无感觉管孔。颊部肌肉发达，隆突，无扁须。吻短而圆钝，前端截形。眼较小，圆形，背侧位，位于头的前半部，眼上缘突出于头部背缘。眼间隔颇宽，其宽为眼径的1.6倍，稍内凹。鼻孔每侧2个，分离，相互接近；前鼻孔具1条短管，位近吻端；后鼻孔小，圆形，边缘隆起，紧位于眼前方。口中大，前位，斜裂，下颌长于上颌，稍突出。上颌骨后端伸达眼后部下方。上、下颌齿细小，尖锐，多行排列，稀疏，呈带状，外行齿稍扩大，无犬齿；下颌内行齿亦过大。犁骨、腭骨及舌上均无齿。唇颇厚，发达。口腔呈白色。舌宽天，游离，前端凹入，分叉。鳃孔窄小，侧位，稍长于胸鳍基部，向头部腹面延伸，止于前鳃盖骨后缘下方稍前处。峡部颇宽。鳃盖膜与峡部相连。具假鳃。鳃耙短小。体完全裸露无鳞。无侧线。

　　背鳍1个，第1背鳍消失，第2背鳍颇低，位于体后部，基部较长，起点至吻端的距离约为头长的3倍，具鳍棘，鳍条12，前部鳍条稍短，中部鳍条较长，最长鳍条稍大于头长的1/3，平放时，不伸达尾鳍基。臀鳍与背鳍相对，同形，起点约与第3背鳍起点相对，前部鳍条较长，平放时，不伸达尾鳍基。胸鳍宽大，圆形，下侧位，上端有1根游离鳍条，鳍长稍小于眼后头长，后缘不伸达肛门上方。腹鳍很小，圆形，短于胸鳍，约为头长的1/3，膜盖发达，边缘内凹，左、右腹鳍愈合成吸盘。尾鳍长圆形，短于头长。肛门与第2背鳍起点相对。雄鱼生殖乳突细长而尖，雌鱼生殖乳突短钝。

　　暖温性沿岸及河口小型底栖鱼类，退潮后在沙滩或岩石间残存的水体中常可见到。以桡足类、轮虫等浮游动物为食。生长缓慢，无食用价值。个体小，体长大部分为40—60mm，最长可达80mm。

分布：分布于中国沿海、朝鲜半岛、日本。

🐟	52mm
📷	林永晟
🕐	2022-03-10

矛尾虾虎鱼属 *Chaeturichthys*

◎ 矛尾虾虎鱼 *Chaeturichthys stigmatias* (Richardson, 1844)

形态特征：第1背鳍viii；第2背鳍ii-22；臀鳍ii-20。纵列鳞47。

体长为体高的6.0—8.0倍，为头长的3.4—3.9倍，为尾柄长的6.3—6.4倍，为尾柄高的1.7倍。头长为吻长的2.9—3.2倍，为眼径的6.5—7.8倍，为眼间距的5.7—7.0倍。

体延长，前部圆筒形，后部侧扁、细长。吻圆钝。口裂大，稍斜。下颌稍突出，上颌骨向后延伸达眼中部下方，两颌均具有排列成带状的尖齿。舌端圆，游离。眼上侧位，眼间隔小。颏部具短须3对或4对。鳃孔宽大，鳃膜与峡部相连。体被圆鳞。

背鳍2个，第1背鳍起点在胸鳍基部的后上方，第2背鳍起点稍前于臀鳍。胸鳍尖，末端接近肛门。腹鳍愈合成圆盘。尾鳍尖细。

体呈黄褐色，第1背鳍后部有1个黑色斑块。胸鳍具暗色斑纹。腹鳍色淡。

分布：浅海鱼类，长江口亦有捕获。

184mm

陈浩骏

2025-03-09

123mm

林永晟

2023-11-05

舌虾虎鱼属 *Glossogobius*

◎ **舌虾虎鱼** *Glossogobius giuris*
(Hamilton, 1822)

地方名：朝天眼、老虎鳖、肉棒棒鱼、麻鱼子。

形态特征：体较长，前部近圆筒形，后部侧扁。头部、峡部和胸部无鳞；背鳍前被鳞较密；背部和腹部被圆鳞，其余各处被栉鳞；无侧线。头部有感觉管及感觉管孔。头较大且宽，前鳃盖骨边缘有小乳突。吻钝圆。口端位，口裂大，倾斜。上颌稍长于下颌，上、下颌齿尖细，2行，排列呈带状，无犬齿。唇厚，唇后沟中断。无须。前、后鼻孔相距较近；前鼻孔呈短管状，不位于吻端；后鼻孔距眼前缘也较远。眼较大，背侧位。背鳍2个，分离。背吻距小于背尾距。胸鳍上位，腹鳍胸位。左、右腹鳍愈合成长圆形吸盘。腹鳍后缘至臀鳍起点距小于腹鳍长。肛门靠近臀鳍起点。尾鳍圆形。

分布：四川省内分布于长江干流、赤水河、南广河、金沙江下游、雅砻江下游浩子河、大渡河中下游、青衣江、沱江、涪江、嘉陵江、渠江和省内各大水库、湖泊。

缟虾虎鱼属 *Tridentiger*

◎ 纹缟虾虎鱼 *Tridentiger trigonocephalus*
(Gill, 1859)

形态特征：第1背鳍vi；第2背鳍i-12—14；臀鳍10—12。纵列鳞46—49。鳃耙外侧10—12，内侧11—14。脊椎骨25—26。

体长为体高的4.8—5.7倍，为头长的3.3—4.2倍，为尾柄长的3.6—4.3倍，为尾柄高的7.4—8.5倍。头长为吻长的3.5—4.9倍，为眼径的5.5—8.6倍，为眼间距的3.4—4.4倍。

体延长，前部呈圆筒形，后部略侧扁。头部宽，稍扁平，两颊肌肉突出。吻短。口端位。舌游离，前端圆形。上、下颌等长，各具牙齿2行，外行牙齿分3叉，中齿尖较高。鳃膜和峡部相连。泄殖孔处有生殖突，雄性生殖突呈三角形，雌性则呈圆柱形，顶端分2叉。尾柄颇高。栉鳞较大。腹腔膜呈黑色。

背鳍2个。胸鳍大，呈扇形。腹鳍胸位，左右两个腹鳍连合成吸盘。尾鳍圆形。

体呈灰褐色，背部及体侧具有黑褐色斑纹，或体侧具有2条黑褐色纵带。背鳍、臀鳍、尾鳍色较暗，上面有白色斑点，胸鳍、腹鳍色较淡。

分布：分布于我国沿海地区，包括黄海、渤海、东海和南海，长江口，台湾海峡和海南岛。国外日本、韩国、朝鲜等国家的沿海地区也有分布。

🐟 48mm

📷 林永晟

🕐 2023-03-18

◎ 髭缟虾虎鱼 *Tridentiger barbatus* (Günther, 1861)

地方名：小鳞钟馗虾虎鱼、钟馗缟鲨、钟馗虾虎鱼、髭虾虎鱼。

形态特征：背鳍iv-i-10；臀鳍i-9—10；胸鳍21；腹鳍i-5；尾鳍18—19。纵列鳞36—37；横列鳞12—13；背鳍前鳞17—18。鳃耙2+5—7。脊椎骨26枚。

　　体延长，粗壮，前部圆筒形，后部略侧扁；背缘、腹缘浅弧形隆起；尾柄颇高。头大，略平扁，宽大于高。颊部肌肉发达，向外突出。吻宽短，前端广弧形。眼小，圆形，上侧位，位于头的前半部。眼间隔平坦，为眼径的2倍余，稍宽。鼻孔每侧2个，分离；前鼻孔圆形，具短管；后鼻孔小，裂缝状，位于眼前方。口宽大，前位，稍斜裂。上、下颌约等长，上颌骨后端伸达眼后缘下方。上、下颌各具齿2行，外行齿除最后数齿外，均呈三叉形；中齿尖最高，较钝；内行齿细尖，顶端不分叉。犁骨、腭骨及舌上均无齿。上、下唇发达，颇厚。舌游离，前端圆形。头部具许多触须，穗状排列；吻缘具须1行，向后伸延至颊部，其下方具触须1行，向后亦伸达上颌后方，延至颊部；下颌腹面具须2行，一行延伸至前鳃盖骨边缘，另一行伸达鳃盖骨边缘；眼后至鳃盖上方具2对小须。鳃孔较宽，向头部腹面延伸，仅止于胸鳍基部下方稍前处。峡部宽大，鳃盖膜与峡部相连。鳃盖条5。鳃盖骨边缘光滑。鳃耙短而钝尖。体被中大栉鳞，前部鳞较小，后部鳞较大。头部及胸部无鳞，颈部及腹部被小圆鳞。无侧线。背鳍2个，分离，相距较远，第1背鳍起点位于胸鳍基部后上方，鳍棘短弱，第2及第3根鳍棘最长，平放时，几乎伸达第2背鳍起点；第2背鳍与第1背鳍等高或稍大，后部鳍条较长，约为头长的1/2，平放时，不伸达尾鳍基。臀鳍与第2背鳍相对，同形，等高，起点位于第2背鳍第3根鳍条下方，最后鳍条平放时不伸达尾鳍基。胸鳍宽圆，下侧位，胸鳍长大于眼后头长，向后不伸达肛门的上方，第1根鳍条不游离。腹鳍中大，膜盖发达，边缘内凹，左右腹鳍愈合成吸盘。尾鳍后缘圆形。肛门与第2背鳍起点相对。雄鱼生殖乳突略呈三角形，宽扁；雌鱼生殖乳突略呈圆柱形。

分布：分布于中国沿海、朝鲜半岛、日本、菲律宾。

62mm

林永晟

2024-11-06

蝌蚪虾虎鱼属 *Lophiogobius*

◎ 睛尾蝌蚪虾虎鱼 *Lophiogobius ocellicauda* (Günther, 1873)

形态特征：第1背鳍vii，第2背鳍i-16—18；臀鳍17—18；胸鳍20—23；腹鳍i-5；尾鳍16—18。纵列鳞35—39；横列鳞10—12；背鳍前鳞14—16。鳃耙4—5+9—10。

体长为体高的6.7—7.9倍，为头长的3.2—3.7倍。头长为吻长的3.2—3.7倍，为眼径的7.0—9.5倍，为眼间距的4.0—5.0倍。尾柄长为尾柄高的1.7—2.3倍。

⊙ 长江口	
🐟 140mm	
📷 高晟	
🕐 2022-02-20	

体延长，前部近平扁，尾部细长而侧扁。头颇平扁。吻宽扁，前端广圆形。眼小，圆形，上侧位。眶下感觉管具6个感觉管孔，其后部具1个感觉管孔。眶上感觉管具1个感觉管孔。眼间隔颇宽，约为眼径的2倍，眼后背面有2纵行突起，中间稍凹入。鼻孔每侧2个，分离；前鼻孔近吻端，具1条短管；后鼻孔小，呈裂缝状，距眼较距吻端为近。口大，前位，斜裂。下颌稍突出，上颌骨后端向后伸达眼后缘后方。上、下颌各具2行尖细齿，排列稀疏；内行齿较小，弯向内方；外行齿位于颌缘，斜伸向外，齿露出唇外，几乎呈平卧状。舌宽大，游离，前端截形。颊部肌肉发达，略向外突出。颊部、前鳃盖骨边缘和鳃盖上均有小须。鳃孔宽大，向下方延伸。鳃盖上方具5个感觉管孔，前鳃盖骨后缘具3个感觉管孔。峡部较窄，鳃盖膜与峡部相连。鳃耙细长。

体被中大圆鳞，颊部、鳃盖部及颈部均被小鳞。

背鳍2个，分离；第1背鳍具7根鳍棘，后方无黑斑，平放时不伸达第2背鳍起点；第2背鳍后部鳍条平放时不伸达尾鳍基。臀鳍起点在第2背鳍起点稍后下方，平放时可伸达尾鳍基。胸鳍宽大，几乎等于头长，后端钝尖。肩带内缘无肉质皮瓣。左、右腹鳍愈合成吸盘，后端不伸达肛门。尾鳍约与腹鳍等长，后缘略呈长圆形。

分布：分布于东海北部、黄海和渤海沿岸。

鳗虾虎鱼属 *Taenioides*

◎ 须鳗虾虎鱼 *Taenioides cirratus*
(Blyth, 1860)

地方名：灰盲条鱼、须拟虾虎鱼。

形态特征：背鳍v-41—43；臀鳍i-39—41；胸鳍16—17；腹鳍i-5；尾鳍15—16。脊椎骨29。

体长为体高的15.0—16.5倍，为头长的7.1—7.3倍。头长为吻长的4.1—4.3倍，为眼间距的5.8—6.1倍。

体很延长，前部近圆筒形，后部侧扁，略呈鳗形，背缘、腹缘几乎平直，近尾端渐细小。头宽短、亚圆筒形，无感觉管孔，头长小于腹鳍基底后缘至肛门的距离。吻圆钝，背面中央有2条感觉乳突线。眼退化，隐于皮下。眼间隔宽，稍圆凸，小于或等于吻长。鼻孔每侧2个，分离；前鼻孔具1条短管，位于三角形突起的端部；后鼻孔较大，圆形，位于眼前方。口中大，宽短，近垂直。下颌及颏部显著突出。具许多外露的大犬齿，上、下颌外行齿扩大，尖端平直，前方齿呈犬齿状，排列稀疏；上颌外行齿每侧5—6个，下颌者每侧4个；内行齿多行，排列成绒毛状齿带；下颌缝合部后方无犬齿。舌游离，前端圆形。头部腹面两侧有3对扁须，最前1对最细。鳃孔中大，下侧位，位于胸鳍基部前方。鳃盖上方无凹陷，亦无感觉管孔；前鳃盖骨后缘无感觉管孔。峡部宽。鳃盖膜与峡部相连。鳃盖条5。具假鳃。鳃耙短小。体裸露无鳞。体侧有26—28列乳突状黏液孔。背鳍1个，鳍棘部与鳍条部连续，起点位于体的前半部，有6根鳍棘，鳍棘与鳍条均埋于皮膜中，后端具缺刻，和尾鳍不连，第6根鳍棘与第5根及第1根鳍条均有稍大距离。臀鳍和背鳍鳍条部相对，同形，基部长，起点在背鳍第1或第2根鳍条下方，埋于皮膜中，后端有1个缺刻，不与尾鳍相连。胸鳍短而圆，约为头长的1/3。腹鳍颇长，左右腹鳍愈合成1个漏斗状吸盘，后缘完整。尾鳍尖长。体呈红色带蓝灰色，腹部浅色。尾鳍呈黑色，其余各鳍均呈灰色。

分布：国内主要分布于东海、台湾岛海域及南海沿岸，国外主要分布于日本、朝鲜、澳大利亚、印度洋北部。

🐟	113mm
📷	林永晟
🕐	2023-09-23

狼牙虾虎鱼属 *Odontamblyopus*

◎ 拉氏狼牙虾虎鱼 *Odontamblyopus lacepedii* (Temminck *et* Schlegel, 1845)

📍	长江口
🐟	160mm
📷	丁兆宸
🕐	2022-04

地方名：红狼牙虾虎鱼、红尾虾虎、盲条鱼。

形态特征：背鳍v-38—39；臀鳍i-39—40；胸鳍31—34；腹鳍i—5；尾鳍15—16。鳃耙5—6+12—13。脊椎骨34。

　　体颇延长，略呈带状，前部亚圆筒形，后部侧扁而渐细。头中大，侧扁，略呈长方形。头部及鳃盖部无感觉管孔。吻短，宽而圆钝，中央稍凸出。眼极小，退化，埋于皮下。眼间隔甚宽，圆凸。鼻孔每侧2个，分离；前鼻孔具1条短管，接近上唇；后鼻孔裂缝状，位于眼前方。口小，前位，斜裂。下颌突出，稍长于上颌，下颌及颏部向前、向下突出，上颌骨后端向后伸达眼后缘后方。上颌齿尖锐，弯曲，犬齿状，外行齿每侧4—6个，排列稀疏，露出唇外；内侧有1—2行短小锥形齿；下颌缝合部内侧有犬齿1对。唇在口隅处较发达。舌稍游离，前端圆形。鳃孔中大，侧位。其宽稍大于胸鳍基部宽。鳃盖上方无凹陷。峡部较宽。鳃耙短小而钝圆。鳞片退化，体裸露而光滑。无侧线。背鳍连续，起点在胸鳍基部后上方，鳍棘均细弱，第6根鳍棘分别与第5根鳍棘、第1根鳍条之间有稍大距离，背鳍后端有膜与尾鳍相连。臀鳍与背鳍鳍条部相对，同形，起点在背鳍第3、第4根鳍条基下方，后部鳍条与尾鳍相连。胸鳍尖形，基部较宽，伸达腹鳍末端，约为头长的3/5。腹鳍大，略大于胸鳍，左、右腹鳍愈合成1个尖长吸盘。尾鳍长而尖形，其长大于头长。体呈淡红色或灰紫色，背鳍、臀鳍和尾鳍呈黑褐色。

分布：国内分布于黄海、渤海、东海和南海，长江口及珠江口附近水域，台湾沿海。国外朝鲜半岛、日本、印度尼西亚、马来西亚也有分布。

孔虾虎鱼属 *Trypauchen*

◎ 孔虾虎鱼 *Trypauchen vagina*
(Bloch *et* Schneider, 1801)

地方名：赤鲨。

形态特征：背鳍v-47—49；臀鳍i-46—48；胸鳍18；腹鳍i-5；尾鳍16—17。纵列鳞78—80；横列鳞20—22；背鳍前鳞0。鳃耙2+5—6。

体长为体高的8.9—9.2倍，为头长的5.7—6.0倍。头长为吻长的3.8—4.1倍，为眼径的14—15倍，为眼间距的5.3—6.7倍。

体颇延长，侧扁，背缘、腹缘几乎平直，至尾端渐收敛。头短，侧扁，头后中央具1个棱状嵴，嵴边缘光滑。吻短而钝，背缘弧形，斜向后上方。眼甚小，上侧位，埋于皮下。眼间隔狭窄，中央凸起，约为吻长的1/2。鼻孔每侧2个，分离；前鼻孔小，具1条细短管；后鼻孔稍大，紧近于眼前缘。口小，前位，斜裂，边缘波曲。下颌弧形突出，上颌骨后端向后伸达眼前缘下方稍前处。上、下颌各具2—3行齿，外行齿稍扩大，排列稀疏。犁骨、腭骨、舌上均无齿。唇较薄。舌游离，前端圆形。鳃孔中大，侧位。鳃盖上方具1个凹陷，内为盲腔，不与鳃孔相通。峡部较宽。鳃盖膜与峡部相连。具假鳃。鳃耙不发达，仅为细小的尖突。体被圆鳞，头部裸露无鳞，颈部、胸部及腹部被小鳞。无侧线。背鳍连续，起点在胸鳍末端上方，鳍棘与鳍条不分离，鳍条部稍高于鳍棘部，后部鳍条与尾鳍相连。臀鳍起点在背鳍第3、第4根鳍条基下方，约与背鳍鳍条部等高，后部鳍条与尾鳍相连。胸鳍短小，上部鳍条较长。腹鳍狭小，左、右腹鳍愈合成1个漏斗状吸盘，后缘尖突，完整，无缺刻。尾鳍尖长。肛门与背鳍第1根鳍条基相对。雄鱼生殖乳突细尖，雌鱼生殖乳突钝圆，且分为两瓣。

分布：分布于江苏沿海，也见于东海、台湾岛海域、南海沿岸，国外见于印度洋北部沿岸、印度尼西亚、新加坡。

🐟 111mm

📷 陈浩骏

🕐 2024-11-10

大弹涂鱼属 *Boleophthalmus*

◎ 大弹涂鱼 *Boleophthalmus pectinirostris* (Linnaeus, 1758)

地方名：弹涂鱼、跳鲨、跳鱼。

形态特征：背鳍i-25—26；臀鳍i-25；胸鳍19—20；腹鳍1—5。纵列鳞105—115，横列鳞约45。鳃耙5+5—6。

体长为体高的5.9—6.6倍，为头长的4倍。

体延长，前部近圆筒形，尾部侧扁，背、腹缘平直。头中大，稍扁。吻短钝，大于眼径。眼小，位高，突出于头的背面，下眼睑游离，几乎达眼的1/2处，眼间隔狭。鼻孔2个，前鼻孔具1条短管，位于吻缘；后鼻孔小，圆形，位于眼前缘。口大、亚端位，平裂。上颌较长，上颌骨伸达眼后缘下方。两颌齿单行，上颌齿细尖，前方具2—4枚犬齿；下颌齿大，水平状，齿端斜截形，缝合处具1对大齿。犁骨、腭骨和舌上均无齿。舌大而厚，圆形，不游离。上唇褶发达，几乎达中央；下唇褶短，位于口角处。鳃孔中大，鳃盖膜连于峡部。峡部宽。鳃耙尖而短。体及头部被圆鳞，前部鳞小，后部鳞较大，胸鳍基部亦被细圆鳞。无侧线。背鳍2个，第1背鳍高，鳍棘丝状延长，鳍端伸达第2背鳍起点；第2背鳍低，基底延长，鳍端伸越尾鳍基。臀低而延长，始于第2背鳍第3根鳍条下方，最后面的鳍条延长，伸越尾鳍基。胸鳍长，略呈尖形，基部肌肉发达呈肉柄状。腹鳍愈合成吸盘，边缘完整。尾端圆形。

背侧呈青褐色，腹侧色浅。第1背鳍呈深蓝色，具不规则白色小点；第2背鳍呈蓝色，具4纵行小白斑。臀鳍、胸鳍和腹鳍呈浅灰色。尾鳍呈青黑色，有时具白色小点。

为暖温性近岸小型鱼类，生活于近海沿岸及河口高潮线以下的滩涂上，在晴朗天气，出穴跳跃活动于泥滩上觅食，以滩涂上的昆虫等小生物为食，稍受惊即迅速钻入洞穴。产卵期南方在4—5月，上海地区在6—7月。

分布：分布于中国沿海，国外分布于朝鲜半岛和日本。

🐟 95mm

📷 林永晟

🕐 2023-03-29

弹涂鱼属 *Periophthalmus*

◎ 大鳍弹涂鱼 *Periophthalmus magnuspinnatus* (Lee, Choi *et* Ryu, 1995)

形态特征：体延长，侧扁。背缘平直，腹缘浅弧形，尾柄较长。头宽大，略侧扁。吻短而圆钝，斜直隆起。头部和鳃盖部无任何感觉管孔。颊部无横列的皮褶突起，仅散具零星感觉乳突。吻褶发达，边缘游离，盖于上唇。眼中大，背侧位，位于头的前半部，互相靠近，突出于头的背面，下眼睑发达。眼间距颇狭，不明显。鼻孔每侧2个，相距较远；前鼻孔圆形，为1条小管，突出于吻褶前缘；后鼻孔小，圆形，位于眼前方。口小，亚下位，平裂或呈浅弧形。上颌稍长于下颌；上颌骨后端向后伸达眼中部下方。两颌齿各1行，尖锐，直立，前端数齿稍大；下颌缝合处无犬齿。犁骨、腭骨、舌上均无齿。唇发达，软厚；上唇分中央和两侧3部分，口角附近稍厚。舌宽圆形，不游离。颏部无须。鳃孔狭，裂缝状，位于胸鳍基下方1/2处。峡部宽。鳃盖膜与峡部相连。鳃盖条5。鳃耙细软。体及头均被小圆鳞，无侧线。

背鳍2个，分离，较接近，两背鳍间距小，约为眼径之半。第1背鳍高耸，呈大三角形，起点在胸鳍基后上方，各鳍棘尖端短丝状，伸出鳍膜之外；第1根鳍棘最长，头长约为其长的1.2倍，其后各鳍棘渐短，但中部鳍棘平放时可伸达或伸越第2背鳍起点；第2背鳍基部长，稍小于或等于头长，最后1根鳍条平放时不伸达尾鳍基。臀鳍基底长，与第2背鳍同形、相对，起点在第2背鳍第2根鳍条基下方，最后鳍条平放时不伸达尾鳍基。胸鳍尖圆，基部肌肉发达，呈臂状肌柄。左、右腹鳍基部愈合成心形吸盘，后缘凹入，具膜盖及愈合膜。

尾鳍圆形，下缘斜直，基底上下具短小副鳍条4—5条。体侧中央具若干褐色小斑，第1背鳍呈浅褐色，近边缘处具1条有白边的较宽黑纹。第2背鳍上缘呈白色，其内侧具1条黑色较宽纵带，此带下缘还另具1条白色纵带，近鳍的基底处呈暗褐色。臀鳍呈黑褐色，边缘白色。胸鳍呈黄褐色。腹鳍中间呈灰褐色。尾鳍呈褐色，下方鳍条新鲜时呈浅红色。

暖温性近岸小型鱼类，栖息于底质为淤泥、泥沙的高潮区或半咸淡水的河口及沿海岛屿，港湾的滩涂处及红树林，亦可进入淡水。适温适盐性广，洞穴定居。常依靠发达的胸鳍肌柄匍匐或跳跃于泥滩上，退潮时在滩涂上觅食。视觉和听觉灵敏，稍有惊动，就很快跳回水中或钻入洞穴。杂食性，主食浮游动物、昆虫、沙蚕、桡足类、枝角类等，也食底栖硅藻和蓝绿藻。肉味鲜美，富有营养，有滋补功效，深受南方沿海各地群众喜爱。体较大，大部分体长为100—120mm，大者可达130mm。

分布：分布于中国沿海、海南岛、台湾岛；国外分布于朝鲜半岛和日本。

🐟 72mm

📷 陈浩骏

🕐 2022-11-18

◎ 弹涂鱼 *Periophthalmus cantonensis* (Cantor, 1842)

地方名： 跳鲨鱼。

形态特征： 第1背鳍vi-viii，第2背鳍i-13—14；臀鳍12—15；胸鳍13—15；腹鳍1—5。纵列鳞83—87。鳃耙外侧11—14。脊椎骨25。

体长为体高的5.2—6.1倍，为头长的3.4—3.9倍，为尾柄长的4.5—5.5倍，为尾柄高的9.6—12.6倍。头长为吻长的2.4—2.9倍，为眼径的4.4—5.3倍。

身体前部圆，后部稍侧扁。头宽大，略侧扁。吻短而圆钝，吻褶发达，覆盖上唇，边缘游离。眼突出，位于头顶的前半部，两眼互相靠近。眼间隔很窄，形成1条细沟。口宽大，横裂，上颌稍长于下颌。上、下颌各有齿1行，前端数齿稍大。舌前端圆，不游离。峡部宽，鳃盖膜与峡部相连。

背鳍2个，第1背鳍颇高，具11—13枚硬刺，第2背鳍基部较长，具13—14根分支鳍条。胸鳍略呈楔形，基部具臂状肌柄。腹鳍左右合一，成为心脏形吸盘。尾鳍椭圆形。腹腔膜黑色，身体灰褐色。

分布： 分布于长江口。

52mm
陈浩骏
2024-07-22

青弹涂鱼属 *Scartelaos*

◎ 青弹涂鱼 *Scartelaos histophorus*
(Valenciennes, 1837)

形态特征：背鳍v-i-24—26；臀鳍i-24—25；胸鳍21—22；腹鳍1—5。鳃耙6+4。

体长为体高的8.3—9.3倍，为头长的4.4倍。头长为吻长的4.2—4.3倍，为眼径的5.5—5.7倍。

体延长。前部近圆筒形，后部侧扁，背、腹缘平直。头中大，稍平扁。吻宽短，大于眼径。眼小，高位，相互接近，下眼睑发达，能将眼遮盖。眼间隔甚狭，沟状。鼻孔2个，前鼻孔为1条短管，位于吻缘；后鼻孔小，位于眼的前方。口大，亚下位，几乎平直。上颌稍长，上颌骨伸达眼中部下方，下颌中央具1个瘤状突起。两颌齿各1行，上颌齿直立，下颌齿近平卧状，缝合处具1对犬齿；犁骨、腭骨无齿。舌不发达，不游离。下颌腹面具1列短须，缝合处须粗短。鳃孔小，斜裂。鳃盖膜与峡部相连。峡部宽。鳃耙短小，尖突。体被退化具小鳞，前部鳞埋于皮下，后部鳞稍大。无侧线。背鳍2个，相距颇远，第1背鳍基底短，鳍棘延长，第3根鳍棘最长，伸越第2背鳍起点；第2背鳍和臀鳍低而延长，最后1根鳍条的鳍膜均与尾鳍相连。胸鳍尖形，基部具发达肌柄。腹鳍愈合成心形吸盘，后缘完整。尾鳍尖形，下缘略呈斜截形。体呈蓝灰色，腹部色较浅，头背和体上部具黑色小点，体侧常具5—6条黑色横带。第1背鳍端部呈黑色，第2背鳍呈灰色，臀鳍、胸鳍和腹鳍色浅。尾鳍具4—5条垂直细带。

为暖温性近岸小型鱼类，栖息于沿海滩涂的低潮线淤泥区。产量远不及大弹涂鱼，经济价值不大。

分布：江苏省新记录种，偶见于江苏省长江口区，主要分布于东海、台湾岛海域及南海沿岸。国外分布于印度洋北部沿岸，东至澳大利亚，北至日本。

🐟 97mm

📷 陈浩骏

🕐 2024-10-15

图片来源：廖伏初等，2020

丝足鲈科 Osphronemidae

斗鱼属 *Macropodus*

◎ 圆尾斗鱼 *Macropodus chinensis*
(Bloch, 1790)

地方名：火烧鳊。

形态特征：背鳍xvii—xviii-6—8；臀鳍xviii—xxi-10—12。纵列鳞24—29。

标准长为体高的2.5—3.6倍，为头长的2.8—3.5倍。头长为吻长的3.5—4.4倍，为眼径的3.5—4.0倍，为眼间距的3.1—4.1倍。

体侧扁，略呈长方形。口小，上位，斜裂。颌齿细小。体被鳞，头被圆鳞，体侧为栉鳞，无侧线鳞。

背鳍起点位于身体的前半部，鳍基甚长，背鳍前部为硬刺，后部为分节的软鳍条，其中有4—5根为延长的分支鳍条，其末端远超过尾鳍基部。腹鳍胸位，第1根鳍条为硬刺，第2、第3根为分节的软鳍条，且向后端延长。臀鳍起点位置约与背鳍起点相对，鳍基较背鳍基长。尾鳍呈圆形，肛门紧靠臀鳍起点。身体呈暗褐色，体侧有12—15条深蓝色横带，鳃盖后缘有1个深蓝色圆斑。背鳍、臀鳍和尾鳍呈微红色，腹鳍呈灰黑色。

分布：广布于长江及其各种附属水体。

◎ 叉尾斗鱼 *Macropodus opercularis*
(Linnaeus, 1758)

地方名：烧火佬、火烧鳊。

形态特征：背鳍条xiii—xiv-5—7；臀鳍xvi—xxi-11—14。纵列鳞27—30。

体长为体高的2.9—3.1倍，为头长的2.9—3.2倍。头长为吻长的3.4—4.0倍，为眼径的3.7—4.0倍，为眼间距的2.9—3.2倍。

体形与圆尾斗鱼颇相似。口小，上位，斜裂。上、下颌齿均细小。鳞为栉鳞，颇大，排列整齐。无侧线鳞。

背鳍长，前部为硬刺，后部为分节的软鳍条，其中有3—5根为延长的分支鳍条，背鳍起点与臀鳍起点相对。臀鳍与背鳍形状相似。腹鳍胸位，第1根鳍条为硬棘，第2根为分节的软鳍条，且特别延长。尾鳍叉形，尾柄不明显。

体呈暗褐色，体侧有7—9条暗褐色横带。背鳍、臀鳍和尾鳍都有黑色小斑点。胸鳍和腹鳍呈浅褐色。

雄鱼一般比雌鱼大，各鳍的鳍条都较长。尾鳍分叉也较深。

分布：长江以南各水系、海南和台湾。国外分布于越南。

图片来源：廖伏初等，2020

鳢科 Channidae

鳢属 *Channa*

◎ 乌鳢 *Channa argus* (Cantor, 1842)

地方名：乌鱼、乌棒、才鱼。

形态特征：背鳍48—51；胸鳍17—18；腹鳍6—7；臀鳍32—34。侧线鳞62—67。第1鳃弓鳃耙10—13。脊椎骨57—58。

标准长为体高的5.3—6.1倍，为头长的3.0—3.3倍，为尾柄长的15.5—19.6倍，为尾柄高的10.2—10.7倍。头长为吻长的5.1—6.4倍，为眼径的9.1—10.6倍，为眼间距的4.7—5.3倍，为口宽的3.1—3.4倍。尾柄长为尾柄高的0.5—0.7倍。

体长，呈圆筒状，尾部侧扁。头较大，略为体长的1/3。吻圆钝，扁平，后部稍隆起。口大，端位，口裂倾斜，后伸达眼后缘下方。下颌稍向前突出。唇较厚。无须。眼较小，位于头侧上方，靠近吻端。眼间宽平，眼间距大于眼径，约为眼径的2.0倍。鼻孔2对，相距较远，前鼻孔靠近吻端，呈管状；后鼻孔靠近眼前缘，为1个小圆孔。头顶、眼后及鳃盖后缘有较规则的小圆窝。鳃孔大，鳃膜左右联合，不与峡部相连。上、下颌，犁骨和腭骨均有细齿。背鳍基部很长，其起点在胸鳍基部后上方，末端接近尾鳍基部，外缘平截，末端超过尾鳍基部。胸鳍较大，呈圆扇形。腹小，近胸位，其末端不达肛门。臀鳍基部长，末端接近尾鳍基部，外缘平截。尾鳍圆形，肛门紧靠臀鳍起点。全身被鳞，头部鳞片不规则，侧线在臀鳍起点上方下弯或折断，侧线前段在体侧上部，后段位于体侧中部。鳔1室，长条状，末端尖。胃发达，呈袋状。肠管较细长，约为标准长的2/3倍。腹腔膜呈浅褐色。

全身呈黑灰色，背部及头背面较黑，腹部较淡，间有不规则的黑色斑块。体侧有2行不规则的黑褐色斑块。眼后头侧有两列黑色条纹。上、下颌具褐色斑点。背鳍、臀鳍和尾鳍呈灰黑色，鳍膜上有不规则的黑褐色斑点。胸鳍和腹鳍呈浅黄色，胸鳍基有1个黑色斑点。

适应力强，分布相当广泛，资源量较大，是四川的主要经济鱼类之一。为凶猛的肉食性鱼类，幼鱼主食桡足类和枝角类，稍大即以水生昆虫、虾和小鱼为食，成鱼主食虾类和鱼。肉多刺少，味道鲜美，是一种很受群众欢迎的食用鱼。根据中国有毒鱼类和药用鱼类记载，其每100 g肉中含蛋白质19.8 g，脂肪1.4 g，碳水化合物1.2 g，除食用外还可入药治病。1龄鱼平均体长约208mm，体重约0.1 kg；2龄鱼平均体长约262mm，体重约0.5 kg；4龄鱼平均体长约465mm，体重约1.4 kg。常见个体重0.5—1.0 kg，最大体重可达5.0 kg。

分布：广布于长江流域，但干流较少，中下游湖泊较多。

东洞庭湖

156mm

谢晓

2015-07-24

◎ 月鳢 *Channa asiatica* (Linnaeus, 1758)

地方名： 七星鱼、点秤鱼、山花鱼。

形态特征： 背鳍41—45；臀鳍28—30；胸鳍15—16。侧线鳞62。

体长为体高的5.8—6.4倍，为头长的3.8—4.6倍，为尾柄长的15.3—17.6倍，为尾柄高的8.1—9.8倍。头长为吻长的5.8—6.1倍，为眼径的5.5—7.8倍，为眼间距的3.0—4.8倍。尾柄长为尾柄高的0.5—0.7倍。

体长，由前向后渐侧扁，背部平直。头部胖大而矮扁，头宽显著大于体宽。吻短钝。口大，端位，斜裂，口裂深。舌端圆而游离。下颌稍长于上颌，颌角超过眼后缘的下方。上、下颌，犁骨及腭骨均具细齿。鼻孔2对，前、后分离；前鼻孔短管状，位于吻端；后鼻孔平眼状，靠近眼。眼位于头的前部，上侧位，靠近吻端。鳃孔大。左、右鳃盖膜相连，跨越峡部，与峡部不相连。背鳍基较长，起点位于胸鳍起点上方，基末靠近尾鳍基，后伸超过尾鳍基。胸鳍扇形。无腹鳍。肛门紧靠臀鳍起点。臀鳍基亦长，起点约位于背鳍第16根鳍条的下方，基末梢前于背鳍基末，后伸超过尾鳍基。尾鳍圆形。

全身被小圆鳞，头部鳞不规则，黏液孔小。侧线自鳃盖上缘沿体侧上部后行，至胸鳍末端转折，而后行于体侧正中。鳃耙近退化，鳃上腔宽大，具辅助呼吸器。鳔1室，颇长，无鳔管，末端分叉。腹腔膜呈黑色。头部、背侧呈橘黄色，腹部呈黄白色。体侧具10—11条"<"形斑纹；体色红绿相间，间具白色斑点，沿侧线排列。尾部具1个圆形褐斑。背鳍具4条、臀鳍具3条不连续的白色斑纹。各鳍均呈灰黄色。

分布： 长江流域及其以南至珠江和海南岛、台湾等。国外分布于越南等地。

鮨科 Callionymidae

棘鮨属 *Repomucenus*

◎ 香斜棘鮨 *Repomucenus olidus* (Günther, 1873)

地方名： 香鮨。

形态特征： 背鳍iii-9；臀鳍i-9；胸鳍i-17—19；腹鳍i-1—5；尾鳍ii-6—11。

体长为体高的9.6—11.0倍，为头长的3.9—4.1倍。体延长，宽扁，向后渐细尖，头平扁，背面观呈三角形，头宽约等于头长，吻短而尖突，等于或大于眼径，吻褶发达，眼小。眼间隔狭窄，微凹入。口小、亚端位，上颌稍突出。上、下颌具有绒毛状齿带。犁骨和腭骨无齿。前鳃盖骨具1个强棘，内上缘具3—5个棘突，基底具1个向前倒棘。体无鳞，侧线发达，左右侧线在头枕区及尾柄背侧有横枝相连，沿鳃孔上缘向前至眼后缘分出头侧支及眼下支。背鳍2个，相距较远，其距离约为第1背鳍基长的2倍；第1背鳍小，具3根细弱鳍棘，雄鱼鳍棘稍延长，第1根鳍棘最长，第3根鳍棘最短；第2背鳍及臀鳍最后1根分支鳍条，末端不伸达尾鳍基底。胸鳍宽大，斜方形。腹鳍喉位，鳍膜连于胸鳍基部。尾鳍圆形。

分布： 分布于西北太平洋（邻近中国和朝鲜半岛的海域），我国产于黄海、渤海、东海、台湾岛海域及长江口流域。

 50mm

 黄康亮

🕐 2024-10-20

多锯鲈科 Polyprionidae

花鲈属 *Lateolabrax*

◎ 中国花鲈 *Lateolabrax maculatus*
(McClelland, 1844)

地方名：鲈鱼、花鲈。

形态特征：体长，侧扁，背、腹面皆钝圆。头中等大，略尖。吻尖。口大，端位，斜裂，上颌伸达眼后缘下方。前鳃盖骨的后缘有细锯齿，其后角下缘有3枚大刺，后鳃盖骨后端具1枚刺。鳞小，侧线完全、平直。背鳍2个，仅在基部相连，第1背鳍有12根硬刺，第2背鳍有1根硬刺，后连1—13根软鳍条。体背部呈灰色，两侧及腹部呈银灰色。体侧上部及背鳍有黑色斑点，斑点随年龄的增长而增多。

分布：我国沿海地区，包括渤海、黄海、东海和南海，河口及江河，如长江口及其周边水域，台湾、海南岛沿岸以及北部湾西部沿岸。国外从日本到中国南海均有分布。

367mm

金卓灵

2025-02-26

马鲅科 Polynemidae

四指马鲅属 *Eleutheronema*

◎ 四指马鲅 *Eleutheronema tetradactylum* (Shaw, 1804)

地方名：马友、午鱼、牛笋。

形态特征：臀鳍i-16；胸鳍18+4；腹鳍i-5。侧线鳞85—90。

体长为体高的4.1—4.6倍，为头长的3.3—3.8倍，为尾柄长的4.1—4.3倍，为尾柄高的8.9—9.0倍。头长为吻长的4.6—6.0倍，为眼径的5.2—5.3倍，为眼间距的4.6—4.8倍。

🐟 21mm

📷 陈浩骏

🕐 2024-04-08

体延长而侧扁。吻短而钝圆。眼中等大小，位于头的前部。口下位，口裂宽大。仅下颌近口角处有唇。上、下颌均具绒毛状细齿。鳃孔大，鳃膜不与峡部相连。

背鳍2个，相距较远，第1背鳍具8根刺，其起点距第2背鳍起点较距吻端为近；第2背鳍具2根硬刺，鳍条12—14根，其起点距尾鳍基较距吻端为近。胸鳍位低，其下部具4根游离的丝状鳍条。尾鳍深叉形，上、下叶约等长。

鱼体除吻侧和峡部外全部被栉鳞，鳞片中等大。第2背鳍、尾鳍及臀鳍均被细鳞，胸鳍腋部和腹鳍基部上方有大形鳞片，两腹鳍中间有1枚三角形鳞片。侧线平直。

体背部呈灰褐色，腹部呈银白色，奇鳍呈灰色，胸鳍后端呈黑色，腹鳍呈白色。

分布：我国沿海长江口有分布。

08

鯔形目
Mugiliformes

鲻科 Mugilidae

鲻属 *Mugil*

◎ 鲻 *Mugil cephalus* (Linnaeus, 1758)

地方名：乌鲻、乌仔鱼、青头、乌头。

形态特征：背鳍iv，i-8；臀鳍ii-8；胸鳍16—17；腹鳍i-5；尾鳍14。纵列鳞38—41；横列鳞14—15。鳃耙32—33+68—70。脊椎骨24。幽门盲囊2。

体长为体高的4.7—4.9倍，为头长的4.2—4.4倍。头长为吻长的4.5—5.1倍，为眼径的4.2—4.6倍，为眼间距的2.7—2.8倍。

体延长，前部近圆筒形，后部侧扁。头中大，稍侧扁，背视宽扁。吻宽圆。眼中大，位于头的前侧位。脂眼睑发达，伸达瞳孔前后缘。眼间隔宽平。眶前骨下缘和后端均具细锯齿。鼻孔每侧2个，位于眼前上方，前鼻孔圆形，后鼻孔裂缝状。口小，亚下位，口裂呈"一"形。上颌骨完全被眶前骨所掩盖，后端不露出，不下弯。两颌具绒毛状细齿；犁骨、腭骨及舌无齿。唇厚，下唇边缘锐利。舌较大，不游离，位于口腔后部。鳃孔宽大。鳃盖膜不与峡部相连。假鳃发达。鳃耙细密，最长鳃耙约为眼径之半。

体被弱栉鳞。头部被圆鳞，头顶鳞始于前鼻孔上方。第1背鳍基底两侧、胸鳍腋部、腹鳍基底上部和两腹鳍间各具1枚长三角形腋鳞。无侧线。

背鳍2个，第1背鳍约位于体的中部上方，或稍近吻端，第1根鳍棘最长，最末鳍棘短而细；第2背鳍起点距第1背鳍起点较距尾鳍基为近。臀鳍与第2背鳍相对，同形，始于第2背鳍前下方，后缘凹入；第2根鳍棘最长，第4根鳍条位于第2背鳍起点下。胸鳍短宽，上侧位，长度大于眼后头长。腹鳍位于胸鳍后部下方，短于胸鳍。尾鳍分叉，上叶稍长于下叶。

头、体呈褐色或青黑色，腹部呈白色。体侧上半部约具7条暗色纵纹，各条纹间有银白色斑点。各鳍呈浅灰色，胸鳍基部上方具1个黑色斑块。

分布：分布于江苏省沿海、中国沿岸及大西洋、印度洋和太平洋的温热带海区。

⌖	通扬运河
🐟	580mm
📷	沈禹曦
🕐	2021-04

鱼的采集地点　　鱼的全长　　拍摄人员　　拍摄时间

鲛属 *Liza*

◎ 鲛 *Liza haematocheila*
(Temminck *et* Schlegel, 1845)

地方名：红眼、肉棍子、赤眼梭。

形态特征：背鳍iv，i-8；臀鳍iii-8；胸鳍
16—17；腹鳍i-5；尾鳍14。纵列鳞41—42；
横列鳞12—13。鳃耙35—36+56—57。幽门盲囊5。

体长为体高的4.9—5.2倍，为头长的4.2—4.3倍。头长为吻长的4.4—4.6倍，为眼径的5.6—6.0倍，为眼间距的2.3—2.5倍。

体延长，前部亚圆筒形，后部侧扁，背缘平直，腹部圆形。头短宽、平扁。背部平坦，头宽大于头高。吻短宽。眼小，位于头的前半部。脂眼睑不发达，仅存在于眼的边缘。鼻孔每侧2个，前鼻孔圆形，后鼻孔椭圆形。口下位，"人"形。下颌中央具1个凸起，可嵌入上颌相对的凹中。两颌、腭骨及犁骨均无齿。鳃孔大。鳃盖膜分离不与峡部相连。假鳃发达。鳃耙细密。

体被弱栉鳞，鳞大。头具圆鳞，头顶鳞始于前鼻孔上方。第2背鳍、臀鳍、腹鳍、尾鳍均被小圆鳞。第1背鳍基底两侧、胸鳍基底上部和两腹鳍中间各具1个鳞瓣。无侧线。

背鳍2个，第1背鳍由4根鳍棘组成，起点距吻端较距尾鳍基为近；第2背鳍起点与臀鳍第2根鳍条相对。臀鳍较大，始于第2背鳍前下方，后缘凹入。胸鳍上侧位，等于或大于眼后头长。腹鳍位于胸鳍基底后下方。尾鳍分叉。

头、体背面呈青灰色，眼微带红色，两侧呈浅灰色。腹部呈银白色，体侧上方有黑色纵纹数条，各鳍呈浅灰色，边缘色较深。

分布：分布于江苏省沿海、中国沿岸及朝鲜半岛、日本。

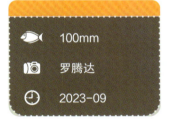

🐟 100mm

📷 罗腾达

🕐 2023-09

◎ 梭鲛 *Liza carinatus*
(Valenciennes, 1836)

地方名：棱棱、犬鱼、梭子鱼。

形态特征：背鳍v，i-8—9；臀鳍ii-9；胸鳍16；腹鳍i-5；尾鳍14。纵列鳞36—38，背鳍前方纵列鳞22—25；横列鳞13。鳃耙24—25+43—46。幽门盲囊5。

体长为体高的3.9—4.2倍，为头长的3.8—4.3倍。头长为吻长的4.4—4.6倍，为眼径的3.6—4.2倍，为眼间距的2.5—3.1倍。

体延长，前部亚圆筒形，后部侧扁；背部正中自第1背鳍前方至头部具1纵行隆起棱嵴。头中大，稍侧扁；峡部较狭，背部宽平。吻宽圆，前端短钝。眼中大，位于头的前侧位，脂眼睑不发达，仅存在于眼的边缘。眼间隔宽阔，稍隆起。鼻孔每侧2个，位于眼的前上方；前鼻孔圆形，后鼻孔呈裂缝状。口小，亚下位，口裂呈"人"形。上颌骨不完全，被眶前骨所盖，下缘具细锯齿，后端露出，在口角处急剧下弯；上颌骨向后仅伸达眼前缘。两颌、犁骨、腭骨和舌均无齿或有细齿。下唇边缘锐利。舌小，位于口腔后部，前端圆形，不游离。鳃孔宽大，前鳃盖骨及鳃盖骨边缘无扁棘。鳃盖膜不与峡部相连。鳃盖条6。假鳃发达。鳃耙短而细密，最长鳃耙约为眼径的1/3。

体被大栉鳞，头部被圆鳞。头顶鳞始于前鼻孔上方。第2背鳍、臀鳍、尾鳍有1/3—1/2被小圆鳞。第1背鳍基底两侧、胸鳍腋部、腹鳍基部上部和两腹鳍间各具1个尖形鳞瓣。无侧线。

背鳍2个，第1背鳍具4根鳍棘；第2背鳍距尾鳍基较距第1背鳍起点为近。臀鳍距尾鳍起点较距腹鳍起点为近。胸鳍小，上侧位，长度大于眼后头长，向后伸展超过腹鳍基部。腹鳍于胸鳍末端稍前下方，短于胸鳍。尾柄颇长。尾鳍分叉。

体呈灰褐色或青灰色，腹部呈银白色。体侧具暗色纵带数条。背鳍和尾鳍呈灰黑色，其余各鳍呈淡色或淡黄色。

分布：分布于江苏沿海，也见于东海、台湾岛海域及南海。国外见于朝鲜半岛、日本、印度洋北部沿岸。

 120mm
 陈思羽
 2025-02-25

09

颌针鱼目
Beloniformes

鱵科 Hemiramphidae

下鱵鱼属 *Hyporhamphus*

◎ 间下鱵 *Hyporhamphus intermedius* (Cantor, 1842)

地方名：针鱼。

形态特征：标准长为体高的15.6倍，为头长的2.8倍，为尾柄长的16.4倍，为尾柄高的35倍。头长为吻长的5.5倍，为眼径的12.2倍，为眼间距的11.0倍，为口宽的5.5倍。尾柄长为尾柄高的2.1倍。

　　体细长，呈圆柱状，臀鳍起点以后尾部稍侧扁，尾柄较细。无腹棱。头很长，呈锥形，头长为体长的1/3。吻端尖。口较大，端位，口裂平直。上颌较短，呈三角形，下颌向前延伸，呈针状喙。眼大，侧上位。鼻孔1对，靠近眼前缘上方。鳃膜分离，不与峡部相连。颌具细齿。背鳍无硬刺，位于体之后部，约与臀鳍相对，末端接近尾鳍基部。胸鳍位置较高，靠近鳃盖后上缘，较小，末端尖，腹鳍小，远离胸鳍。臀鳍起点在背鳍起点稍前方。尾鳍分叉，下叶较上叶长大。肛门紧靠臀鳍起点。体被圆鳞，鳞片较小，较薄。头部和上颌有鳞片。侧线完全，位于体侧近腹缘处。体背部从头后至尾鳍基有1条灰黑色条纹，两旁排列有整齐的小黑点。腹部银白色。体侧从胸鳍起至尾柄中部有1条黑色斑带，在背鳍与臀鳍间特别宽阔。背鳍和尾鳍呈灰黑色，胸鳍、腹鳍和臀鳍呈黄白色。头顶、鳃盖后缘及上、下颌呈黑灰色。

分布：我国渤海、黄海、东海和南海等海域及沿海的江河湖泊，包括江苏沿海、长江中下游及其附属湖泊（如洞庭湖）、珠江梧州以下区域、南盘江等。国外分布于印度洋北部沿岸，东至日本，南至澳大利亚。

⦿	湖北省宜昌市
🐟	157mm
📷	梁孟
⏱	2017-11-25

 鱼的采集地点　　 鱼的全长　　 拍摄人员　　 拍摄时间

17mm

林永晟

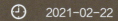
2021-02-22

青鳉科 Adrianichthyidae

青鳉属 *Oryzias*

◎ 青鳉 *Oryzias latipes* (Temminck *et* Schlegel, 1846)

地方名：万年鲹。

形态特征：背鳍i-5；胸鳍i-7—9；腹鳍i-5—6；臀鳍ii-16—19。纵列鳞27—30。

标准长为体高的4.0—4.8倍，为头长的3.4—4.0倍，为尾柄长的7.3—8.0倍，为尾柄高的9.5—11.8倍。头长为吻长的3.7—4.7倍，为眼径的2.8—3.5倍，为眼间距的2.7—3.5倍。尾柄长为尾柄高的1.2—1.6倍。

身体长形，前段稍侧扁，后段侧扁，背部较平直，腹部呈圆弧形。无腹棱，头呈楔形，中等大小，头背平坦。吻短，吻长小于眼径，钝而圆。口小，上位，横裂呈"一"形，能伸缩。上、下颌具齿，下颌长于上颌。唇较厚。无须。眼大，稍向外突出，侧上位，眼间隔较平，眼径约等于眼间距。鼻孔1对，位于眼前缘和吻端之间，距眼前缘稍近。背鳍后移，靠近尾柄，背鳍基短，约为臀鳍基的1/3，其基部末端与臀鳍基部末端几乎相对，胸鳍位置较高，腹鳍腹位，其末端接近或达到臀鳍起点。臀鳍基较长，其起点远超过背鳍起点前方，约位于鳃孔后缘与尾鳍基部中点。尾鳍宽大、截形。肛门靠近臀鳍起点。肠管短，约为标准长的1/3。腹腔膜呈黑色。体被圆鳞，头部被鳞，较小，无侧线鳞，身体背部正中从头后至背鳍基有一条黑线，体侧上部从鳃盖后缘至尾柄正中有一条黑线，体背部及体侧黑线以上的鳞片上有许多不规则的黑褐色小斑点。其余鳞片上有少数褐色小斑点。臀鳍及尾鳍均布有褐色小斑点，其余各鳍呈灰白色。

小型鱼类，一般最大个体长不超过40mm，数量较多，无食用价值，生殖季节为4—7月，分批产卵，一般体长为22—24mm，怀卵量约为200—250粒，成熟卵透明，具油球，卵膜上具有丝状物，悬挂在母体生殖孔后面发育孵化。

分布：广布于长江流域。

10

合鳃鱼目
Synbranchiformes

合鳃鱼科 Synbranchidae

黄鳝属 *Monopterus*

◎ 黄鳝 *Monopterus albus* (Zuiew, 1793)

地方名：鳝鱼。

形态特征：标准长为体高的19.3—22.5倍，为头长的10.9—12.8倍。头长为吻长的5.1—6.1倍，为眼径的9.3—13.1倍，为眼间距的6.7—8.0倍。

身体细长，蛇形，前段呈圆筒状，肛门后渐侧扁，尾部短而尖细。头短，呈锥形，顶部隆起，两侧及后面稍膨大，头高大于体高。吻端尖。口大，端位，口裂后端远超过眼后缘。上颌略为突出，唇厚，上、下唇发达，唇后沟不连续。无须。眼小，侧上位，靠近吻端，外表被1层皮膜覆盖。上、下颌及咽部有圆锥状细齿，舌上无齿。2对鼻孔，前后分离，前鼻孔位于吻端，后鼻孔靠近眼前缘上方，均很细小。鳃孔较小，左右鳃孔在头部的腹面喉区处愈合成1条"V"形小裂缝，不延至头的两侧，鳃膜左右相连，不与峡部相连。鳃3对，呈退化状，无鳃耙，鳃丝呈羽状。背鳍、臀鳍及尾鳍均退化，仅留下不明显的皮褶连在一起，无鳍条。无胸鳍和腹鳍。脊椎骨约160，肛门开口于臀鳍皮褶起点之前，约处于体长的1/5处，距尾端较近。鳔退化。肠管短，无盘曲，其长度约等于头后体长。腹腔膜呈褐色。体表光滑，裸露无鳞。侧线较发达，稍向内凹。

生活时背部及侧线上部呈黄褐色或灰褐色，侧线以下呈黄色。腹部呈灰白或微黄色，全身布有不规则的黑色小斑点，腹部的斑点较少，颜色较浅。

其肉质细嫩，鲜美可口，营养价值高，资源量在四川较丰富。

分布：我国除了西北和西南部分地区外的各淡水水系，尤其在长江流域、珠江流域等地区分布较多。国外朝鲜、日本、越南、马来西亚和印度尼西亚等也有分布。

⊙	湖北省宜昌市猇亭区
🐟	230mm
📷	梁孟
🕐	2017-12-02

鱼的采集地点　　鱼的全长　　拍摄人员　　拍摄时间

图片来源：廖伏初等，2020

中华刺鳅属 *Sinobdella*

◎ **中华刺鳅** *Sinobdella sinensis* (Bleeker, 1870)

地方名：刀鳅。

形态特征：背鳍xxx—xxxiii-60—66；臀鳍iii-58—65；胸鳍20—21。

体长为体高的10.5—12.5倍，为头长的6.3—7.0倍。头长为吻长的2.9—3.5倍，为眼径的9.0—11.3倍，为眼间距的8.3—10.5倍。

体长，前段稍侧扁，肛门以后扁薄。头小，尖突，略侧扁。吻尖突，吻端向下伸出成吻突，吻突长小于或等于眼径，吻长远小于眼后头长。口端位，口裂末端达眼前缘下方或稍后。唇发达。上、下颌齿细尖，多行。犁骨、腭骨及舌上均无齿。鼻孔每侧2个，前、后分离较远；前鼻孔小，位于吻突两侧，具短管；后鼻孔裂缝状，位于眼前方。眼小，上侧位，位于头中部稍前，包被皮膜。眼下刺1根，尖端向后，埋于皮下。眼间隔稍隆起，狭长。鳃孔大，向前伸达头中部下方。前鳃盖骨后缘无棘，边缘不游离。鳃盖膜与峡部不相连。

背鳍起点位于胸鳍中部稍后上方；鳍棘部基长，长于鳍条部；鳍棘短小，游离，向后渐长，可倒伏于背正中的沟中。胸鳍短，宽圆形。腹鳍消失。肛门靠近臀鳍起点。臀鳍鳍条部与背鳍鳍条部同形，且相对；鳍棘3根，第1和第2根鳍棘邻近，第2根鳍棘最大，第3根鳍棘与第2根鳍棘相距颇远。背鳍和臀鳍鳍条部末端分别与尾鳍相连。尾鳍后缘尖圆。头和体均被细小圆鳞。侧线不明显。鳃耙退化，无假鳃。

个体小，体背部呈黄褐色，腹部呈淡黄色。背、腹部具许多网眼状花纹。体侧具数十条垂直褐斑。胸鳍呈浅黄色。其余各鳍呈灰褐色。有的个体鳍间散布许多灰白点，鳍缘具灰白边。

分布：我国辽河至珠江各水系，包括辽河、黄河、长江、钱塘江、珠江等。国外分布于越南和老挝。

11

鲽形目
Pleuronectiformes

舌鳎科 Soleidae

舌鳎属 *Cynoglossus*

◎ 窄体舌鳎 *Cynoglossus gracilis* (Günther, 1873)

地方名：鞋底鱼、舌鳎。

形态特征：背鳍i-130—135；臀鳍i-104—110；腹鳍i-4；尾鳍i-10。有眼一侧的侧线鳞：吻端至头部28—45，头部至尾部136—165。脊椎骨61—65。

体长为体高的4.2—4.9倍，为头长的4.3—5.2倍。头长为吻长的2.0—2.4倍，为眼径的16.4—22.5倍，为眼间距11.7—13.7倍。

体窄长而扁，头小，头长稍大于头高。吻较长，吻端钝圆，吻大于眼至背鳍基的距离。口小，口裂呈弓形。有眼一侧两颌无齿，无眼一侧两颌具有绒毛状细齿，细齿呈带状排列。眼甚小，两眼相距甚近，均位于体左侧。前鳃盖骨后缘不游离。鳃孔窄，左右鳃膜相愈合，不与峡部相连。鳃耙退化，肛门偏于无眼的一侧。体两侧均被小栉鳞，有眼一侧的鳞稍大于无眼一侧的鳞；有眼一侧具侧线3行，无眼一侧无侧线。背鳍、臀鳍和尾鳍相连，均无分支鳍条。背鳍始于吻端的上方；臀鳍始于鳃孔下方；无胸鳍；有眼一侧腹鳍与臀鳍相连，无眼一侧无腹鳍；尾鳍尖形。有眼一侧呈灰褐色，无眼一侧呈淡褐色。

分布：为我国沿海海产鱼类，也分布于长江口咸淡水。

🗺 长江干流江苏段

🐟 285mm

📷 丁兆宸

🕐 2021-11-01

鱼的采集地点　鱼的全长　拍摄人员　拍摄时间

◎ 短吻三线舌鳎

Cynoglossus abbreviatus (Gray, 1834)

地方名： 短吻舌鳎、舌鳎、鞋底鱼、细鳞、龙利鱼。

形态特征： 体延长，呈长舌状，后段尖细。头较短。吻略短。眼较小，两眼均位于头部左侧。眼间隔略宽平，被5—6行小栉鳞。口小，口裂弧形，口角后端伸达下眼后缘下方。有眼侧两颌无牙；无眼侧两颌具绒毛状牙带。鳃孔窄长。前鳃盖骨边缘不游离。鳃盖膜不与峡部相连。无鳃耙。体两侧均被中等大栉鳞。有眼侧有侧线3条，上中侧线间具鳞16—20行，中下侧线间具鳞约20行；无眼侧无侧线。背鳍起点始于吻前端上方，臀鳍起点约在鳃盖后缘下方。背鳍与臀鳍鳍条均不分支，后端均与尾鳍相连。无胸鳍。有眼侧腹鳍有膜与臀鳍相连；无眼侧无腹鳍。尾鳍呈尖形，生殖突附在第1臀鳍鳍条左侧。有眼侧体呈褐色，奇鳍呈暗褐色；无眼侧体呈白色。

分布： 中国沿海及长江均有分布。印度洋—西太平洋海域，东自印度洋东岸，西至印度尼西亚，北至日本，南至澳大利亚也有分布。

🐟 113mm

📷 李军

🕐 2020-09-01

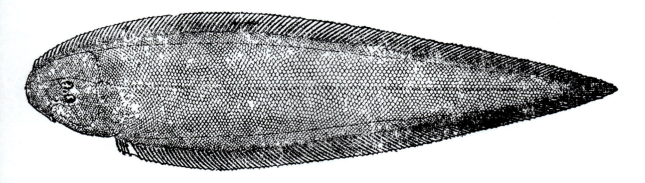

图片来源：李思忠和王惠民，1995

◎ 紫斑舌鳎

Cynoglossus purpureomaculatus
(Regan, 1905)

地方名：鞋底鱼、牛舌鱼、舌鳎、舌头鱼、鳎板鱼。

形态特征：体延长，呈长舌状，甚侧扁。头短小，吻钝圆，头长为吻长的2.7倍。眼小，均位于头部左侧，上眼略前于下眼。眼间隔微凸。

口弧形，口角后端止于下眼中部。鳃孔小，左右鳃盖膜相连，鳃耙退化呈突起状。体两侧均被小栉鳞。无眼侧前端鳞片变形为绒毛状突起。有眼侧有侧线3条，上中侧线间具鳞18行，上侧线至背鳍基间具鳞7行，中下侧线间具鳞18行，下侧线至臀鳍基间具鳞8行。侧线鳞11+154。无眼侧无侧线。背鳍起于吻端上缘稍后方。臀起点约在鳃盖后缘下方。背鳍与臀鳍均与尾鳍相连。无胸鳍。有眼侧腹鳍与臀鳍相连；无眼侧无腹鳍。尾鳍呈尖形，有眼侧体呈褐色，小鱼体侧常布满黑色小斑点。各鳍色暗，边缘白色。

分布：分布于西北太平洋海域的朝鲜半岛及日本等沿海。渤海、黄海、东海及长江口。

◎ 半滑舌鳎 *Cynoglossus semilaevis*
(Günther, 1873)

地方名： 龙利、舌头、牛舌、鳎板。

形态特征： 体延长，呈长舌状，侧扁。头较短，吻略短，前端圆钝，吻钩短，头长为吻长的2.4—2.8倍。眼小，两眼约位于头部左侧。眼间距宽，平坦或微凹。口小，下位，口裂弧形，口角后端伸达下眼后缘下方。有眼侧两颌无齿，无眼侧两颌具绒毛状窄齿带。鳃孔窄长。前盖骨边缘不游离。鳃盖膜不与峡部相连。无鳃耙。有眼侧被栉鳞，无眼侧被圆鳞，除尾鳍外，各鳍上均无鳞。有眼侧有侧线3条，上中侧线间具鳞19—21行；中下侧线间具鳞30—34行；侧线鳞10—13+105—106。无眼侧无侧线，背鳍起点始于吻前端上缘。臀鳍起点约在鳃盖后缘下方。背鳍与臀鳍均与尾鳍相连，鳍条不分支，无胸鳍。有眼侧腹鳍与臀鳍相连，无眼侧无腹鳍。尾鳍后缘尖形，有眼则呈暗褐色，奇鳍呈褐色；无眼侧体呈灰白色。

257mm

安长廷

2023-09-11

分布： 分布于西北太平洋海域的朝鲜半岛及日本等沿海，中国产于渤海、黄海、东海、台湾岛及长江口。

◎ 短吻红舌鳎 *Cynoglossus joyneri* (Günther, 1878)

地方名：玉秃、龙利鱼、焦氏舌鳎、草鞋底、鞋底鱼。

形态特征：体长舌状，很侧扁，向后渐尖。头稍钝短，吻钩较眼后头长为短，约达下眼前缘下方。两眼位于体左侧，眼间隔稍凹，有鳞。口歪形，下位，左口裂较平直，口角达下眼后缘下方，上颌达眼后，右口裂近半圆形。两颌仅右侧有绒毛状齿群。头、体两侧被栉鳞，上、下侧线外侧鳞最多4—5纵行，上、中侧线间鳞12—13纵行，各鳍无鳞而仅尾鳍基附近有鳞，头右侧前部鳞呈绒毛状。背鳍始于吻端稍后上方，后端鳍条与尾鳍完全相连。臀鳍似背鳍。腹鳍仅左侧存在，有膜连于臀鳍。尾鳍窄长、尖形。头、体左侧呈淡红色，略灰暗，各纵列鳞中央呈暗色纵纹状，鳃部较灰暗；腹鳍与前半部背、臀鳍膜呈黄色，向后渐呈褐色。体右侧呈白色。

亚热带和暖温带浅海及河口底层鱼类，记载最大体长为245mm。喜生活于泥沙硅质海底，以多毛类、端足类及小型蟹类等为食。

分布：浙江省温州市见于河口及浅海。我国分布于珠江口到黄海、渤海，北达朝鲜半岛。

200mm

罗腾达

2024-01-10

◎ 宽体舌鳎 *Cynoglossus robustus*
(Günther, 1873)

地方名： 龙舌、牛舌鱼、舌鳎、舌头鱼。

形态特征： 体延长，呈长舌状，后段尖细。头较短，吻较长，吻钩短，头长为吻长的2.1—2.5倍。眼较大，两眼约位于头部左侧中央。眼间隔窄，被3行小栉鳞。口小，口裂弧形，口角后端伸达下眼后缘下方，无眼侧两颌具绒毛状齿带。鳞较大，有眼侧被弱栉鳞，无眼侧被圆鳞，除尾鳍外，各鳍均无鳞。有眼侧有侧线3条，上、中侧线间具鳞9—11行，上侧线至背鳍基间具鳞3—4行，无眼侧无侧线。侧线鳞7—10+74—76。背端起点始于吻前端上缘。臀鳍起点约在鳃盖后缘下方，背鳍与臀鳍均与尾鳍相连，无胸鳍。有眼侧腹鳍与臀鳍相连，无眼侧无腹鳍。尾鳍尖形。

分布： 分布于西太平洋海域，从日本海至南海。中国沿海均产。

🐟 273mm

📷 安长廷

🕐 2024-06-08

12

鲉形目
Scorpaeniformes

杜父鱼科 Cottidae

松江鲈属 *Trachidermus*

◎ 松江鲈 *Trachidermus fasciatus* (Heckel, 1837)

地方名：四鳃鲈。

形态特征：鳃耙外侧68。脊椎骨36—37。幽门盲囊5—6。

体长为体高的4.9—6.0倍，为头长的2.8—3.0倍，为尾柄长的8.1—10.3倍，为尾柄高的18.6—19.7倍。头长为吻长的2.9—3.3倍，为眼径的7.4—8.9倍，为眼间距的4.7—5.2倍。

头大而平扁，身体向后尖细。口端位。上颌稍长于下颌，前颌骨能伸缩。上、下颌及犁骨上均有绒毛状细齿。舌的前端游离。眼侧上位。前鳃盖骨的后缘有4个刺，第1个刺的尖端向上钩曲。鳃膜与峡部相连。背鳍2个，基部相连，第1背鳍有8—9个硬刺。胸鳍大，呈圆形。腹鳍胸位。臀鳍起点与第2背鳍的第5根鳍条相对。尾鳍截形，后缘稍圆。

身体上无鳞片，皮上有许多小凸起。侧线在身体上侧部，呈直线状。

背部呈黄褐色。腹部呈灰白色。体侧具有黑色斑纹。前鳃盖骨后缘呈橙黄色。在鳃膜上各有两条橙黄色的斜条纹，恰似4片鳃叶外露，故有"四鳃鲈"之称。

分布：洄游性鱼类。我国渤海、黄海和东海沿岸及与之相通的河流。国外分布于朝鲜、日本等。

112mm
陈浩骏
2015-03-13

 鱼的采集地点　 鱼的全长　 拍摄人员　 拍摄时间

13

鲀形目
Tetraodontiformes

鲀科 Tetraodontidae

东方鲀属 *Takifugu*

◎ 弓斑东方鲀 *Takifugu ocellatus* (Linnaeus, 1758)

地方名：鸡泡、抱锅、河豚、眼镜娃娃。

形态特征：体长为体高的3.4—3.5倍，为头长的2.9—3.0倍，为尾柄长的4.8—4.9倍，为尾柄高的11.6—12.7倍。头长为吻长的2.2—2.4倍，为眼径的4.9—6.0倍，为眼间距的1.9—2.0倍。

体稍延长，前部钝圆，后部渐狭小。吻圆钝。口小，端位，横裂。上、下颌各具有2个板状门齿，中缝明显。口唇发达，下唇较长，两端弯曲在上唇的外侧。眼较大，侧上位。眼间隔宽而微凸。鳃孔小，位于胸鳍基的前方。

背面自鼻孔后方至背鳍起点，腹面自鼻孔下方至肛门均被小刺；吻部、头部和体侧及尾部光滑。侧线显著，上侧位，至尾部向下弯至尾柄正中。侧线在头部多具分支，腹面在胸鳍后下方开始有1根腹支伸达尾鳍基部。背鳍位于肛门后上方，几乎与臀鳍相对。胸鳍较短，近方形。无腹鳍。尾鳍截形或向外微凸。

体腔较大，腹腔膜呈白色。肠长约等于体长。鳔大，1室，贴于体腔的背面。无幽门盲囊，有气囊。

体背侧面呈灰褐色，腹面呈白色。体侧在胸鳍后上方有1个白缘黑色大斑，与背面黑色宽横带纹相连，呈鞍状。背鳍基部的两侧合有1个白缘大黑斑。各鳍色淡。为海产鱼类，长江口咸淡水区也产此鱼。

分布：在中国分布于南海、东海、台湾沿海和黄海沿海以及与此相连的珠江、九龙江和长江等河口和中下游淡水水域，国外分布于日本、韩国、朝鲜、菲律宾和越南沿海。

- 92mm
- 陈浩骏
- 2024-04-08

 鱼的采集地点　 鱼的全长　 拍摄人员　 拍摄时间

◎ 暗纹东方鲀 *Takifugu fasciatus* (McClelland, 1844)

地方名：河鲀、巴鱼。

形态特征：背鳍15—18；臀鳍13—16，与背鳍形状类似，位置稍后于背鳍根部底，背鳍与臀鳍几乎相对；胸鳍16—18。侧线鳞78—95。

体长为体高的2.9—4.2倍，为头长的2.8—3.5倍，为尾柄长的5.7—6.3倍，为尾柄高的10.3—11.4倍。头长为吻长的2.3—2.4倍，为眼径的5.3—8.3倍，为眼间距的1.7—2.2倍。尾柄长为尾柄高的17—20倍。

体亚圆筒形，头胸部较粗圆，微侧扁，躯干后部渐细狭。尾柄圆锥状，后部渐侧扁。体侧下缘皮褶发达。头中大，钝圆，颌骨长与宽约相等；颌骨纵走隆起线向前延伸，达前颌骨后缘前部。前颌骨略呈三角形，占眶上缘的1/2。吻中长，圆钝，吻长短于眼后头长。眼中大，上侧位。眼间隔宽而微凸。鼻瓣呈卵圆形突起，位于眼前缘上方；鼻孔每侧2个，紧位于鼻瓣内外侧。口小，前位，上、下颌齿呈喙状，上下颌骨与齿愈合，形成4个大齿板，中央骨缝显著。唇发达，细裂，下唇较长，两端向上弯曲。鳃孔中大，浅弧形，中侧位，位于胸鳍基底前方。鳃盖膜厚，白色。

体背自鼻孔至背鳍起点，腹面自鼻孔下方至肛门稍前方和鳃孔前方均被小刺。吻侧、鳃孔后部体侧面及尾柄光滑无刺。侧线发达，分支多条，背侧支上侧位，向前与眼眶支相连；向后延伸，在背鳍基底下方渐折向尾部中央，伸达尾柄末端上方。

背鳍1个，略呈镰刀形，位于体后部，始于肛门后上方，前部鳍条延长。臀鳍1个，与背鳍几乎同形，基底稍后于背鳍基底。无腹鳍。胸鳍宽短，侧中位，近似方形，后缘呈亚圆截形。尾鳍宽大，后缘稍呈圆形。

体呈棕褐色，体侧下方呈黄色，腹面呈白色。体色和条纹随体长不同而有变异。背侧面具不明显暗褐色横纹4—6条，横纹之间具白色狭纹3—5条。胸鳍后上方体侧处具1个圆形黑色大斑，边缘白色。背鳍基部具1个白边黑色大斑。幼体的暗色宽纹上散布着白色小点，较大个体白点不明显甚至消失，暗色宽纹也较黯淡。胸鳍基底外侧和里侧常各具1个黑斑。背鳍、胸鳍、臀鳍呈黄棕色，尾鳍后端呈灰褐色。

分布：主要分布于我国近海（东海、黄海、渤海）及长江中下游。在长江流域，其分布范围包括从长江口一直到中游部分江段。国外见于朝鲜半岛和日本海域等。

🐟 80mm
📷 罗腾达
🕐 2023-06-14

◎ 菊黄东方鲀 *Takifugu flavidus*
(Li, Wang *et* Wang, 1975)

地方名： 河鲀。

形态特征： 背鳍15；臀鳍13—14；胸鳍17—18；尾鳍1+8+2。

体长为体高的2.6—3.0倍，为头长的2.7—2.9倍。头长为吻长的2.4—3.1倍，为眼径的6.3—11.0倍，为眼间距的1.7—2.0倍。尾柄长为尾柄高的1.4—1.6倍。

🐟	167mm
📷	刘波
🕐	2019-07-23

体亚圆筒形，头胸部较粗圆，微侧扁，躯干后部渐细狭，尾柄圆锥状，后部渐侧扁。体侧下缘皮褶发达。头大，钝圆。吻中长，圆钝，吻长短于眼后头长。眼小，上侧位。眼间隔宽而微凸，为眼径的1.7—2.0倍。鼻瓣呈卵圆形突起，位于眼前缘上方；鼻孔每侧2个，紧位于鼻瓣内外侧。口小，前位。上、下颌齿呈喙状，上、下颌骨与齿愈合，形成4个大齿板，中央骨缝显著。唇发达，细裂，下唇较长，两端向上弯曲。鳃孔中大，浅弧形，侧位，位于胸鳍基底前方。鳃盖膜呈白色。

体背腹面均具较强小刺，背刺区呈舌状，前端始于眼间隔中央，后端离背鳍起点有一定距离，背刺区和腹刺区分离。侧线发达，分支多条，背侧支上侧位，向前与眼眶支相连；向后延伸，在背鳍基底下方渐折向尾部中央，伸达尾柄末端上方。

背鳍1个，略呈镰刀形，位于体后部，始于肛门后上方，前部鳍条延长。臀鳍1个，与背鳍几乎同形，基底稍后于背鳍基底。无腹鳍。胸鳍宽短，侧中位，近似方形，后缘呈亚圆截形。尾鳍宽大，后缘稍圆形。

生活时背面呈棕黄色，腹面呈白色，体侧下缘有1条橙黄色宽阔纵带。体色和斑纹有变异，小个体的背侧散有白色圆斑，随体长增大，白斑逐渐模糊而消失，呈均匀的棕黄色。胸鳍附近体侧有1个黑斑，大部为胸鳍所盖，外围具菊花状白缘，此黑斑在成体时变为狭长斑或散斑。胸鳍基底内外侧常各具1个小黑斑。背鳍基底黑斑明显，奇鳍由淡色变为暗黑色，尾鳍尤甚。

分布： 分布于江苏省沿海，也见于渤海、黄海、东海沿岸。

◎ **虫纹东方鲀** *Takifugu vermicularis*

(Temminck *et* Schlegel, 1850)

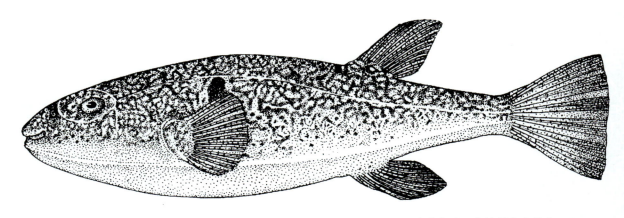

图片来源：苏锦祥和李春生，2002

地方名：河鲀。

形态特征：鳃耙外侧5—8；内侧7—10。脊椎骨20—21。

体长为体高的3.3—4.1倍，为头长的3.1—3.4倍，为尾柄长的3.4—4.0倍，为尾柄高的11.3—14.4倍。头长为吻长的1.9—2.1倍，为眼径的3.7—5.3倍，为眼间距的1.8—2.1倍。

体稍延长，前部钝圆，后部渐狭小。吻圆钝。口小，端位，近横裂。上、下颌各具板状门齿，中缝明显。唇颊发达，细裂。鳃孔小，位于胸鳍基部前方。眼中等大，侧上位。眼间隔宽平。

体光滑，仅体背部有隐埋于皮肤中的小刺。侧线显著，上侧位，至尾部向下弯至尾柄正中。侧线在头部具分支，腹面在肛门外侧有1条腹支，伸达尾鳍基部。背鳍略呈镰刀形，起点在肛门后上方，背鳍与臀鳍几乎相对。胸鳍近方形，上部鳍条较长。无腹鳍。尾鳍截形。

体腔大，腹腔膜呈灰白色。肠长稍短于体长。鳔大，1室。有气囊。

体背侧面具有许多大小不一的白斑，在侧线下部则多呈条状或虫纹状。胸鳍后上方有1个褐色块斑，背侧具1条鞍状横带纹，连接左右两个褐色块斑。

体背部呈灰褐色，体侧呈黄色，腹面呈白色。臀鳍呈白色，其他各鳍均呈灰黑色。

分布：为我国沿海海产鱼类，亦见于长江口咸淡水区域。

◎ 黄鳍东方鲀 *Takifugu xanthopterus* (Temminck *et* Schlegel, 1850)

地方名：河鲀、鸡抱鱼、乖鱼、花河豚、包公。

形态特征：背鳍15—16；臀鳍14—15；胸鳍16—17；尾鳍1+8+2。

体长为体高的3.4—3.6倍，为头长的2.9—3.2倍。头长为吻长的2.3—2.7倍，为眼径的4.1—6.2倍。尾柄长为尾柄高的2.4—2.7倍。

体亚圆筒形，头胸部较粗圆，微侧扁，躯干向后渐细狭，尾柄圆锥状，后部渐侧扁。体侧下缘各侧有1纵行皮褶。头中长，头长小于鳃孔至背鳍起点的距离。颌骨长与其宽约相等；颌骨纵走隆起线直向前延伸，后侧缘有2个突起；前颌骨宽大，略呈方形。吻圆钝。眼中大，上侧位。眼间隔宽平，为眼径的2.6—3.5倍。鼻瓣呈卵圆形突起，位于眼前缘上方；鼻孔每侧2个，紧位于鼻瓣内外侧，鼻瓣距眼较距吻端为近。口小，前位，横浅弧形。上、下颌齿呈喙状，齿与上、下颌骨愈合，形成4个大齿板，中央骨缝显著。唇发达，细裂，下唇较长，两端向上弯曲。鳃孔中大，浅弧形，侧位，位于胸鳍基底前方。鳃盖膜呈灰色。

头部及体背、腹面均被较强小刺，背刺区与腹刺区分离。侧面光滑。侧线发达，上侧位，在背鳍基底下方渐折向尾部中央，伸达尾鳍基底。侧线发达，分支多条，背侧支上侧位，向前与眼眶支相连；向后延伸，在背鳍基底下方渐折向尾部中央，伸达尾鳍基底。

背鳍1个，位于体后部，肛门稍前方，略呈镰刀形，中部鳍条延长。臀鳍1个，与背鳍同形，基底几乎与背鳍基底相对。胸鳍宽短，侧中位，近似方形，后缘稍呈圆形。无腹鳍。尾鳍宽大，后缘浅凹形。

头、体背侧呈蓝黑色，背侧面具3—4条弧形蓝黑色宽纹；最后2条宽纹与背缘平行，向后伸达尾鳍基；宽纹之间具细狭白色条纹，在胸鳍后方相连并向后分叉。背鳍基底具1个椭圆形蓝黑色大斑，边缘白色。胸鳍基底内、外侧各具1个蓝黑色大斑。腹侧呈白色。体侧、上、下唇，鼻囊及各鳍均呈黄色。

分布：分布于江苏省沿海，也见于中国沿岸，国外分布于朝鲜半岛、日本。

🐟 78mm
📷 陈浩骏
🕐 2024-04-08

图片来源：刘静等，2016

◎ 双斑东方鲀 *Takifugu bimaculatus* (Richardson, 1845)

地方名：河鲀。

形态特征：背鳍13—14；臀鳍12；胸鳍16—17；尾鳍11。

体长为体高的3.5—3.7倍，为头长的2.9—3.3倍。头长为吻长的2.1—2.4倍，为眼径的5.7—7.0倍。尾柄长为尾柄高的1.4—1.8倍。

体亚圆筒形，头胸部较粗圆，微侧扁，躯干向后渐细狭，尾柄细长，圆锥状，后部渐侧扁。体侧下缘的皮褶发达。头大，钝圆，头长大于自背鳍起点至尾鳍基底的距离。颌骨长约与宽相等；颌骨纵走隆起线向前延伸，达前颌骨后缘；前颌骨三角形，占眶上缘的1/2。吻圆钝，吻长为眼径的2.2—3.0倍。眼小，上侧位；眼间隔宽平，圆凸。鼻瓣呈卵圆形突起，位于眼前缘上方；鼻孔每侧2个，紧位于鼻瓣内外侧。口小，前位。上、下颌齿呈喙状，上、下颌骨与齿愈合，形成4个大齿板，中央骨缝显著。唇发达，细裂，下唇较长，两端向上弯曲。鳃孔中大，浅弧形，侧位，位于胸鳍基底前方。鳃盖膜厚，白色。

头及体背、腹面被较强小刺，背刺区与腹刺区分离。侧线发达，分支多条，背侧支上侧位，向前与眼眶支相连；向后延伸，在背鳍基底下方渐折向尾部中央，伸达尾鳍基底。

背鳍1个，略呈镰刀形，位于体后部，始于肛门后上方，前部鳍条延长。臀鳍1个，与背鳍几乎同形，基底几乎与背鳍基底相对，具12根鳍条。无腹鳍。胸鳍侧中位，短宽，近方形。尾鳍宽大，后缘近平截形。

头、体背侧面呈淡绿色，具蓝褐色弧形横纹10余条；横纹成对状排列，有时前后部分相连，最后2条与背缘平行，延向尾基；横纹间具淡绿色条纹。胸鳍后上方的体侧具1个黑色大斑，周围呈淡绿色；胸鳍基底外侧和内侧各具一小黑斑。背鳍基底具1个大黑斑，中央及边缘呈淡绿色。幼体的蓝褐色横纹上常具淡绿色斑点，胸鳍后上方体侧的黑斑与背面横纹相连。在较大个体，淡绿色斑点连成条纹，胸鳍后上方体侧黑斑不与背面横纹相连，蓝褐色横纹再次呈现分裂现象。各鳍呈黄色。腹侧呈白色，侧下方呈黄色。小鱼鼻囊呈黄色，成鱼呈灰褐色。

分布：分布于江苏省沿海，也见于黄海南部、东海和南海。

◎ 晕环东方鲀 *Takifugu coronoidus*
(Ni *et* Li, 1992)

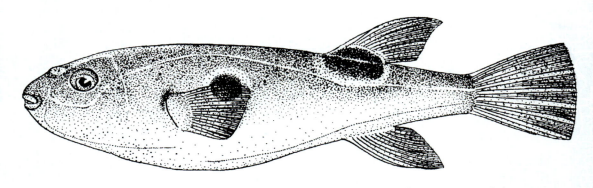

图片来源：苏锦祥和李春生，2002

地方名：河鲀、河豚、巴鱼。

形态特征：背鳍15—18；臀鳍13—16；胸鳍16—18。

体长为体高的3.0—3.8倍，为头长的2.7—3.9倍。头长为吻长的2.3—3.2倍，为眼径的5.7—12.4倍。尾柄长为尾柄高的1.4—1.9倍。

体亚圆筒形，头胸部粗圆，微侧扁，躯干后部渐细，尾柄圆锥状，后部渐侧扁。体侧下缘皮褶发达。头中大，钝圆，头长较鳃孔至背鳍起点距短。吻中长，钝圆，吻长短于眼后头长。眼中等大，侧上位。眼间隔宽，微圆凸。鼻瓣呈卵圆形突起，位于眼前缘上方；鼻孔每侧2个，紧位于鼻瓣内外侧。口小，前位，上、下颌呈喙状，齿与上、下颌骨愈合，形成4个大齿板，中央缝明显。唇厚，下唇较长，其两侧向上弯曲。鳃孔中大，侧中位，弧斜形，位于胸鳍基底前方。鳃膜呈白色。

体背面自鼻孔至背鳍起点、腹面自鼻孔下方至肛门稍前方和鳃孔前方均被小刺，吻侧、鳃孔后部体侧面和尾柄光滑无刺。侧线发达，背侧支侧上位；向前与眼眶支相连；前方在吻上方，形成吻背支；眼眶支后端下方向下垂直形成头侧支；在鳃孔上方背侧支的左右横支连成颈背支；背侧支向后伸至尾柄末端上方；下颌支自口角下方向后延伸至鳃孔后缘下方；腹侧支由胸鳍末端延伸至尾柄末端下方。背鳍一个，位于体后部、肛门稍后上方，近似镰刀形，前部鳍条稍长。臀鳍与背鳍几乎同形，基底稍后于背鳍基底。无腹鳍。胸鳍侧中位，短宽，近似方形，后缘呈亚圆截形。尾鳍宽大，后缘稍呈圆形。

体腔大，腹腔淡色。鳔大。有气囊。

生活时体背面呈茶褐色，具5—6条暗褐色宽横纹，横跨于眼后、颈部、胸鳍上方和背鳍前部上方，在每条暗褐色宽带之间夹着一条黄褐色窄带。胸斑黑色，显著大于眼径，边缘呈浅褐绿色。背鳍基部亦有1个大黑斑，边缘亦呈浅褐绿色。幼鱼的暗色横纹上有小白斑，较大个体白斑渐不明显，直至消失，暗色横纹亦随生长逐渐不明显，直至消失。胸鳍基底外侧和内侧均有暗色小斑，此斑成鱼时仍存在。体侧皮褶呈黄色宽纵带状。胸鳍呈浅黄褐色。臀鳍呈黄色，末端呈暗褐色。背鳍和尾鳍呈黄褐色。尾鳍后缘呈暗褐色。

分布：仅分布于我国长江下游及河口区。

参 考 文 献

陈文静 , 付辉云 . 2024. 江西鱼类志 . 北京 : 科学出版社 .

陈宜瑜 , 等 . 1998. 中国动物志 硬骨鱼纲 鲤形目 (中卷). 北京 : 科学出版社 .

成庆泰 , 周才武 . 1997. 山东鱼类志 . 济南 : 山东科学技术出版社 .

褚新洛 , 陈银瑞 , 等 . 1989. 云南鱼类志 : 上册 . 北京 : 科学出版社 .

褚新洛 , 郑葆珊 , 戴定远 , 等 . 1999. 中国动物志 硬骨鱼纲 鲇形目 . 北京 : 科学出版社 .

丁瑞华 . 1992. 贵州省云南鳅属鱼类一新种记述 (鲤形目 : 鳅科). 动物分类学报 , (4): 489-491.

丁瑞华 , 傅天佑 , 叶妙荣 . 1991. 中国鲱属鱼类二新种记述 (鲇形目 : 鲱科). 动物分类学报 , (3): 369-374.

甘西 , 蓝家湖 , 吴铁军 , 等 . 2017. 中国南方淡水鱼类原色图鉴 . 郑州 : 河南科学技术出版社 .

郭延蜀 , 孙治宇 , 何兴恒 , 等 . 2021. 四川鱼类原色图志 . 北京 : 科学出版社 .

赖廷和 , 何斌源 . 2016. 广西北部湾海洋硬骨鱼类图鉴 . 北京 : 科学出版社 .

乐佩琦 , 等 . 2000. 中国动物志 硬骨鱼纲 鲤形目 : 下卷 . 北京 : 科学出版社 .

李桂峰 , 等 . 2018. 珠江鱼类图鉴 . 北京 : 科学出版社 .

李鸿 , 廖伏初 , 杨鑫 , 等 . 2020. 湖南鱼类系统检索及手绘图鉴 . 北京 : 科学出版社 .

李家乐 , 董志国 , 李应森 , 等 . 2007. 中国外来水生动植物 . 上海 : 上海科学技术出版社 .

李思忠 . 2017. 黄河鱼类志 . 青岛 : 中国海洋大学出版社 .

李思忠 , 王惠民 . 1995. 中国动物志 硬骨鱼纲 鲽形目 . 北京 : 科学出版社 .

廖伏初 , 李鸿 , 杨鑫 , 等 . 2020. 湖南鱼类原色图谱 . 北京 : 科学出版社 .

林人端 , 张春光 . 1986. 鲃亚科鱼类—新种 (鲤形目 : 鲤科). 动物分类学报 , 1(11): 108-110.

刘静 . 2016. 中国动物志 硬骨鱼纲 鲈形目 (四). 北京 : 科学出版社 .

刘静 . 2018. 渤海鱼类 . 北京 : 科学出版社 .

刘静 , 吴仁协 , 康斌 , 等 . 2016. 北部湾鱼类图鉴 . 北京 : 科学出版社 .

倪勇 , 伍汉霖 . 2006. 江苏鱼类志 . 北京 : 中国农业出版社 .

倪勇 , 张列士 , 王幼槐 , 等 . 1990. 上海鱼类志 . 上海 : 上海科学技术出版社 .

全国水产技术推广总站, 中国水产学会. 2020. 中国常见外来水生动植物图鉴. 北京: 中国农业出版社.

石琼, 范明君, 张勇. 2013. 中国经济鱼类志. 武汉: 华中科技大学出版社.

苏锦祥, 李春生. 2002. 中国动物志 硬骨鱼纲 鲀形目 海蛾鱼目 喉盘鱼目 鮟鱇目. 北京: 科学出版社.

王军, 陈明茹, 谢仰杰. 2008. 鱼类学. 厦门: 厦门大学出版社.

王香亭. 1991. 甘肃脊椎动物志. 兰州: 甘肃科学技术出版社.

危起伟, 吴金明. 2015. 长江上游珍稀特有鱼类国家级自然保护区鱼类图集. 北京: 科学出版社.

温州市渔业技术推广站, 浙江省海洋水产研究所. 2018. 瓯江流域温州段鱼类图谱. 北京: 科学出版社.

伍汉霖, 钟俊生, 等. 2008. 中国动物志 硬骨鱼纲 鲈形目 (五) 虾虎鱼亚目. 北京: 科学出版社.

伍律, 等. 1989. 贵州鱼类志. 贵阳: 贵州人民出版社.

伍远安, 李鸿, 廖伏初, 等. 2021. 湖南鱼类志. 北京: 科学出版社.

武云飞, 吴翠珍. 1991. 青藏高原鱼类. 成都: 四川科学技术出版社.

谢仲桂. 2003. 华鳊属鱼类形态变异和种间系统发育关系及其与舶亚科相关类群分子进化的研究. 武汉: 华中农业大学.

许涛清, 方树淼, 王鸿媛. 1981. 薄鳅属 (*Leptobotia*) 鱼类一新种. 动物学研究, (4): 379-381.

旭日干. 2011. 内蒙古动物志 (第1卷). 呼和浩特: 内蒙古大学出版社.

杨干荣. 1987. 湖北鱼类志. 武汉: 湖北科学技术出版社.

杨晴. 2010. 鳜亚科鱼类分类整理及分子系统发育研究. 武汉: 华中农业大学.

姚文卿. 2010. 安徽鱼类系统检索. 合肥: 安徽大学出版社.

尹绍武. 2017. 河川沙塘鳢生物学研究与养殖. 北京: 中国农业出版社.

张春光, 杨君兴, 赵亚辉, 等. 2019. 金沙江流域鱼类. 北京: 科学出版社.

张觉民. 1995. 黑龙江省鱼类志. 哈尔滨: 黑龙江科学技术出版社.

张世义. 2018. 中国动物志 硬骨鱼纲 鲟形目 海鲢目 鲱形目 鼠鱚目. 北京: 科学出版社.

张志钢, 阳正盟, 黄凯, 等. 2017. 中国原生鱼. 北京: 化学工业出版社.

赵海涛. 2016. 野鲮亚科一新属一新种的建立及其群体遗传学研究. 重庆: 西南大学.

赵会宏, 邓利, 刘全儒, 等. 2017. 东江流域鱼类图志. 北京: 科学出版社.

郑曙明, 吴青, 何利君, 等. 2015. 中国原生观赏鱼图鉴. 北京: 科学出版社.

中国水产科学研究院珠江水产研究所, 华南师范大学, 暨南大学, 等. 1991. 广东淡水鱼类志. 广州: 广东科技出版社.

周友兵, 吴楠. 2019. 神农架动物模式标本名录. 北京: 科学出版社.

朱建国. 2021. 中国西南受威胁及特有脊椎动物. 北京: 科学出版社.

朱松泉. 1989. 中国条鳅志. 南京: 江苏科学技术出版社.

邹国华, 郭志杰, 叶维均. 2008. 常见水产品实用图谱. 北京: 海洋出版社.

《福建鱼类志》编写组. 1984. 福建鱼类志: 上卷. 福州: 福建科学技术出版社.

Jiang Z G, Gao E H, Zhang E, et al. 2012. Microphysogobio nudiventris, a new species of gudgeon (Teleostei: Cyprinidae) from the middle Chang-Jiang (Yangtze River) basin, Hubei Province, South China. Zootaxa, 520(3586): 211-221.

Li F, Arai R. 2014. Rhodeus albomarginatus, a new bitterling (Teleostei: Cyprinidae: Acheilognathinae) from China. Zootaxa, 3790(1): 165-176.

Xin Q, Zhang E, Cao W X, et al. 2009. Onychostoma virgulatum, a new species of cyprinid fish (Pisces: Teleostei) from southern Anhui Province, South China. Ichthyological Exploration of Freshwaters, 20(3): 255-266.

Zhang E, Fang F. 2005. Linichthys: a new genus of Chinese cyprinid fishes (Teleostei: Cypriniformes). Copeia, (1): 61-67.